工业产品设计手绘专业技法精粹

虫哥 刘畅 编著

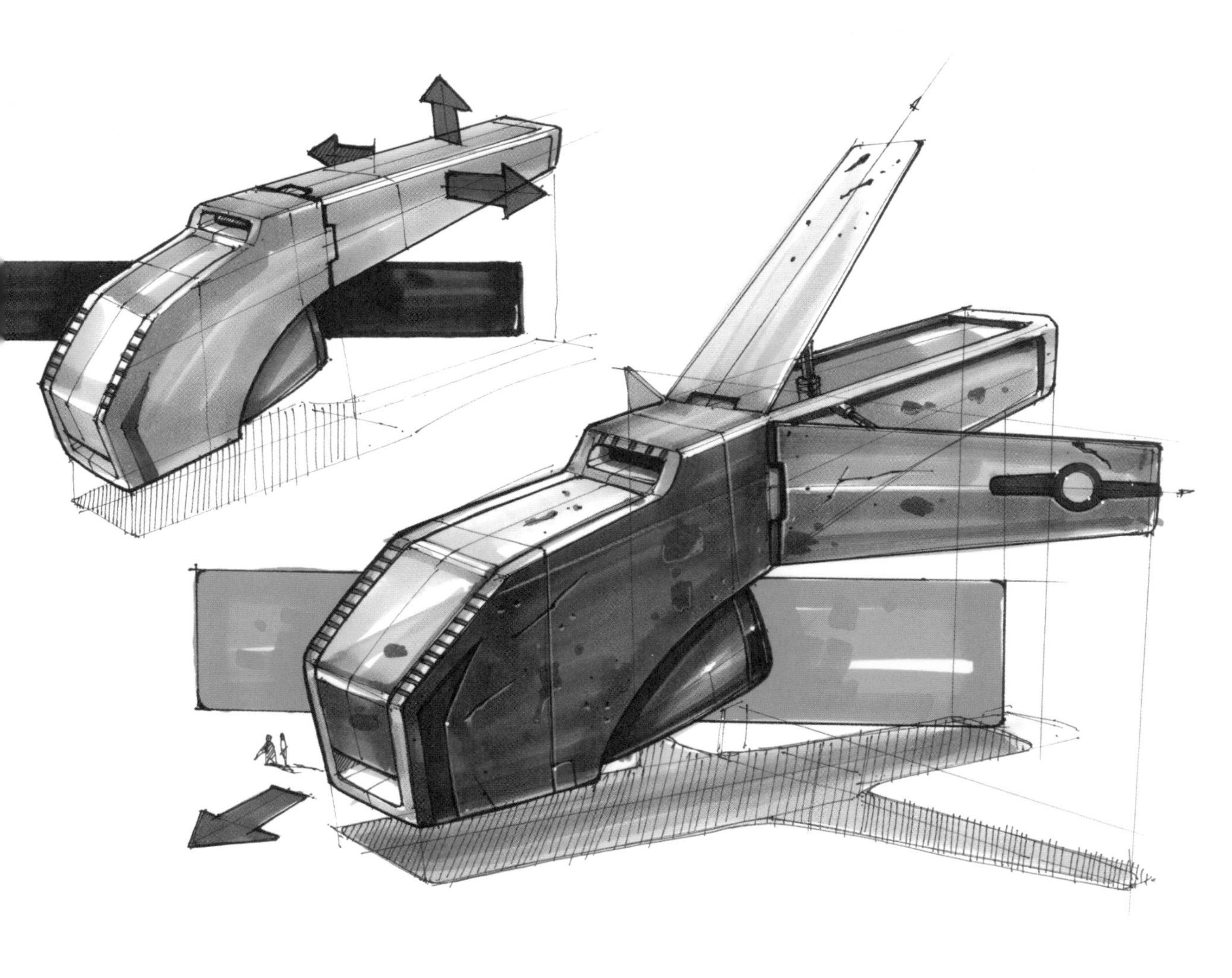

人民邮电出版社
北京

图书在版编目（CIP）数据

工业产品设计手绘专业技法精粹 / 虫哥，刘畅编著
. -- 北京 : 人民邮电出版社，2022.10
ISBN 978-7-115-59584-3

Ⅰ. ①工… Ⅱ. ①虫… ②刘… Ⅲ. ①工业产品一产
品设计一绘画技法 Ⅳ. ①TB472

中国版本图书馆CIP数据核字(2022)第118448号

内容提要

本书从手绘认知、形态构建、光影绘制、表达技巧等4个方面系统讲解了工业产品设计手绘知识，涵盖工业产品设计手绘基础知识、手绘线条系统训练、实用透视原理、形态的构建方法、马克笔上色技巧、材质表达与细节表达技巧、创意表达技巧、产品效果图绘制综合案例，以及产品手绘展示图表达与解析等内容。旨在带领读者全方位学习工业产品设计手绘的完整思路及流程，使读者能够灵活运用各种手法表达产品的形态、结构、光影、材质和细节等。

本书适合工业设计和产品设计专业的学生及相关的从业者阅读，也可作为工业产品设计手绘考研培训机构的教材。

◆ 编　　著　虫　哥　刘　畅
　责任编辑　王振华
　责任印制　马振武
◆ 人民邮电出版社出版发行　　北京市丰台区成寿寺路11号
　邮编　100164　　电子邮件　315@ptpress.com.cn
　网址　http://www.ptpress.com.cn
　北京宝隆世纪印刷有限公司印刷
◆ 开本：787×1092　1/16
　印张：13.25　　　　　2022年10月第1版
　字数：380千字　　　　2022年10月北京第1次印刷

定价：99.80元

读者服务热线：(010)81055410　印装质量热线：(010)81055316
反盗版热线：(010)81055315
广告经营许可证：京东市监广登字20170147号

前言

产品设计手绘是产品设计相关专业的学生及从业者需要重点掌握的基础技能。我从事产品设计手绘教学多年，积累了大量的产品设计手绘方法与经验，接触了很多不同水平的在校生及不同风格的设计师，也了解到了大家在学习相关技能的过程中遇到的一些问题。例如：如今网络资料有很多，应该找哪些资料学习？为什么看来看去思路变得更乱了？为什么花了大量时间，画的却和儿童画一样？一点绘画基础都没有，能不能学好手绘？为什么画图总那么慢？……针对这些问题，我一直在想，是否可以通过某种方式帮助大家找到更合适的学习方向，进入学习正轨。在此我要感谢人民邮电出版社的编辑，让我达成了这个心愿。

产品设计是一门综合性的学科，产品形态有多样性、复杂性的特点，因此产品设计手绘的学习非常需要正确、系统的指引。在我看来，对于产品设计手绘，如果前期没有正确的手绘认知，没有建立正确的绘制思路与流程，后面就需要花费大量的时间去矫正，甚至会使初学者对手绘及设计失去兴趣。

产品设计手绘是辅助设计与设计交流的重要手段，其意义在于对设计构思创意的及时记录，对产品设计的形态、功能、结构等不断推敲，以及帮助我们进行产品方案的沟通和表达。产品设计手绘的学习内容主要包括对正确的透视空间的理解、运用，对产品形态的透彻理解与多角度表现，对光影知识、明暗关系层次的正确总结，对结构、材质、细节的自如表现，对表达方式的熟练应用等。本书的主要目的就是带领读者从手绘技法的层面真正了解产品设计手绘，学习产品设计手绘的基本知识，理解产品设计手绘的实用性与说明性。良好的学习意识与绘图习惯有助于读者提高绘制速度，提升画面效果。因此，建立学习产品设计手绘的基本意识，是保证学习效率的一个关键因素。在真正学习本书前，我希望大家能够牢记下面这些影响产品设计手绘的关键因素。

一、线条的秩序性。从原则上说，线条可以画得不好，但不能画得不对。线条属性的区分是建立线条秩序感的主要因素，对表现形态空间有非常重要的作用。

二、正确的空间透视关系。产品形态的绘制只有建立在正确的透视规律上，才能够具有良好的空间感，让人看得明白并产生舒适的视觉感受。

三、对形态、结构的理解与表达意识。在手绘时要明白自己不是在简单地绘制线条，而是在用线条表达空间形体。手绘形态想要表达得清晰、准确，不管是大的主体形态还是细节形态，都必须在绘图之前真正地理解形态与结构。

四、光影原理意识。只有了解光源的设定与形态的明暗关系层次，才能知道如何用马克笔上色，这是用马克笔渲染的核心要素。

五、形体比例意识。严谨性是产品设计手绘的一个重要特征。在手绘时，只有分析出形态的比例，并画出自己设定的比例，才能表现出准确的形态。

六、设计图面的传达准确性。基本构图原则、使用场景及辅助元素的应用不仅能够提升设计的准确性，还能提升手绘表达的专业性和画面的层次感与丰富性。

希望大家通过对本书的学习，能对产品设计手绘产生更全面、更深层次的认知，建立正确的产品设计手绘思路，真正掌握产品设计手绘的技能与方法。

虫哥 刘畅
2022年8月

资源与支持

本书由数艺设出品，“数艺设”社区平台（www.shuyishe.com）为您提供后续服务。

附赠资源：实例绘制过程演示视频（在线观看）

扫码关注微信公众号

提示：

微信扫描二维码，点击页面下方的“**兑**”→“**在线视频**”，输入 51 页左下角的 5 位数字，即可观看全部视频。

“数艺设”社区平台，为艺术设计从业者提供专业的教育产品。

与我们联系

我们的联系邮箱是 szys@ptpress.com.cn。如果您对本书有任何疑问或建议，请您发邮件给我们，并请在邮件标题中注明本书书名及ISBN，以便我们更高效地做出反馈。

如果您有兴趣出版图书、录制教学课程，或者参与技术审校等工作，可以发邮件给我们。如果学校、培训机构或企业想批量购买本书或“数艺设”出版的其他图书，也可以发邮件联系我们。

如果您在网上发现针对“数艺设”出品图书的各种形式的盗版行为，包括对图书全部或部分内容的非授权传播，请您将怀疑有侵权行为的链接通过邮件发给我们。您的这一举动是对作者权益的保护，也是我们持续为您提供有价值的内容的动力之源。

关于“数艺设”

人民邮电出版社有限公司旗下品牌“数艺设”，专注于专业艺术设计类图书出版，为艺术设计从业者提供专业的图书、视频电子书、课程等教育产品。出版领域涉及平面、三维、影视、摄影与后期等数字艺术门类，字体设计、品牌设计、色彩设计等设计理论与应用门类，UI设计、电商设计、新媒体设计、游戏设计、交互设计、原型设计等互联网设计门类，环艺设计手绘、插画设计手绘、工业设计手绘等设计手绘门类。更多服务请访问“数艺设”社区平台www.shuyishe.com。我们将提供及时、准确、专业的学习服务。

目录

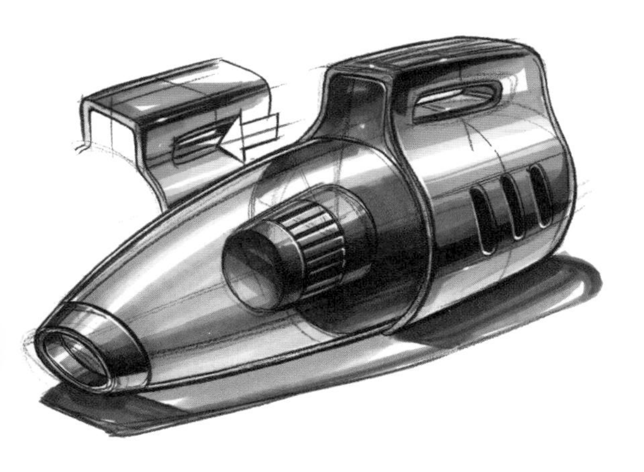

目录

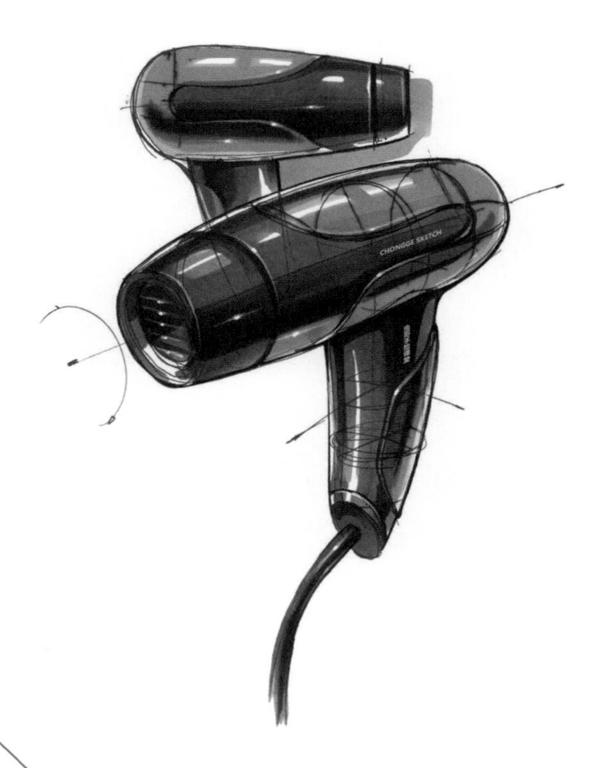

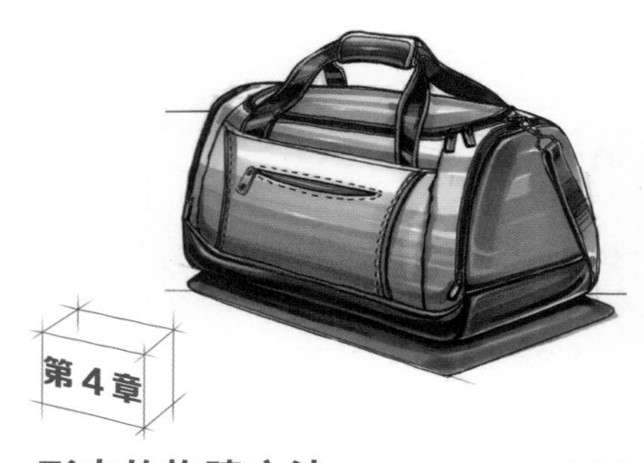

目录

第7章

目录

产品效果图绘制综合案例 ...153

第9章

产品手绘展示图表达与解析 ...183

第 1 章 产品设计手绘基础知识

初学者在正式开始学习技能之前，要了解设计手绘的目的和评价标准，对自己的学习阶段有明确认知。这对学习产品设计手绘而言，具有很重要的指导意义。同样，了解绘图所需要的工具会让产品设计手绘的学习效率更高。本章将先带大家认识产品设计手绘，由此开启产品设计手绘学习之旅。

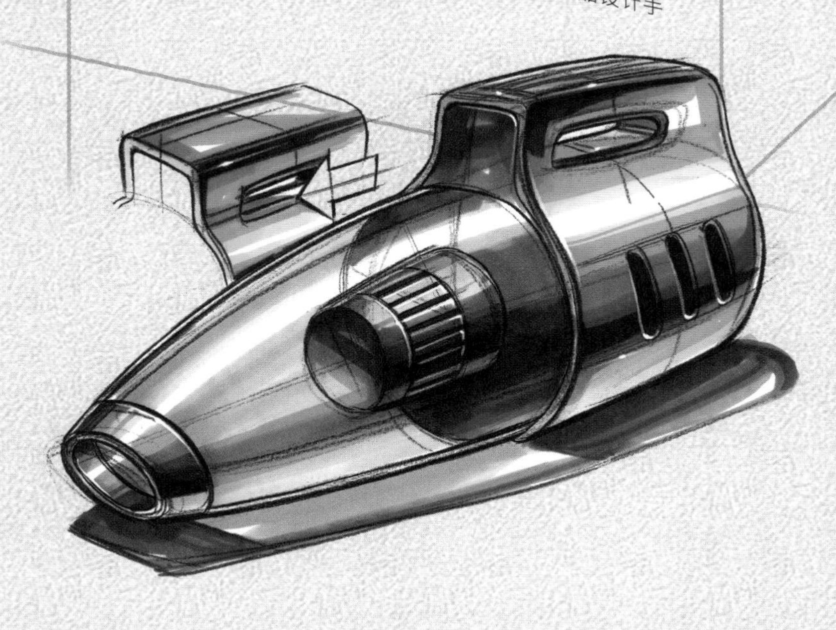

1.1 认识产品设计手绘

设计积累、设计思路记录及优化、设计（形态和设计点）传达是设计手绘能辅助设计解决的主要问题。产品设计手绘的最终目的是表达设计师的想法，并辅助其不断优化想法。在这个过程中，准确、快速地表达是非常重要的要求。其中“准确”指的是形态准确，结构清晰，画面说明性强，能够让别人“看懂”设计师的想法与设计。

1.1.1 产品设计手绘的意义

产品形态及设计的不断积累，对设计思路的记录与优化，以及对设计形态与设计意向的传达，是产品设计手绘存在的意义，也是学习产品设计手绘的目的。

• 产品形态及设计的积累

对产品形态及设计的了解是一个长期且持续的过程。在学习产品设计手绘前期，学习者可以通过加强对形态的理解与绘制练习来提升产品设计手绘技能，后期则可以反过来通过产品设计手绘来加强对形态及设计的认知。

大多数人在学习手绘的前期绘制出的形态的透视关系、结构往往不对，主要原因是对产品的形态和结构理解得不够深入，因此需要加深对产品形态的理解。对形态的理解可以通过细致地观察与研究现实中常见的产品形态来实现，也可以通过临摹与分析优秀的产品设计手绘图，快速地吸取优秀的设计创意和掌握手绘表现方法来实现。在有了一定的手绘基础之后，就要学习优秀的产品设计、结构、形态和解决问题的方式，这些积累对后期自主设计有非常大的帮助。

提示

需要注意的是，临摹不是单纯的复制，而要以理解和积累为主。有选择、有评判地临摹才有意义。在临摹积累的过程中，如果可以轻松默画，能对临摹形态进行转角度表达，这就说明你对产品形态有比较好的理解了。

• 对设计思路的记录与优化

在日常生活中，人的思路和想法总是转瞬即逝的，而手绘恰恰可以快速捕捉并记录我们脑海中的想法。

用来记录想法的手绘不用太关注设计、结构等的合理性，也不需要精致的线条、详细的功能表达、丰富的光影层次及细节刻画，更多的是快速记录想表达的产品形态的特点、色彩方案，以及结构组合方向等。建议尽量用正确的透视关系去表达，这会增强可读性，方便与同伴进行交流和后续完善形态。

同时，设计前期思路的记录与发散往往是不完善的，因此需要通过手绘对前期思路不断地进行修正、优化与调整，具体包括外部形态、产品结构、功能、细节、配色等。

• 对设计形态与设计意向的传达

传达是否清晰是判断一个设计手绘是否成熟的标准，因为设计都是为他人而非自己而做的。设计手绘不是艺术品，而是传达设计形态与思维的一种媒介。

在设计的许多阶段都需要使用设计手绘进行沟通、交流，而且有时候不仅用于团队内部成员的沟通与交流，还用于外部展示的沟通与交流。

设计需要长期的沟通与优化，以表达清楚产品的形态、功能、结构，让别人能看明白。从这一点来说，对设计师创意、思维的展示及解说就显得至关重要。而对设计思维的展示与解说一般会借助多视角透视图、爆炸图、局部放大图、剖面线、文字、使用场景等来进行。

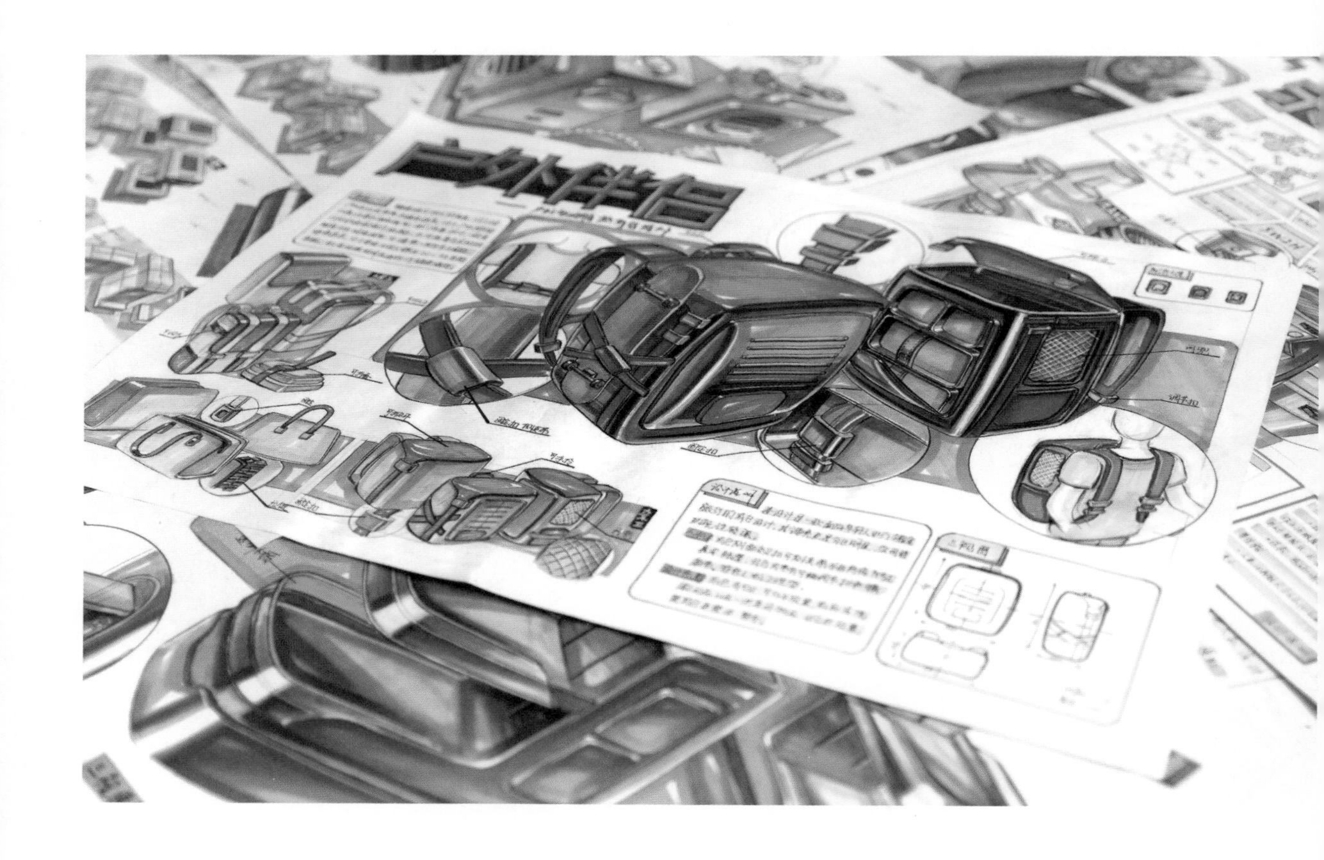

1.1.2 产品设计手绘的类型

产品设计手绘应用于设计的各个阶段，不同的阶段有不同的要求，按照功能大致可以分为草图和效果图两种。

• 草图

草图能够快速记录学习者的想法，帮助学习者进行头脑风暴式的思维发散和形态推敲等。最初的草图一般不需要进行特别精细的刻画，但要尽量保证具有识别性，产品的特征、结构、功能等要有一定程度的表达。

想法确定下来以后，进行形态推敲的时候，形态、结构、功能等要根据推敲的重点进行相应的表达，而且表达相对要更细致一些。为了便于沟通，还可以相应地进行标注、解说等。

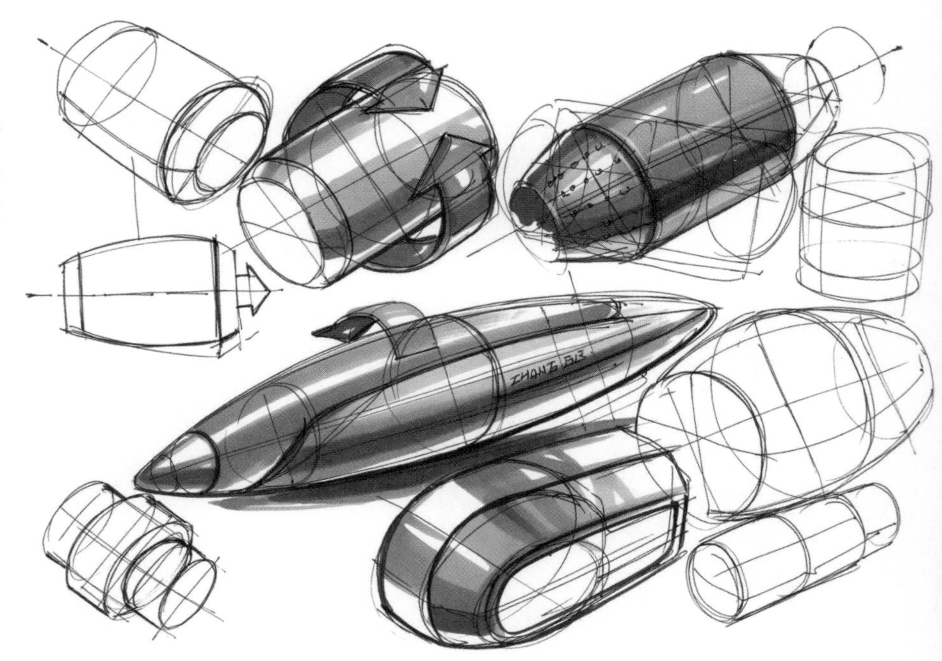

• 效果图

效果图一般是指方案的方向确定下来之后所绘制的展示图，要求做到透视关系准确、刻画细致，形态、结构等要更加精准。为了便于表达，根据情况会适当添加一些辅助说明信息，如多角度表达、箭头、文字标注、背景、场景等。

1.2 四大学习阶段

笔者将产品设计手绘的整个学习过程分为以下4个阶段，每个阶段有其对应的学习特征。

1.2.1 入门——基础知识学习阶段

许多人在刚开始学习产品设计手绘的时候，对手绘的好与差没有清晰的认知，容易被繁杂的信息干扰而走弯路，不利于自主学习。此时应该以系统学习和大量临摹为主，绘制出符合透视、光影原理的简单的产品形态，并对细节进行初步的刻画。

这个阶段要系统了解产品设计手绘知识并简单运用，然后慢慢培养自己的形态意识，激发大脑对三维产品的空间想象力。

1.2.2 初阶——大量练习阶段

初阶是很重要的阶段，也是学习时间持续比较长的一个阶段。此时学习者已经能正确地理解并运用基本透视原理、光影原理绘制出一些基础的产品形态，但还需要不断进行绘制训练。

这个阶段要慢慢萌发自己的手绘想法及思路，对其他人的手绘作品的优劣要有自己的评判标准，不要一味地临摹，手绘中可以尝试着加入自己的理解与思考，有选择地寻找适合自己的手绘技法。

1.2.3 中阶——自主学习阶段

在不断的绘制训练中，基础知识会越来越扎实。此时学习者能够熟练运用透视、光影原理和常见的造型绘制方法，自主学习别人的手绘及设计的优点，并将其融入自己的手绘中，可以满足基本的工作需求。

这个阶段要总结一些自己的产品绘制经验与风格，并表达出自己的思路和想法，通过手绘来辅助设计。

1.2.4 高阶——自如表达阶段

通过前面3个阶段的积累与学习，此时学习者一般能够熟练运用透视和光影原理绘制产品的形态、结构与材质的细节等，并能通过手绘完整表达自己的设计想法及设计功能。

这个阶段要有自己的手绘观点及原则，明确手绘的意义，能切实用手绘去辅助设计。

工业设计
ID SKETCH

1.3 工具介绍

所谓“磨刀不误砍柴工”，了解并使用合适的手绘工具可以很好地提升画面效果和绘制速度。总体来说，手绘工具可以大致分为纸张、线稿绘制工具、上色工具和辅助工具等。

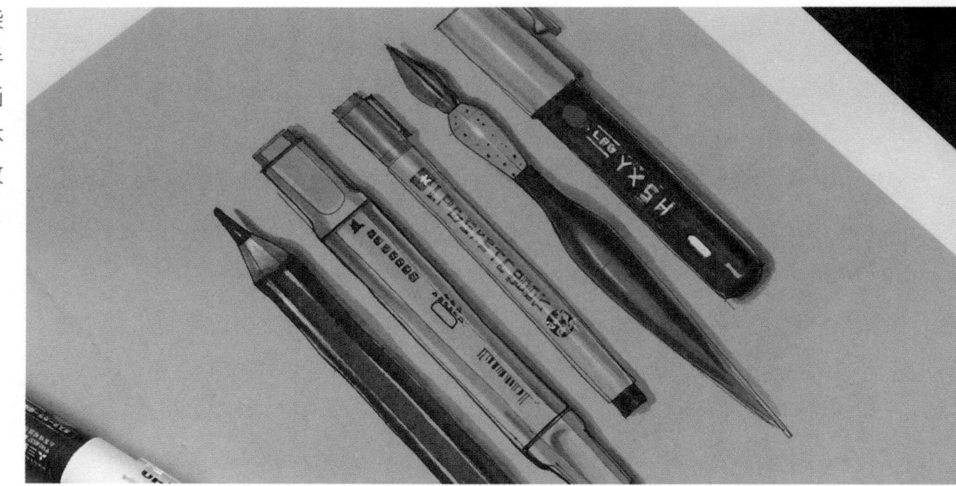

1.3.1 纸张

平时练习产品设计手绘时，如果没有特别的要求，用复印纸绘制就可以。如果想好好保存自己的图纸，或者想得到更精致的效果，漫画原稿纸和纸张定量高一点的绘图纸是不错的选择。

如果想感受一下独特的绘图体验，可以用有色卡纸或牛皮纸。因为这些纸张带有相应的颜色，所以绘制时可以省略灰阶的刻画，这种绘制方法也被称为底色高光绘图法，非常容易出效果，绘制起来相对简单、有趣。

提示

在产品设计或工业设计类专业的研究生入学资格考试中，根据学校的不同要求，也许会用到水粉纸、素描纸等。

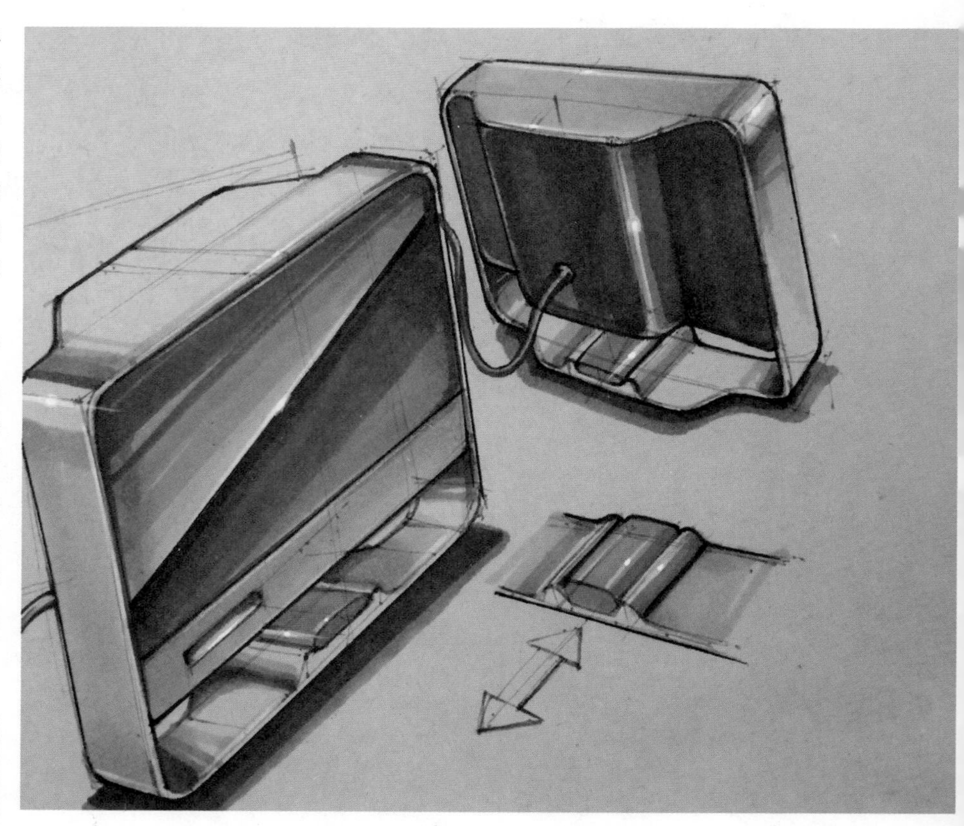

牛皮纸绘制效果

1.3.2 线稿绘制工具

在线稿绘制工具中，比较常用的是彩铅、针管笔、走珠笔、纤维笔和勾线笔等。

• 彩铅

对产品设计手绘初学者来说，彩铅是必备的线稿绘制工具。黑色彩铅深浅跨度大，可以画出不同的线条，且可以修改，深得初学者的偏爱。黑色彩铅品牌有很多。例如，辉柏嘉399黑色彩铅有比较适中的软硬度和明度跨度，不易折断，可以直接用于线稿上色。而辉柏嘉499黑色彩铅更软一些，明度跨度更大，可以用于加强线条属性或者用马克笔上完色后的勾边。

有时为了突出画面效果及趣味性，也会用其他颜色的彩铅进行绘制。例如，下图中的三菱880蓝色彩铅就是不错的选择。

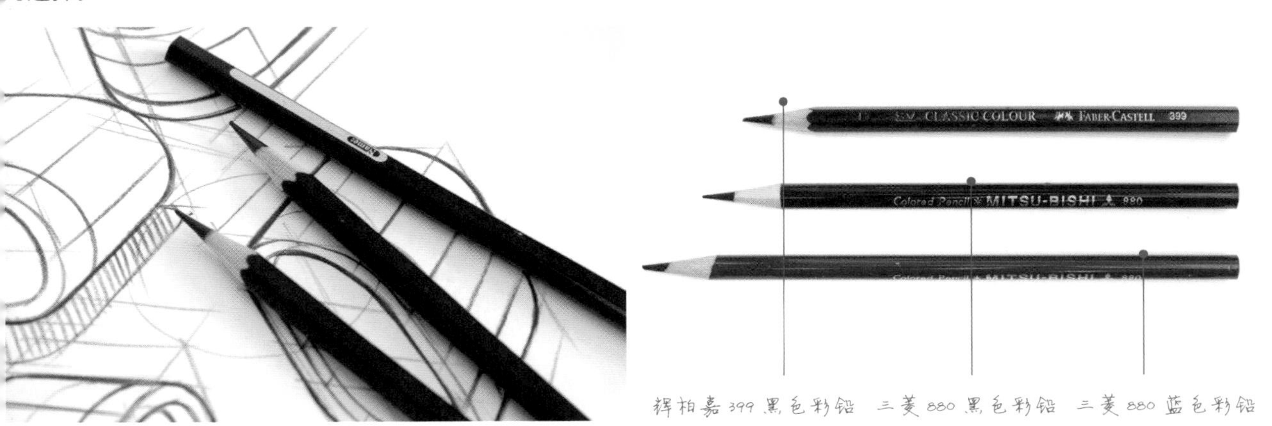

• 针管笔、走珠笔与纤维笔

当我们熟悉了手绘技法后，可以根据自己的喜好选择用针管笔、走珠笔和纤维笔等绘图。用此类笔绘图的缺点是不易修改，且使用同一支笔时很难随意变换线条的颜色深浅、粗细，优点是图面会更加干净，而且可以避免对橡皮的依赖。

针管笔的笔芯本身有粗细之分，因此在使用时方便区分线条的粗细。只要掌握了绘图流程并把握好线条的粗细，用针管笔就可以轻松绘制出很不错的效果。

如果绘图者无特殊要求，可使用走珠笔，性价比更高。与针管笔不同的是，使用走珠笔区分线条的粗细需要通过多次重复绘制来实现，或者专门用一支笔头比较粗的勾线笔描边和区分线条的粗细。

纤维笔出墨流畅，可以绘制出比较顺滑的线条，是比较不错的线稿绘制工具。

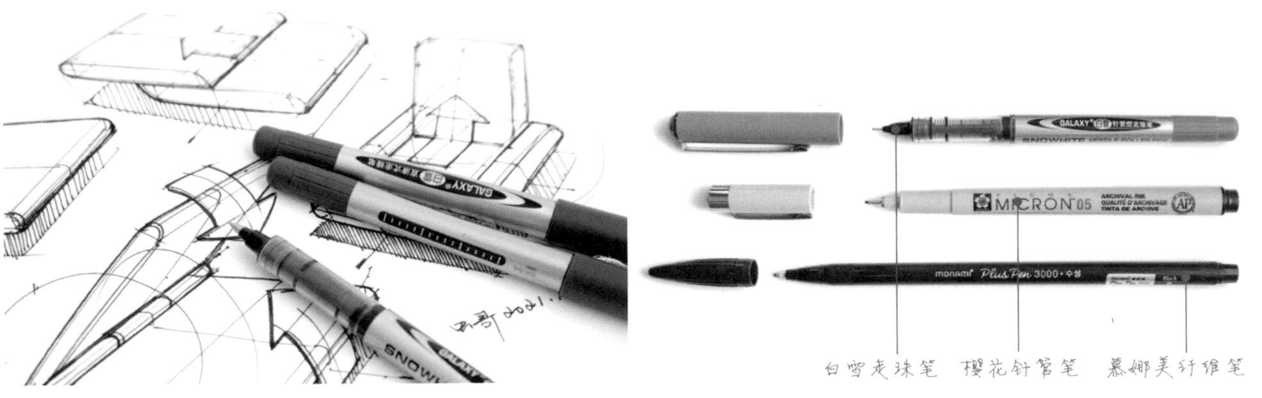

• 勾线笔

勾边笔一般选择笔头较粗的，雄狮88勾线笔就是一个不错的选择，可专门用来调整轮廓线或接缝线的粗细，区分线条属性，可以很好地提高画面对比度，让产品形态更加突出。

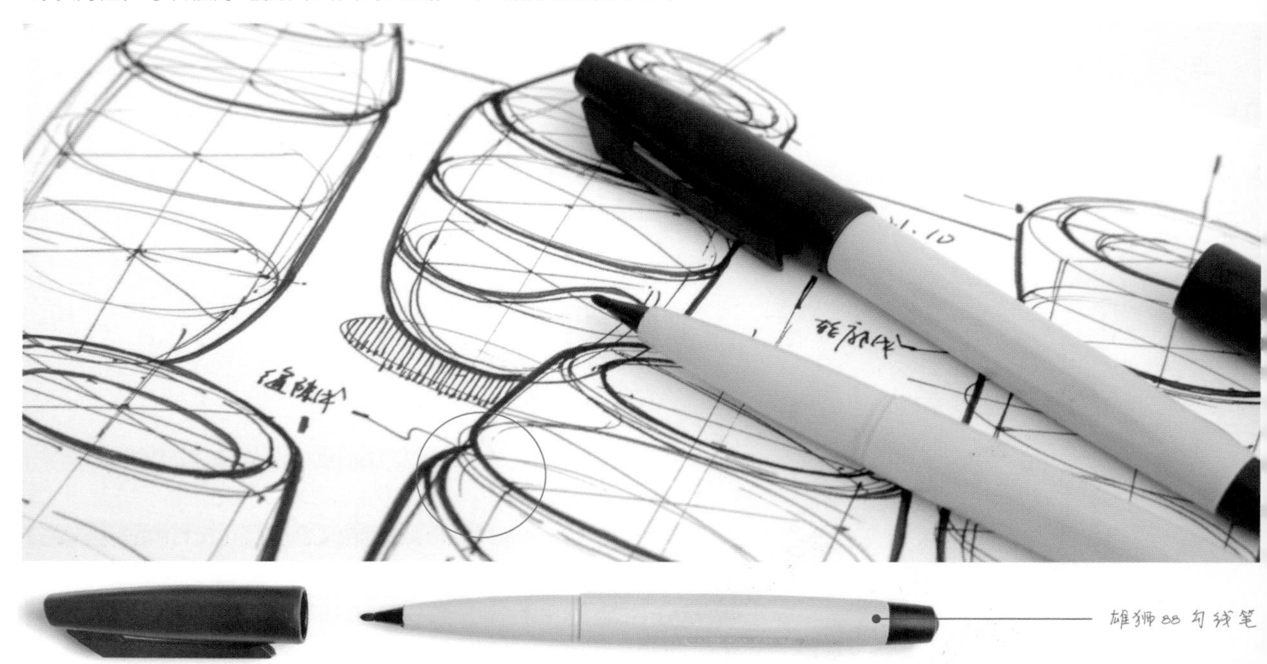

1.3.3 上色工具

上色工具包括马克笔、白色彩铅、高光笔等。其中主要的上色工具为马克笔，白色彩铅和高光笔用于提亮高光。

• 马克笔

马克笔的品牌众多，其中法卡勒的性价比较高，是大部分产品设计手绘初学者的选择。如果想拥有更好的上色效果，酷笔客（Copic）马克笔是非常不错的选择。

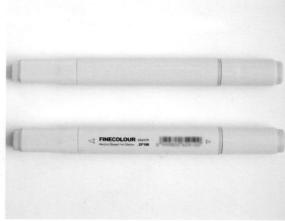

• 白色彩铅与高光笔

当小面积形态转折处需要提亮时，就会用到白色彩铅。提亮高光时如果先用白色彩铅打底，绘制出来的高光会更加真实自然。霹雳马938白色彩铅的附着能力较强，效果较好。

在手绘过程中，对于产品形态转折处或者接缝线等区域很小，不方便使用留白表现高光的位置，可以使用高光笔提亮，以增强明暗对比关系。相较于白色彩铅，高光笔的亮度更高，能够在手绘中起到点睛的作用。特别是在绘制一些表面比较光滑的材质时，高光笔的使用意义就凸显出来了。

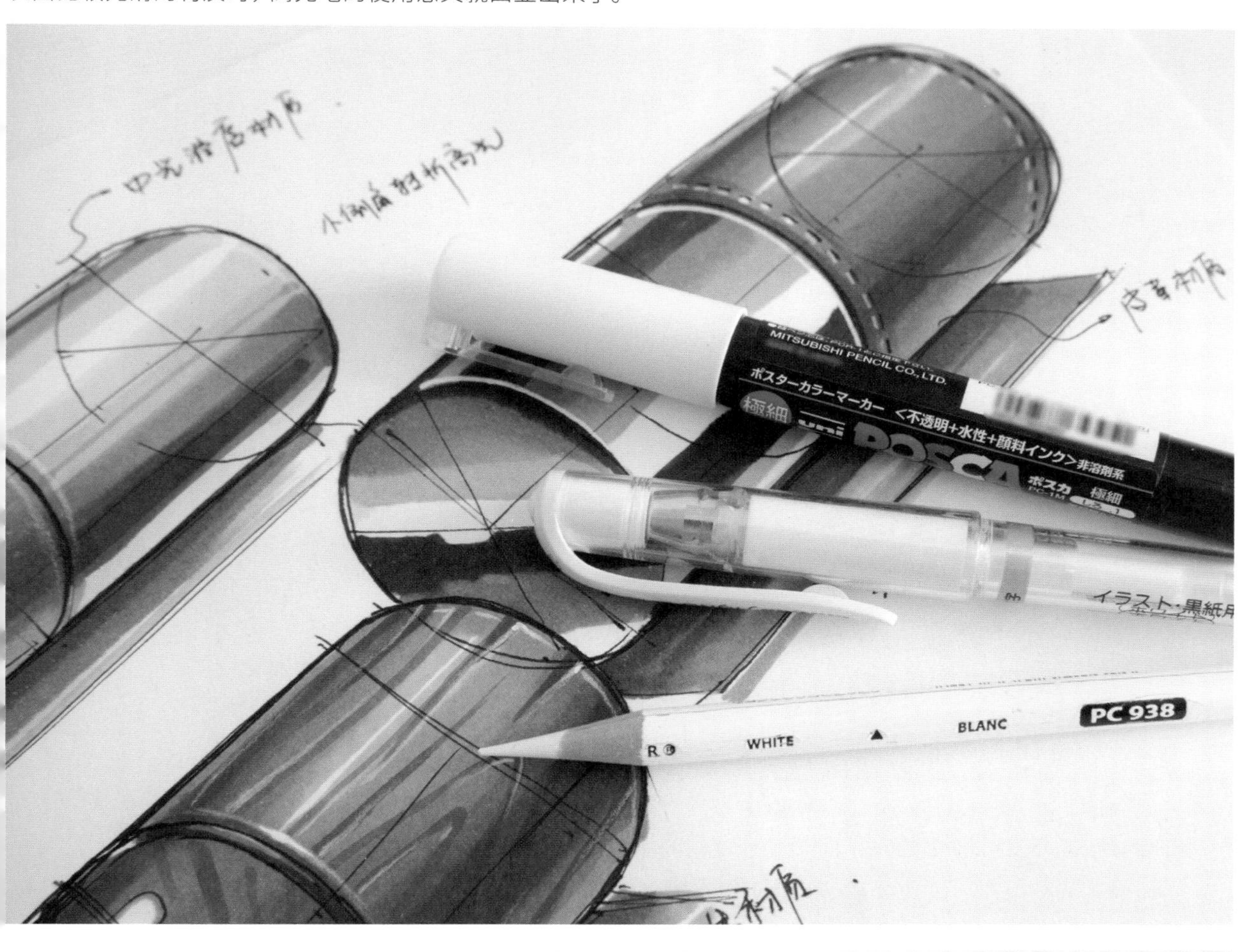

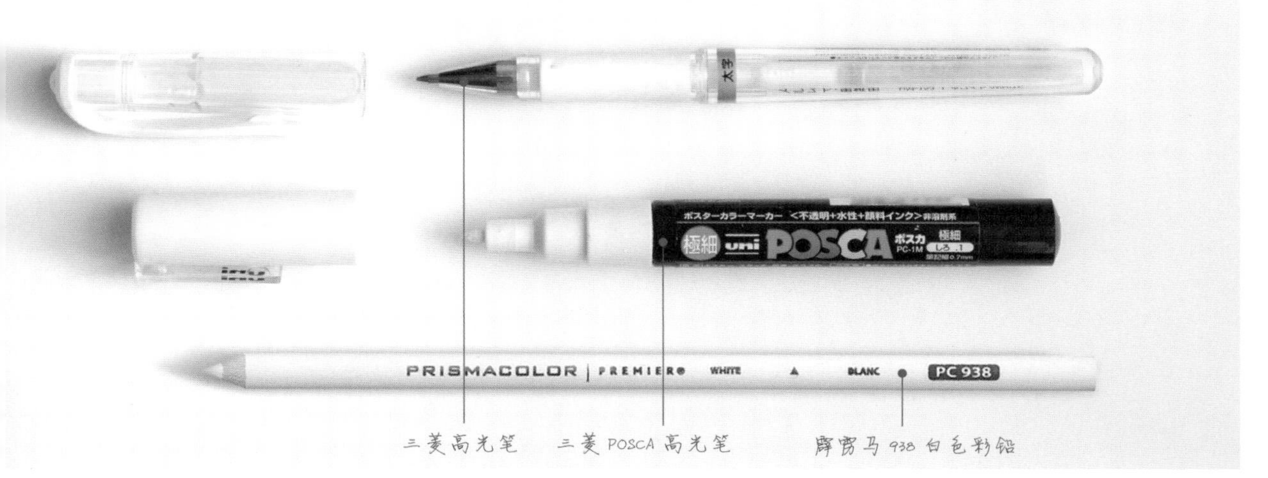

1.3.4 辅助工具

在后期调整画面时，往往会用到绘图尺进行必要的辅助绘制。例如，需要对产品形态的轮廓线勾边、处理细节（接缝线等）、提亮高光、调整背景时，用绘图尺辅助处理会更干脆、有力，能得到更精致的绘制效果，也有助于提高绘图速度。绘图尺多种多样，常见的有直尺、平行尺、曲线尺、圆模板、椭圆模板等。

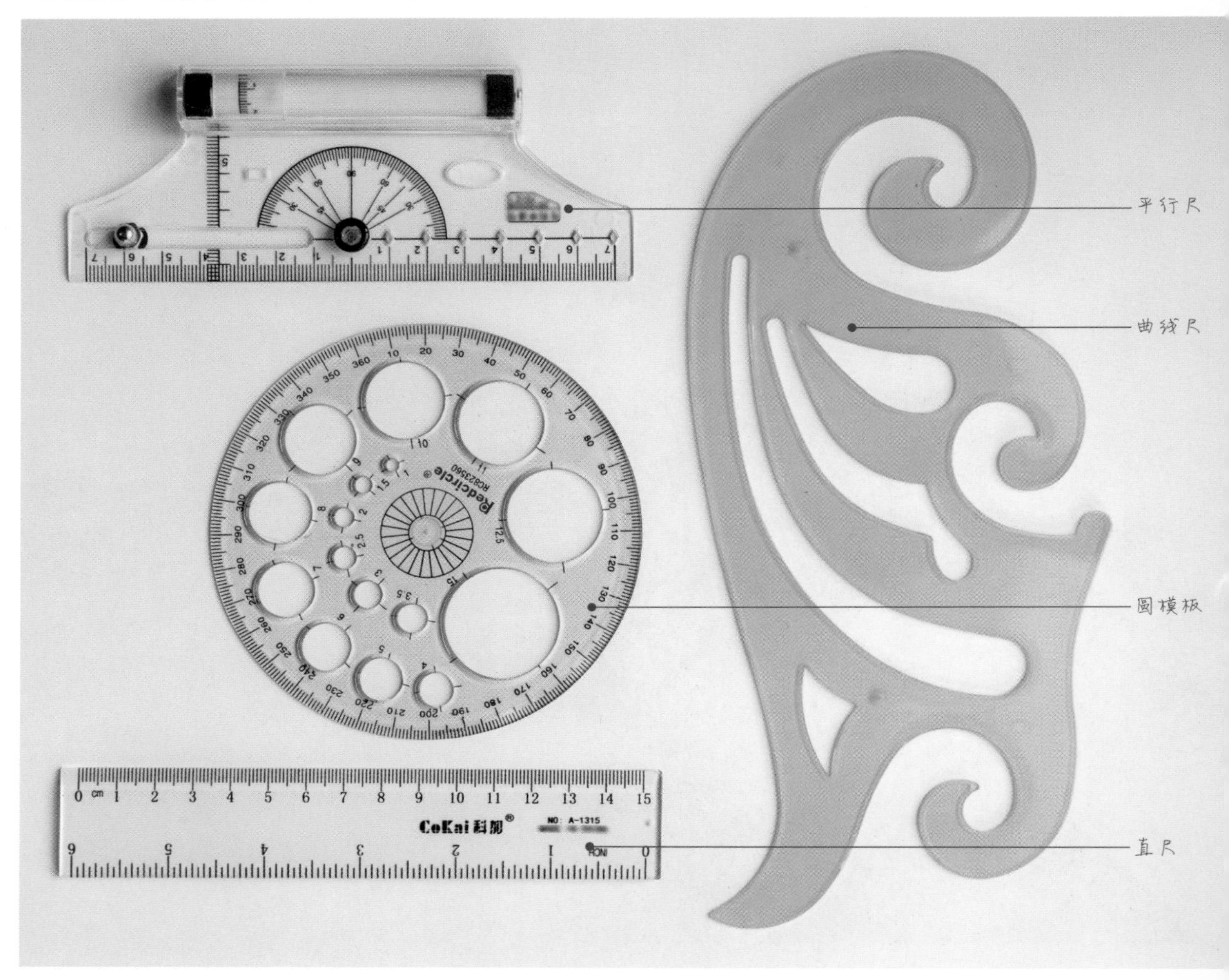

第 2 章

手绘线条系统训练

线条是产品设计手绘的基础构建元素，使用准确、流畅的线条能提高绘图效率，并让设计表达得更加清晰、顺畅。多进行科学的线条绘制训练，不仅有利于我们打下良好的手绘基础，还会让我们的手更加灵活，因此要重视线条的训练。本章将从线条的意义和属性区分、线条的绘制姿势、不同功能的线条应用，以及常用线条的实用训练方法等方面展开讲解。

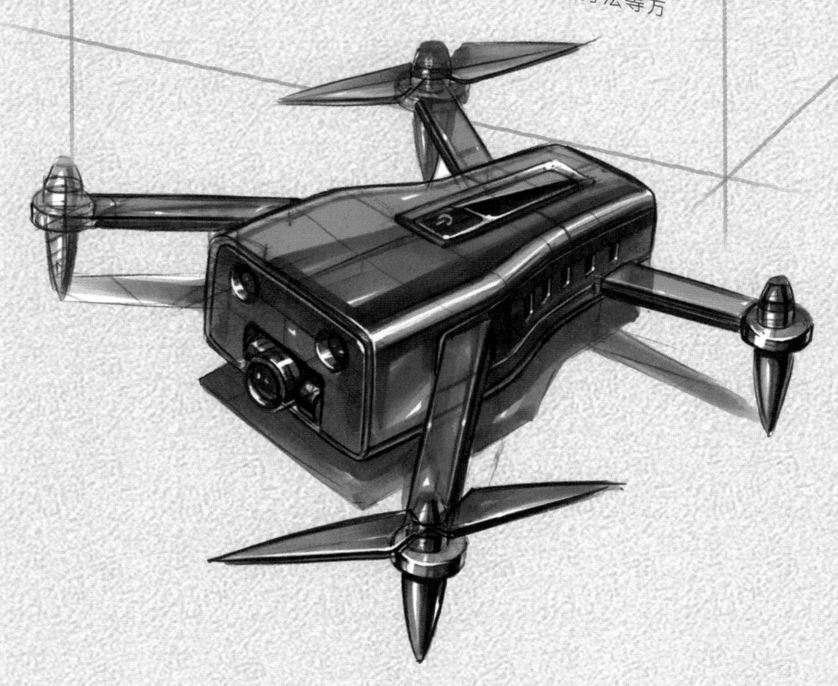

2.1 线条的属性

区分线条属性可以让形态更加突出，绘制效果会更加清晰、明确。只有了解了线条的意义及属性区分的规则，才能在绘图时建立秩序，让形态在观者眼中变得不再混乱。

2.1.1 线条的本质及意义

因为光线的存在，所以我们能用眼睛感知到物象。当光照射到物体上，形态转折处会因光线而形成视觉感知上的明暗差别，或者形态与背景形成明暗差别。这些差别的交界处，就是我们所看到的“线”。产品设计手绘形态上的线一般存在于物体本身的组件与组件之间、面与面的转折处，以及形态与背景的交界处。

在学习绘制线条之前，一定要明白线条在产品设计手绘中的意义在于塑造及辅助塑造形态。产品设计手绘需要通过熟练且合理地绘制线条来承载设计形态，以更快速、更准确地传达设计结果。

提示

线条的训练需要长期坚持，在入门阶段，建议每天进行30~45分钟的磨笔训练。

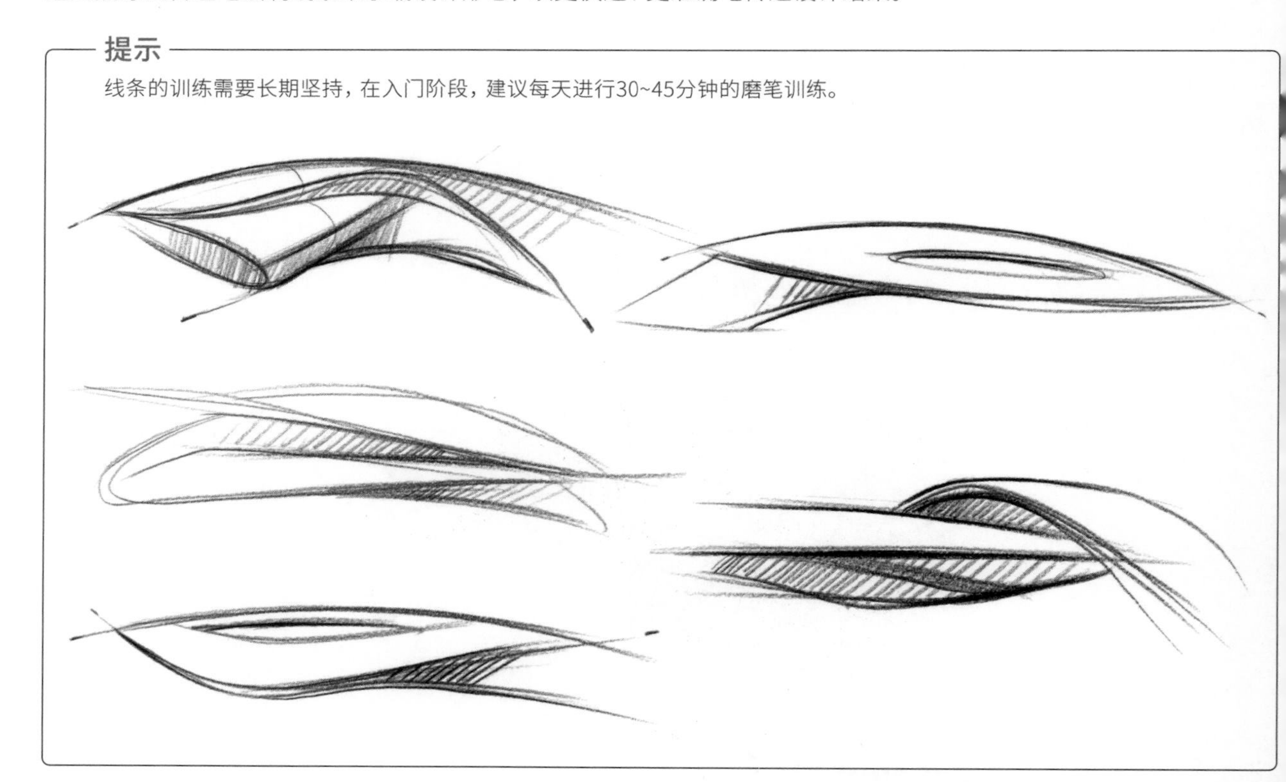

2.1.2 线条的属性区分

由于产品设计手绘中面与面的转折处由线与线的交接配合组成，再加上绘制初期的形态辅助线等，因此绘制过程中会出现非常多的线条并产生交织。如果所有线条的粗细都一样，或者不符合正确的视觉规律，便会很容易引起视觉混乱，导致无法看清产品结构。

鉴于人的视觉规律和实际光影的影响，绘制产品设计手绘时通常会对形态上常见的线条进行梳理，并做属性划分，这样能更好地体现出形态的立体感与结构的清晰度。线条属性的区分会贯穿整个手绘过程，因此要予以足够的重视。

常见的线条按属性划分有轮廓线、接缝线、结构线、形态辅助线（包括起稿辅助线、截面线、细节部分结构线等）。

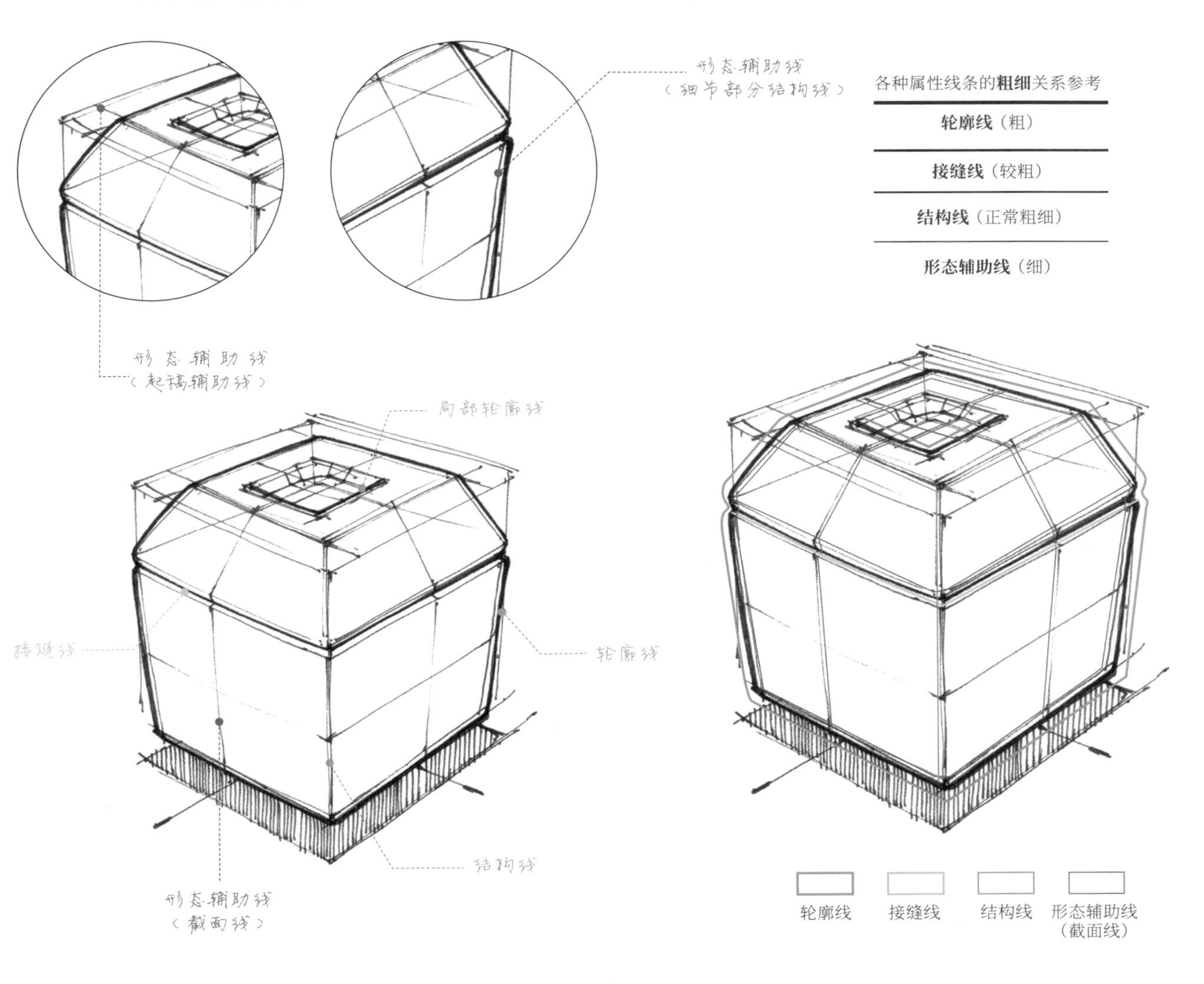

轮廓线是区分产品与产品或产品与背景的线条，加粗轮廓线可以使产品形态表达得更突出、明确，并区别于形态上的其他线条。因此，轮廓线在产品绘制的线型中会更粗一些。

接缝线是表达产品不同部件之间因拼接而产生的缝隙的线条，并明确存在于产品形态的表面。在刻画产品的细节时，有时为了强调结构，一般会着重刻画接缝线，并且线条会相对粗一些。

结构线是产品形态面与面转折处的分界线，因此也叫转折线。结构线是产品形态构建的骨架，是诠释和强调造型必不可少的线条。结构线是手绘中的常规线条，粗细属于中间层次。

提示

正好处于产品明暗交界位置的结构线，相比其他结构线会更粗一些。

形态辅助线是辅助绘制形态或辅助说明形态的线条。常见的形态辅助线大多都是为了更清楚地解析产品结构，主要分为起稿辅助线、截面线和细节部分结构线（较小的倒角转折等往往用比较细的线条处理，与形态辅助线做同样处理）等，特点是线条较细。其中，截面线是形态辅助线中非常重要的部分，是绘制者根据对产品形态的理解与把控，借助线条使形态表面的起伏转折呈现得更加明确、充分的一种表达方式。截面线并不真实存在于形体表面，但在设计手绘中有非常重要的说明作用。

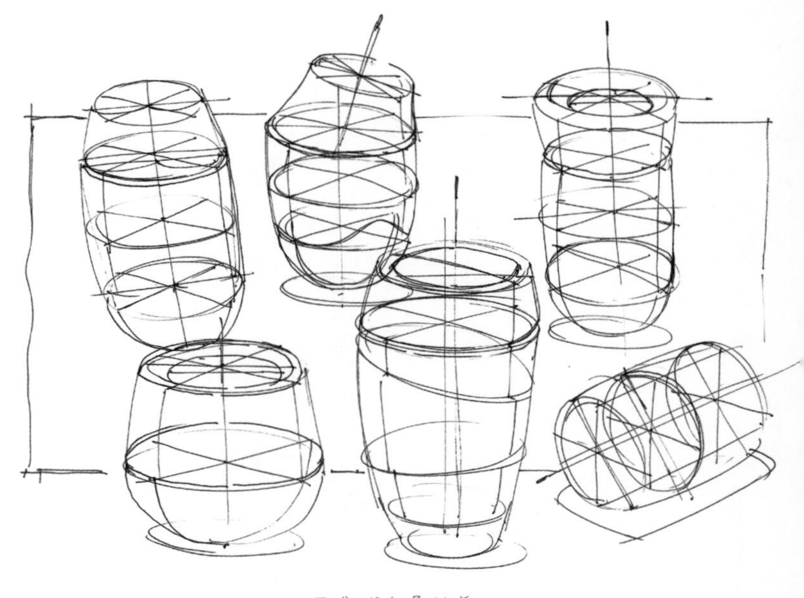

区分线条属性前

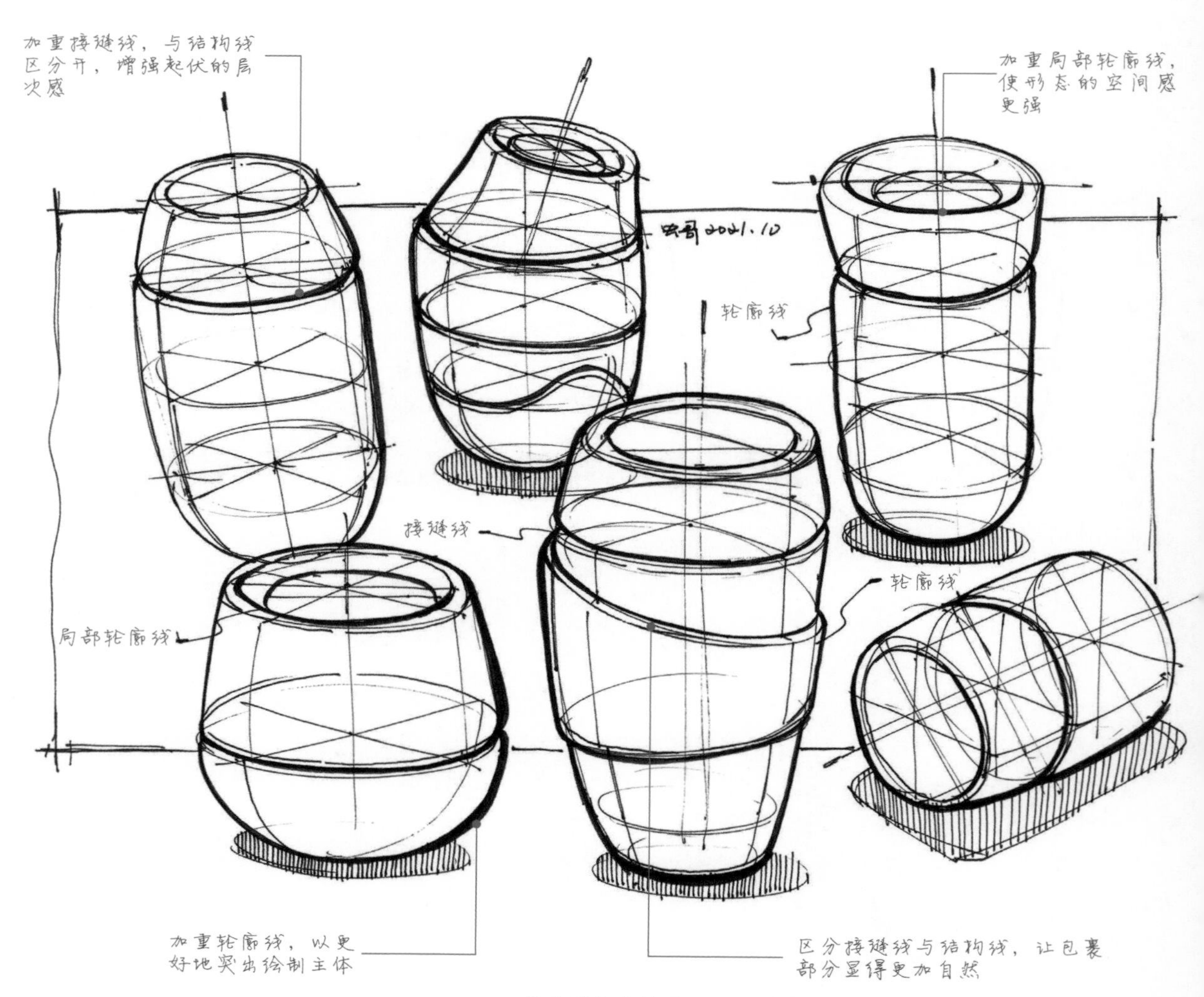

加重接缝线，与结构线区分开，增强起伏的层次感
加重局部轮廓线，使形态的空间感更强
轮廓线
接缝线
轮廓线
局部轮廓线
加重轮廓线，以更好地突出绘制主体
区分接缝线与结构线，让包裹部分显得更加自然

区分线条属性后

2.2 直线的绘制姿势

直线是产品设计手绘中较常用的线条，也是进行其他线条训练拓展的基础。这里主要以直线为例，来讲解线条的绘制姿势。

了解正确的握笔姿势是练习绘制线条的第一步，具体可按下图所示的姿势来握笔。需要注意的是，握笔时要有力度，手指离笔尖的距离以眼睛能看到笔尖为宜。笔与纸面的夹角约为45°，这个角度也是马克笔在运笔时比较合适的角度。大多数情况下，笔尖的方向与所绘制的线条方向保持垂直。

虎口位置可以辅助固定铅笔
3个手指对铅笔起主要固定作用
45°
正常绘制线条时，铅笔与纸面的夹角约为45°

2.2.1 横线的绘制姿势

绘制横线的动作十分常见，相对来说也更为简单。绘制横线时的姿势要求与建议如下。

ⓐ 在放松状态下，让笔与手腕、肘部成一条直线。笔尖的方向与线条（也就是纸面顶边）的方向基本保持垂直。

ⓑ 绘图时手指、手腕的姿势相对保持固定。

在抓住以上要点的基础上左右平移整个手臂就可以成功画出横线。

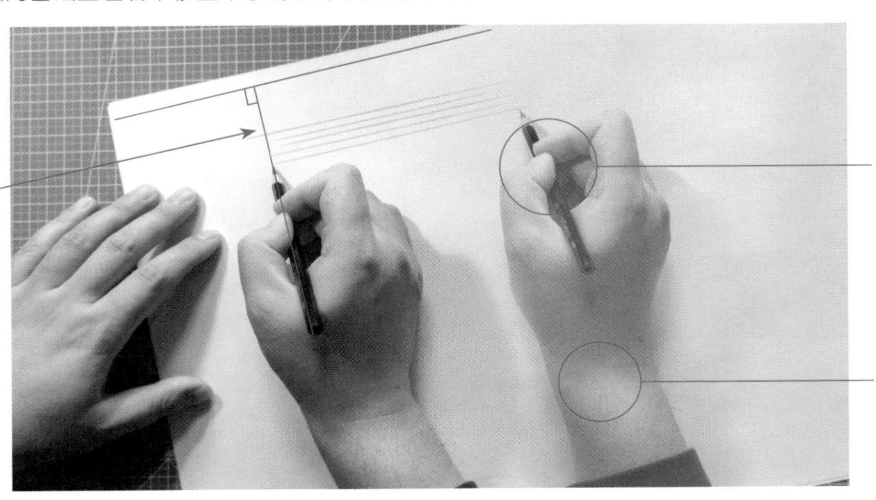
笔尖的方向与线条（也就是纸面顶边）的方向基本保持垂直
手指部分的姿势相对保持固定
手腕部分的姿势相对保持固定

提示

根据个人的姿势和习惯，绘图时一般会将纸张进行一定的倾斜，倾斜角度以个人绘图时的舒适性为准。

前期绘制或临摹产品时如果对线条的绘制方向不熟悉，可以偶尔或者根据绘制情况调整一下纸张的角度，毕竟塑造形体、表达自己的设计思维才是关键，没必要舍本求末。

在日常的线条练习中，许多初学者之所以画不直，很可能是因为手腕或手指晃动了。因此让笔与肘部保持在一定角度，并让手指与腕部保持相对固定是绘制直线的关键。

2.2.2 竖线的绘制姿势

绘制竖线的动作较少出现，对于初学者而言有一定难度，需要多加练习。绘制竖线时的姿势要求与建议如下。

ⓐ 在放松状态下，让笔与手腕、肘部成一条直线。笔尖的方向与线条（也就是纸面侧边）的方向基本保持垂直。

ⓑ 手指与手腕相对保持固定。

在抓住以上要点的基础上上下平移整个手臂就可以成功画出竖线。

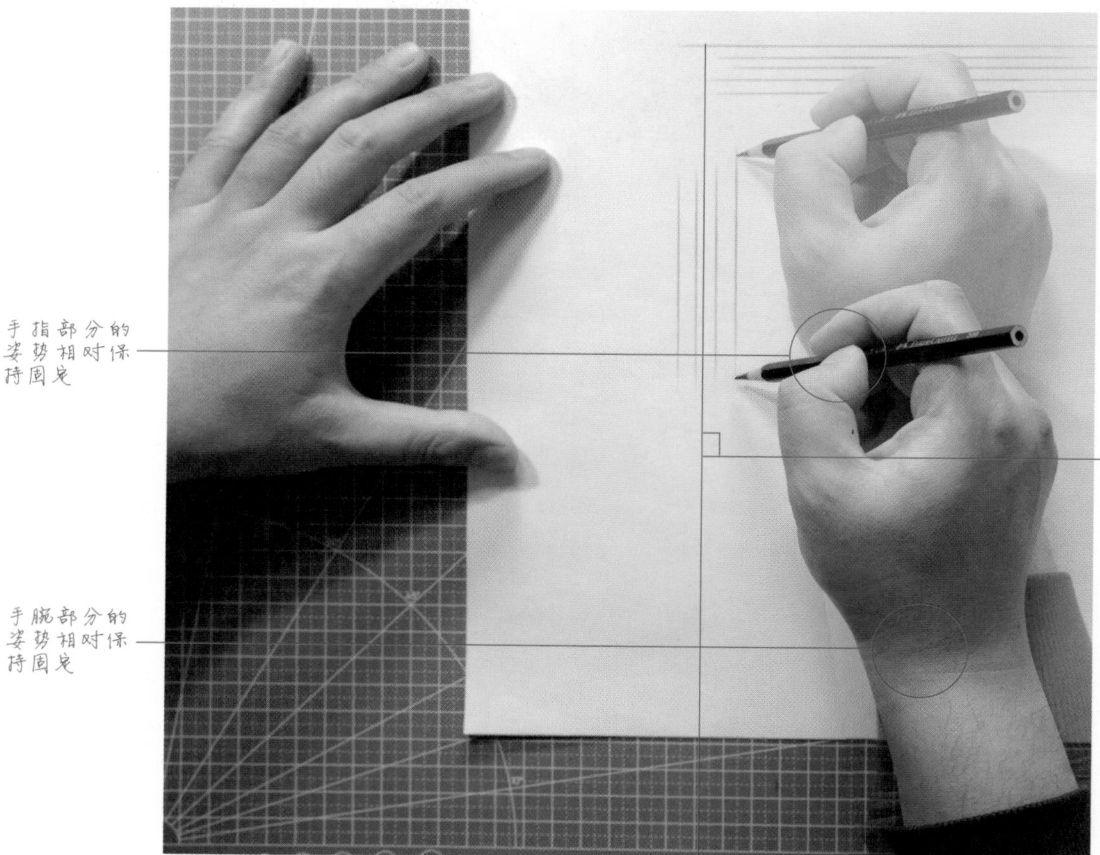

提示

绘制竖线的动作对于初学者而言有一定难度，必须经过大量的训练才能画好竖线。绘制时如果线条的方向暂时不能与纸面顶边保持垂直，可以定点后调整一下纸张的角度再进行绘制。

2.3 3 种功能线条

了解绘制过程中不同功能线条的绘制技巧与用法，能够极大地提高绘图的效率，提升画面效果。

2.3.1 起稿线

在产品设计手绘中，通常把起稿时使用的容易修改、矫正的线条称为起稿线。在刚开始起稿，确定产品整体形态的时候，绘制的线条并不能做到完全准确，因此这时候的线条往往需要表现得比较虚、细，以便绘制出错时进行更正，也能避免过度依赖橡皮。

绘制起稿线时握笔可以有力度，但手臂一定要放松，要保证绘制出的线条轻快、流畅。绘制线条前通常可以先定出线条的两个端点，在两端点间重复虚画几次，确定笔尖能够准确通过两个端点后再正式画出直线。

由于所用的笔的种类不同，因此绘制出的起稿线也会不同。用铅笔绘制的起稿线中间实、两端虚，用走珠笔或针管笔绘制的起稿线相较于前者会更虚、更细，也更均匀。

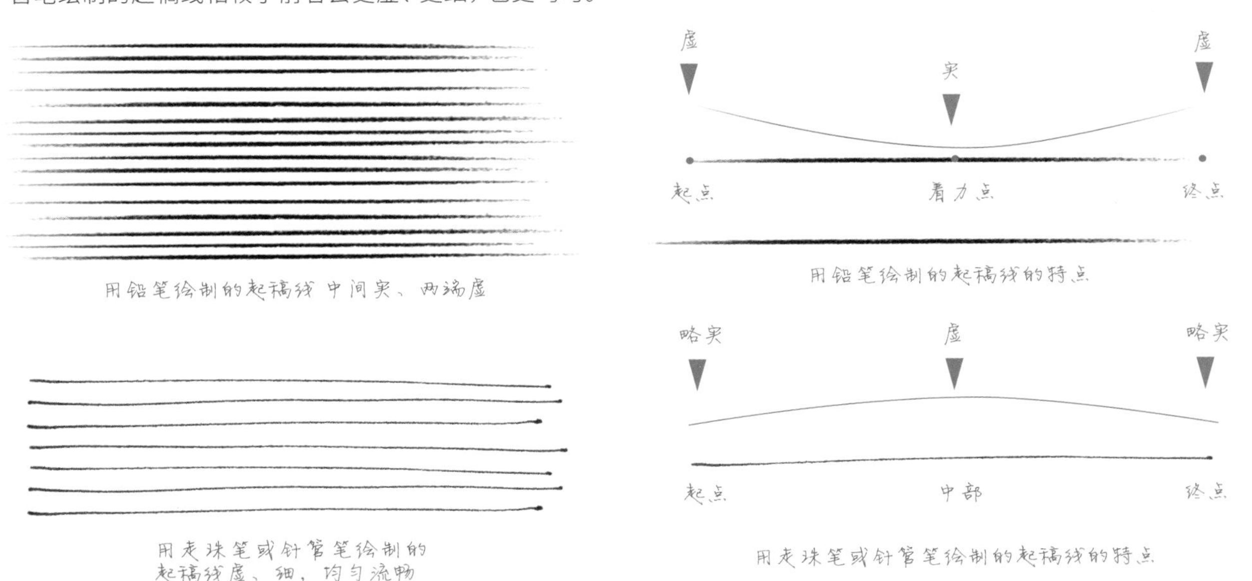

初学者往往会因为控制不好力度而导致画出来的线条比较粗实，或者在还没确定形态的时候就急于加粗线条。这两种做法都不便于绘图时修正线条，也不利于区分线条属性，一定要避免。

提示

如果起稿线画得太实，绘图时会无法进行线条矫正，后期也不好区分线条属性。

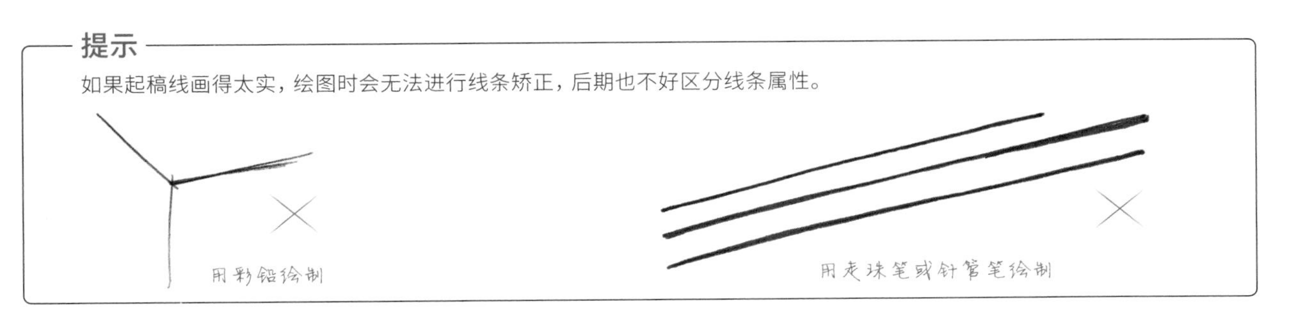

2.3.2 强调线

在确定了产品整体形态及细节后，为了让形态更具表现力，通常会对线条属性进行区分。例如，对轮廓线、接缝线、明暗交界线等进行加重、强调处理。这种情况下绘制的加重线条被称为强调线。

强调线一般通过重复绘制的方式完成，因此也叫重复线。强调线通常有两种重复绘制的方式，一种是用重复整条起稿线的方式加重，另一种是以起点实、结尾虚的直线分段重复的方式加重。在实际的产品设计手绘过程中，大家可以根据线条的长度、弧度，以及个人能力选择性绘制，以最终效果顺畅为准。除了能达到强调与加重的效果，进行强调线的训练还有助于提升线条绘制的精准度，所以要多加练习。

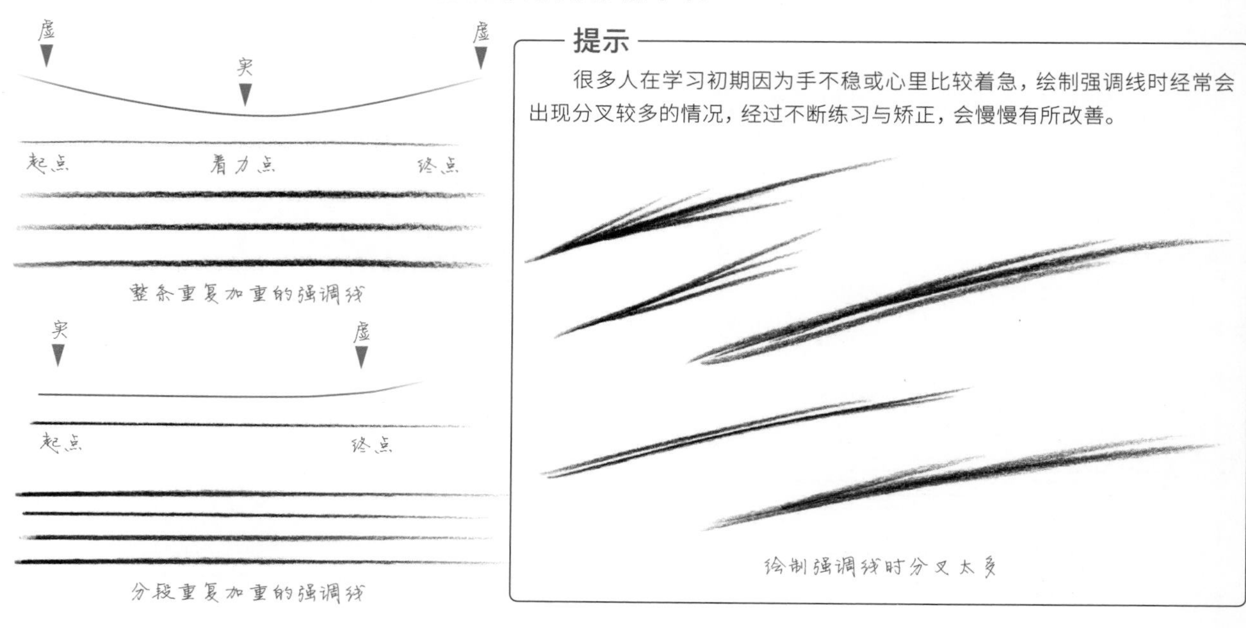

整条重复加重的强调线

分段重复加重的强调线

提示

很多人在学习初期因为手不稳或心里比较着急，绘制强调线时经常会出现分叉较多的情况，经过不断练习与矫正，会慢慢有所改善。

绘制强调线时分叉太多

2.3.3 阴影线

有时会根据形态需要对产品图的暗部和投影以排线的方式进行刻画，这种情况下绘制的线条被称为阴影线。阴影线的特征是线条较细，间距、粗细等比较一致，使用不同的笔绘制出的效果是不同的。

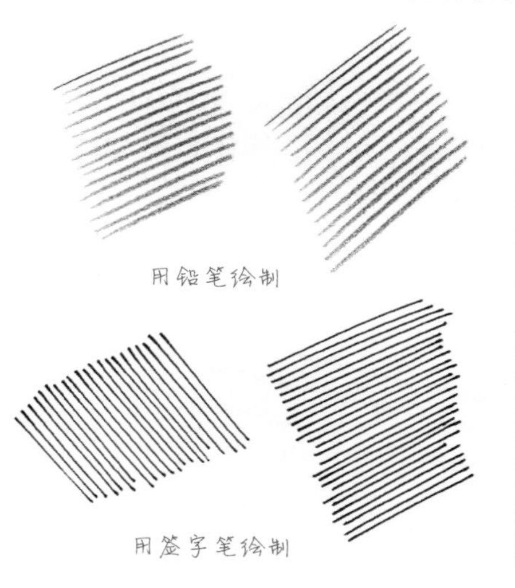

用铅笔绘制

用签字笔绘制

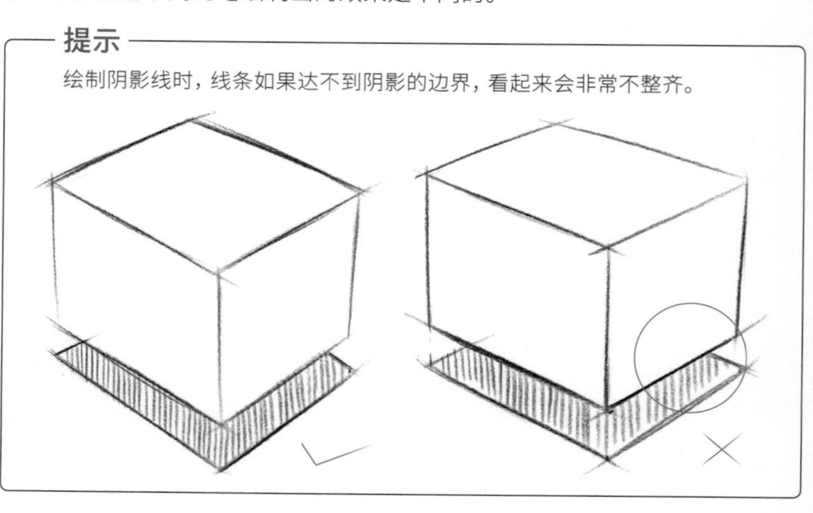

提示

绘制阴影线时，线条如果达不到阴影的边界，看起来会非常不整齐。

2.4 线条的训练方法

了解了线条的属性区分、不同线条的功能之后，就需要解决“如何才能绘制出更准确的线条”的问题了。下面介绍几种实用的线条训练方法。

2.4.1 直线

直线是一种十分普遍的线条，进行直线的绘制训练时要谨记前面提到的绘制姿势的要点。

• 手感训练

在进行线条训练之前，可以先进行线条的手感练习。这时候不用考虑线条是否准确，只要保证绘制的姿势正确，线条直、流畅即可。目的是为了让自己的手“活”起来。切忌绘制时犹豫不决或绘制的线条太潦草。

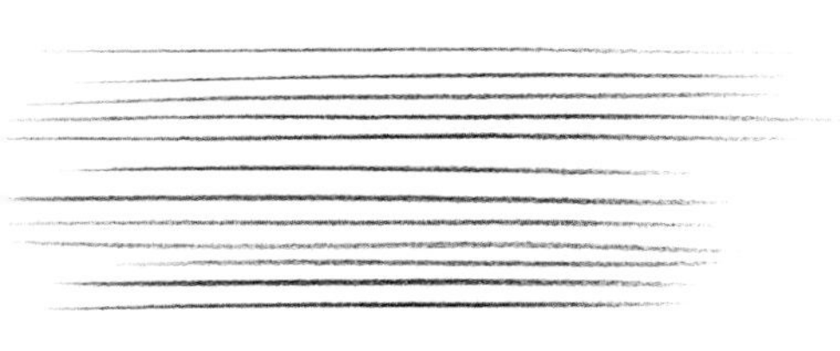

线条的手感训练主要是为了熟悉绘制姿势，保证线条流畅，让手熟悉画线的感觉

• 两点穿线训练

在实际的起稿过程中，往往会根据产品的形态确定产品绘制的关键点、特征点等，然后用线条将相应的点连接起来，这就是定点穿线。其中两点穿线训练是直线训练中较重要、有效的训练方式。

在进行两点穿线训练的时候，可以先根据两个点的位置重复虚画2~3次，确定轨迹后按照之前的虚画频率落笔于纸面。绘制时要尽量准确地穿过两点，并且两端出头不要太长，增强控制力。

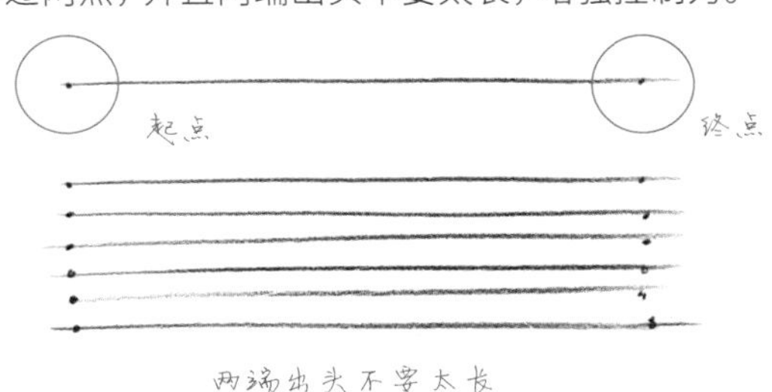

两端出头不要太长

除了两点穿线练习，还可以设定更多不同位置、不同距离的点进行训练，也可以将线条放在不同的形态和透视关系中进行训练。经过一段时间的训练，线条的顺畅度和准确度会得到很大提升。

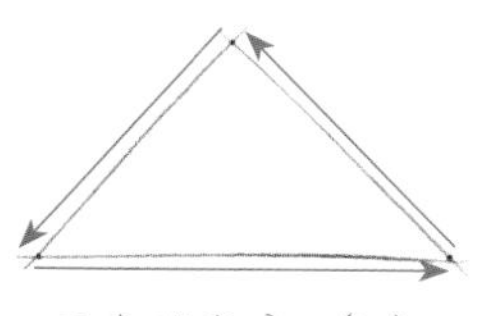

用直线连接3个点

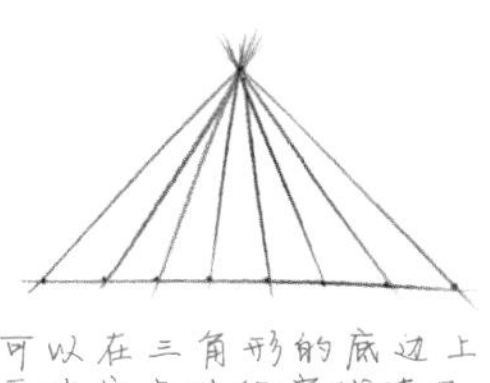

可以在三角形的底边上再次定点进行穿线练习

随机定多个点，保证点与点之间的距离相对均匀，但不要过短

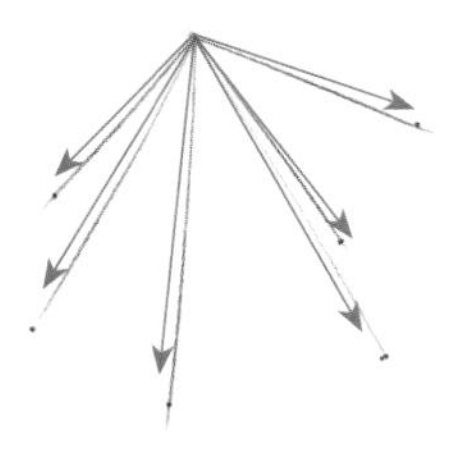

从其中一个点开始用直线连接其他的点

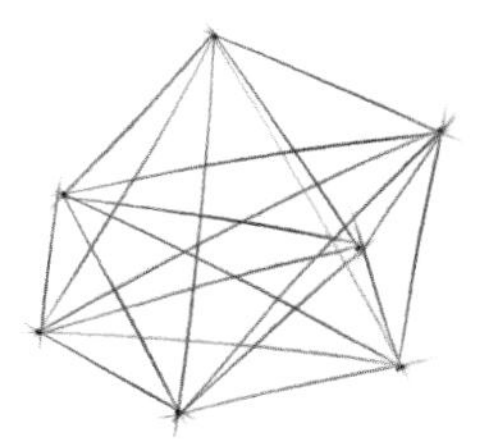

其他点进行一样的操作，最终形成一个完整的图形

训练任务

直线训练是十分基础的训练，大家在训练的过程中要注意绘制姿势，并端正训练态度，不要担心画错，这样才能绘制出精准的线条。

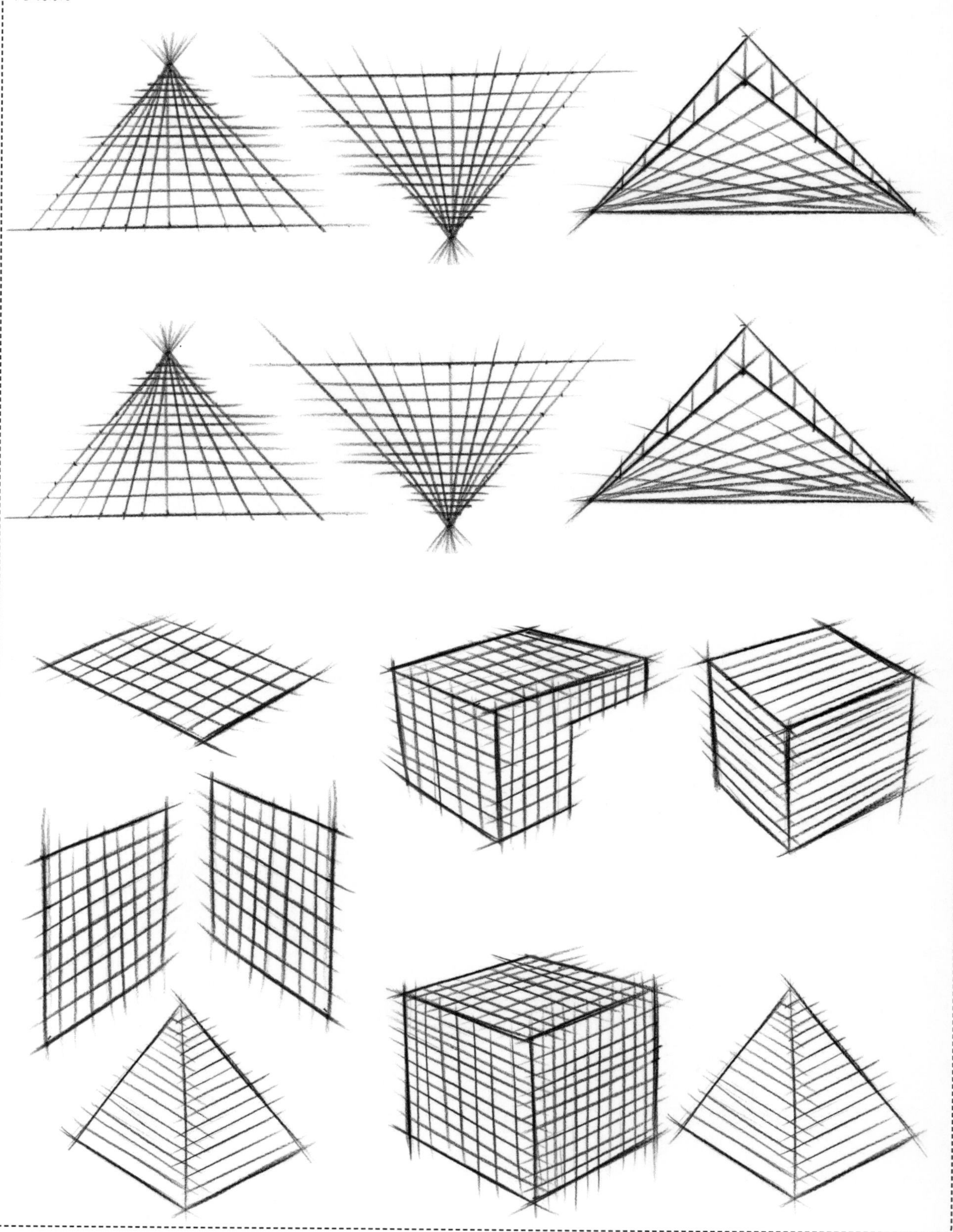

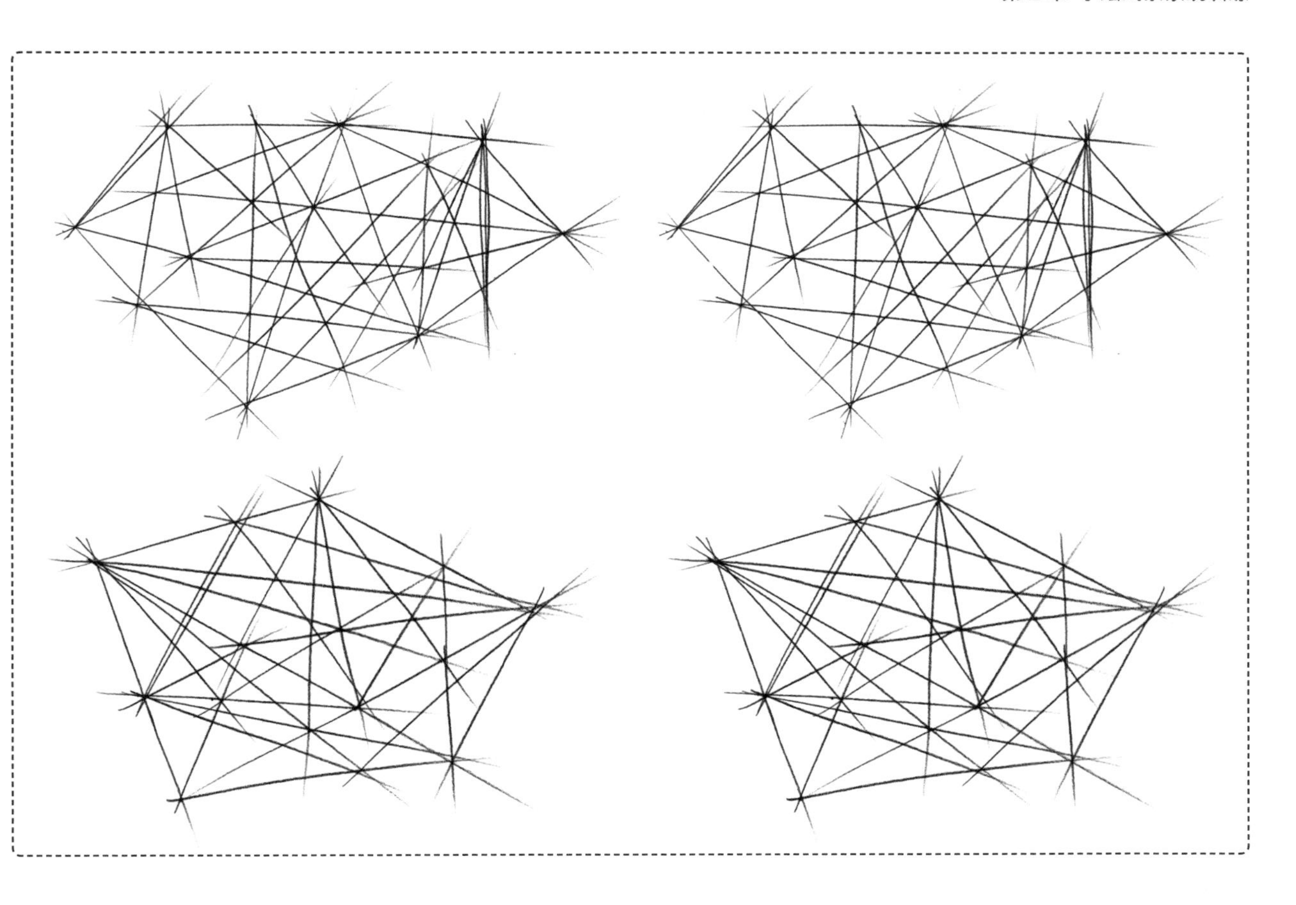

2.4.2 曲线

与直线一样，曲线在产品设计手绘中也很普遍，因此非常有必要进行曲线的训练。对3个不在一条直线上的点进行顺滑连接，就可以绘制出一条曲线。

• 手感训练

进行曲线的手感训练时可以绘制不同方向、不同弧度的曲线，此时不用考虑线条是否准确，只要保证线条流畅即可，为的是增强绘制手感。训练时要舒畅、放松，认真感受线条的弧度。

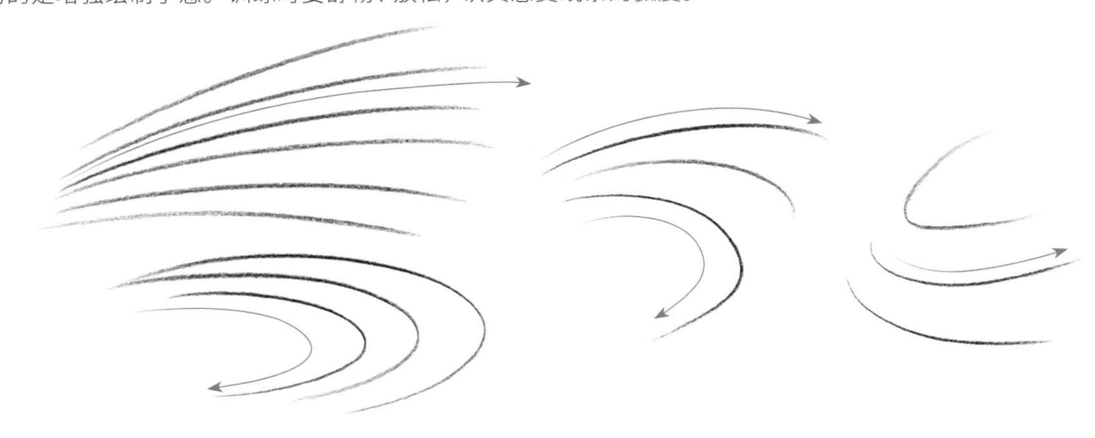

• 定点曲线训练

在绘制曲线之前，一般会先确定曲线上的特征点，然后对特征点进行顺滑连接。曲线的特征点决定了曲线的走势与方向。

在训练初期，可以对单条曲线进行专门的训练，随机找一些点进行顺滑连接。可以一次性连接多个点，也可以分段连接，但要尽量保证线条的准确性与顺畅性。

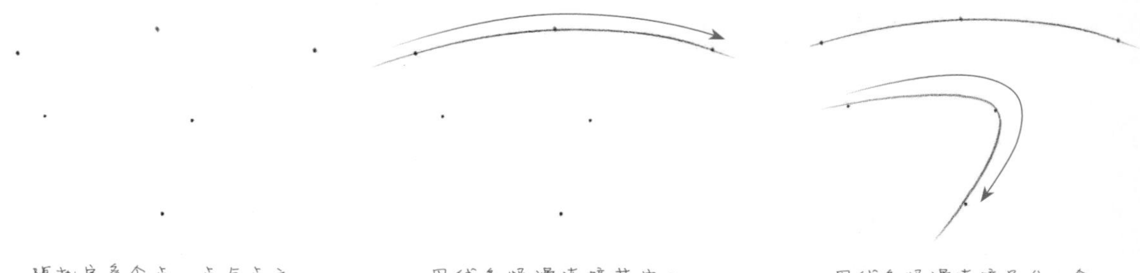

随机定多个点，点与点之间保持一定的距离
用线条顺滑连接其中3个不在同一直线上的点
用线条顺滑连接另外3个不在同一直线上的点

有了一定的手感与把控之后，可以通过绘制曲线形态的方式来提升绘制的精度与顺畅度，同时可以训练造型能力。绘制时注意整体比例、顺畅度和线条属性等问题。

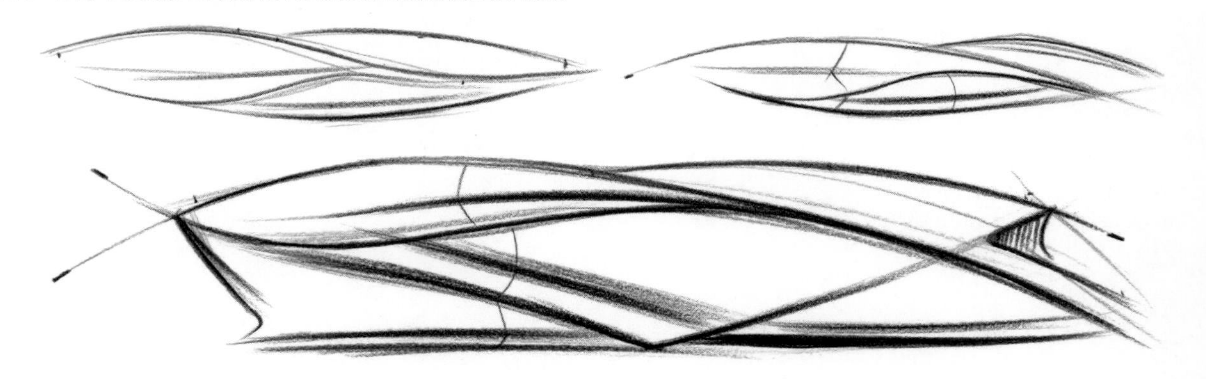

• 对称曲线训练

对称曲线在手绘中经常以透视情况下的非对称状态出现，绘图时要掌握好透视的变化规律，并注意表现出这一特点。

可以通过定点的方式来训练对称曲线的绘制。首先在纸上定出对称曲线的3个主要特征点，然后进行轨迹的重复虚画尝试。熟悉曲线轨迹后，快速移动手臂完成绘制。

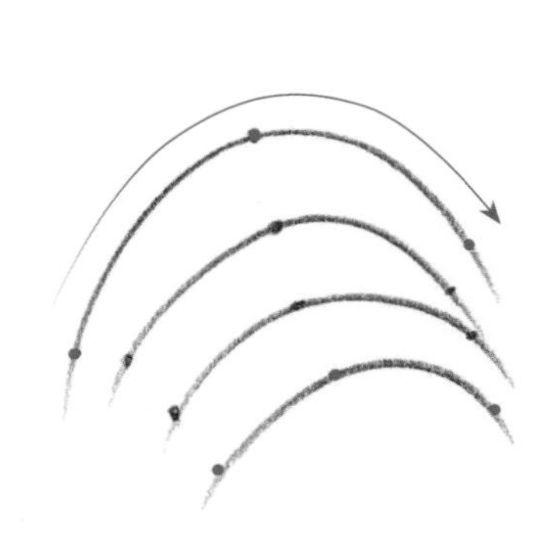

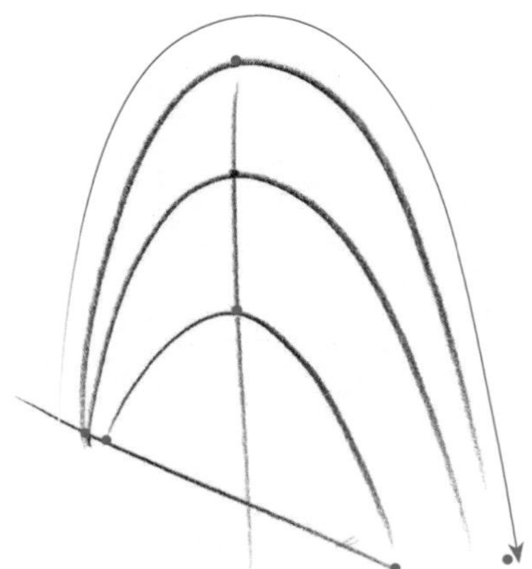

如果前期绘制透视情况下的对称曲线有难度，可以通过添加方体透视面辅助线的方式进行绘制。

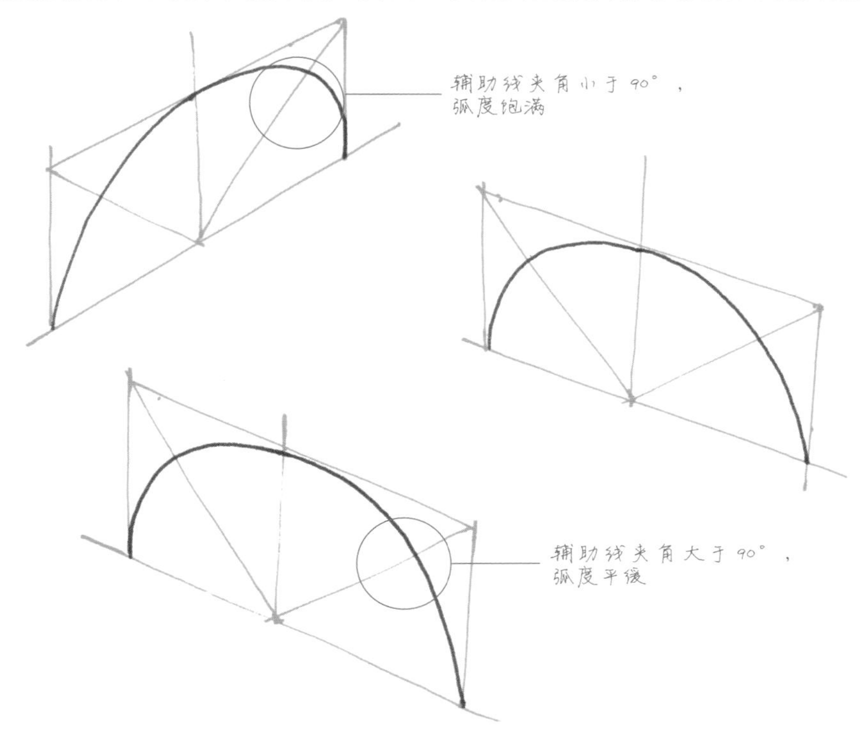
辅助线夹角小于90°，
弧度饱满
辅助线夹角大于90°，
弧度平缓

在进行对称曲线训练时，可以结合透视框架绘制一些对称曲面形态。借助各种有机曲线的随机组合感受形体的流畅感、空间感，以不断提高对线条的控制能力和透视感受。组合训练可以从多方位提升曲线的准确度和流畅度，绘制时抛物线可以画得更密集一些，同时注意3个基本透视轴向上透视线的透视方向。

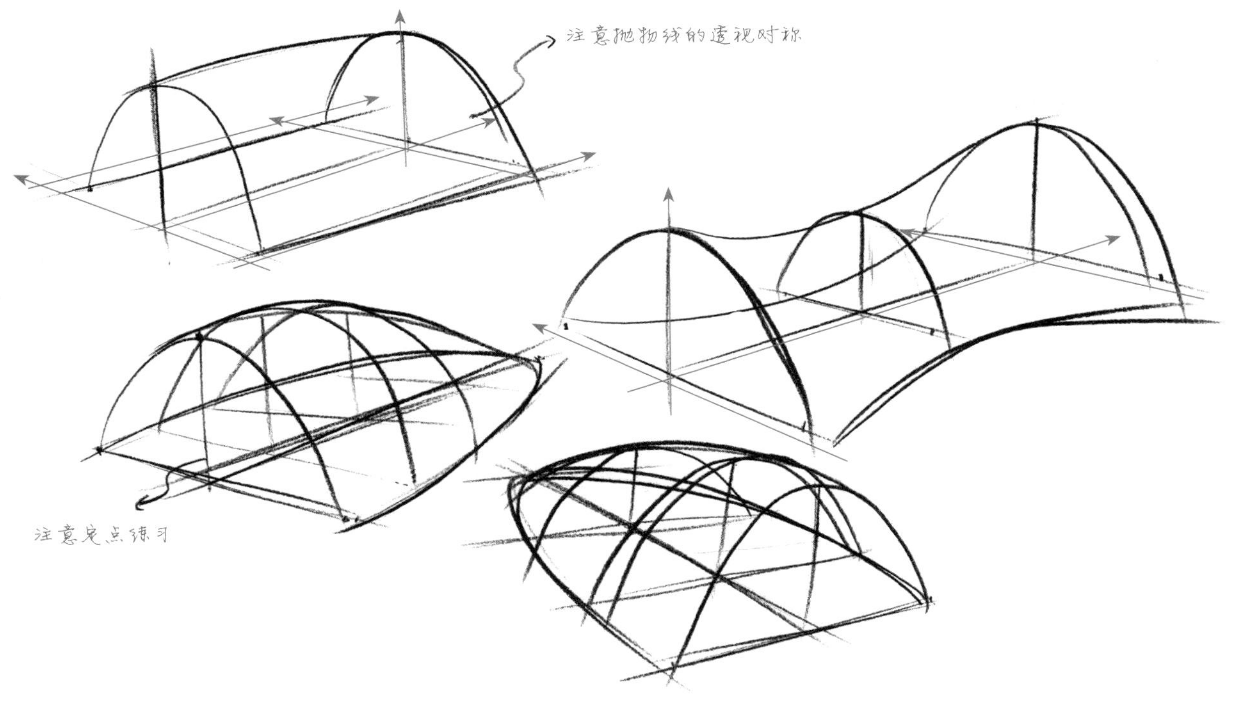
注意抛物线的透视对称
注意定点练习

训练任务

在练习绘制曲线形态的时候，除了要根据每条线的特征定点训练，还要尽量找准形态的整体比例和特征，这样在练习绘制曲线的同时也能训练造型能力。此外，不要忘记区分线条属性。在进行一个知识点的相关训练时，要考虑并结合之前讲过的知识点，综合训练才能更快速、有效地巩固和进步。

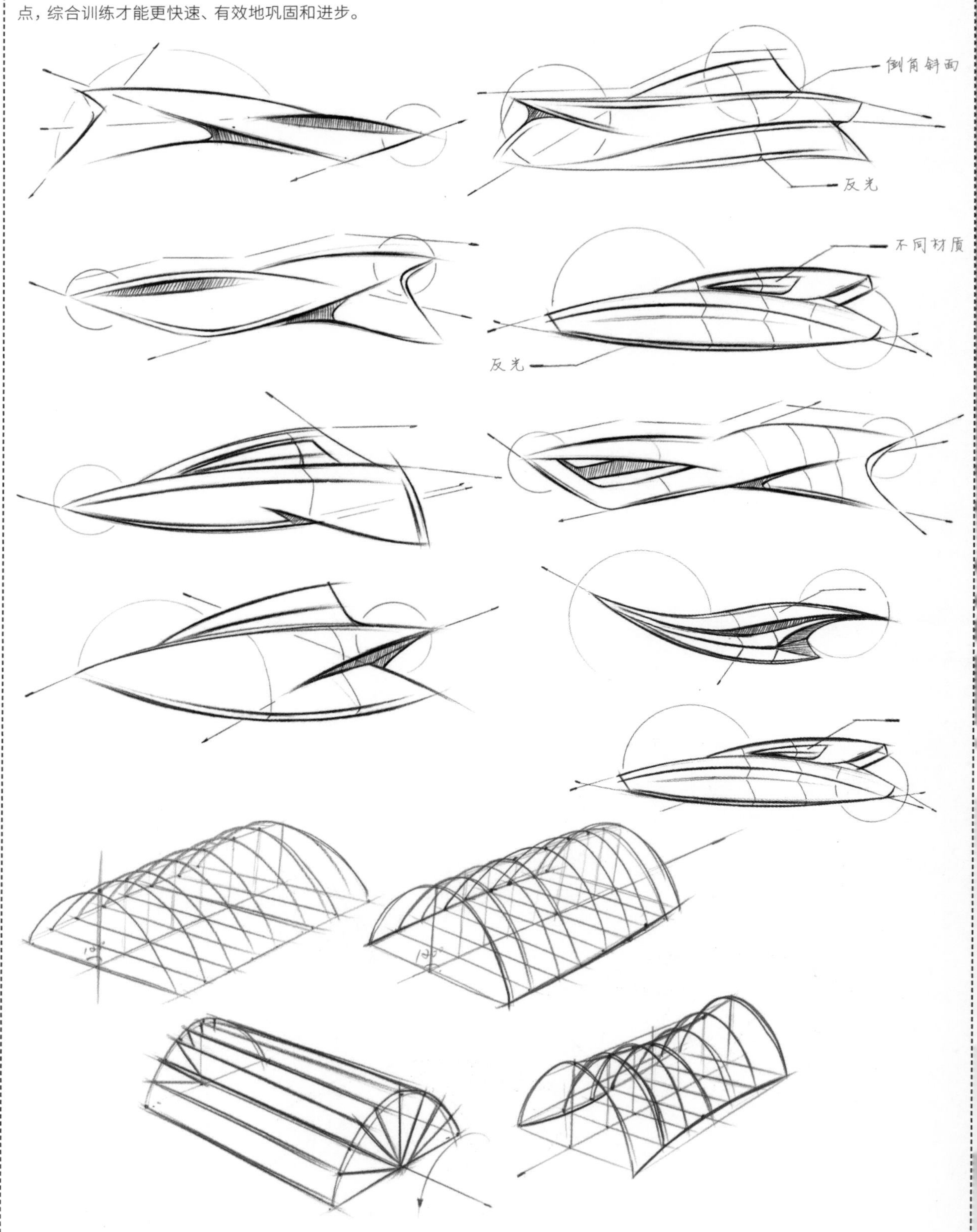

2.4.3 圆与椭圆

圆和椭圆实质是曲线的特殊状态，相对于其他曲线，绘制圆和椭圆所用的曲线更具有规律性，绘制上要求做到更加规范，这需要经过大量的练习才能熟练掌握。

• 圆的训练

在进行圆的训练之前，先要了解圆的绘制姿势：以肩部作为轴心，小臂、手腕、手指保持相对固定的姿势，然后小臂带动整个胳膊，并做匀速圆周运动。注意笔尖的方向近乎垂直于纸面。

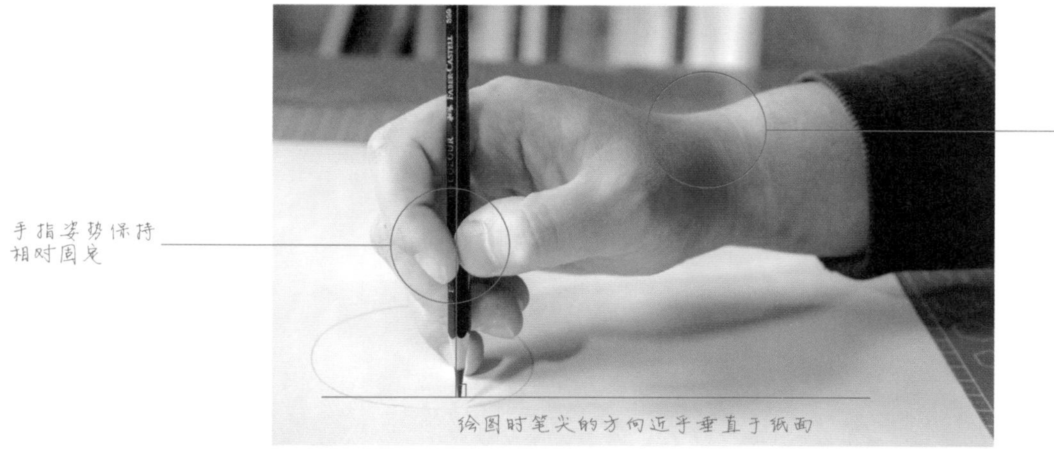

圆的绘制训练通常用定正方形四边中点的方法进行，或者根据视觉认知直接在纸面上绘制。在绘制的过程中，注意手部要放松，在正式落笔之前可以多进行轨迹的重复虚画。刚开始练习时难免会画不圆或出现偏差，可以通过不断地矫正慢慢地将圆准确地绘制出来。根据视觉认知直接绘制圆的情况一般常见于草图中，允许存在一定的误差。

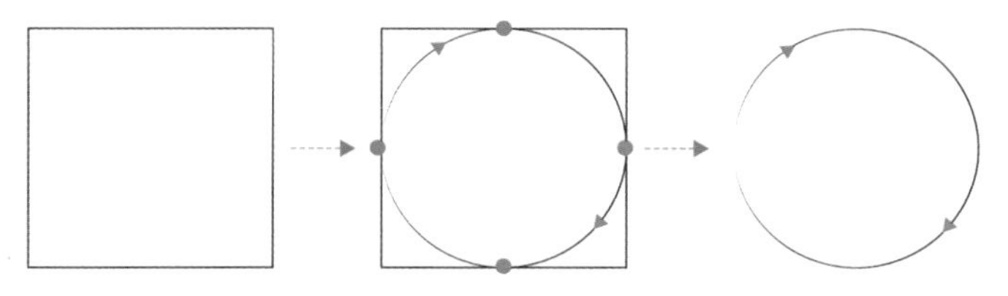

以定正方形四边中点的方法绘制圆，方便矫正

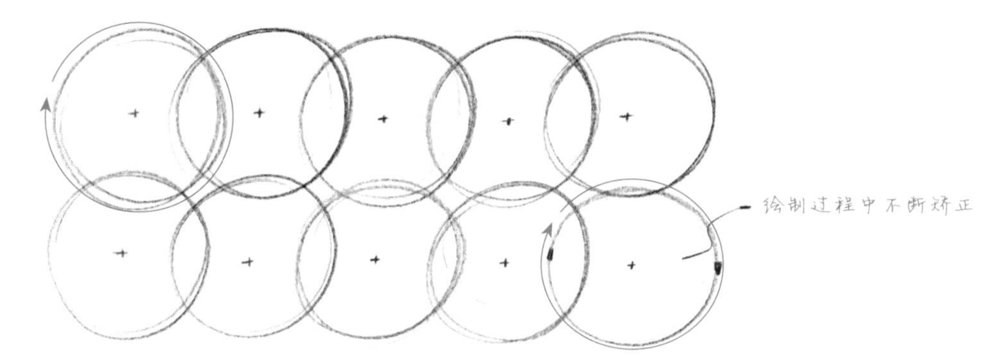

提示

绘制时应该放松心态，充满自信，不要担心画错，这样可以找到更好的绘制状态。

• 椭圆的训练

前期绘制椭圆时可以先进行手感训练，不用过于在意椭圆的大小和方向，以能够绘制出相对标准的椭圆为训练目的。可以多绘制不同方向的椭圆，注意线条要流畅。绘制前先进行椭圆轨迹的重复虚画，基本确认后再在纸面上画出。

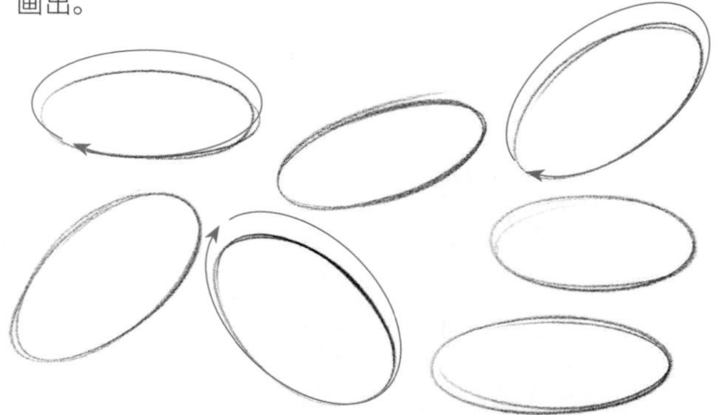

绘制时不必追求一次画成一个精致的椭圆，可以重复多画几次，把椭圆的形状固定下来

穿过椭圆圆心的椭圆内最长与最短的两条线段被称为长轴与短轴，两者互相垂直且均为对称轴，轴两侧的转角圆润且带有弧度。

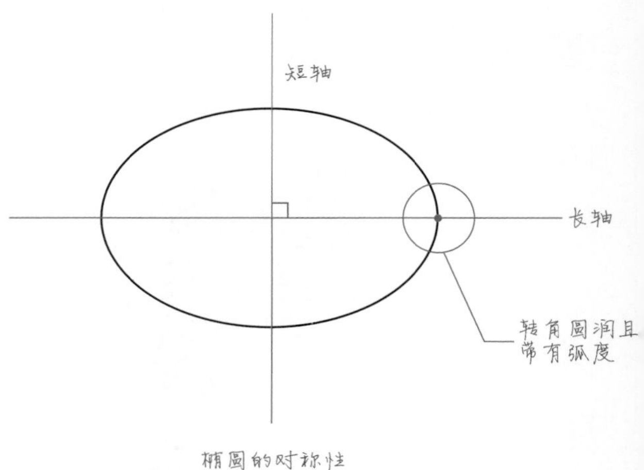

椭圆的对称性

在了解了椭圆的长轴和短轴之后，绘制椭圆时可以找出相应的短轴方向。

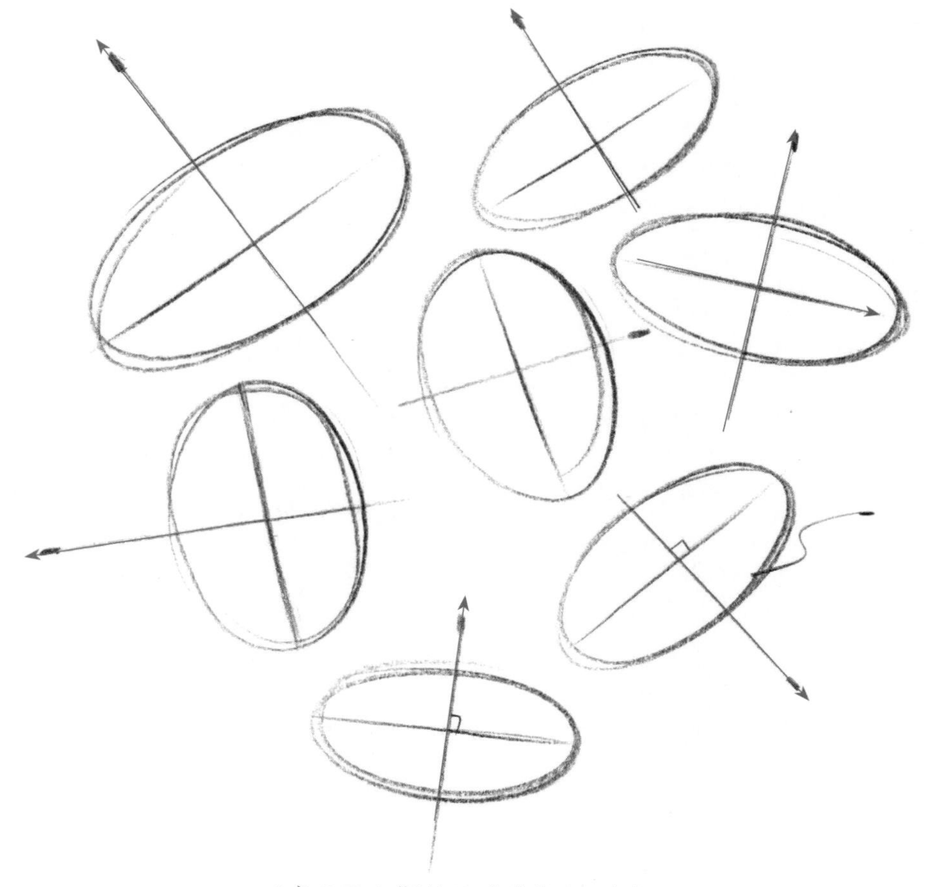

画完后可以找到短轴并将其绘制出来

提示

在初学绘制椭圆的时候，很容易出现下面这些错误，大家可以对照下图找出自己的问题并进行矫正。

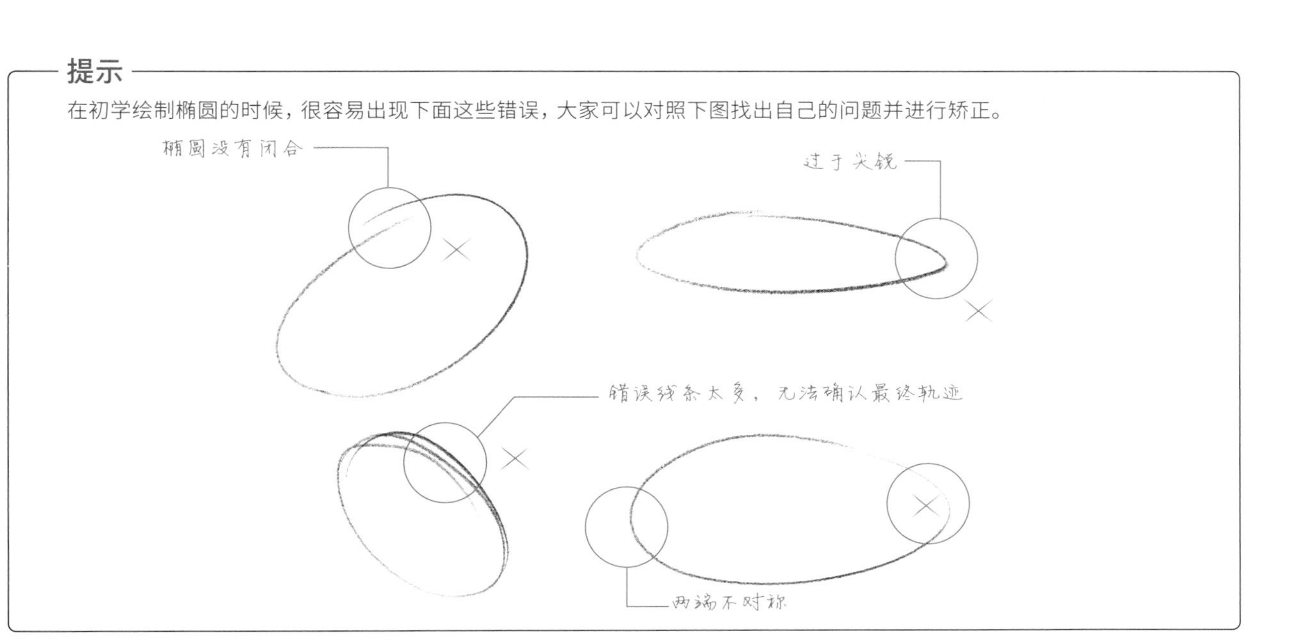

当我们能够画出比较标准的椭圆后，可以尝试把椭圆放在一定的范围内进行训练，以增强椭圆训练的准确性，这是在实际绘制产品设计手绘时能真正用到的绘制方式。这种训练可以分成以下3个阶段。

阶段1：找到椭圆的短轴并绘制出与之垂直的长轴，在此基础上绘制椭圆。绘制时不用考虑椭圆长轴的长度，只要保证长轴与短轴垂直即可。

阶段2：找到椭圆的短轴并确定其长度，以长轴的长度作为一个标准尺度进行绘制训练，增强对椭圆精度的控制。

阶段3：找到椭圆的短轴，并分别确定单个椭圆长轴与短轴的长度（也就是确定椭圆的4个特征点），以此为尺度进行绘制，这样就能绘制出更精准的椭圆。

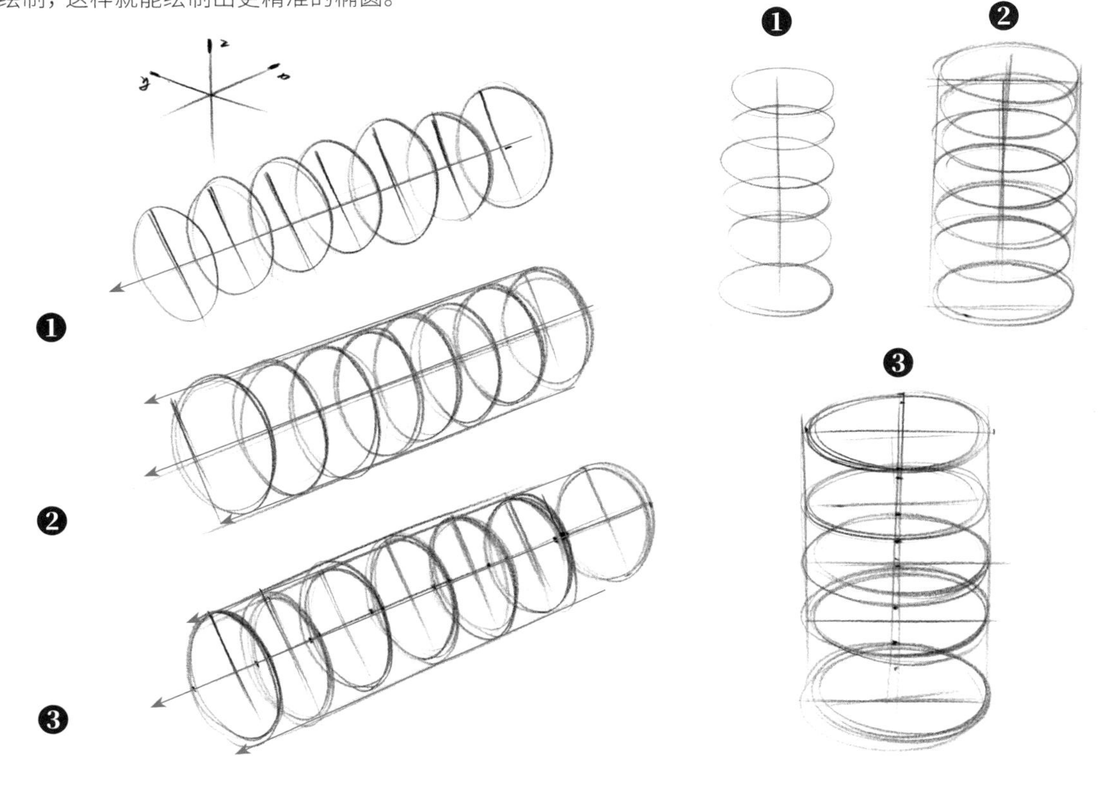

训练任务

练习初期可以每天绘制3张左右的圆和椭圆来熟悉手感，前期可能需要多重复几次，随着练习次数的增加，要慢慢减少重复的次数，提升准确度。

在做椭圆训练的时候，可以尝试绘制多个方向的椭圆，这样有利于后续绘制各个方向的圆柱。也可以自主设定一个范围，然后在设定的范围里绘制不同方向的椭圆。

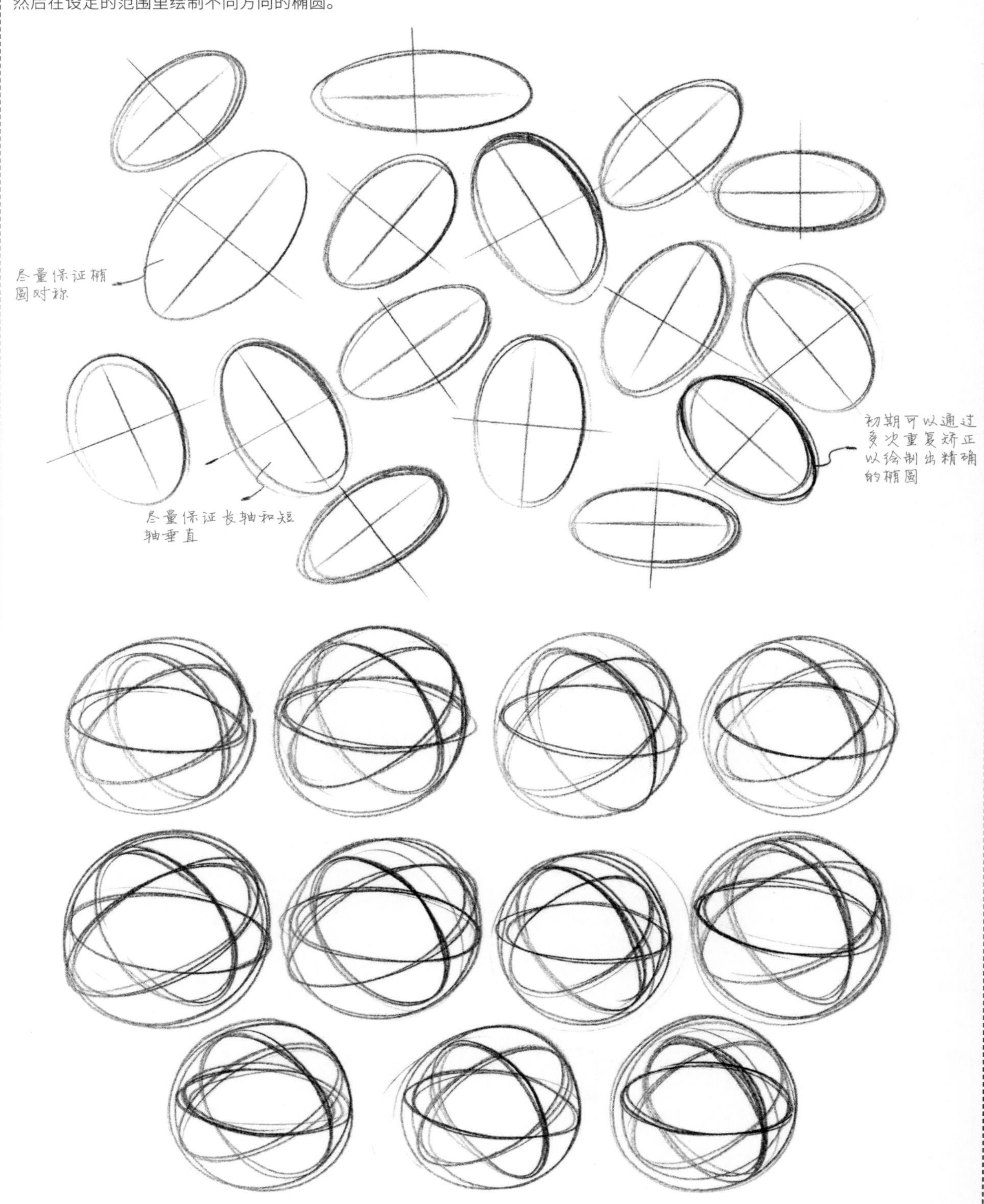
尽量保证椭圆对称
尽量保证长轴和短轴垂直
初期可以通过多次重复矫正以绘制出精确的椭圆

第 3 章

实用透视原理

透视的意义在于按照客观的视觉规律对实际形态进行简化处理，在二维平面上构建出正确的三维空间。绘制产品设计手绘的目标不只是绘制出漂亮的线条，更重要的是构建一个符合大众视觉习惯的三维虚拟空间。透视是否准确是决定三维空间是否合理的关键，要绘制出合理的三维空间，就需要了解并熟悉透视规律。本章着重讲解手绘过程中会遇到的透视问题及其解决方法。

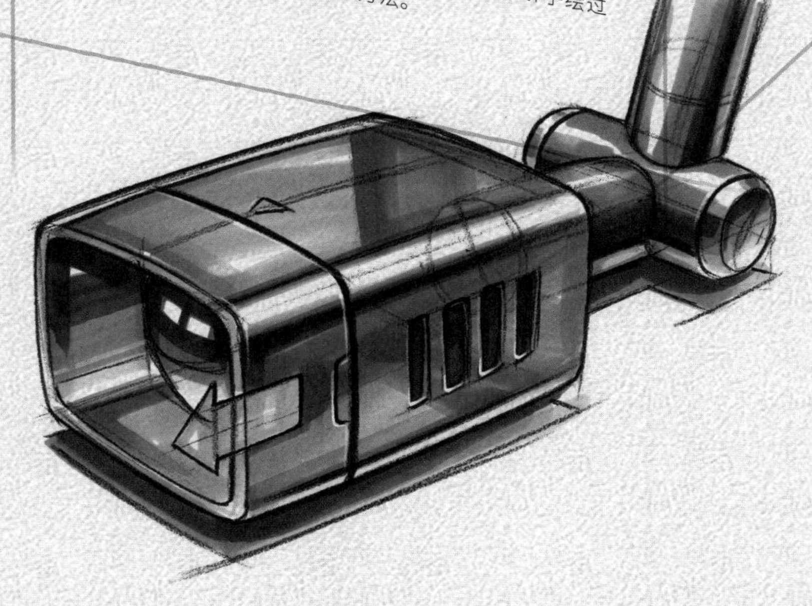

3.1 基础透视讲解

一点透视和两点透视在绘制产品设计手绘的过程中都会用到，但因为一点透视在空间表达上比较单一，且不太适合表达产品的细节，所以以了解为主。而两点透视是十分常用、十分重要的透视类型，是必须要掌握的内容。为方便理解，以下都以立方体为例进行讲解。

3.1.1 一点透视

方体的某一基准面与虚拟画面平行时形成的透视关系为一点透视。一点透视只有一个灭点，因此在绘制一点透视的时候，水平与垂直的线条依旧保持水平与垂直，只需要考虑一个灭点的汇聚。为了方便绘制，设定让方体贴近虚拟画面，这样离我们最近的面就可以按原比例绘制。

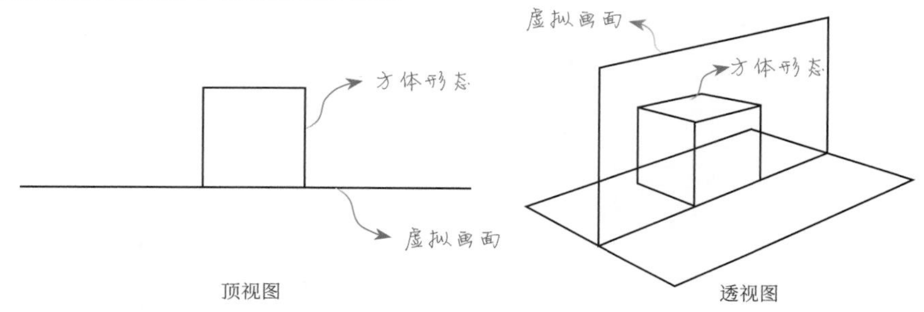

顶视图　　透视图

• 特征

一点透视有以下3个特征。

特征1：立方体上水平原线、垂直原线的透视方向不变，只发生近大远小的变化；直角变线则向灭点消失。

特征2：当立方体包含灭点时，只能看到立方体的一个面；当立方体只包含视平线或视垂线时，能看到立方体的两个面；当立方体不包含灭点、视平线和视垂线时，能看到立方体的3个面。

特征3：当立方体在空间中的高低位置不同时，距视平线越远的水平面越宽，反之则越窄；当立方体的左右位置不同时，距视垂线越远的侧立面越宽，反之则越窄。

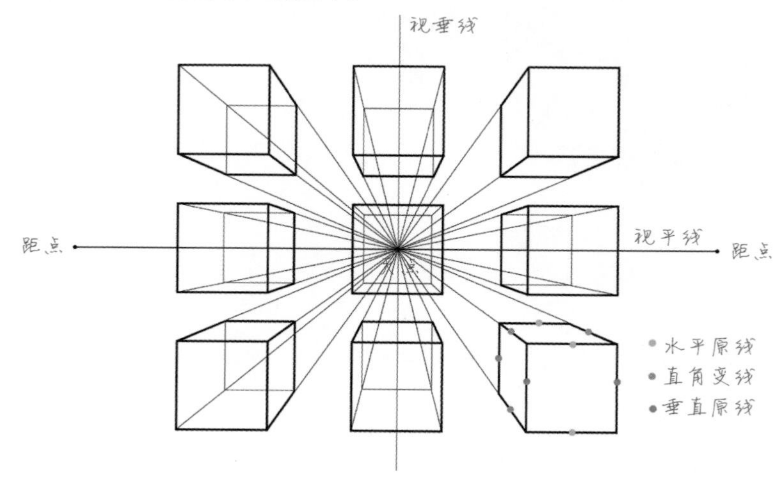

• 直角变线长度求法

一点透视的难点在于求直角变线的长度。以立方体为例，具体绘制时可先绘制出灭点、距点及基准面 *ABDC*，然后依据需要的长度，从变线端点*A*往灭点一侧水平方向取点*B*。再将点*B*与距点相连，连线与该变线相交于点*A*′，点*A*到点*A*′的距离即为发生透视变形后的立方体纵向边长的长度。最后根据水平原线与垂直原线的透视规律绘制出其他纵向长度上的交点*B*′、点*C*′、点*D*′并进行连接。

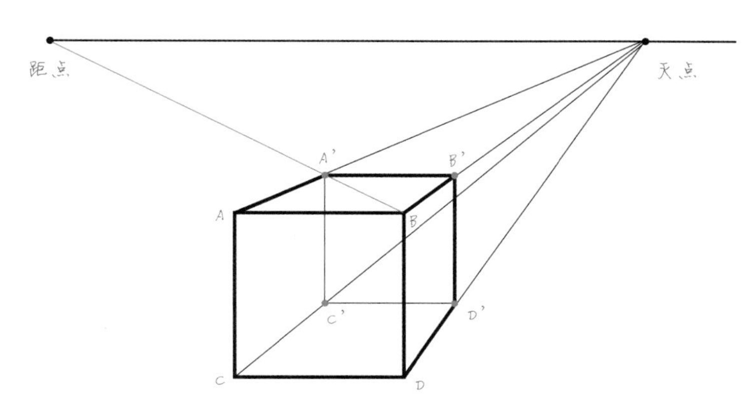

提示

距点到灭点的距离等于人的视点到物体的距离，这个距离不能定太短，否则一点透视立方体会发生比较严重的透视变形的情况。

3.1.2 两点透视

方体仅有垂线与虚拟画面平行时形成的透视关系为两点透视。两点透视也叫成角透视，有两个灭点。为了方便绘制，设定将方体的一条边贴近虚拟画面，而贴近虚拟画面的边（真高线）就可以按原比例绘制，其他边由于透视原因都会有近大远小的透视变化，因此真高线可以作为整个方体绘制的比例参考。相较于一点透视，两点透视的空间表达更充分，传递的设计信息更多，是产品设计中用得较多的透视。

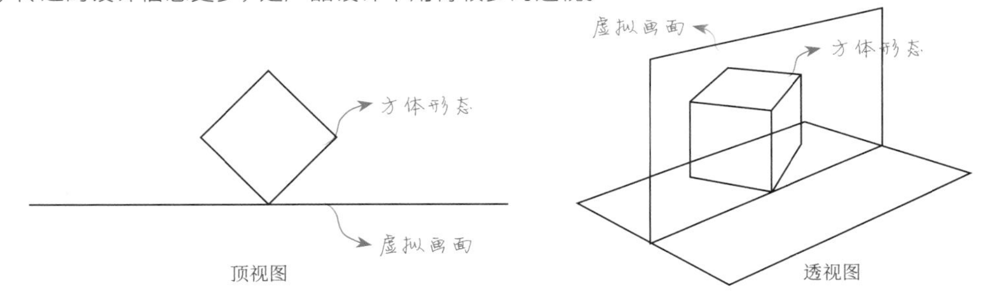

• 特征

两点透视有以下4个特征。

特征1：垂直原线与视平线相互垂直，只发生近大远小的变化，透视方向不发生改变。

特征2：与画面呈一定角度的成角变线，既有近大远小的变化，又有透视方向的变化。成角变线分别向两个灭点汇聚。

特征3：离画面最近的垂直原线是真高线，真高线是两点透视立方体中最长的一条线，也是立方体中一个非常重要的衡量标准。

特征4：两个灭点必须在心点所在的视平线上。

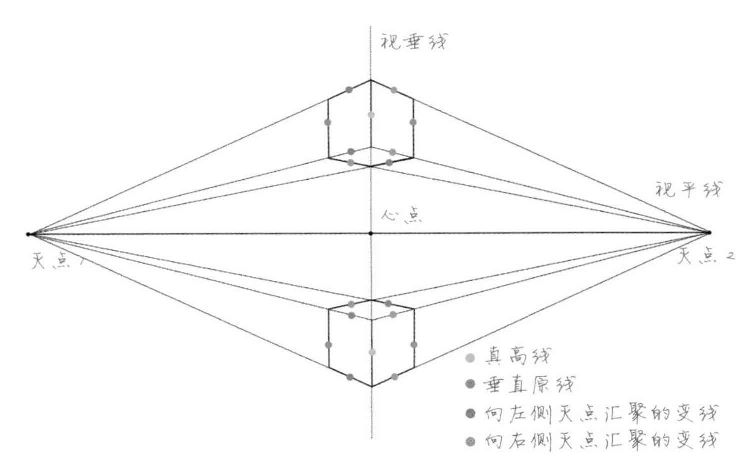

• 正45°立方体

在产品设计手绘中，正45°立方体的绘制是两点透视中一个重要的基本模块，大多数比例与形态都是以正45°立方体作为基本模块去延展的。因此，练好正45°立方体的绘制是掌握手绘透视关系的基础。

下面是笔者总结的绘制正45°立方体的要点和流程，大家可以以此为参照进行绘制。

绘制要点

ⓐ 真高线是立方体内最长的一条线，要保证真高线与视平线垂直。

ⓑ 正确的正45°立方体以真高线为中心，左右两边完全对称（在实际手绘中允许存在一些误差，只要没有原则性错误或影响人们对透视角度的认知即可）。

ⓒ 正45°立方体顶面与真高线相交的两条成角变线的夹角一般为120°左右。

ⓓ 立方体顶面与真高线相交的成角变线*AE*、*AF*略长于真高线长度的2/3，一个透视关系正确的正45°立方体看起来应该偏高一些。

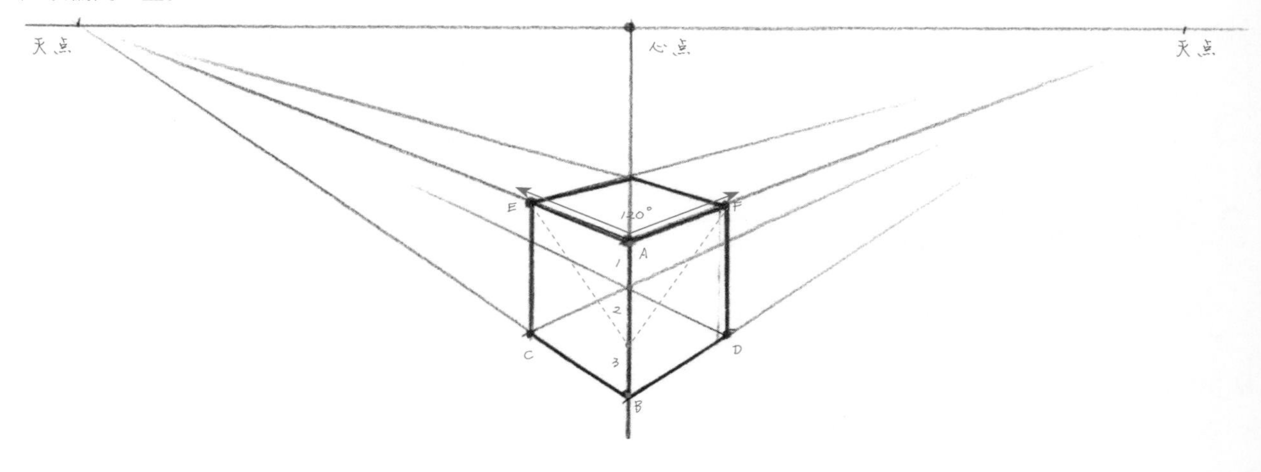

绘制流程

01 绘制出正45°立方体的3个主要透视轴向。

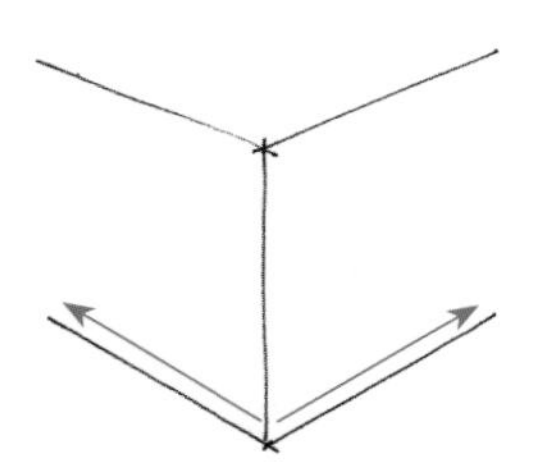

02 绘制出真高线下端的两条成角变线，注意成角变线的汇聚。

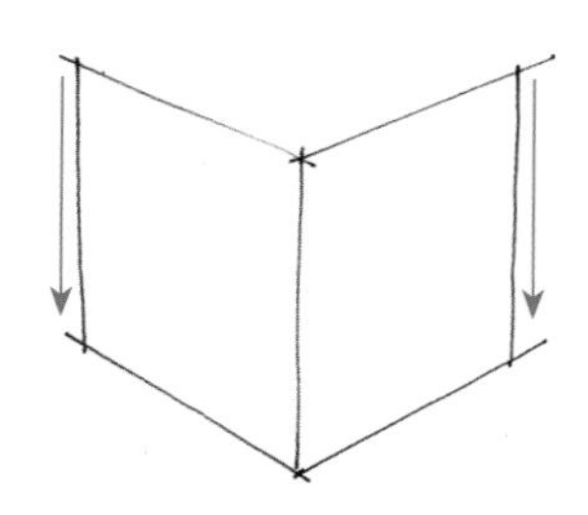

03 根据比例关系，绘制两条可见的垂直原线。

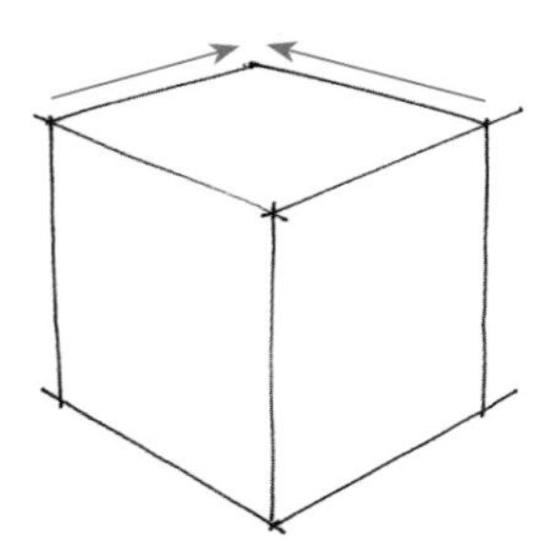

04 绘制顶面的两条成角变线，注意左右两边成角变线的汇聚关系。

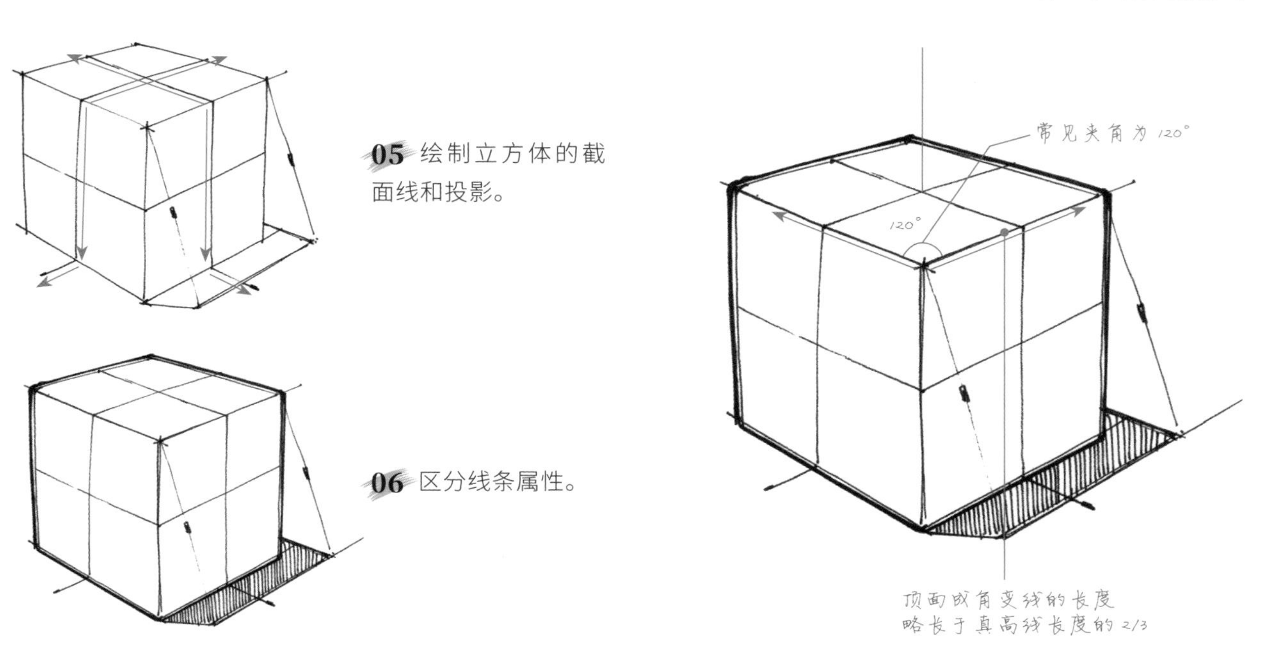
常见夹角为120°
120°
顶面成角变线的长度
略长于真高线长度的2/3

05 绘制立方体的截面线和投影。

06 区分线条属性。

• 立方体多角度转换

在实际的产品设计手绘中，很多时候需要多角度表现产品，这就需要了解形态在360°范围内的透视变化规律。下面以正45°立方体为例，通过旋转正45°立方体的方法来推演形态在角度变化下的透视规律。

顺时针旋转

将正45°立方体顺时针旋转至两点透视与一点透视之间的状态。

绘制要点

a 相对于正45°立方体，两个灭点都右移，面*E*上的变线与灭点1的距离变近且抬起角度变高，面*F*上的变线与灭点2的距离变远且抬起角度变低。

b 点*A*应高于点*B*，点*C*应高于点*D*，面*E*的宽度则小于面*F*。

c 保证其变线延长后大致能交于两边的灭点，即可快速完成绘制。

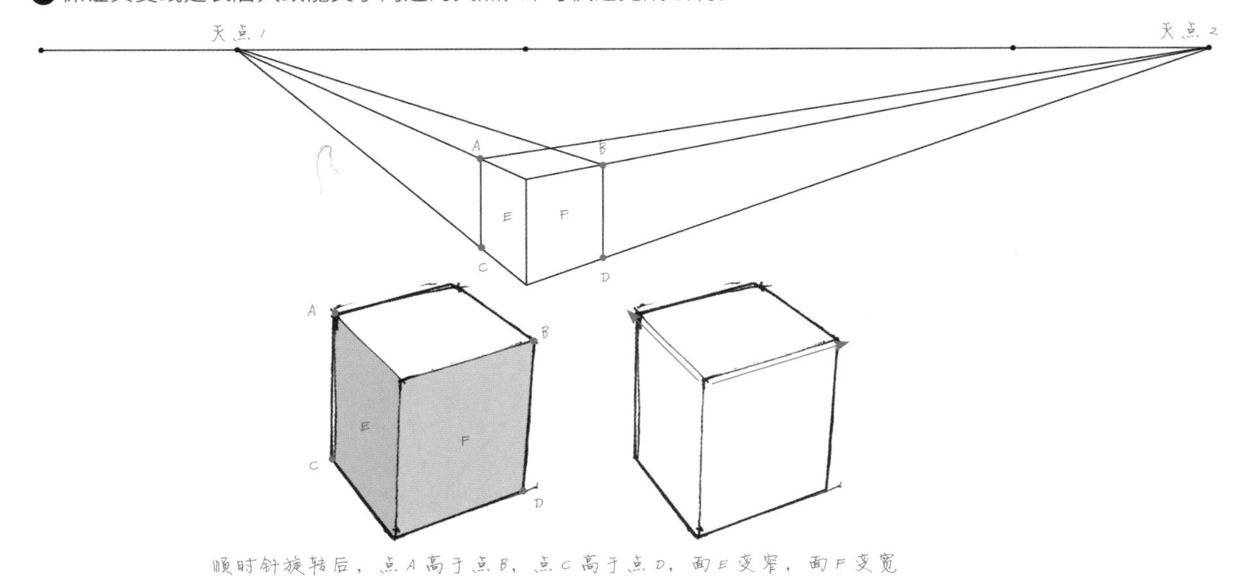
灭点1
灭点2
A
B
C
D
E
F
顺时针旋转后，点A高于点B，点C高于点D，面E变窄，面F变宽

逆时针旋转

将正45°立方体逆时针旋转至两点透视与一点透视之间的状态。

绘制要点

ⓐ 相对于正45°立方体，两个灭点都左移，面*E*上的变线与灭点1的距离变远且抬起角度变低，面*F*上的变线与灭点2的距离变近且抬起角度变高。

ⓑ 点*A*应低于点*B*，点*C*应低于点*D*，面*E*的宽度则大于面*F*。

ⓒ 保证其变线延长后大致能交于两边的灭点，即可快速完成绘制。

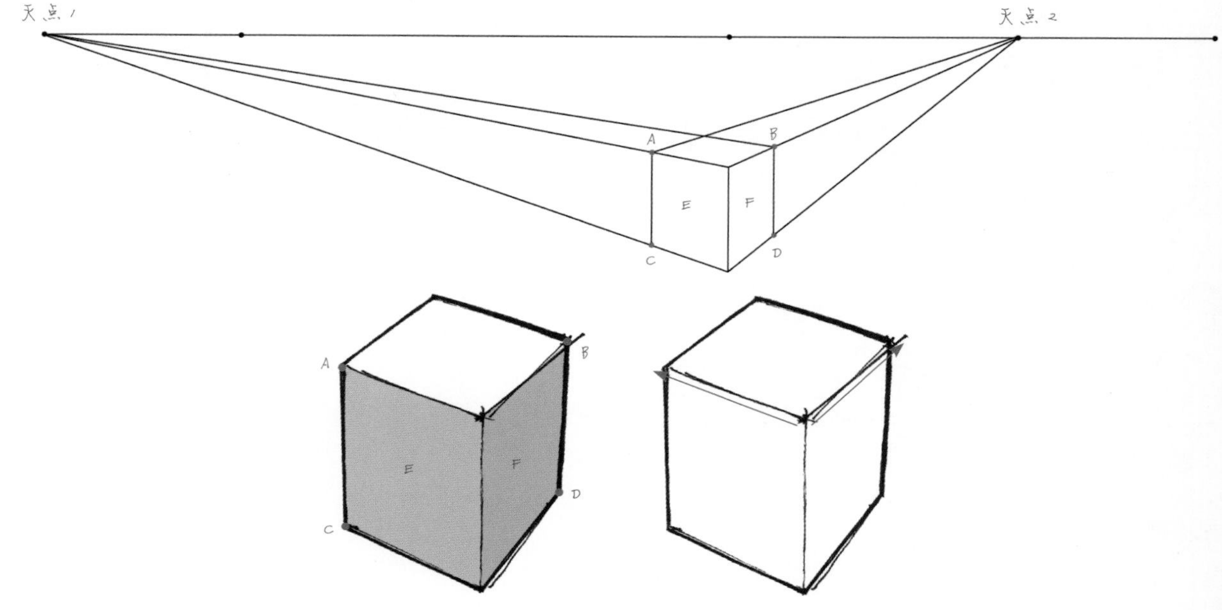

逆时针旋转后，点*B*高于点*A*，点*D*高于点*C*，面*E*变宽，面*F*变窄

正 45° 立方体的 *z* 轴旋转

正45°立方体*z*轴旋转其实是表达物体在空中悬浮或者其中一个棱角着地的状态，因此也被称为悬浮透视，可以被看作真高线（*z*轴）的旋转，原理比较简单。两点透视立方体的真高线、垂直原线与视平线是相互垂直的关系，*z*轴的旋转可以被看成是真高线和视平线同时进行旋转，相互间依然保持垂直的关系。

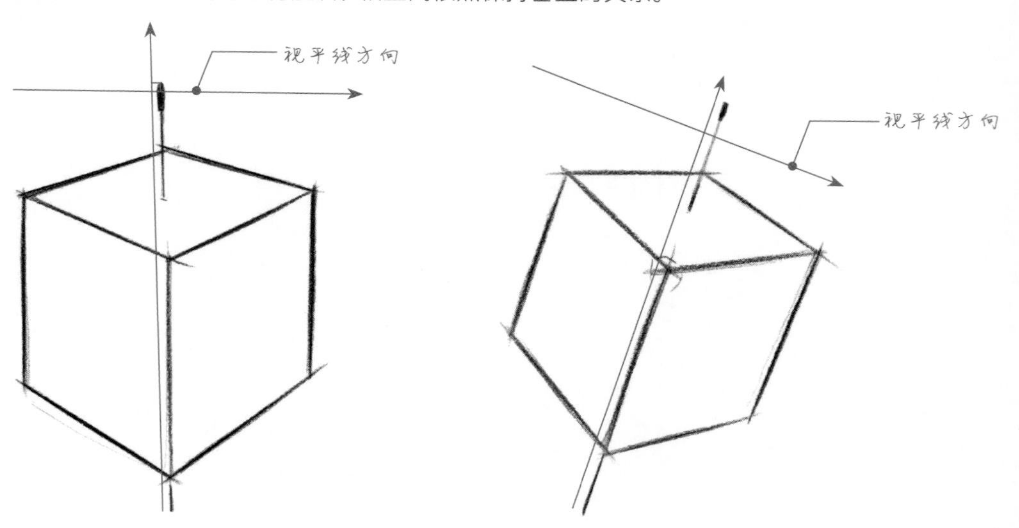

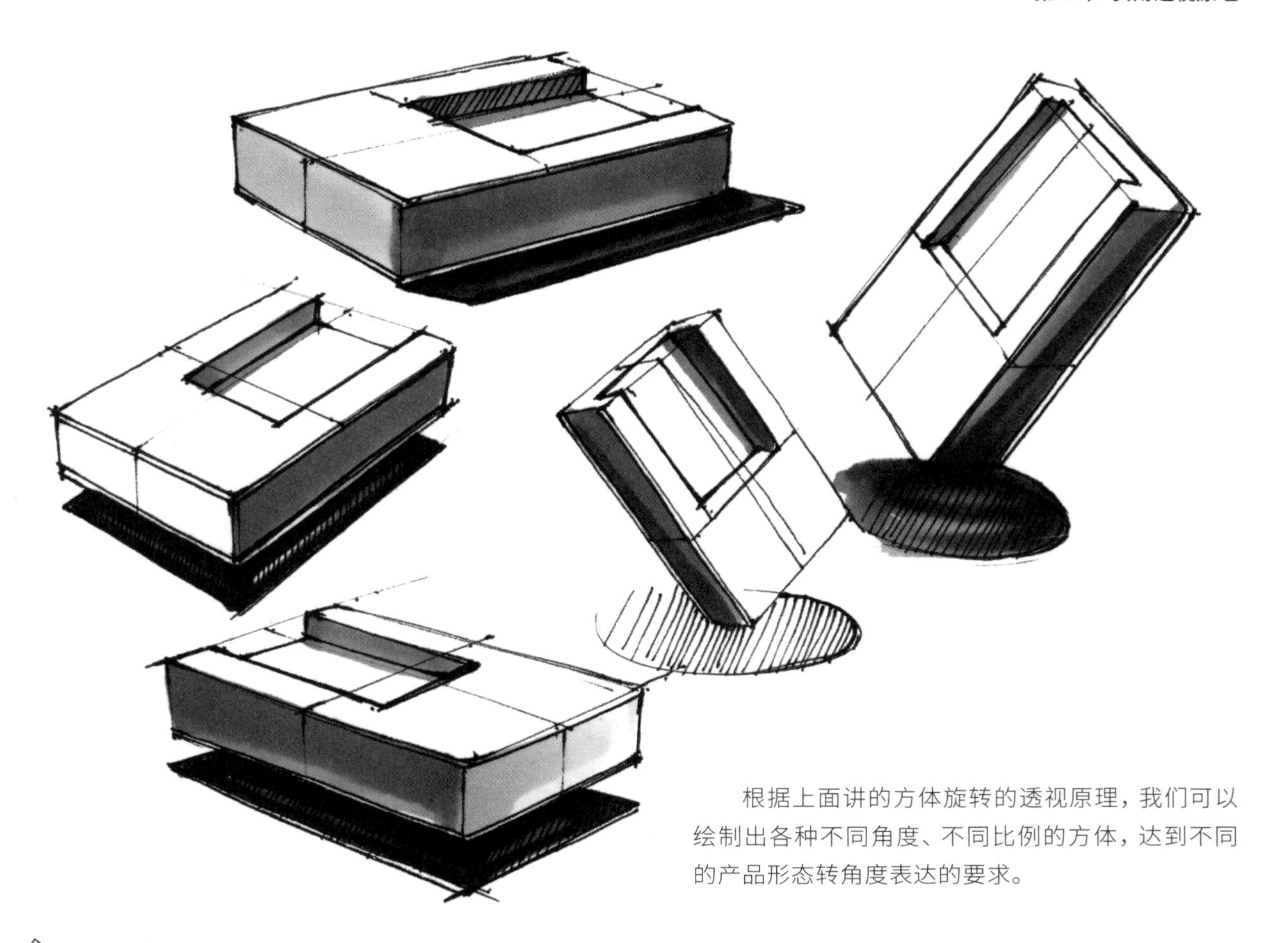

根据上面讲的方体旋转的透视原理，我们可以绘制出各种不同角度、不同比例的方体，达到不同的产品形态转角度表达的要求。

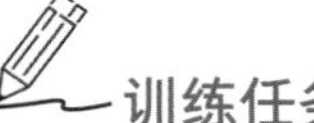

训练任务

两点透视是设计手绘中非常重要的绘制基础，在初学阶段要坚持每天训练，包括正45°立方体、转角度立方体等。绘制时找出中心截面线，这样可以增强对透视的理解，同时要注意线条属性的区分。

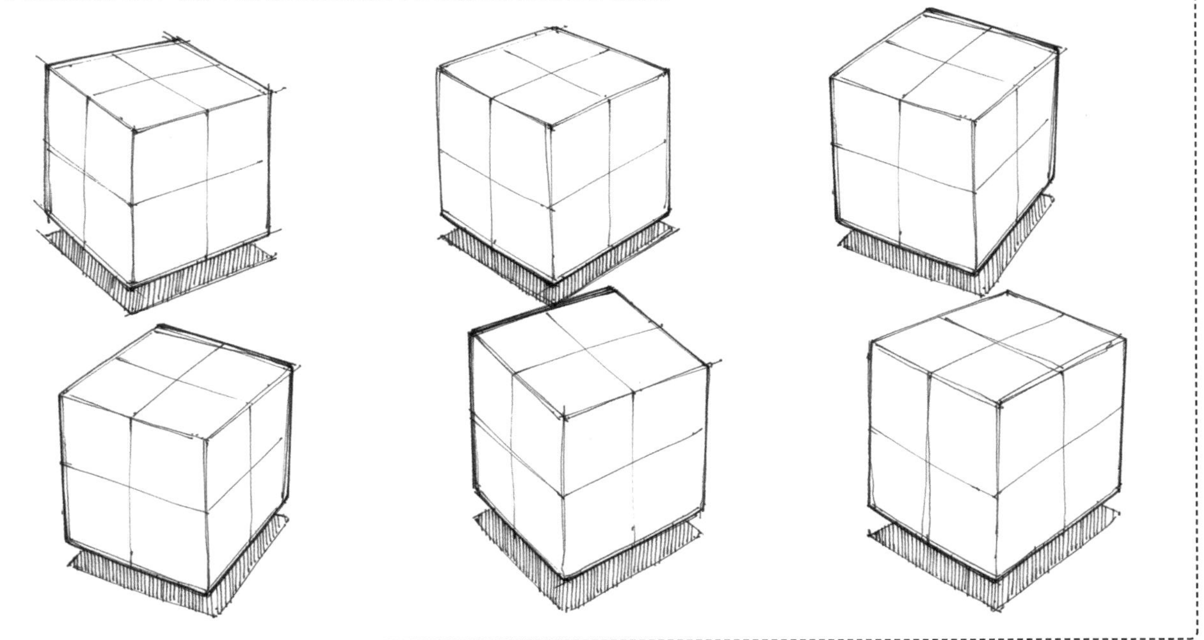

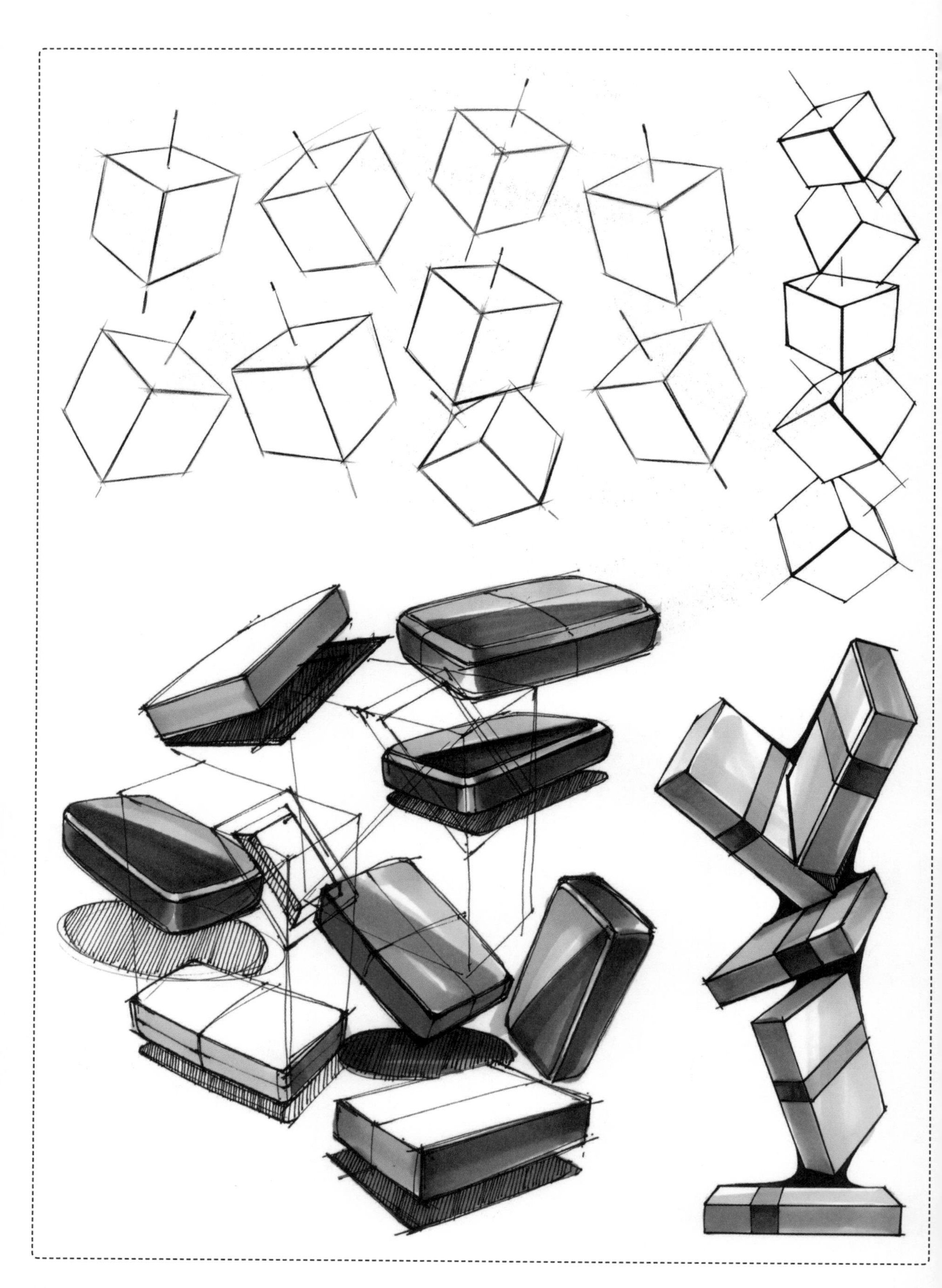

3.1.3 透视中的比例

前面的透视原理都是以立方体为例进行讲解，但在实际的绘制过程中，产品的形态和比例是丰富多样的，这就需要我们具备分析并绘制不同比例的产品形态的能力。

• 形态的分割

绘制一个矩形，将4个端点进行交叉连接，可以得到矩形的中心点 *I*。再通过中心点作垂线和水平线，可以快速找到水平方向与垂直方向上的中点 *H*、*F*、*E*、*G*。通过这种方式，可以对形态进行无限分割。

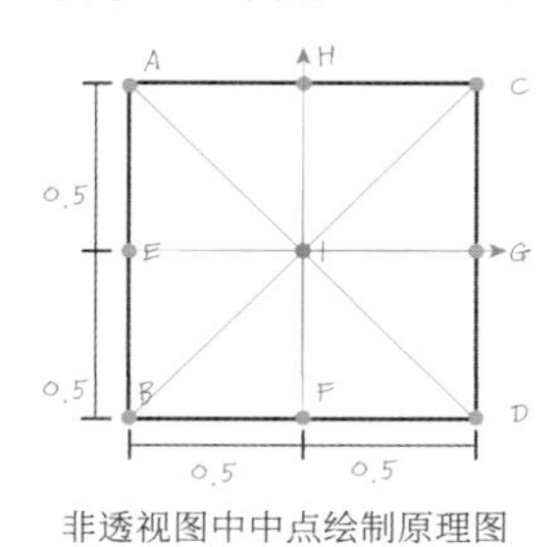

非透视图中中点绘制原理图

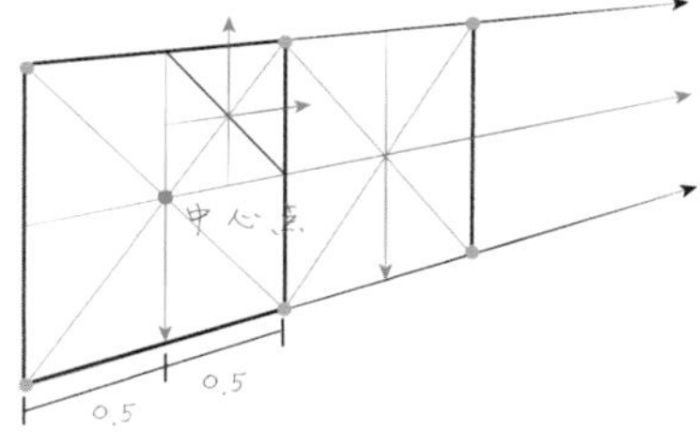

透视图中中点绘制原理图

• 形态的比例复制

将矩形的一个端点 *A* 与复制方向上的第二条线的中点*B*相连，并交底部的延长线于点*C*，即可延伸出一个与原矩形的长和宽相等的矩形。这种透视规律能帮助我们对形态进行各个方向的快速复制。

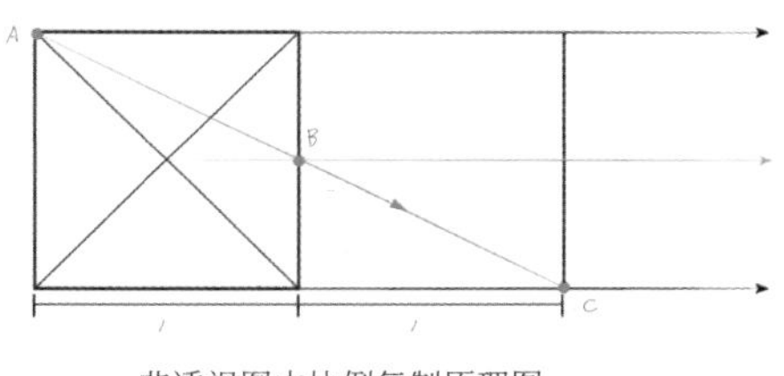

非透视图中比例复制原理图

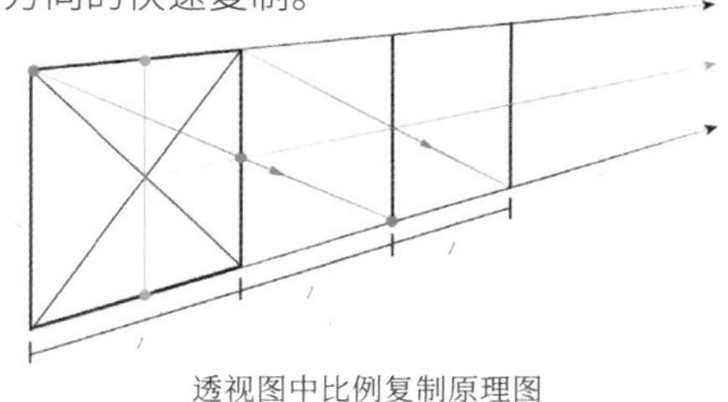

透视图中比例复制原理图

• 透视形态比例复制

在平时的训练中，可以通过绘制不同比例的立方体形态来不断提高比例的分析、绘制能力和形态延展能力，从而大大提升实际产品的设计、绘制效率及精度。

绘制流程

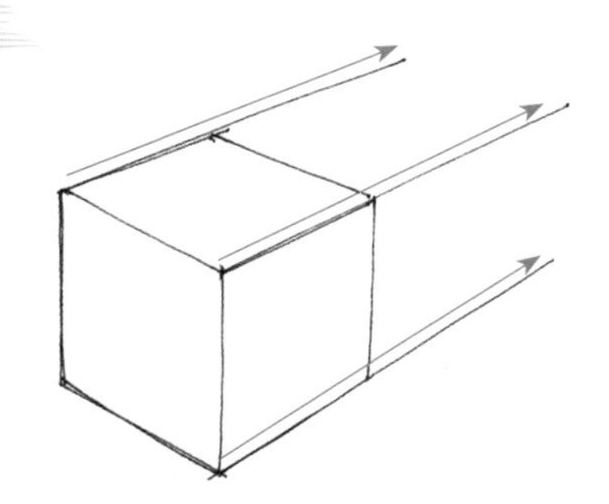

01 绘制出一个透视关系正确的立方体，并向想要延展的方向延伸透视线。

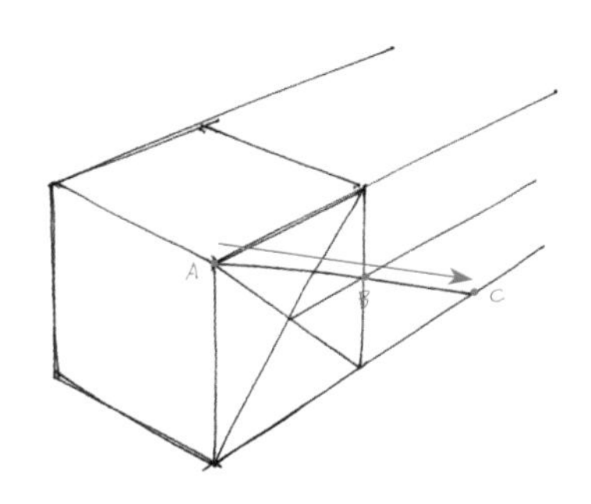

02 通过交叉线找到右侧面侧边的中点*B*，连接点*A*、*B*，并通过延伸线找到点*C*。

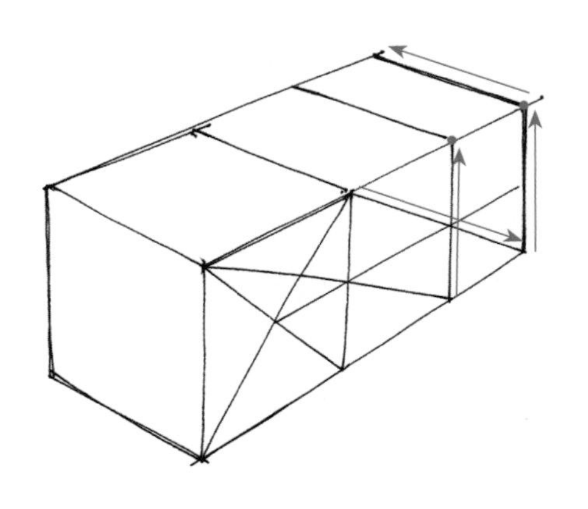

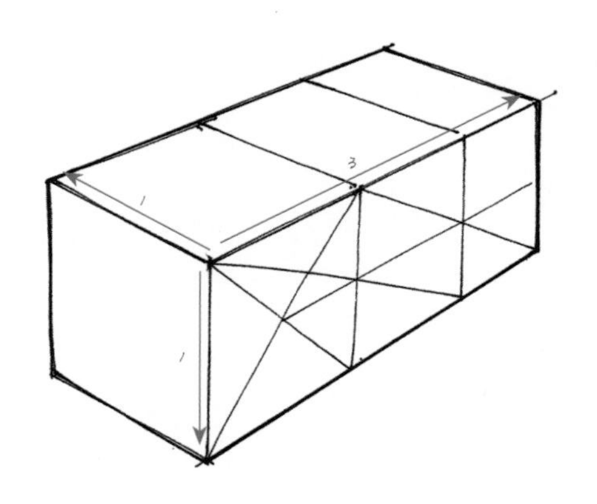

03 重复上一步的操作，并根据透视关系将方体绘制完整。

04 区分线条属性，完成绘制。

训练任务

根据比例复制的原理进行更多比例方体形态的绘制训练。比例确定后，要注意线条属性的区分。

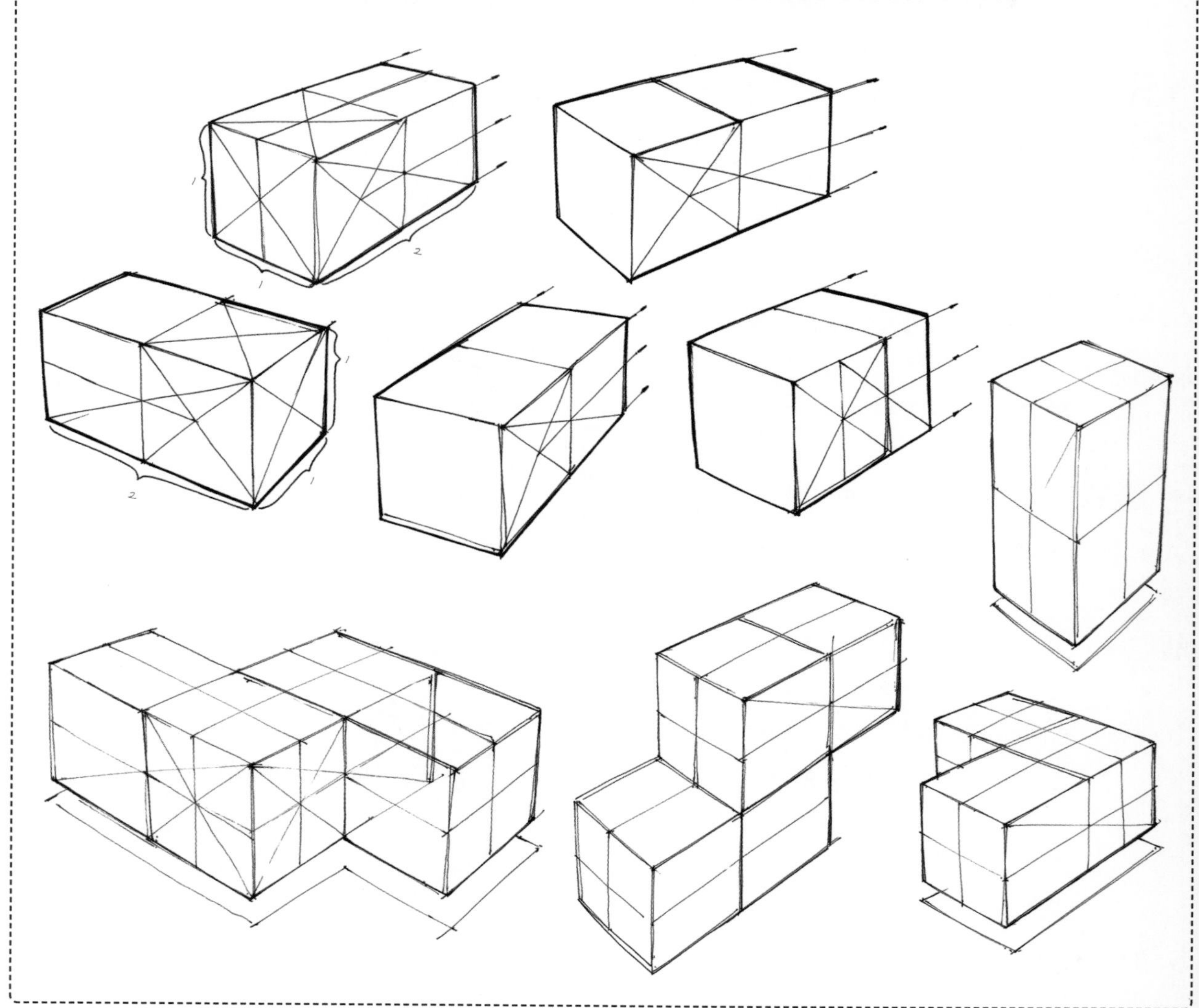

3.2 圆与圆柱的透视讲解

圆的透视是产品设计手绘中不可或缺的部分。圆的透视有两种表现方法，一种是在正方形的透视内切出一个椭圆，另外一种是直接通过圆的透视特征绘制出来。其中圆柱是产品设计手绘中十分常见且应用圆的透视较多的形态之一。

3.2.1 椭圆长轴与短轴的应用

圆的透视与椭圆的长轴和短轴有密切关系。其中短轴正好位于透视轴（圆柱的中心轴线）方向上，在有关圆的透视绘制中会用到。两条线是相互垂直的关系（注意，是线条之间的垂直，而不是透视关系上的垂直），这一点非常重要，能够很好地帮助我们矫正圆的透视。

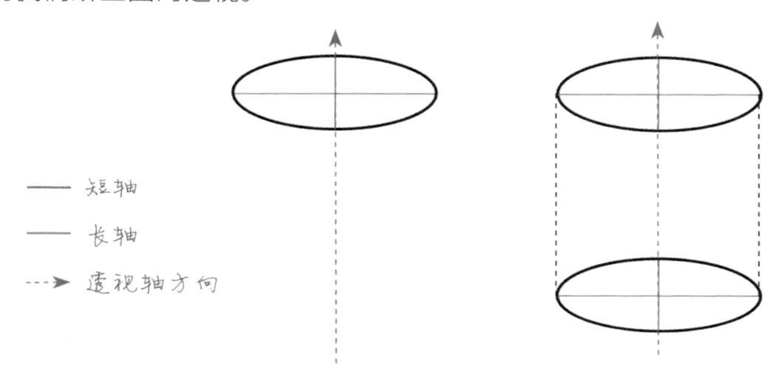

• 圆柱的绘制

椭圆的短轴与圆柱的中心轴线方向重合，所以短轴也代表了圆柱的延伸方向（主要透视轴之一）。在绘制圆柱形态时，可以先绘制圆柱的中心轴线，也就是椭圆的短轴，然后绘制椭圆的长轴（绘制时注意保持对称），最后绘制圆柱的椭圆截面。可以在绘制好的圆柱中进行椭圆截面的绘制训练。

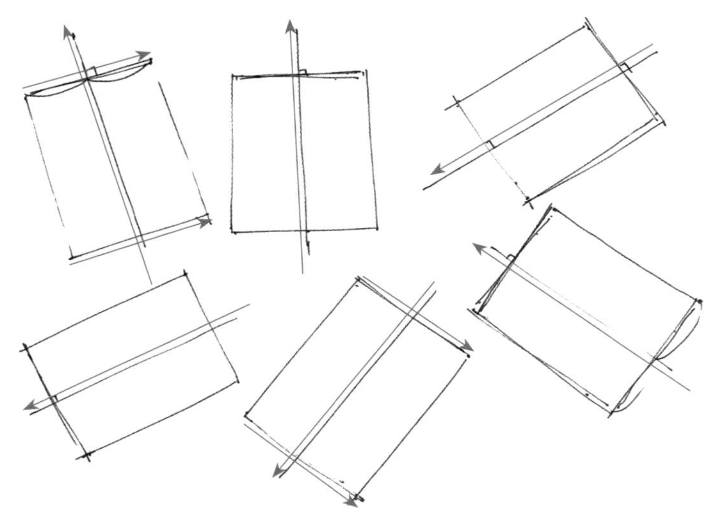

找到中心轴线（短轴），并绘制与之
垂直的长轴，绘制时注意保持对称

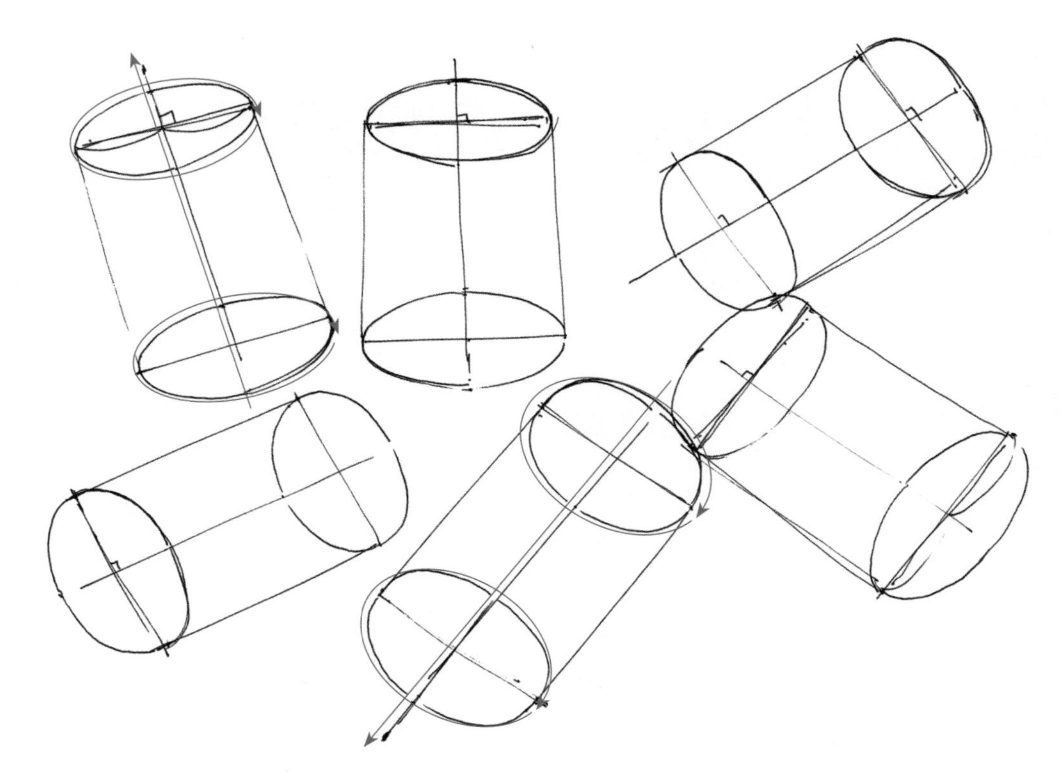

绘制出圆柱的椭圆截面

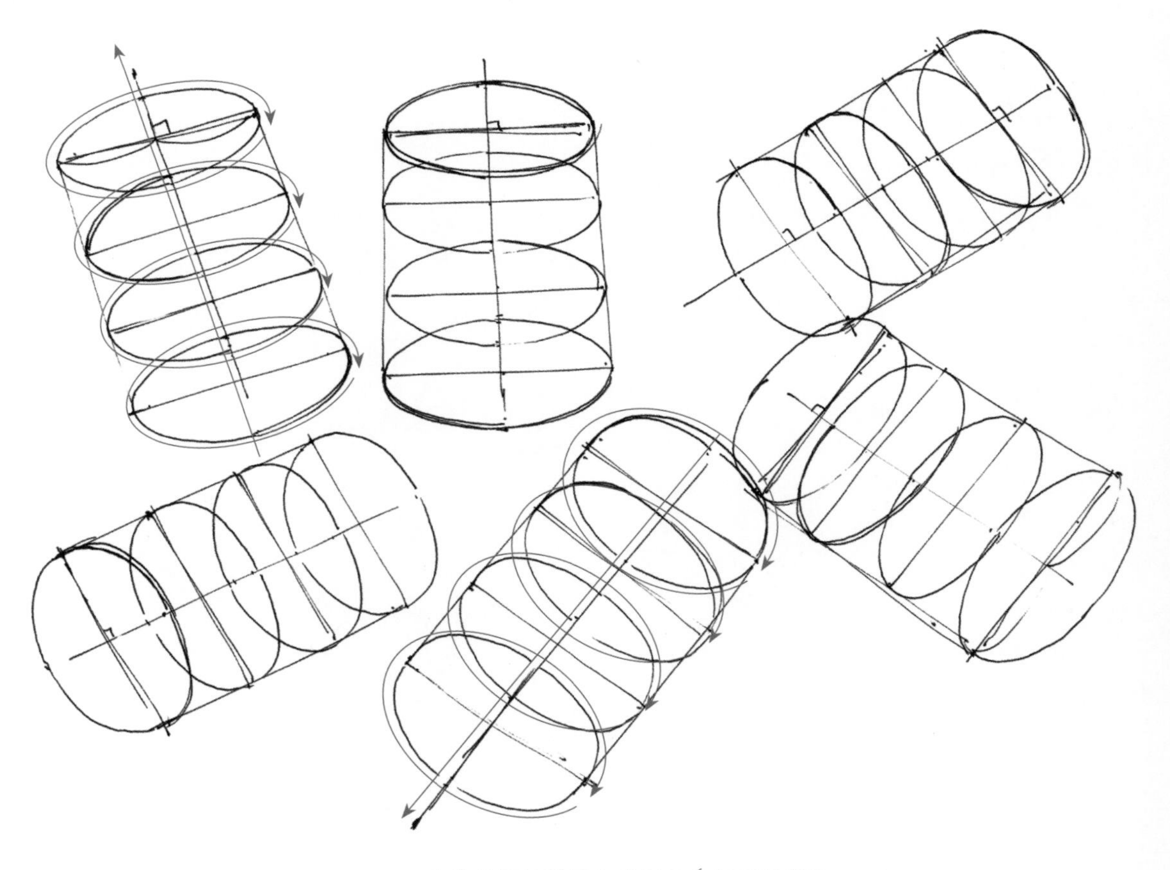

在绘制好的圆柱中绘制更多的椭圆截面

在圆的透视中，椭圆短轴的长度变化有一定的规律，即相同直径的椭圆离视垂线或视平线越远，椭圆的短轴越长。通俗来讲，就是距离我们越远，短轴的长度越长。

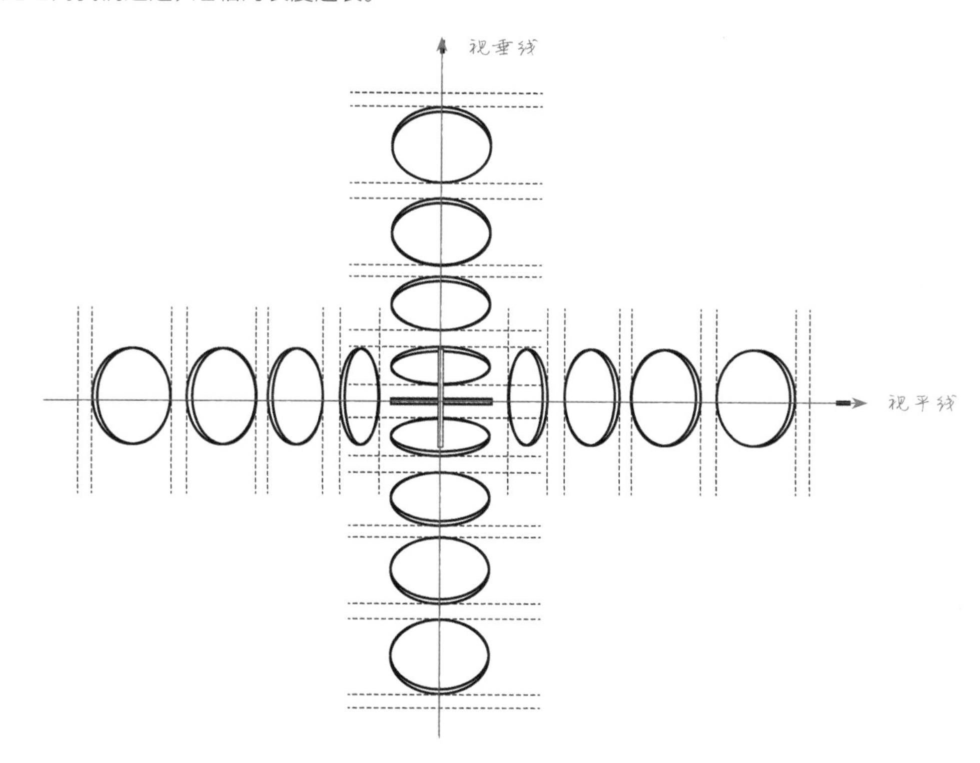

• 方体上的3个典型圆柱

在方体的两点透视图中，我们可以看到3个面。这3个面与圆柱的交接情况在产品设计手绘中十分典型，因此要记住这3个圆柱的交接特征。

垂直于水平面（方体顶面）的圆柱的短轴与顶面垂直，长轴与顶面保持平行；在左侧面的圆柱，短轴方向与右侧灭点的方向相同；在右侧面的圆柱，短轴方向与左侧灭点的方向相同。

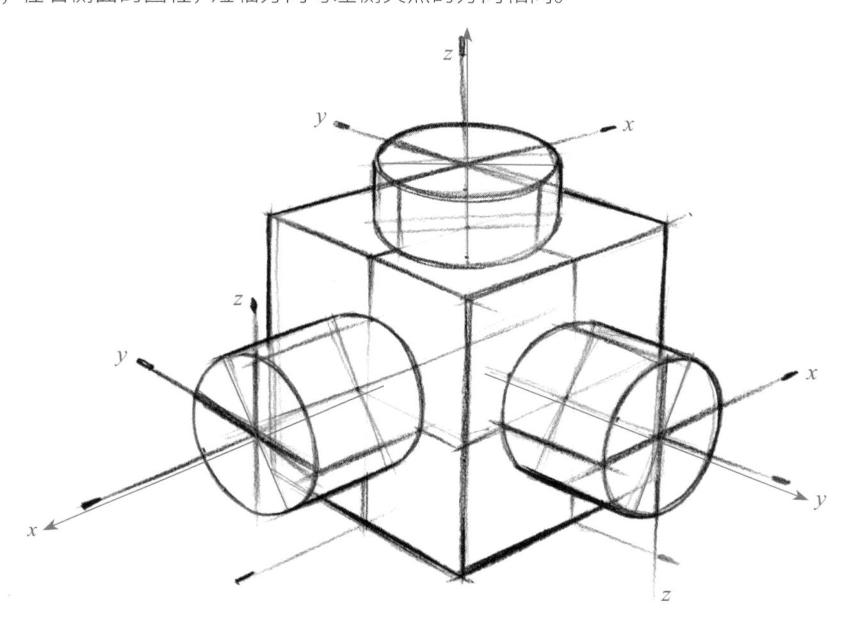

训练任务

方体上3个典型方向上圆柱的绘制非常重要，我们可以以此为模块进行圆的透视训练。在熟悉了绘制规律之后，当遇到实际产品形态中有类似的圆柱透视时，可以很容易地绘制出来。

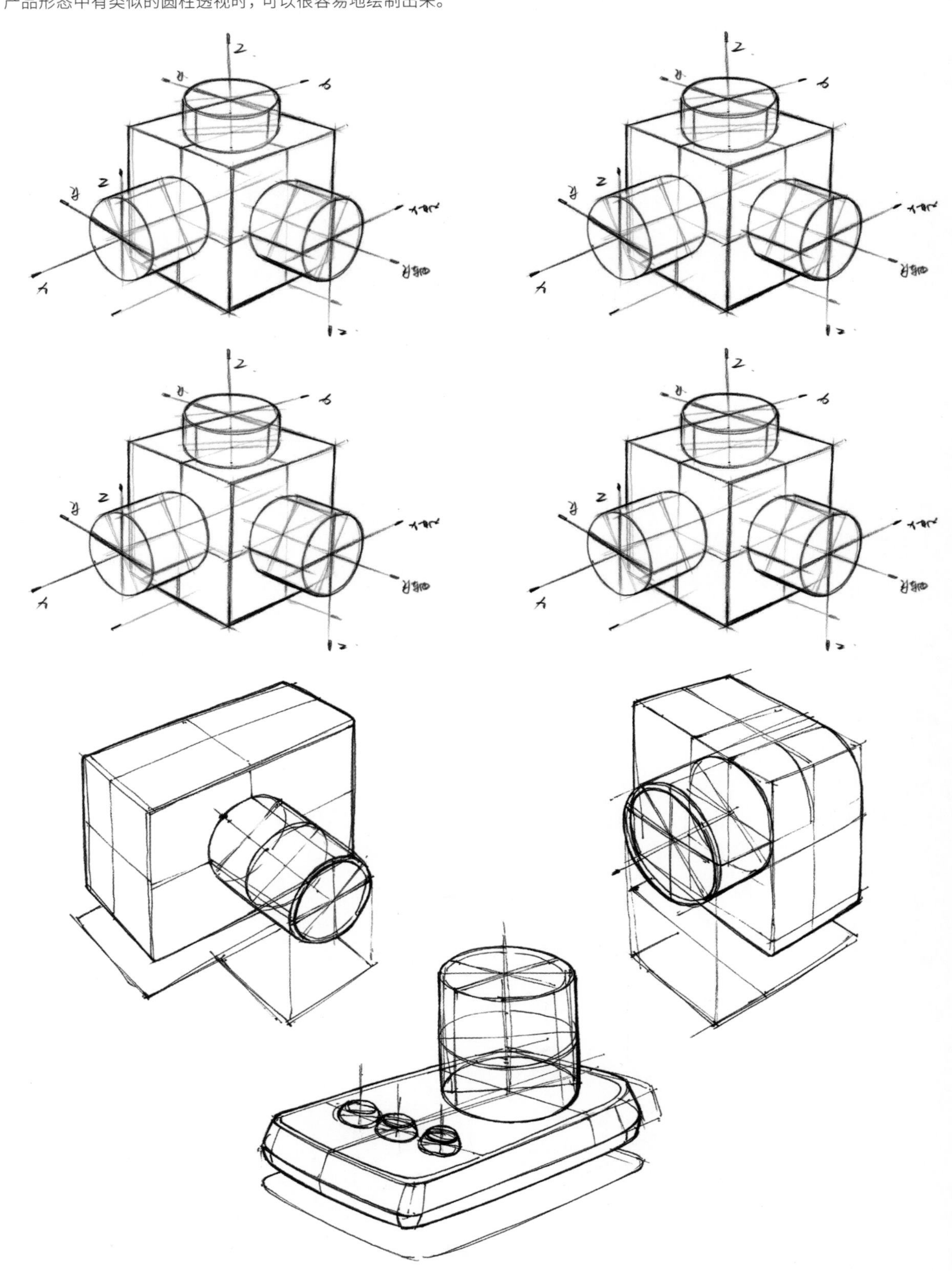

3.2.2 圆柱的透视轴

很多以圆柱为主体的产品形态有附加结构，需要通过圆柱的透视轴来确定主体附加部分的透视关系。快速准确地找到圆柱的3个主要透视轴向（水平x轴、水平y轴与垂直z轴）有助于表达以圆柱为基本形态的更复杂的产品。

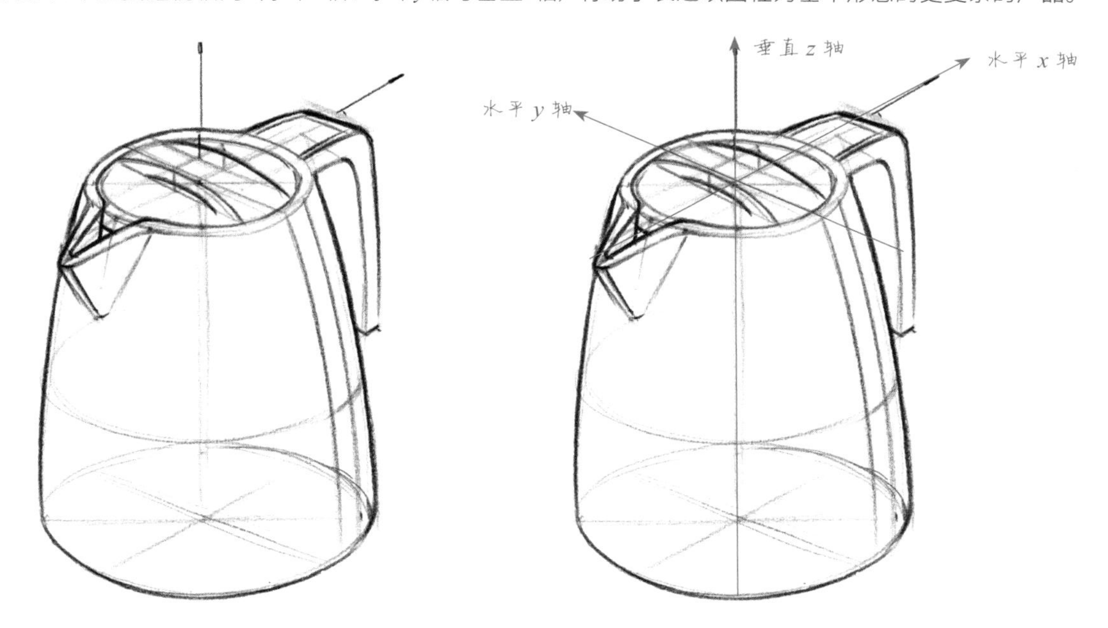

绘制三维形态离不开3个主要透视轴向的应用。但由于圆柱具有比较独特的形态特征，很多人往往不知道如何找到圆柱的透视轴。下面就给大家分享一下确定圆柱透视轴向的小技巧。

在圆柱顶面（椭圆截面）上以长轴为中心找到点 A、点E，然后四等分弧线 AE，分别取点B、点C、点D。连接点B与椭圆中心点 F并延长，这条线即可视为水平x轴。连接点D与椭圆中心点F并延长，这条线即可视为水平y轴。将圆柱顶面椭圆的短轴延长即为z轴。

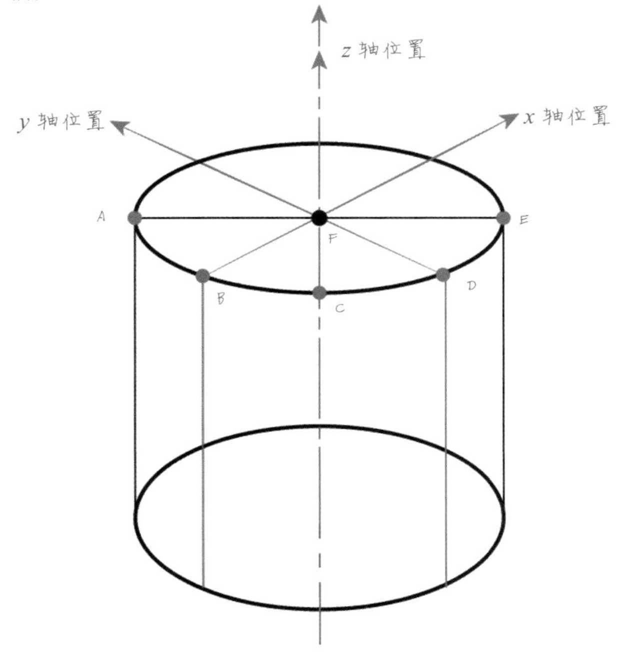

训练任务

圆柱在绘制产品设计手绘的过程中是比较容易出错的部分，因此要加强训练。训练包括各个方向的圆柱形态的绘制、圆柱形态上透视轴向的确定，以及圆柱上附加结构的添加等。前面讲过的其他知识点也要综合应用在形态的绘制上。

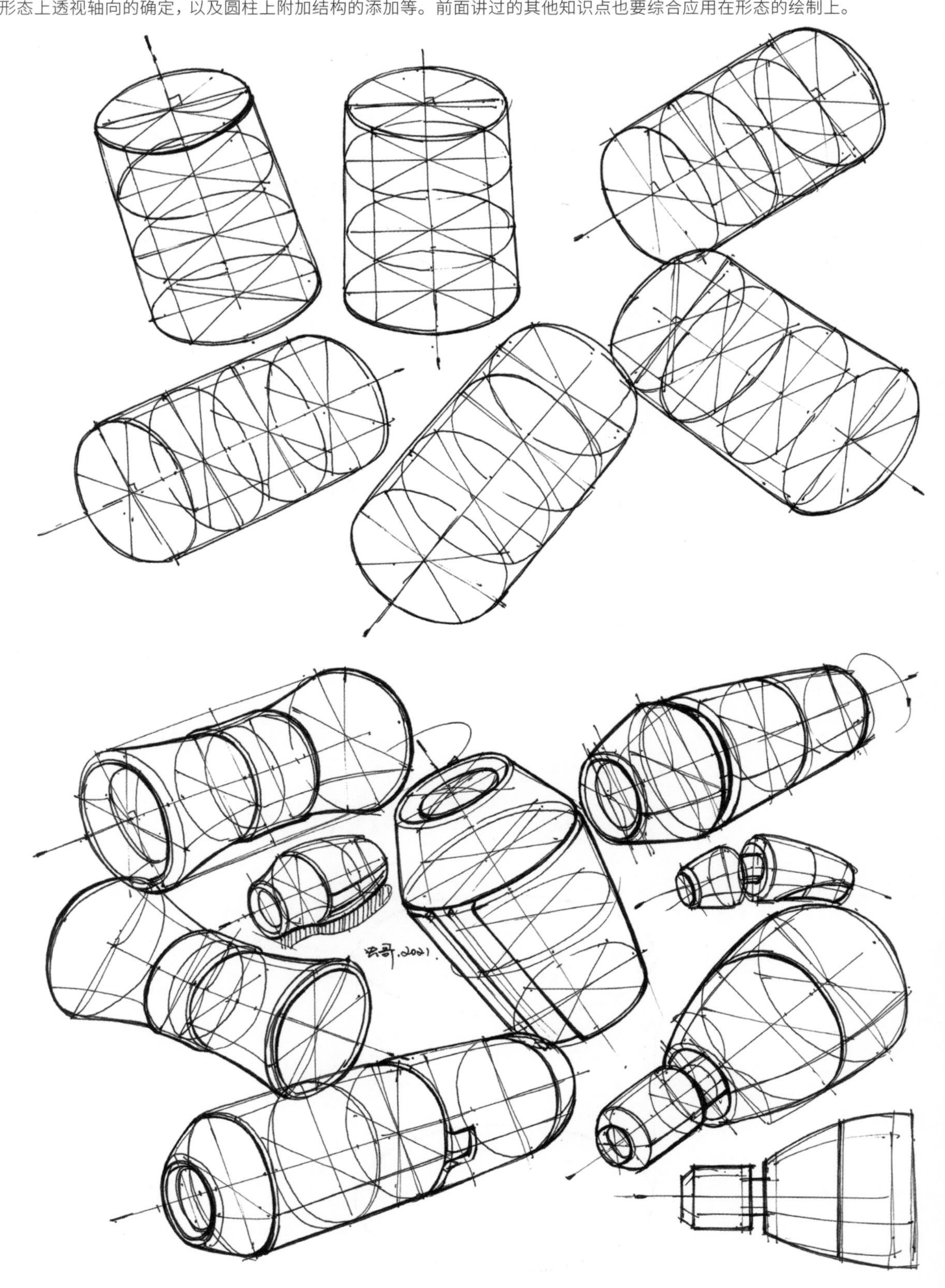

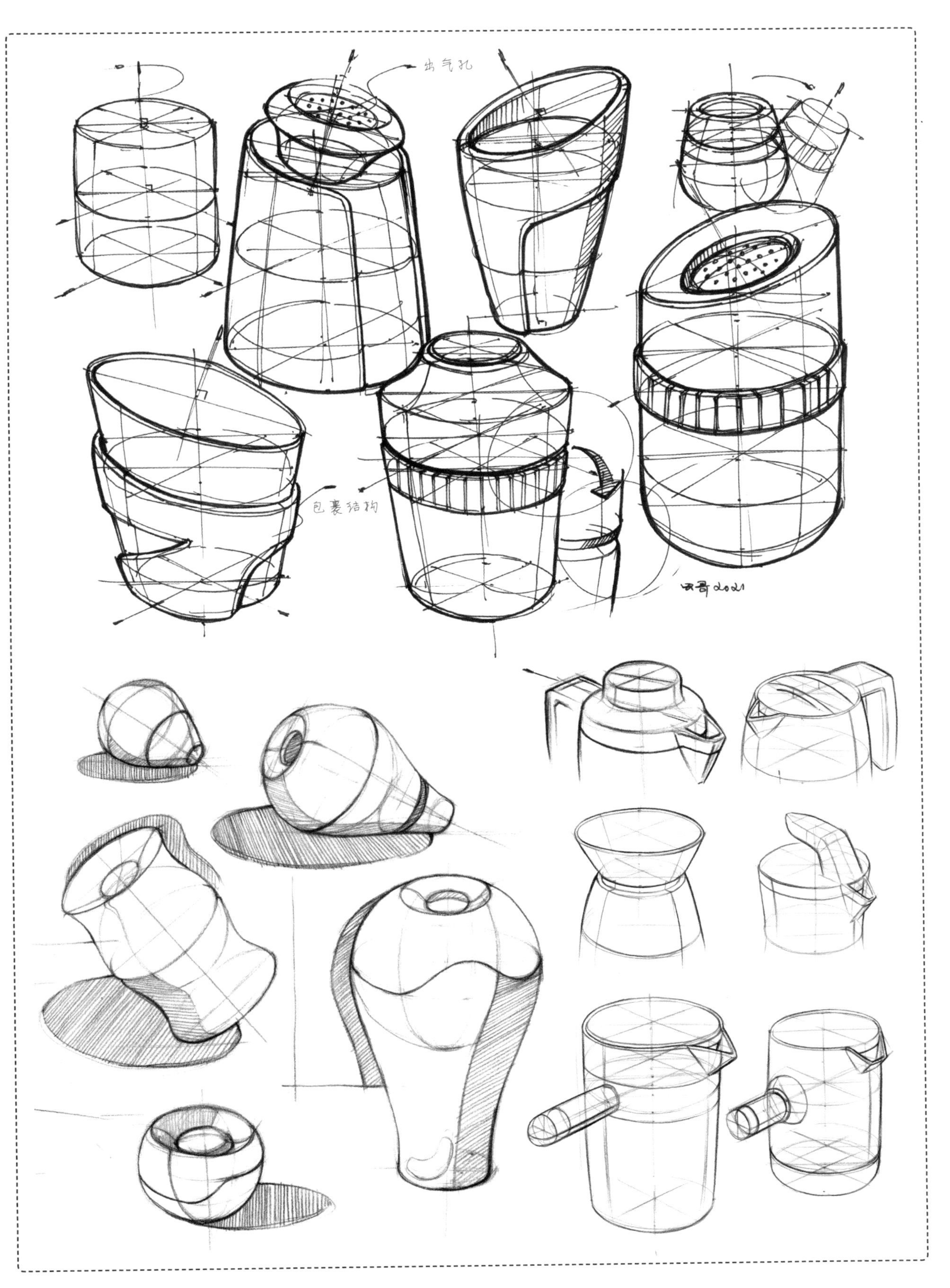
出气孔
包裹结构

3.2.3 弯管与圆环

弯管就是弯曲的圆柱，绘制时需要考虑到圆柱在不同角度下截面的变化，因此比圆柱更复杂一些。但只要记住椭圆长轴与短轴的垂直关系，就可以快速绘制出正确的弯管。圆环是比较特殊的弯管，它由无数紧密的圆柱横截面沿圆形轨迹围合而成。

提示

绘制弯管时主要是通过多个关键的横截面来确定基本造型。首先可以根据椭圆的长轴和短轴的垂直关系绘制出弯管的主要轴线，然后将这几个横截面两端的切点（关键节点）分别连起来，将其作为绘制弯管的参考线，使造型更准确。

绘制流程

弯管的绘制流程如下。

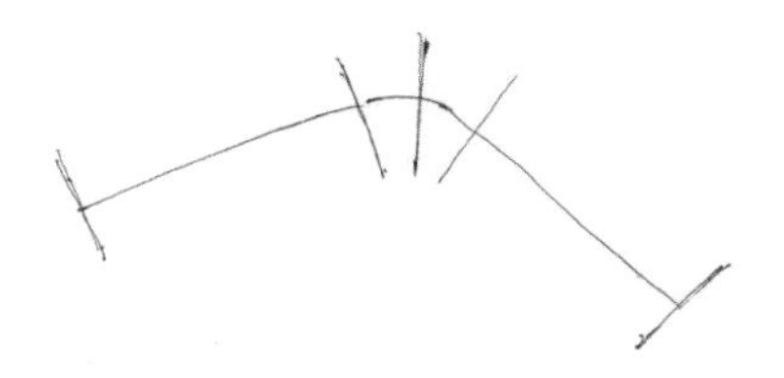

01 画出弯管的中心轴线，并确定弯管的直径（长轴）。

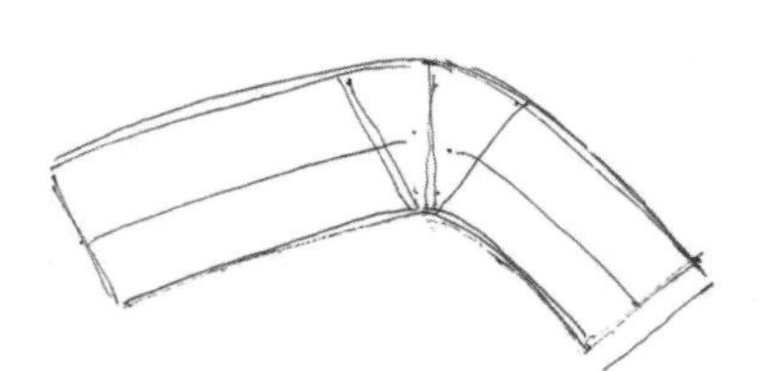

02 将关键节点处两端的切点连接起来。

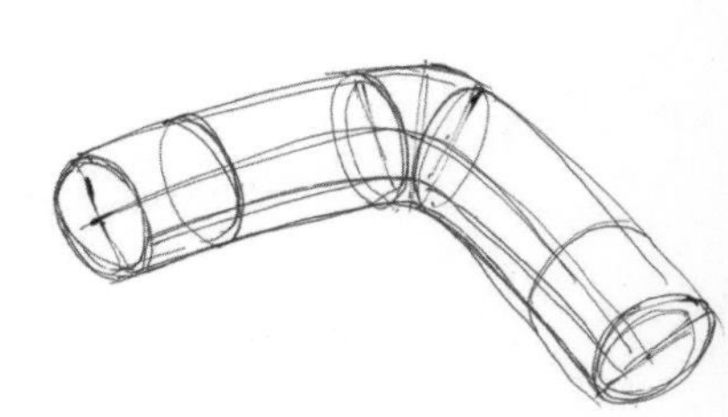

03 绘制出弯管的横截面。

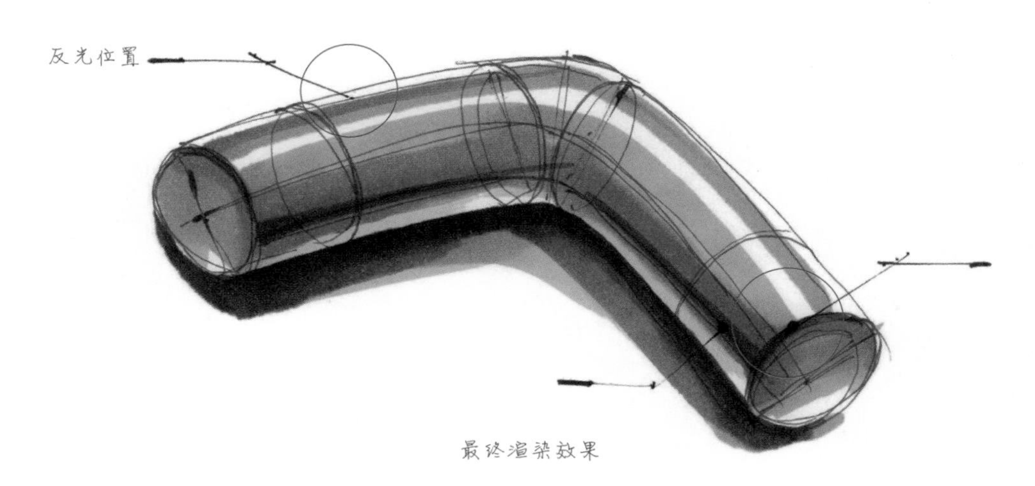

最终渲染效果

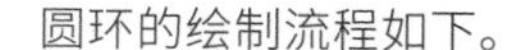

圆环的绘制流程如下。

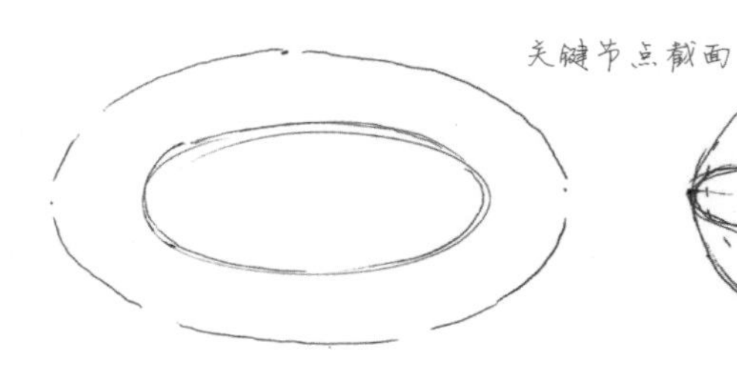

01 绘制两个水平椭圆，使两个椭圆之间的间距大致统一。

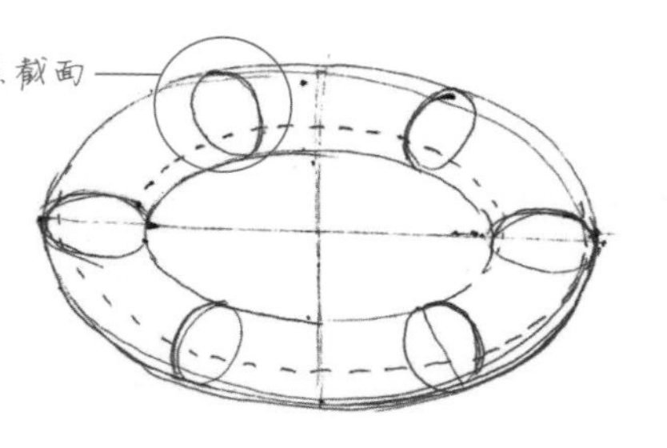

02 绘制出关键节点处的横截面，让圆环“鼓起来”。

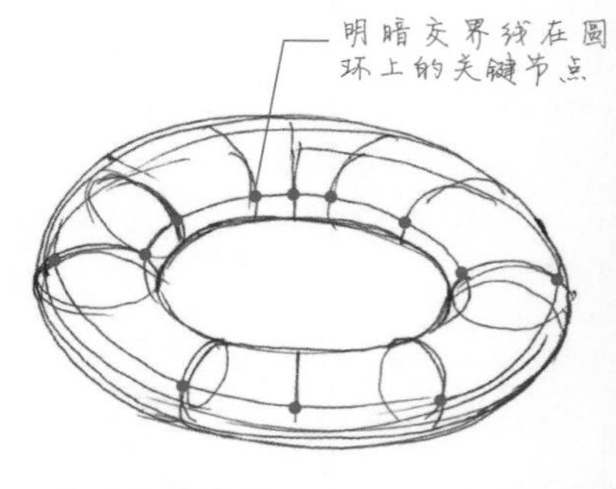

03 区分线条的属性，找出明暗交界线的位置，并按照相应节点连接。

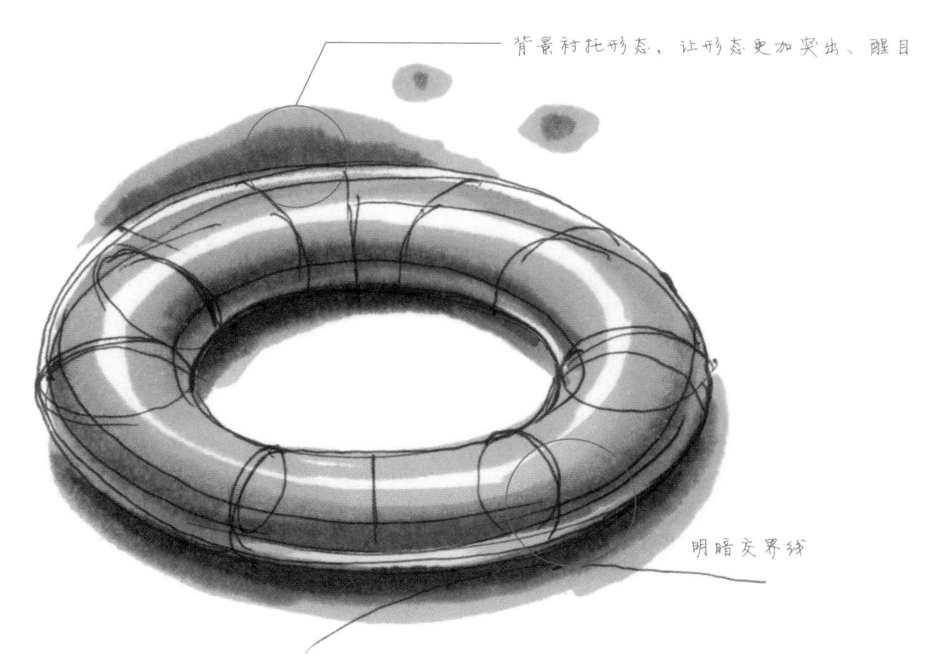
背景衬托形态，让形态更加突出、醒目
明暗交界线
最终渲染效果

训练任务

绘制弯管时要注意短轴（中心轴线）与长轴垂直关系的灵活运用，可以先绘制出中心轴线，然后绘制轮廓，最后找到相应的长轴并绘制出截面。在练习的过程中一定要按照正确的绘制流程绘制。

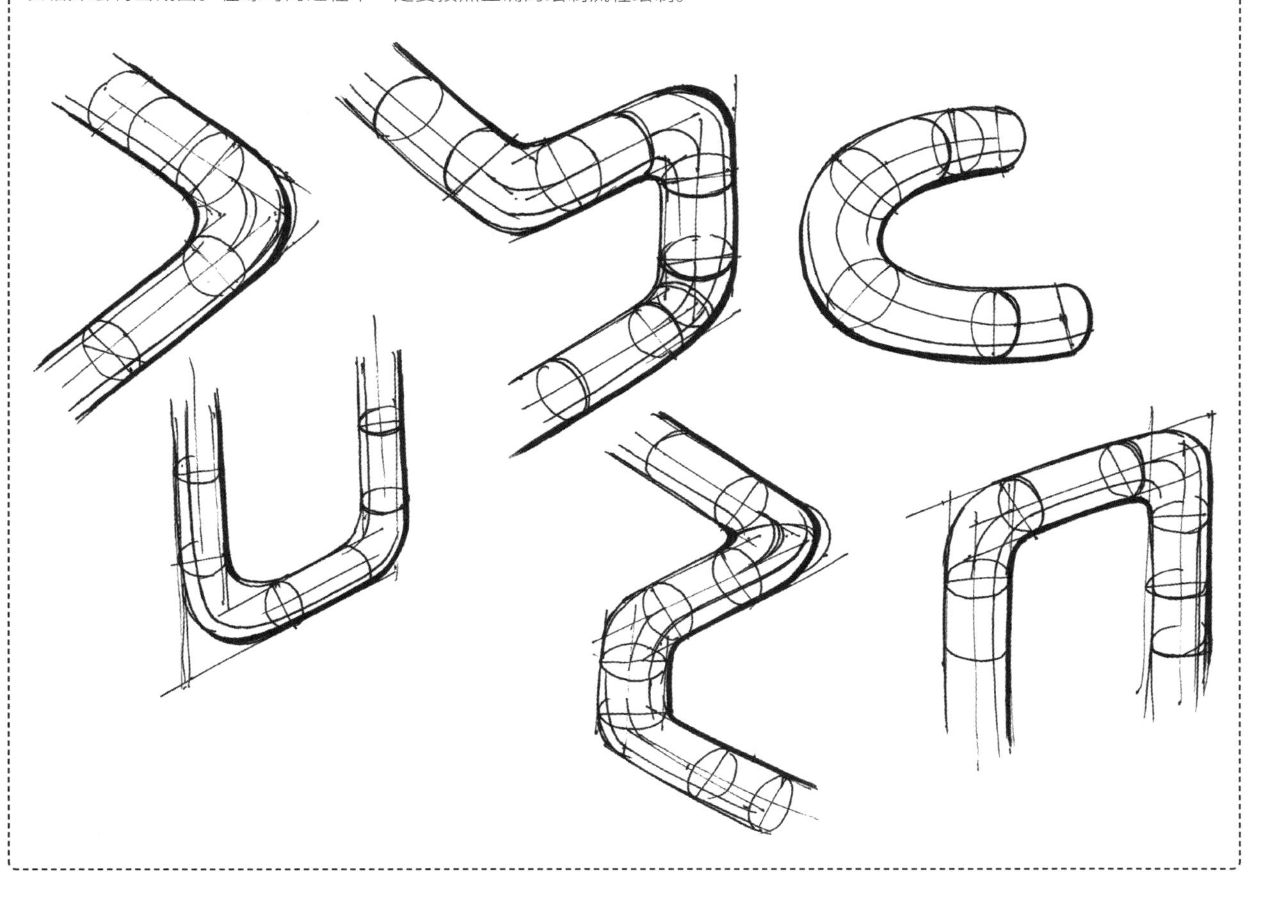

3.2.4 圆柱与其他形态的交接

形态之间的交接是绘制产品设计手绘时经常会遇到的一种情况，因此了解形态之间的交接方式非常有必要。不同的形态相交会有不同的交界面，这里要讲解的是圆柱与其他形态的交接。其中，圆柱与方体交接、圆柱与圆柱交接比较常见。

• 与方体交接

圆柱与方体的交接相对比较简单，只需找到圆柱的3个透视轴向，确定与方体的交接位置即可。沿圆柱弧度截取方体相应的部分，就是这两个形态交接的截面。

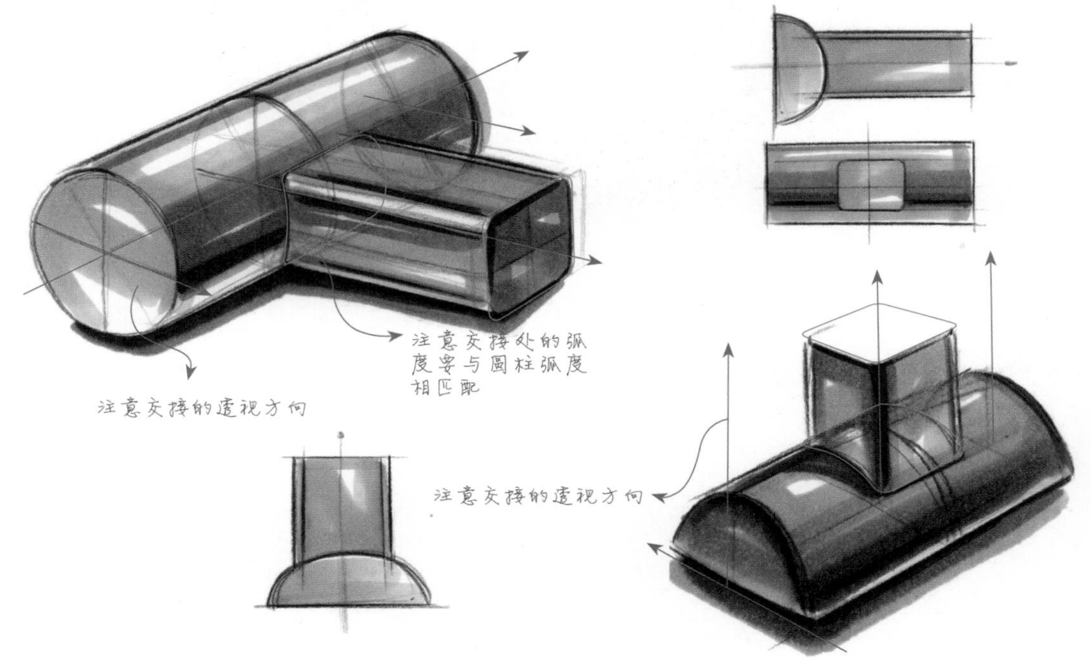

注意交接处的弧度要与圆柱弧度相匹配
注意交接的透视方向
注意交接的透视方向

• 与圆柱交接

两个圆柱的交接通常由圆柱的横截面和交接的位置关系决定。有一种绘制技巧是先在较大的圆柱上沿曲面画一个长方形，然后让两个圆柱的连接部分在这个长方形的范围内，就可以画出比较对称的图形。

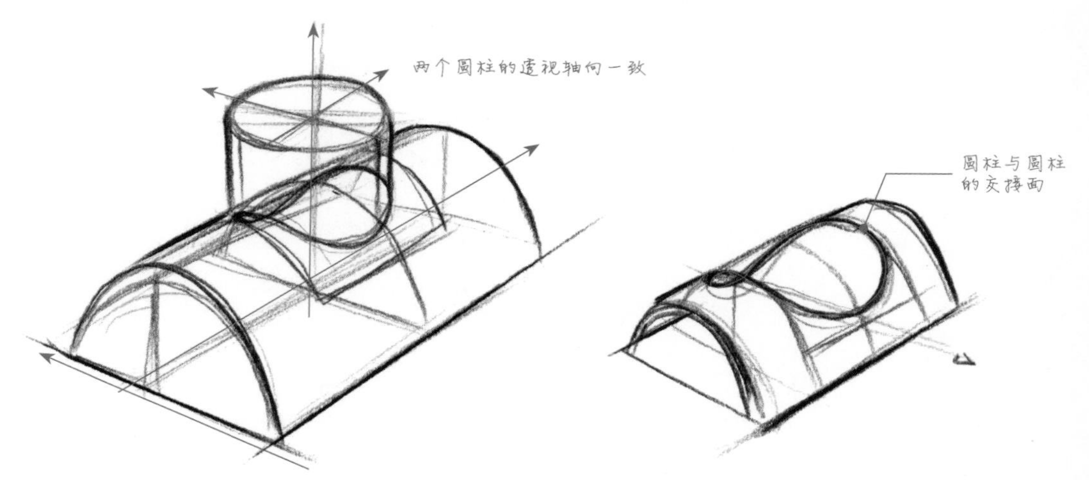

两个圆柱的透视轴向一致
圆柱与圆柱的交接面

还有一个相对复杂的方法。首先绘制一个水平圆柱，找到两个相交圆柱的中心轴线。为了方便理解，可以先把上面的交接圆柱绘制成正方体。根据圆柱与正方体的交接原理可以快速绘制出正方体与圆柱的交接面。根据前面讲的定切点（正方形各边中点）的方法，在顶面透视的正方形中绘制出透视的圆。4个切点分别为点*A*、点*B*、点*C*、点*D*，垂直对应到圆柱的交接面上的点分别为点*A′*、点*B′*、点*C′*、点*D′*。然后沿圆柱曲面顺滑连接4个点，即可获得两个圆柱的交接面。根据透视关系连接相应的点，绘制出圆柱与圆柱的交接形态，最后区分线条属性，并完善绘制。

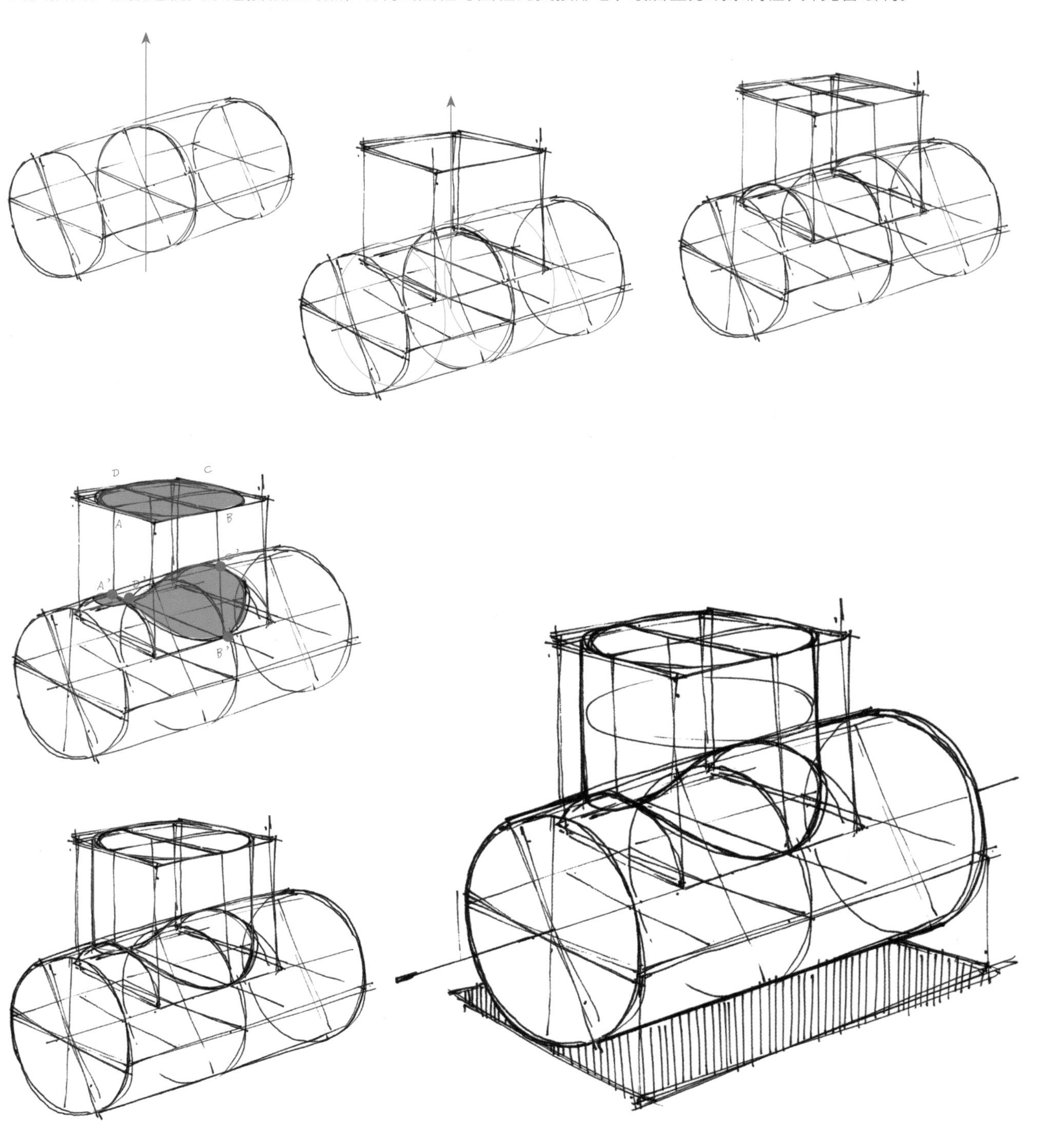

训练任务

绘制下面的交接角度与形态，熟悉后可以应付大部分圆柱交接情况的绘制。

第 4 章

形态的构建方法

前面我们学习了透视原理和线条的绘制方法，了解了三维形态在二维纸面上的基础框架，并进行了相应的训练。接下来将开始学习形态的构建必备要素——倒角的分类与绘制方法、形态构建的常见方法等，掌握后会拓宽产品的绘制和设计思路。

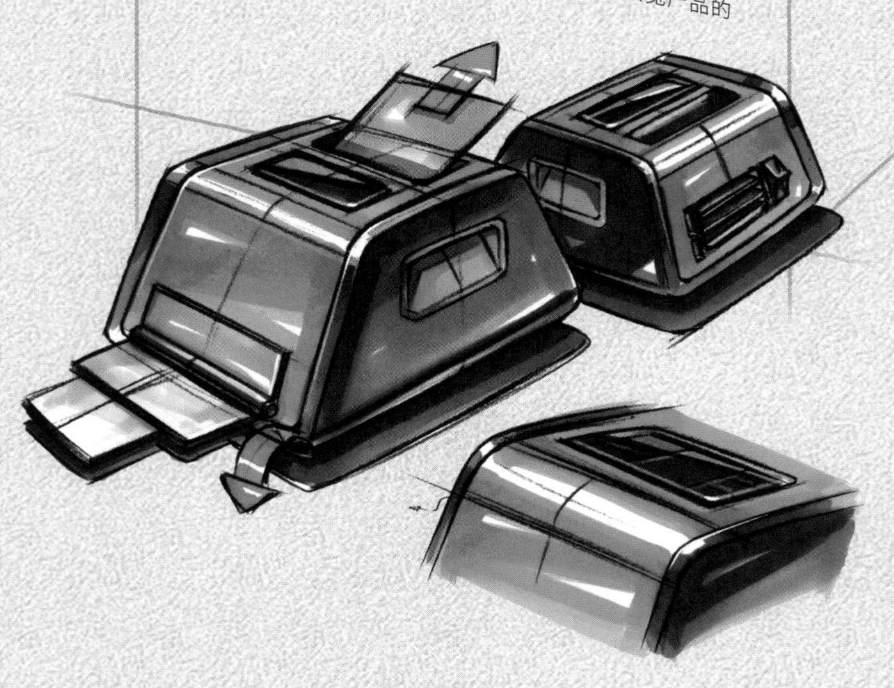

4.1 构建必备要素——倒角

倒角是形态构建的必备要素，是绘制基本形态向产品过渡的必经之路。本节将通过讲解倒角的表达进一步细化基本透视形态，跨出从基本形态向产品设计手绘迈进的第一步。

4.1.1 无处不在的倒角

几乎所有的产品形态转折处都会存在倒角，对产品设计手绘来说，设计师可以通过对倒角的处理与运用来提升产品的气质与档次。对于大小与结构不同的倒角，一般可以采用以下3种处理方式。

ⓐ 对于很大且会影响产品形态及结构的倒角，要严谨表达。

ⓑ 对于很小且会影响产品形态及结构的倒角，可以通过简化的方式快速表达。

ⓒ 对于很小但不会影响产品形态及结构的倒角，可以不用表达。

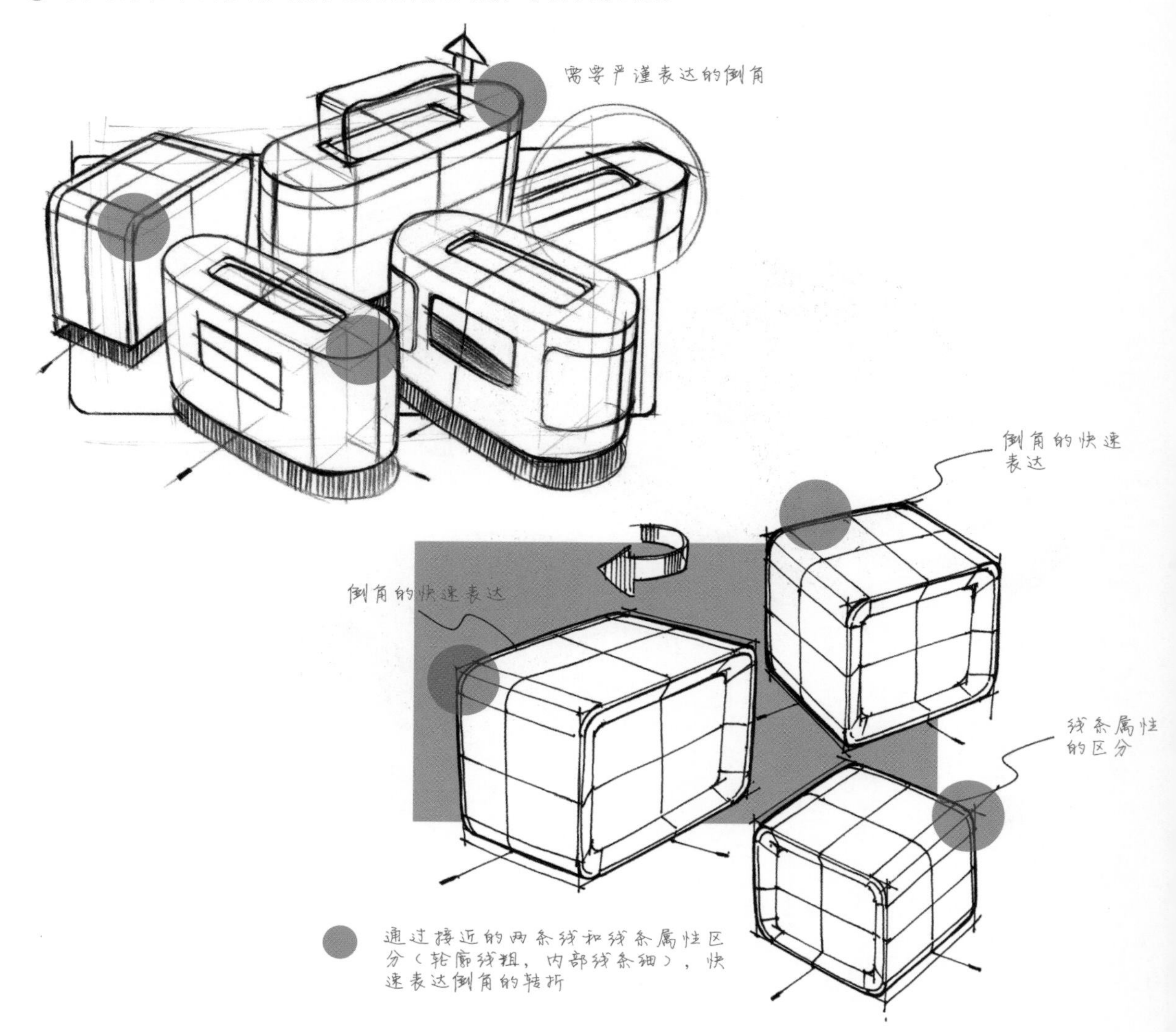

4.1.2 倒角的分类及绘制

从切削形态上说，倒角分为切角与圆角。切角就是对不同轴向上相对应的点进行直线切削形成的倒角，圆角就是对不同轴向上相对应的点进行曲面切削形成的倒角。大多数情况下，每个圆角为1/4个圆，4个圆角正好组合为一个圆（透视关系中为椭圆）。

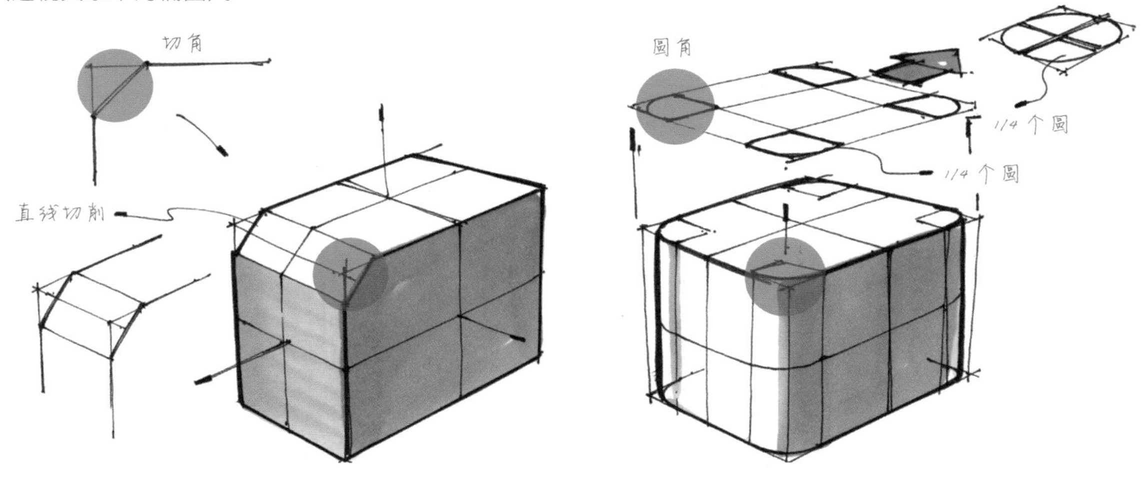

从结构上说，倒角分为单向倒角和复合倒角。下面主要介绍单向倒角和复合倒角。

• 单向倒角

在单向倒角中，单向圆角相对较简单和常见。单向圆角指仅在两个透视轴向上倒圆角，一般是在两个或多个相互平行的面上进行。以方体为例，在每个圆角相当于1/4个圆的情况下，每个单向圆角所在的部分就相当于1/4个圆柱体，因此有的单向圆角方体也可以被看成方体与圆柱的结合体。

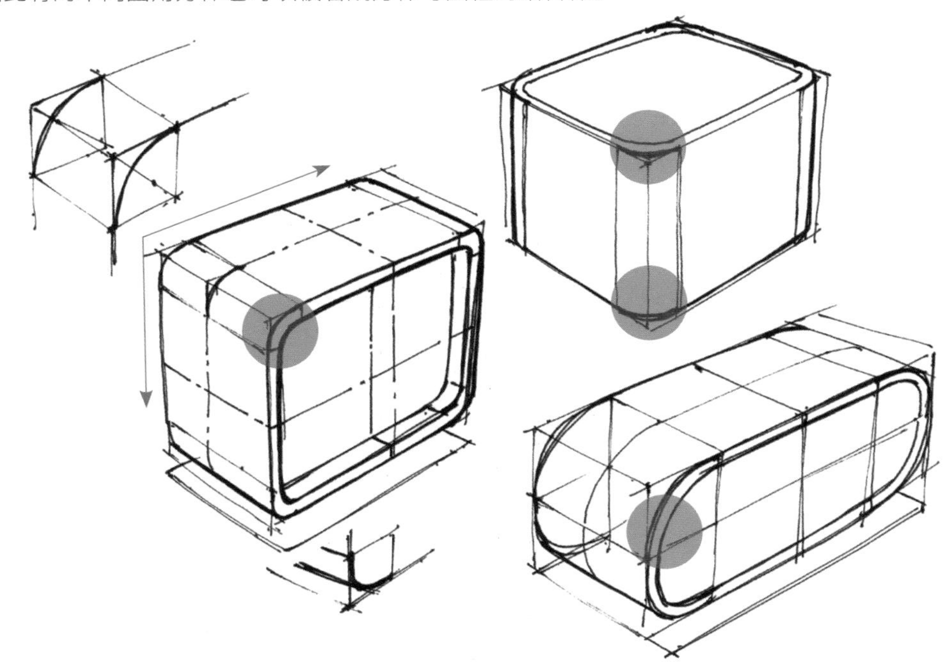

绘制要点

ⓐ 关注倒角的起止点。倒角实际上是对原来的形态进行加减运算而产生的转折与变化，因此每个单独的倒角都有起点与止点，起点与止点之间是倒角的大小范围，倒角之外的部分还保持原来的线条走势。

ⓑ 倒角后的两条转折线要进行必要的表达。形态在倒角之后，会产生两条新的转折线，也就是倒角的起点之间与止点之间相对应的透视连接线（当止点被遮挡，只能看到起点时，我们看到的两条线就变成了起点的相应透视连线和倒角边缘的相应透视切线）。这两条线很多时候会作为上色时色彩明度变化的过渡线。

ⓒ 注意倒角的一致性与对应性。只有注意到倒角大小的一致性与起止点透视关系的对应性，绘制才会更快、更准确。

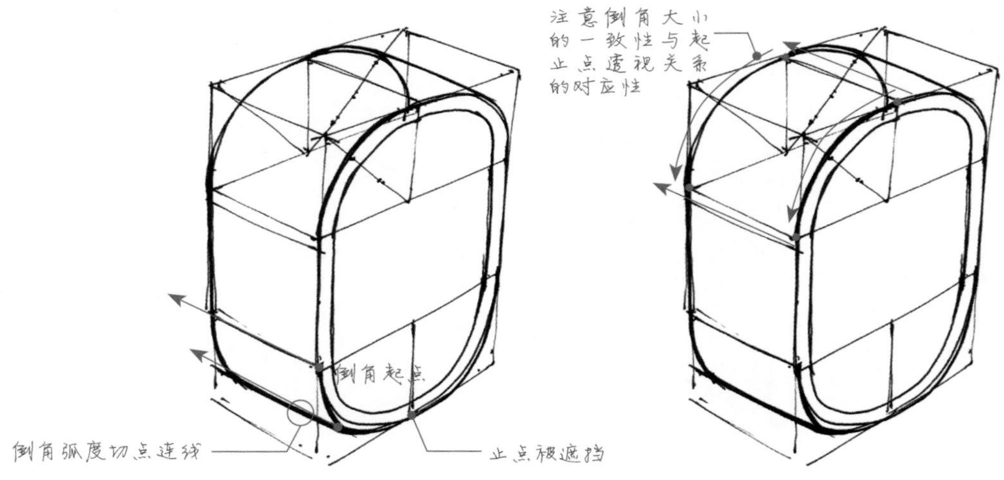

提示

对于初学者来说，要注意不能因为顾及速度与线条的顺畅性而放弃倒角的准确性。

ⓓ 注意倒角后轮廓线的内收与扩展。因为需要对形态进行减法或加法运算，所以倒角之后轮廓线会相应地发生内收或扩展的变化。如果选择对原来的形态进行切削操作，那相应的轮廓线会内收。

ⓔ 注意倒角的弧度区别。由于透视关系，原来立方体的直角会变形成钝角与锐角，因此倒角的弧度也应有明显的区别。钝角部分倒角的弧度会平缓一点，锐角部分倒角的弧度会饱满一点。

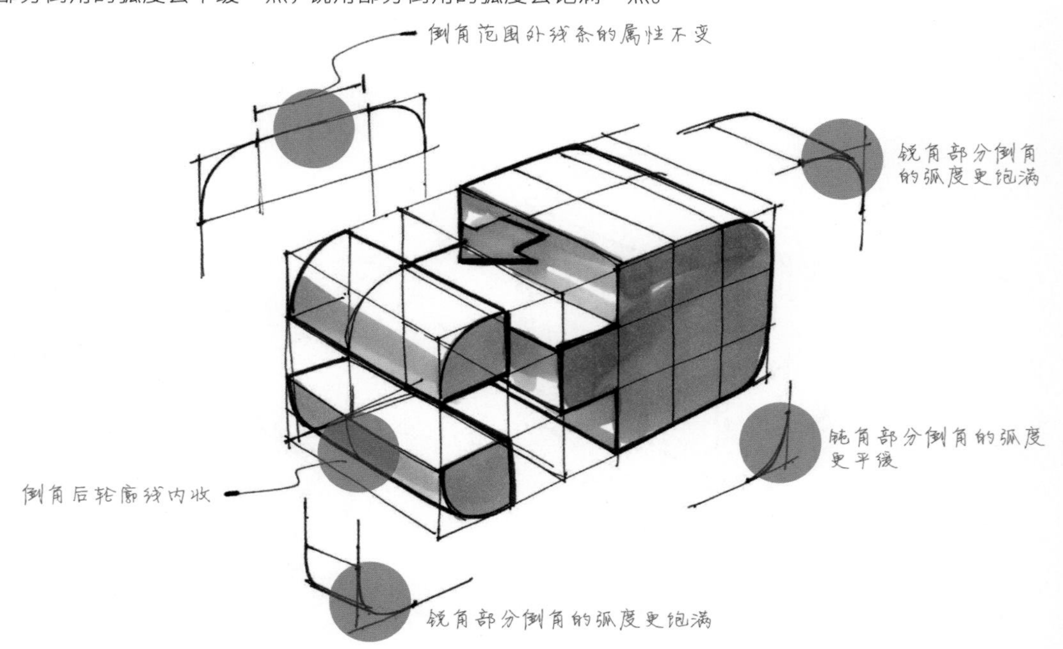

绘制流程

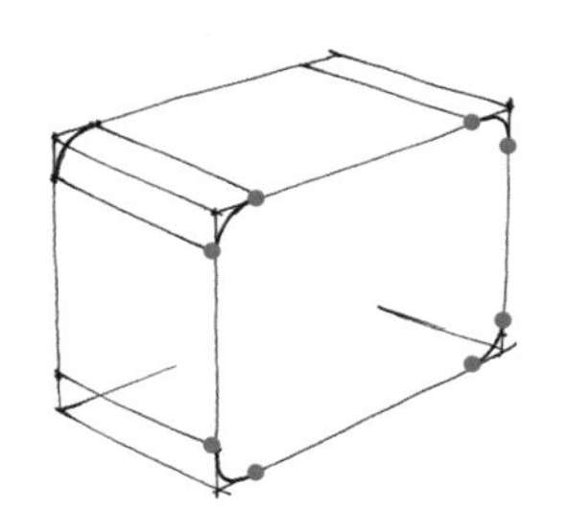

01 绘制一个比例关系正确的方体轮廓，注意把握好透视关系，确定倒角的大小及所在位置。

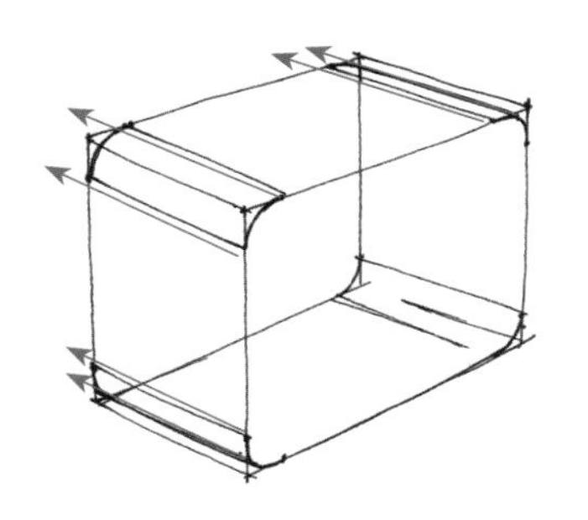

02 确定相应的倒角位置，依据倒角的起止点按照透视方向进行连线。

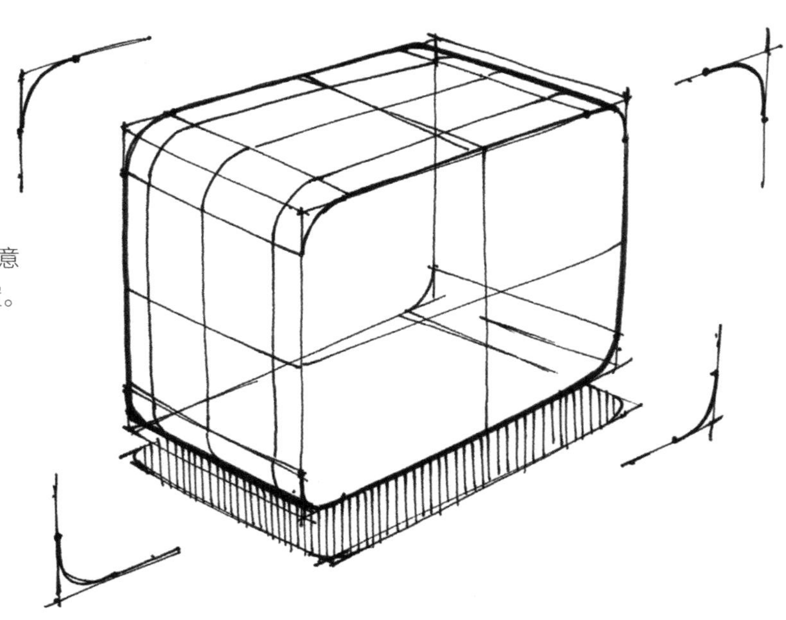

03 区分线条属性，添加必要的结构线、辅助线等，调整整体画面，完成绘制。

• 复合倒角

与单向倒角不同，复合倒角是在3个不同的透视轴向上进行的，包括外凸倒角和内凹倒角两种形式。大多数产品都含有复合倒角，这样形态看起来会更加美观，形态变化更丰富。对于设计风格不同的产品，复合倒角3个透视轴向上的倒角面会有弧度的区别，绘制时要根据具体设计而定。

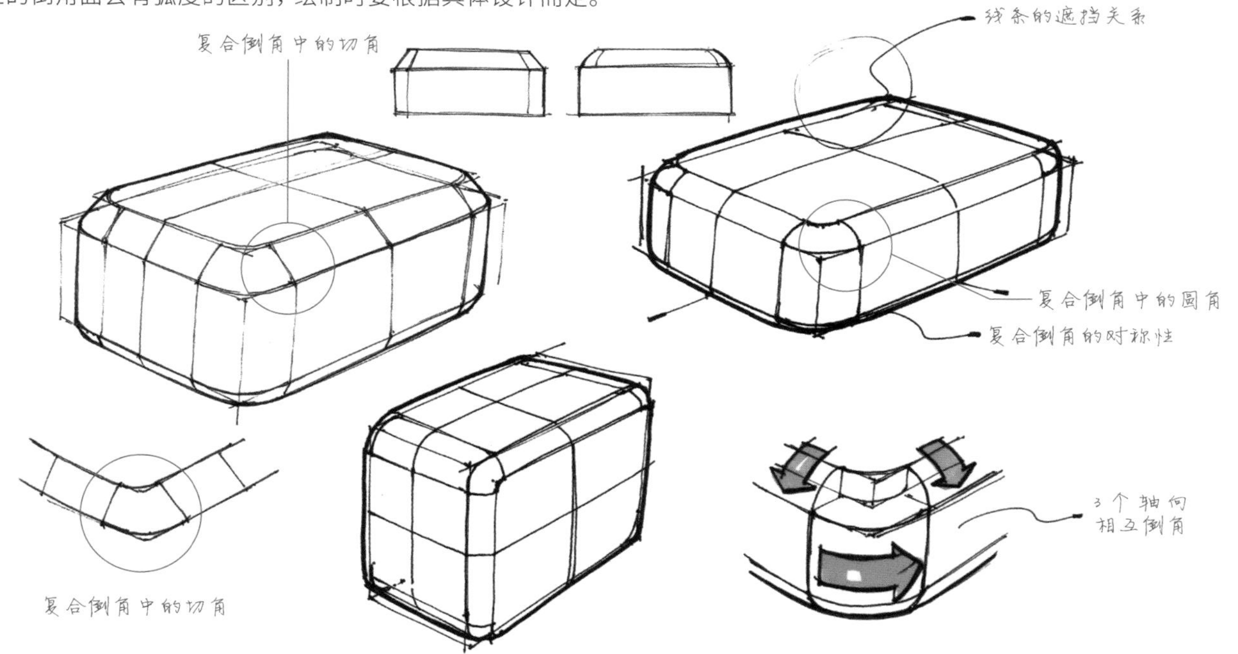

绘制要点

ⓐ关注单个倒角起止点的对应性。由于复合倒角较为复杂，单个倒角不同轴向的起止点要相互对应起来。

ⓑ倒角起止点的相应转折线都需要表达出来。

ⓒ注意相应倒角的一致性与对应性。因为复合倒角的方向更复杂，所以更要注意不同倒角的对应性。这既有助于矫正倒角结构，又有助于学习者熟悉倒角结构，从而加快绘图速度。

ⓓ注意倒角后轮廓线的变化。倒角后离视线较远的线往往会遮挡住方体原来的起稿轮廓线。

ⓔ注意不同倒角（钝角、锐角）的弧度变化。其实每个复合倒角都可以拆分成3个单向倒角，因此，与单向倒角一样，钝角部分倒角的弧度会比较平缓，锐角部分倒角的弧度会比较饱满。

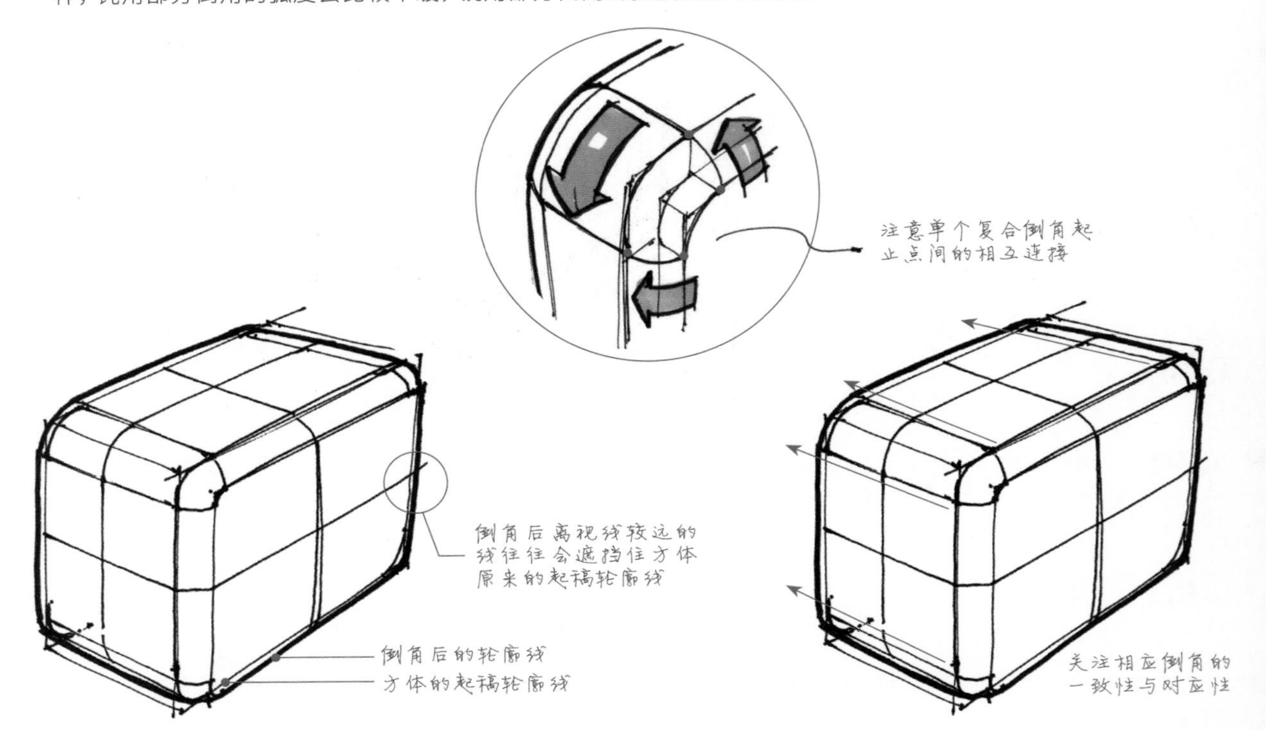

外凸倒角

外凸倒角是复合倒角的一种，就是倒角是相对凸出于产品的。

绘制流程

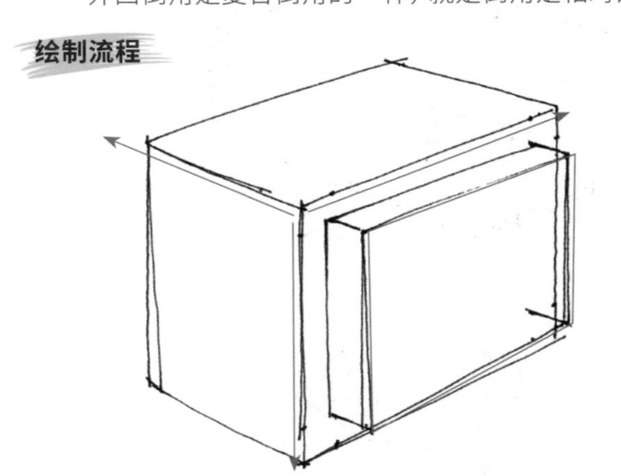

01 绘制出一个方体，并根据倒角大小范围的要求绘制出倒角的外凸结构。

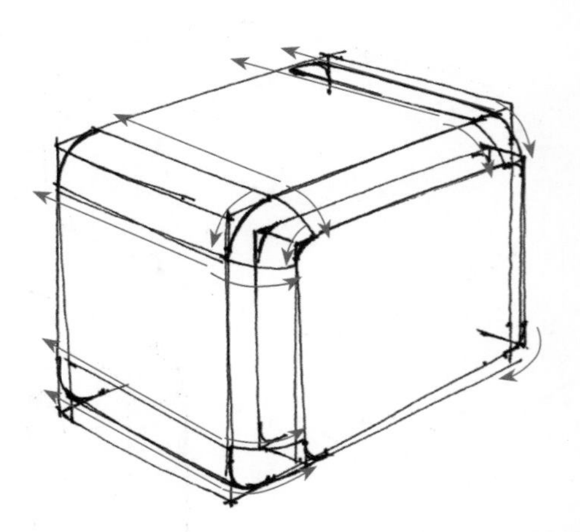

02 对倒角的外凸结构进行相应透视轴向上的倒角绘制。

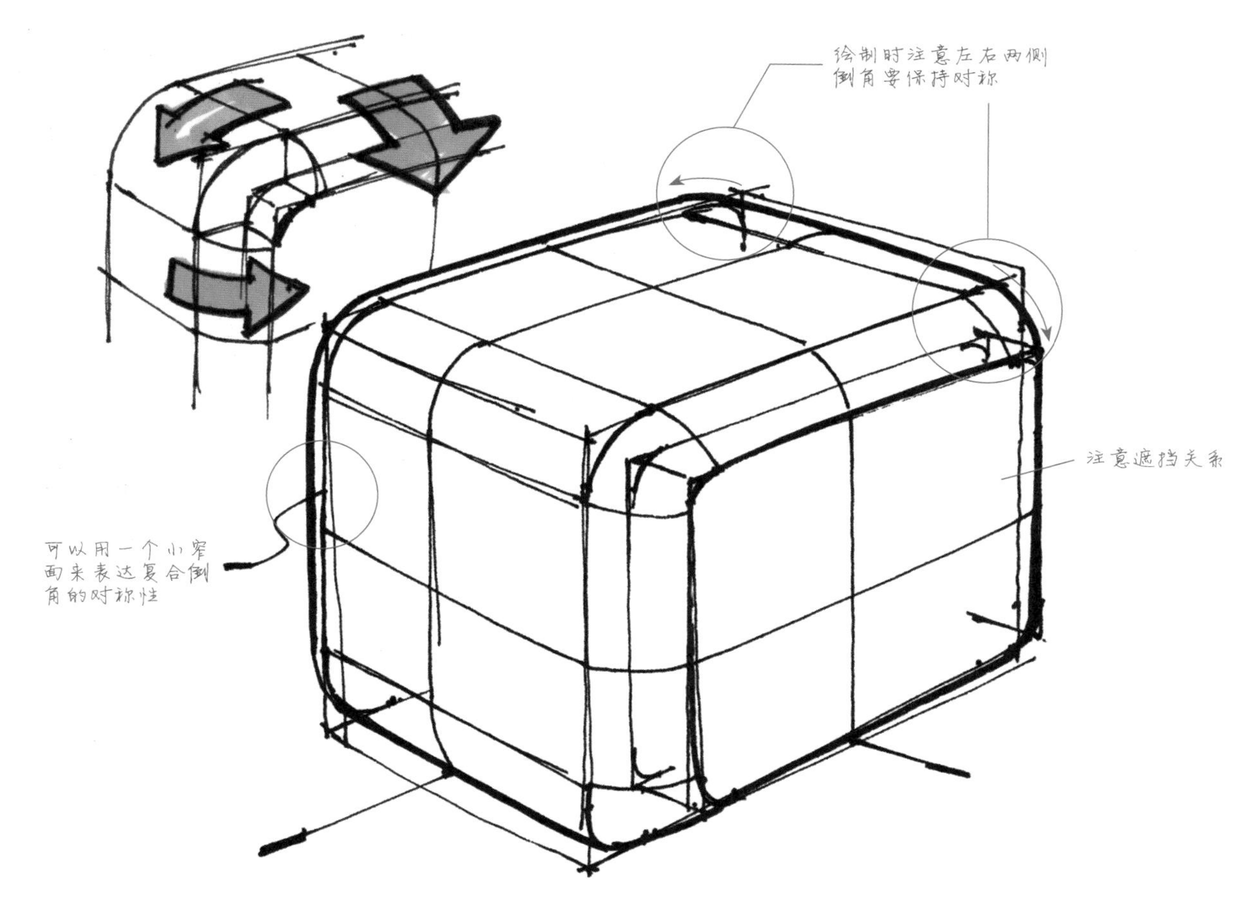
绘制时注意左右两侧
倒角要保持对称
注意遮挡关系
可以用一个小窄
面来表达复合倒
角的对称性

03 在相应的位置用小窄面（两条接近的线条）快速地表现出对称的倒角，并区分线条属性。

有一种比较典型的外凸倒角，这种倒角每两个轴向间的倒角都是1/4个圆，因此每个完整的倒角都是1/8个球体。倒角之间的距离不同，使得典型的复合倒角会有不同的变化。以下是这种倒角的绘制。

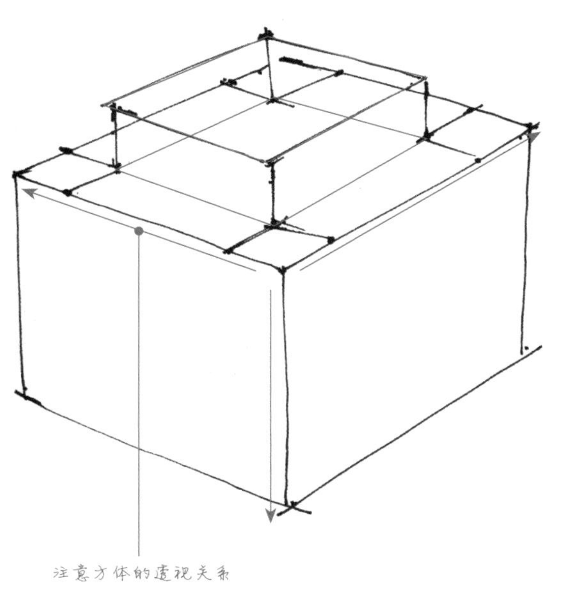
注意方体的透视关系

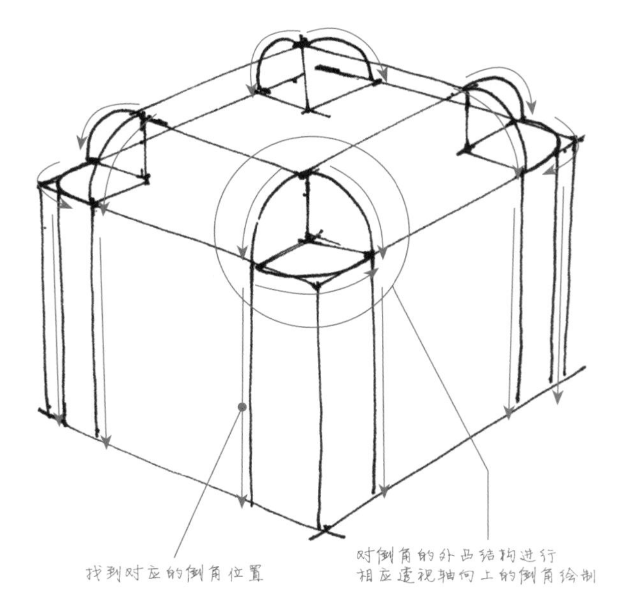
找到对应的倒角位置
对倒角的外凸结构进行
相应透视轴向上的倒角绘制

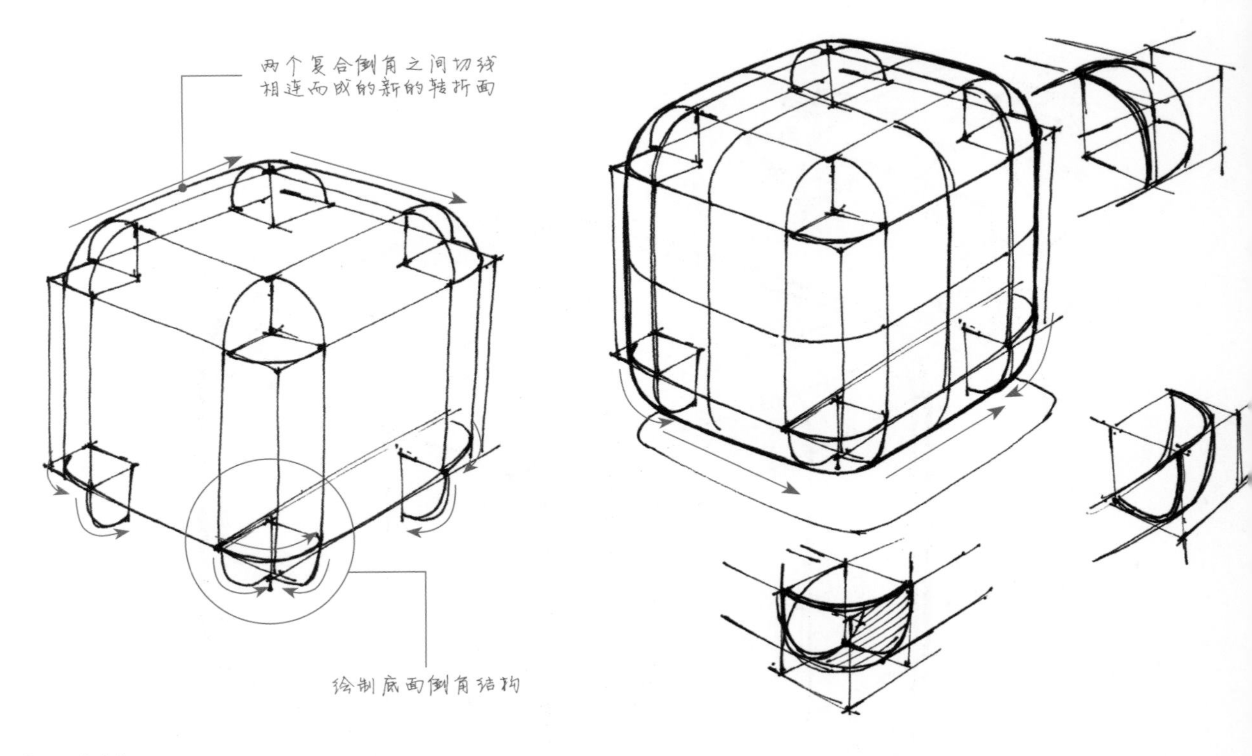

内凹倒角

内凹倒角，顾名思义，就是倒角是向产品内部凹陷的，是复合倒角中比较常见的一种。绘制的时候注意倒角的对应性与一致性。

绘制流程

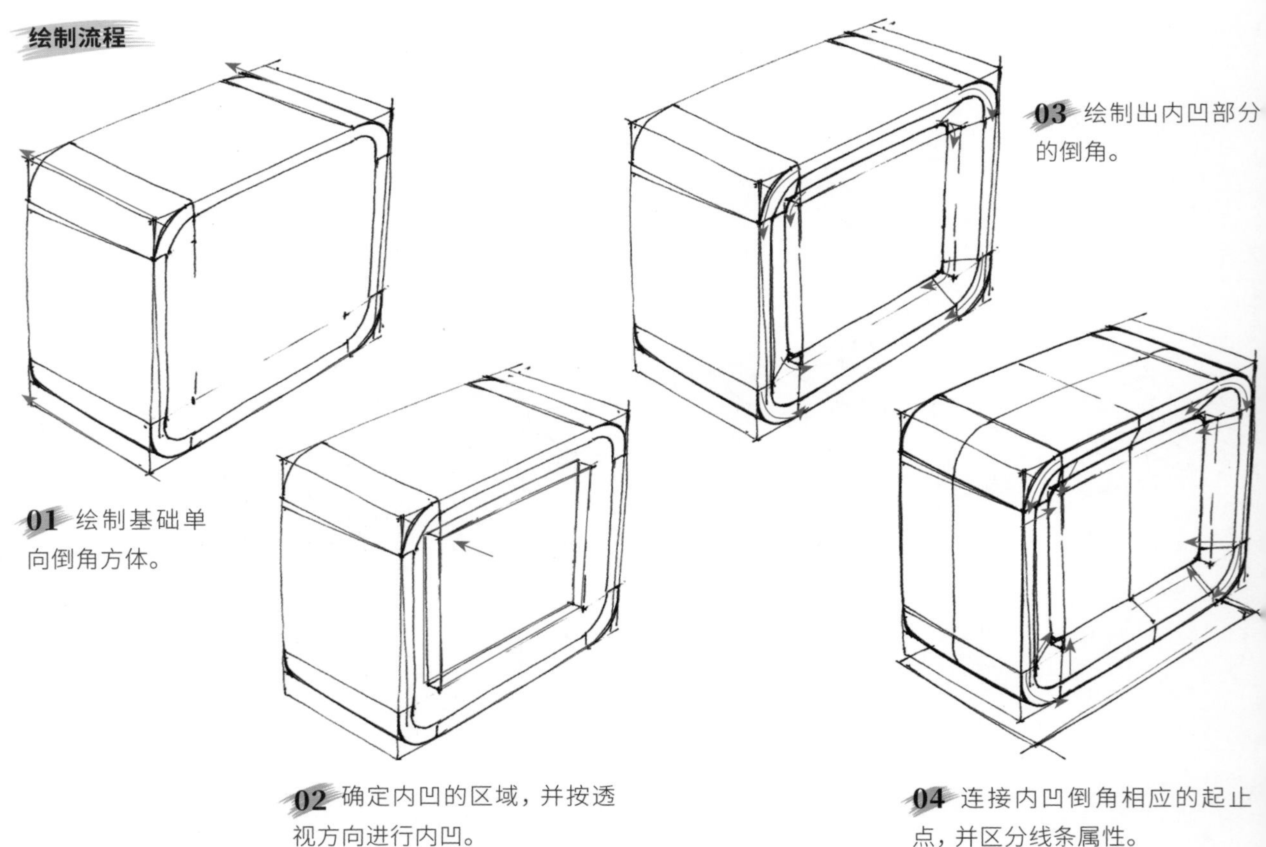

01 绘制基础单向倒角方体。

02 确定内凹的区域，并按透视方向进行内凹。

03 绘制出内凹部分的倒角。

04 连接内凹倒角相应的起止点，并区分线条属性。

在实际绘制的过程中，不同大小、不同距离的倒角组合会形成产品不同的形态特征。有时因为设计者自己的设计创意，会出现非对称性倒角。

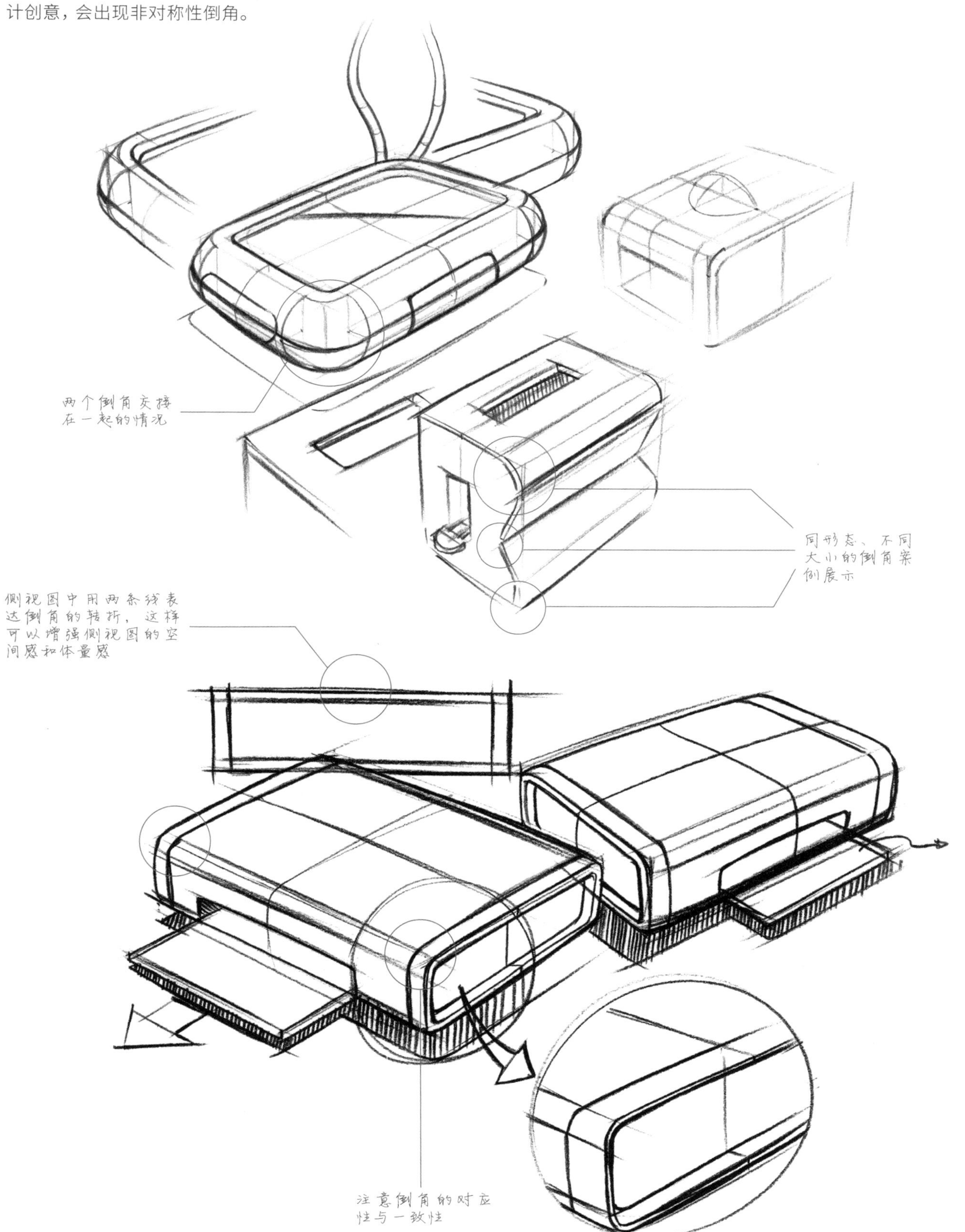
两个倒角交接
在一起的情况
同形态、不同
大小的倒角案
例展示
侧视图中用两条线表
达倒角的转折，这样
可以增强侧视图的空
间感和体量感
注意倒角的对应
性与一致性

训练任务

掌握倒角的绘制是产品设计手绘的基础，因此需要多加训练。确定好结构并细化细节后，注意区分线条属性。

单向倒角的绘制训练是其他倒角绘制训练的基础，绘制时一定要严谨，要按照绘制要点理解倒角结构。复合倒角是单向倒角的“升级版”，练习绘制复合倒角前先要尽量熟悉单向倒角，这样绘制复合倒角时会更得心应手。

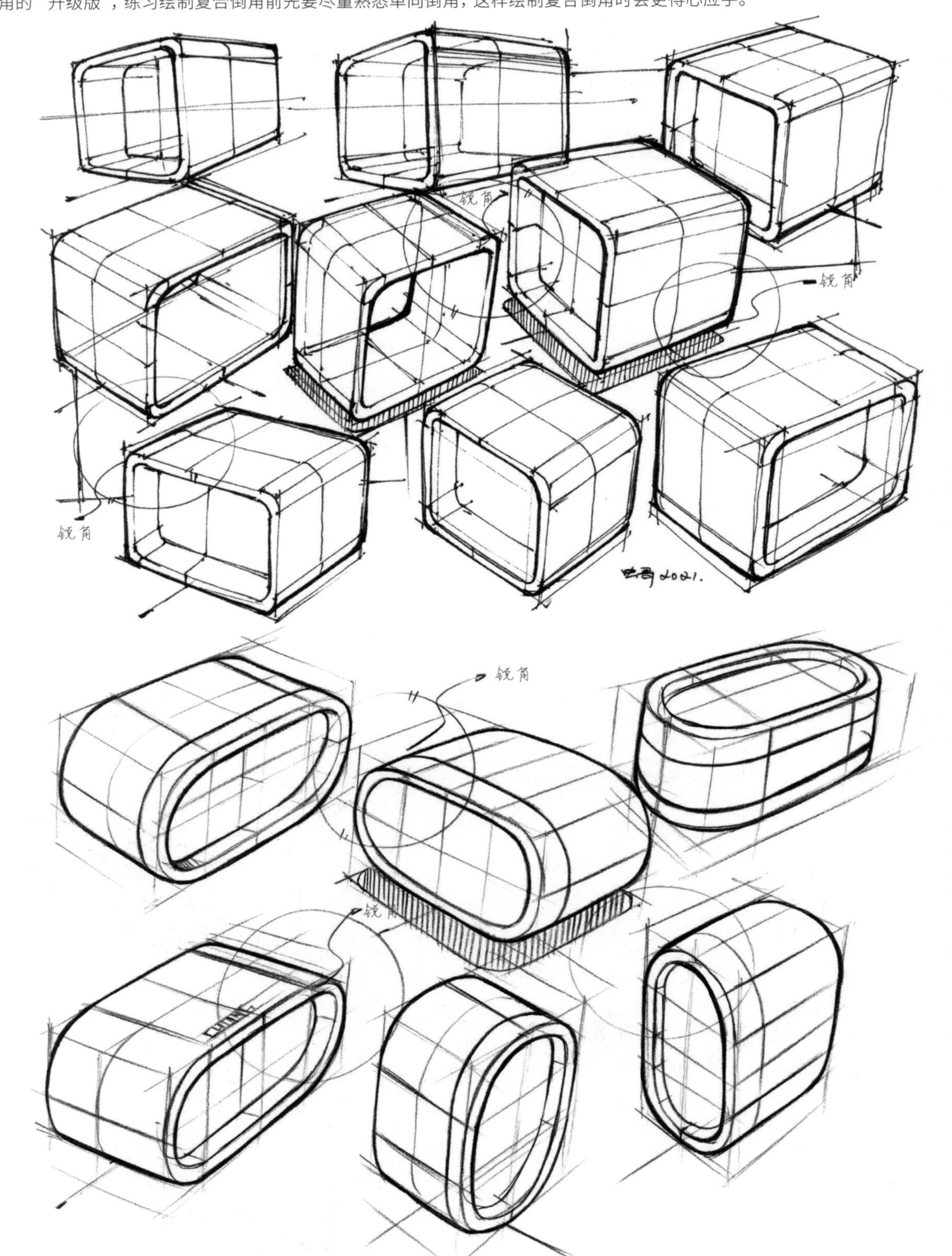

内凹
内凹

4.2 构建方法

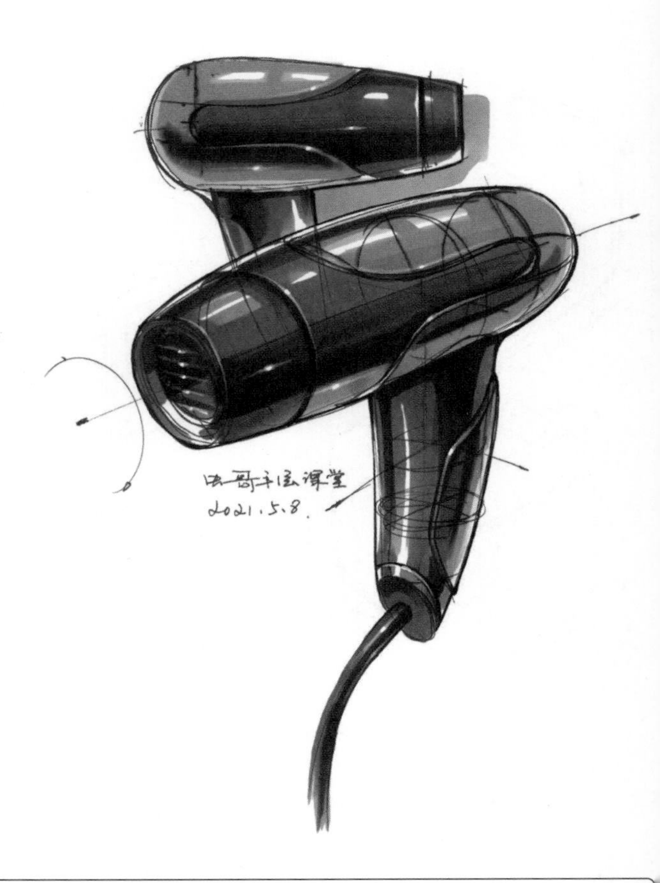

实际的产品形态纷繁多样，复杂程度不一。当绘制一些比较复杂的形态并感到无从下手时，选择更合适、更便捷的形态构建方法有利于更高效地绘制出产品形态。常见的形态构建方法有形态简化法、特征截面法、局部截面法等。下面分别进行讲解。

4.2.1 形态简化法

当形态较复杂或细节较多时，可使用基础而高效的形态简化法。我们可以通过分析、解读产品结构来把握产品形态的构成框架，将产品简化成基本形态或基本形态组合。

在初学阶段，绘制前不能陷于产品外在的细节变化中，而要从整体着眼，仔细分析产品的形态构成、连接方式等，将复杂的形态简化，以提升绘制效率。

提示

很多人在绘制的时候容易陷入繁杂的细节变化的绘制中，主观上夸张了产品的细节，从而导致产品形态变形、走样，一定要避免这种情况。

日常生活中的大多数产品都是由基本几何形态及其变形组成的，常见的产品构成形态有方体、圆柱、球体及其变形与组合等。

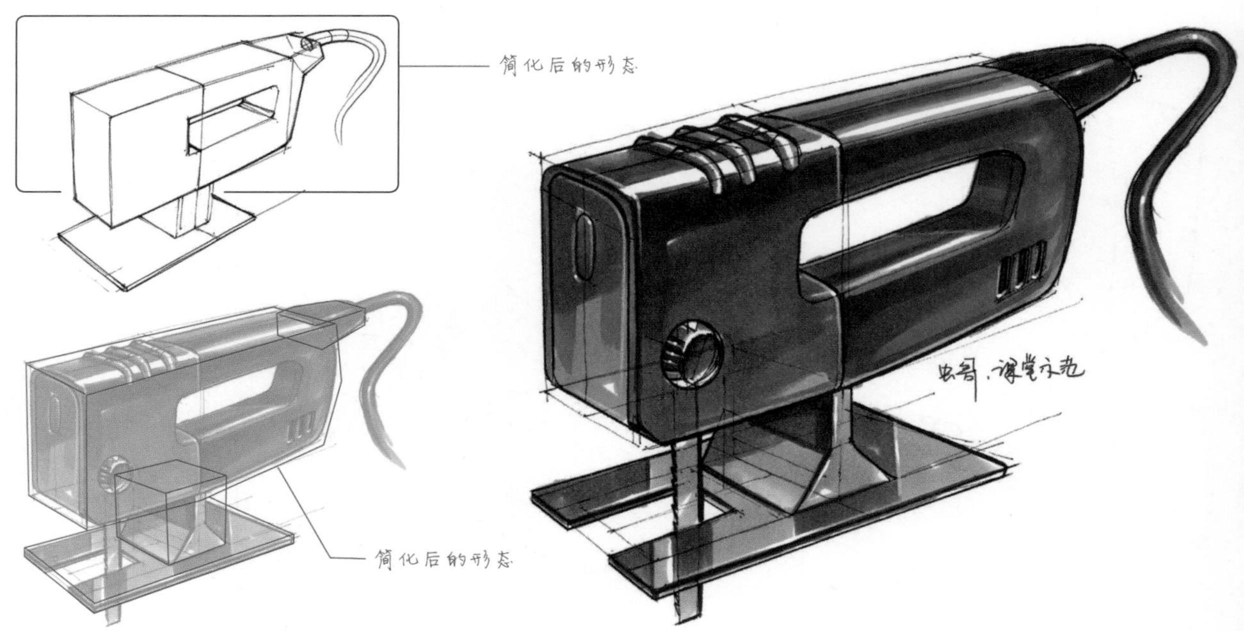

• 方体形态

很多产品都是以方体作为主体形态，在此基础上进行变化与深化成形的。遇到这类产品，可以先分析其形态构成，从简单的方体开始建立框架，然后再进行细化。分析、简化的流程与绘制的思路是一致的。

绘制要点

ⓐ 在开始绘制前，对产品基本的形态及结构变化进行解析。

ⓑ 测量并计算产品的比例，完成基本形态的绘制。

ⓒ 完善产品的功能与细节部分的绘制。

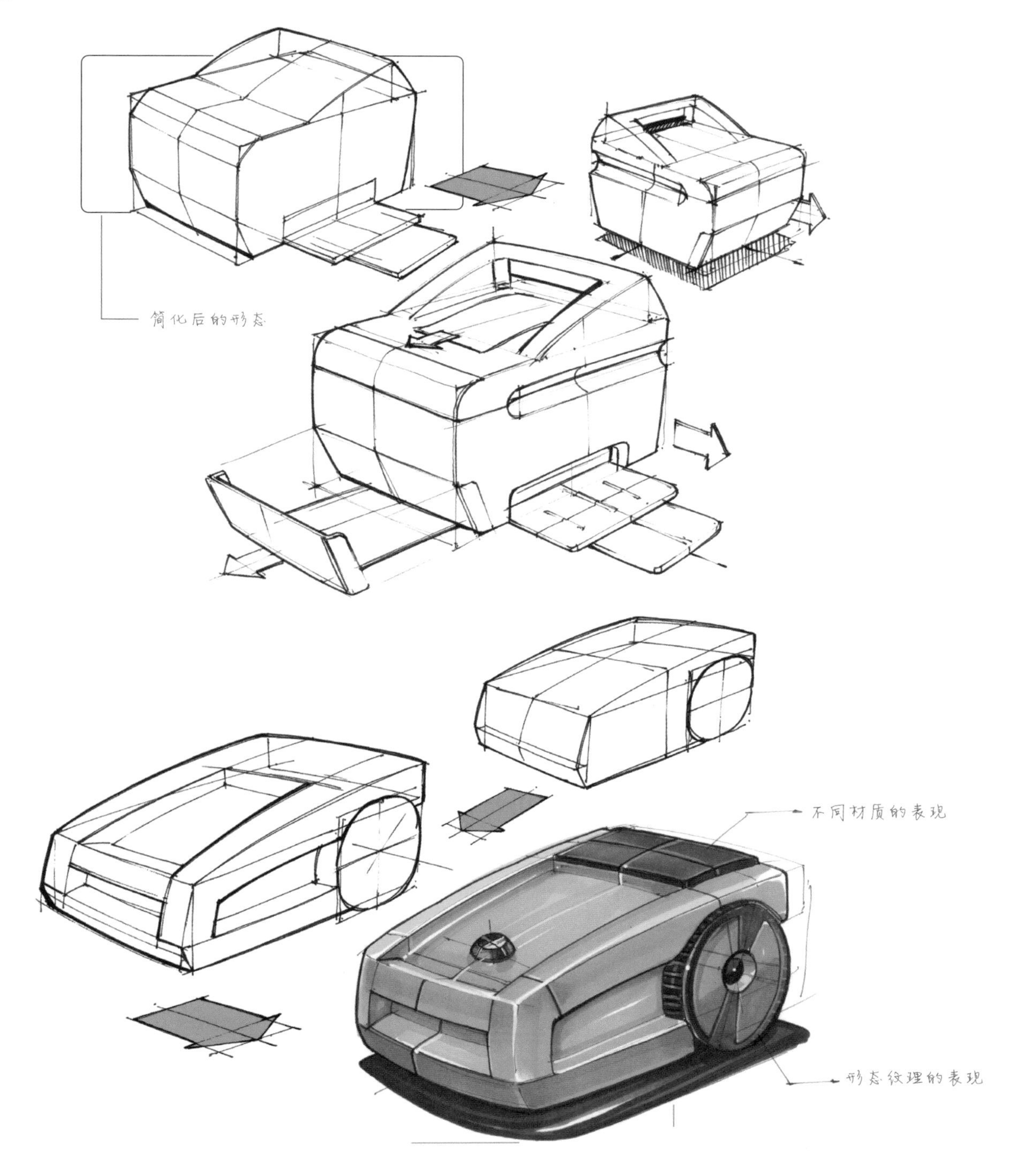

绘制流程

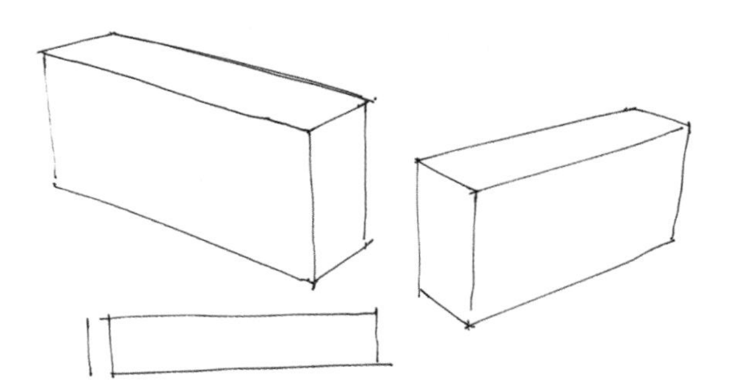

01 按比例关系把形态简化成基本的方体，注意透视关系。

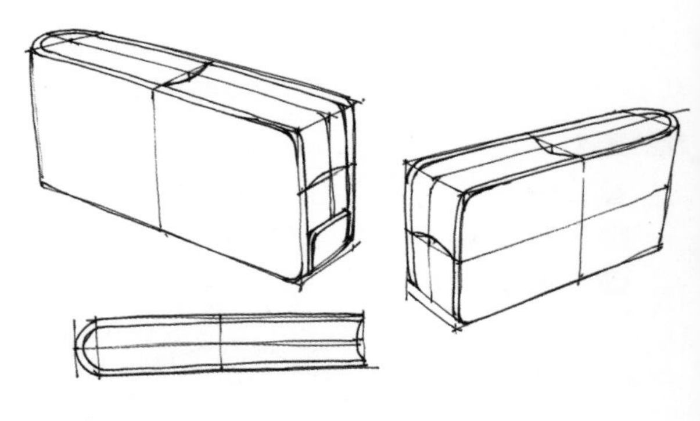

02 绘制倒角和大的转折。

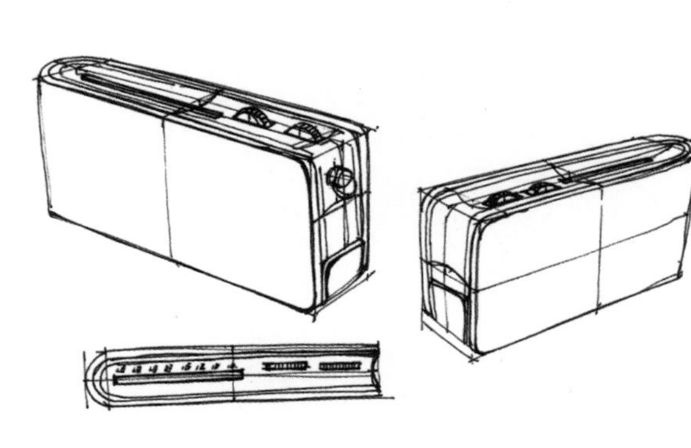

03 增加主要的形态细节。

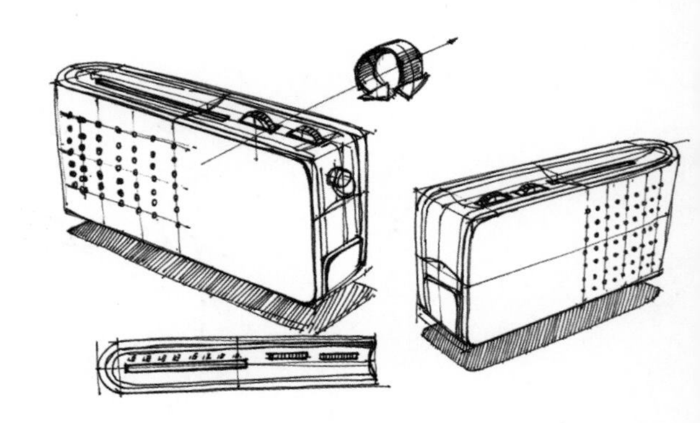

04 加入投影及扩音孔等细节。

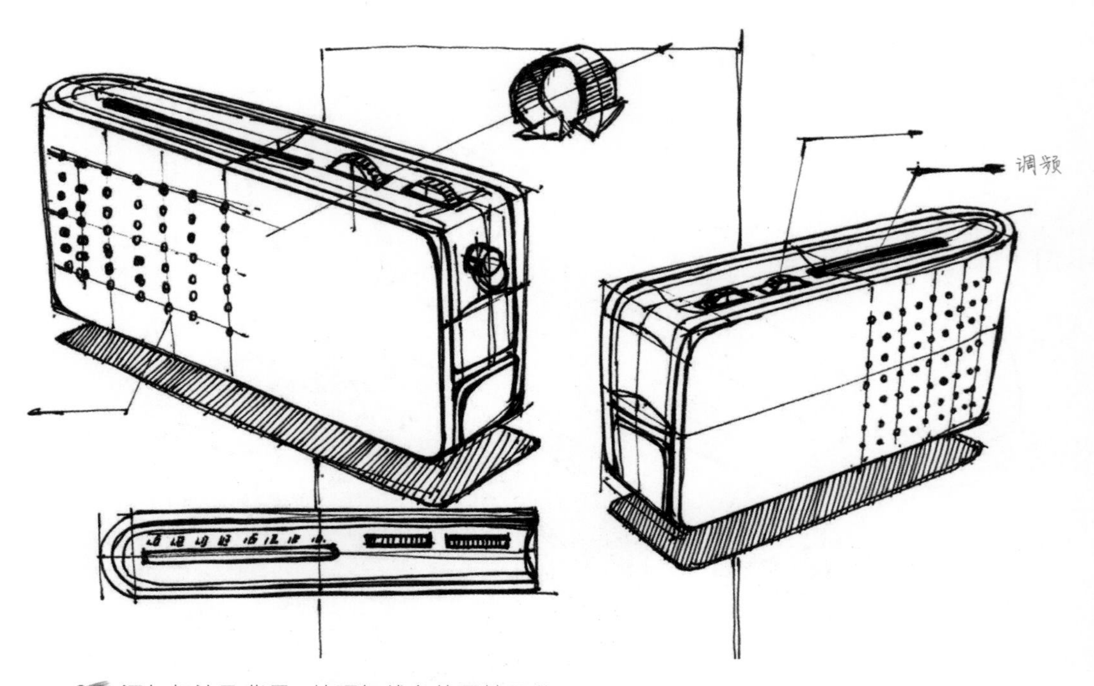

05 添加标注及背景，处理好线条的属性区分。

• 圆柱形态

圆柱是基本形态之一。当一个产品主体的基础形态是圆柱时，一般先绘制出圆柱的中心轴线（短轴方向），确定侧面轮廓，然后绘制圆柱截面并找到透视轴向，再绘制与圆柱主体相关的附加部件。

绘制要点

ⓐ 在开始绘制前，对产品基本的形态特征及结构（如主圆柱直径的大小变化、圆柱本身的结构变化等）进行解析。

ⓑ 测量并计算产品的比例，完成基本形态的绘制。

ⓒ 完善产品的功能与细节部分的绘制。

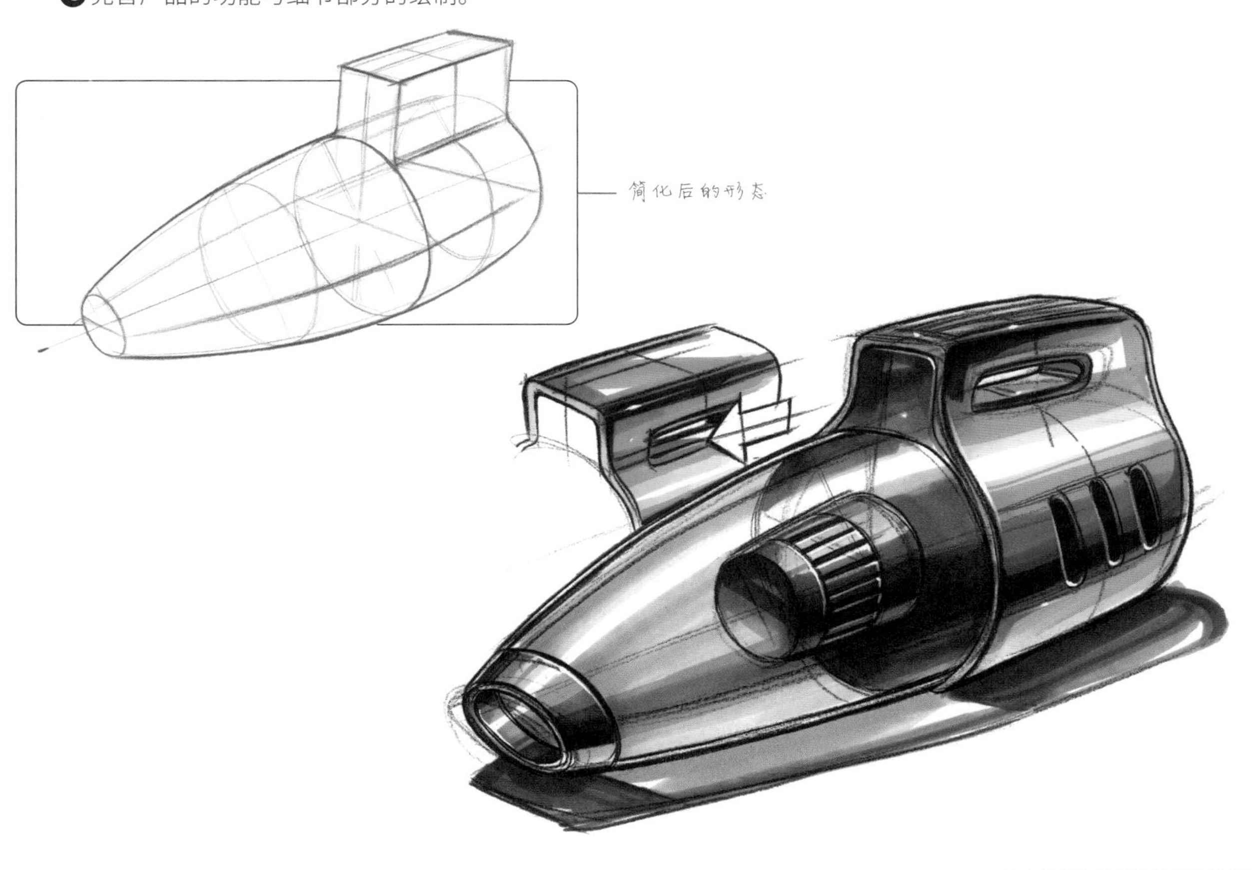

绘制流程

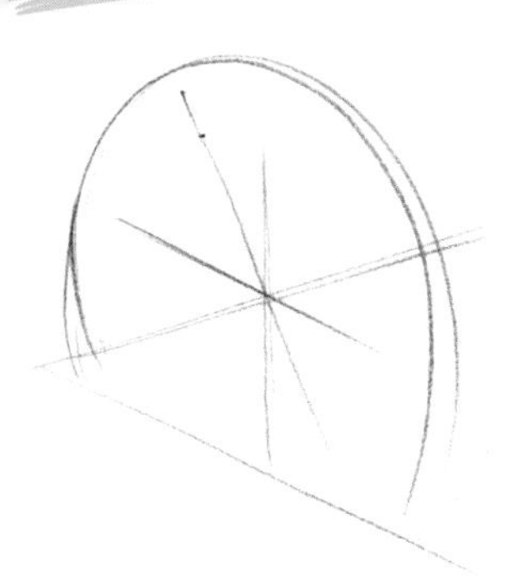

01 确定短轴的方向，绘制出圆柱的一个截面。

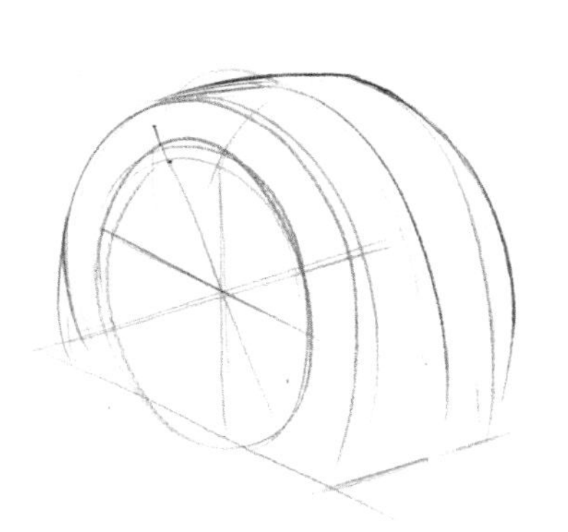

02 将圆柱补充完整。

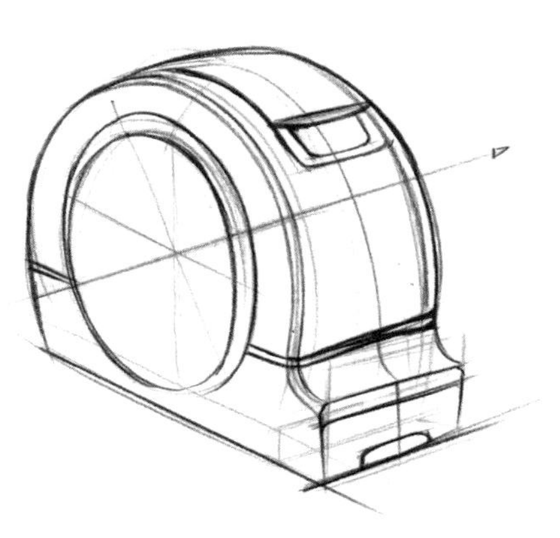

03 根据圆柱的透视关系，把盒尺的方体部分补充完整，并对形态进行细化。

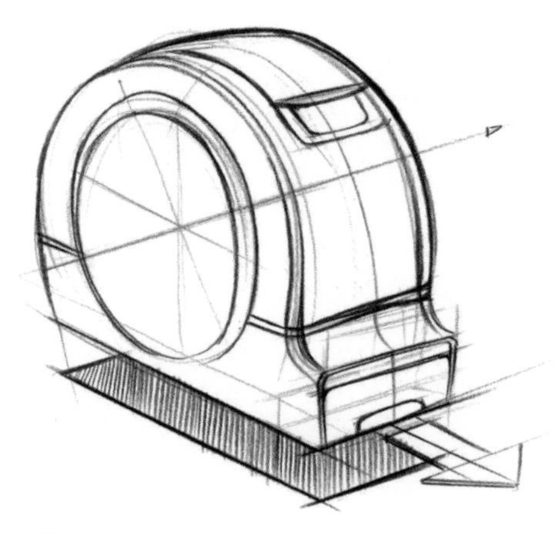

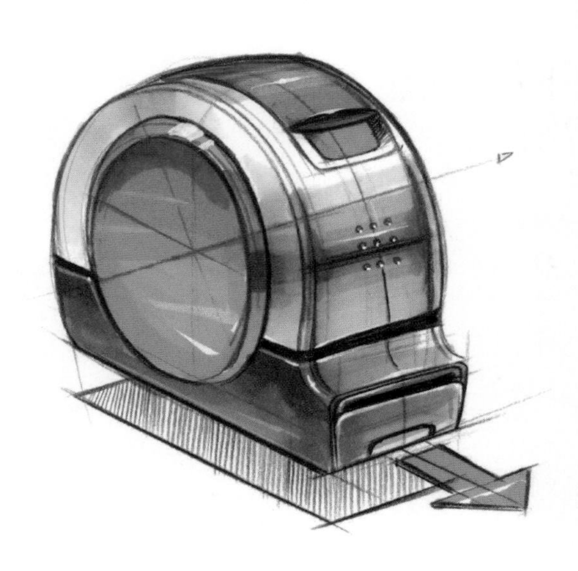

04 区分线条属性，加入投影、箭头等辅助元素。

4.2.2 特征截面法

在产品设计手绘中，曲面形态的绘制往往是很多人学习手绘的“拦路虎”，其实只要对形态结构进行全面的分析与解构，利用曲面形态的截面特征去绘制，就不会有困难。熟悉这个方法后，你会发现有时曲面形态绘制起来比方体形态更简单、高效。

• 简单特征截面形态

有一些产品的形态并不是规则的方体、圆柱形态，但是它们会有一些明确、简单的形态转折轨迹和形态特征变化。在绘制过程中，做好分析与特征点位置的确认，就可以很容易绘制出来。

绘制要点

ⓐ 需要提前分析产品的形态特征，分析形态的中心轴线的变化。

ⓑ 确认并矫正特征点的位置，确定形态的不同特征截面的长短范围。

ⓒ 绘制特征截面并细化。

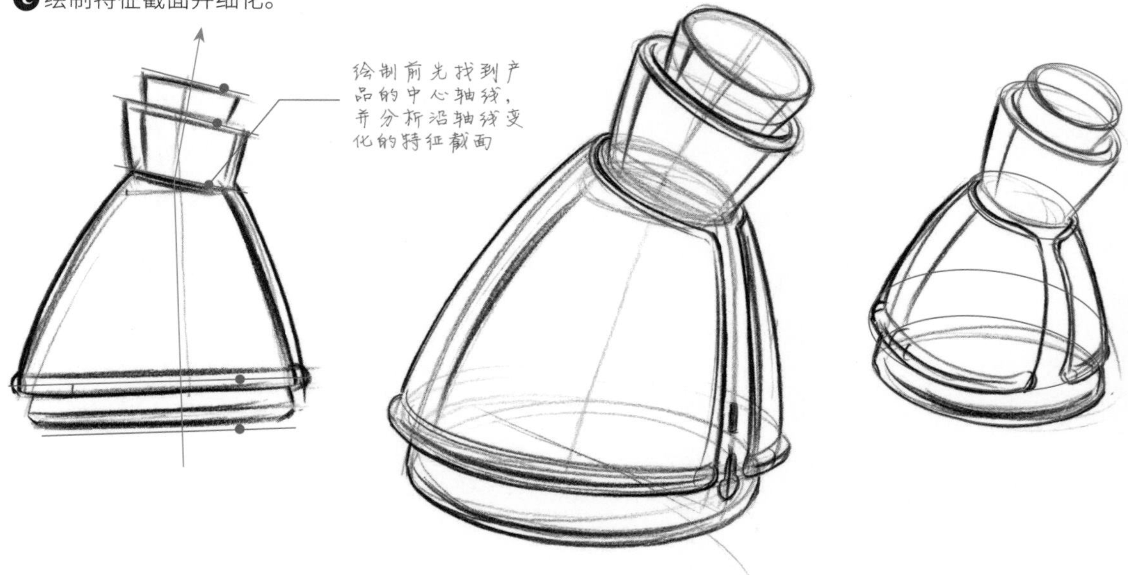

绘制前先找到产品的中心轴线，并分析沿轴线变化的特征截面

绘制流程

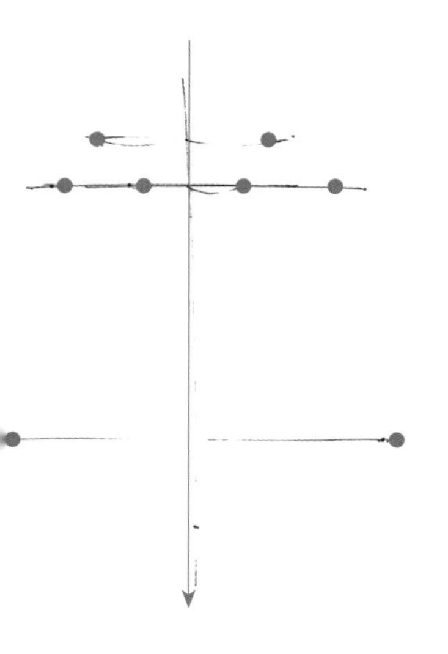

01 分析形态构成和形态特征轨迹，确认截面特征点的位置。

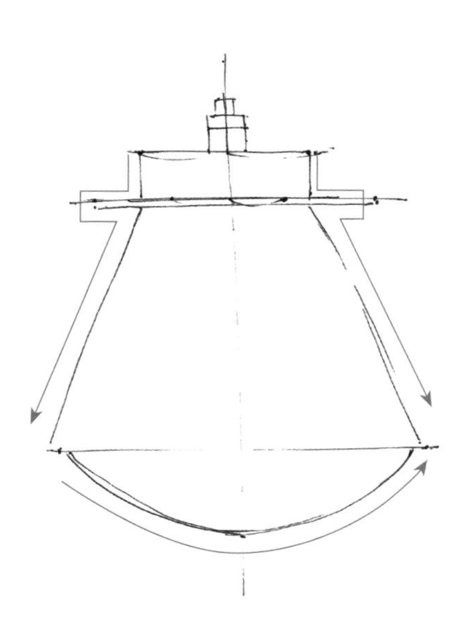

02 对截面特征点进行连接。

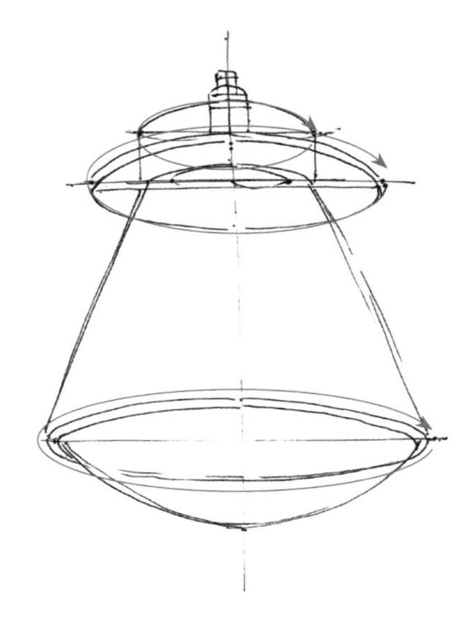

03 根据确认的形态进行截面绘制。

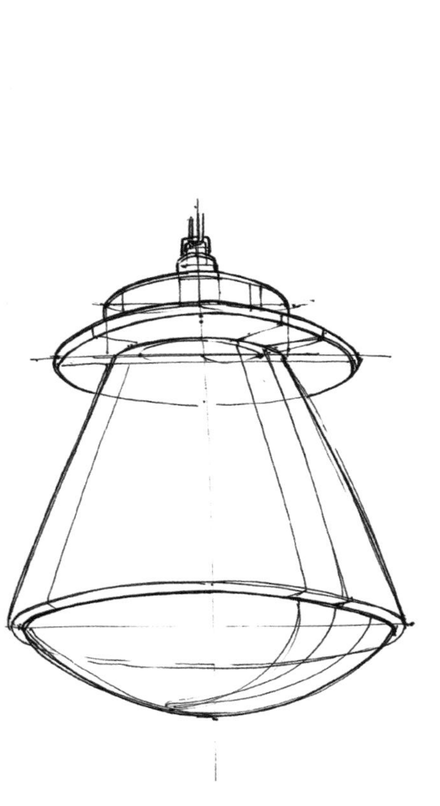

04 增加局部细节，区分线条属性。

05 根据需要增加一个不同角度的形态并进行绘制。

• 复杂特征截面形态

当我们看到一个产品时，首先要做的就是分析产品的形态构成。对于一些复杂形态来说，需要了解其多个视角的特征截面，才能构建出产品的完整形态。

绘制要点

ⓐ分析产品的结构和主要视角的特征截面。

ⓑ通过透视轴线绘制出主要的特征截面。

ⓒ连接特征截面上相应的点。

ⓓ完善产品的功能与细节部分的绘制。

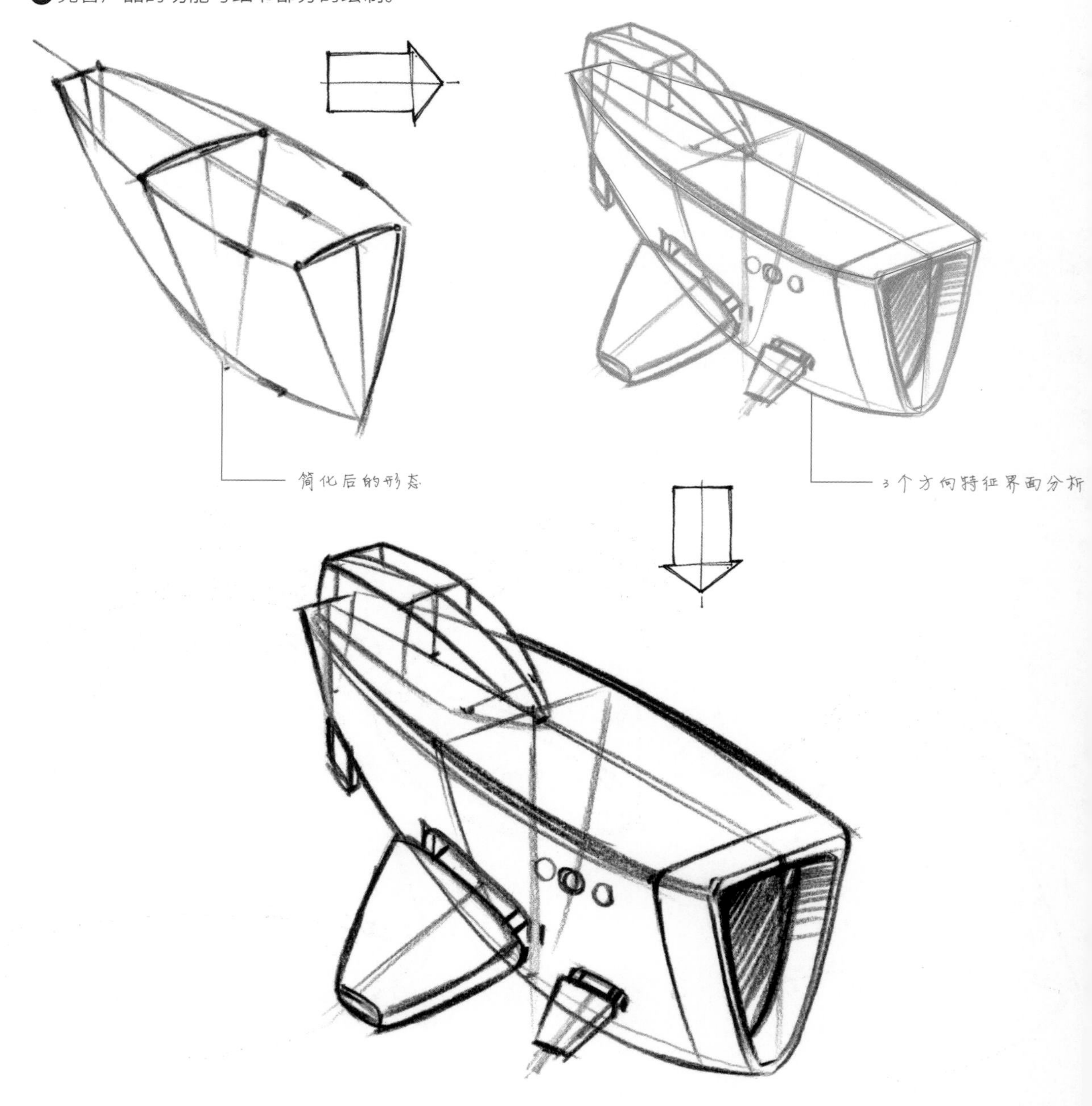

提示

通过特征截面法绘制形态，形态结构会更加明确、严谨，但要对结构有比较到位的理解。

绘制流程

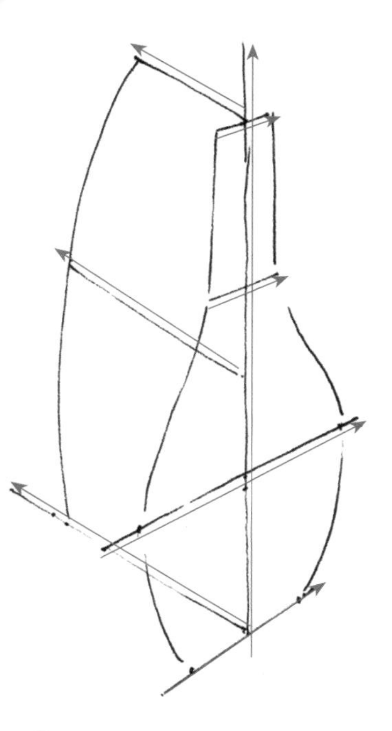

01 绘制形态的3个主要透视轴向并分析形态，然后绘制出形态的主要截面。

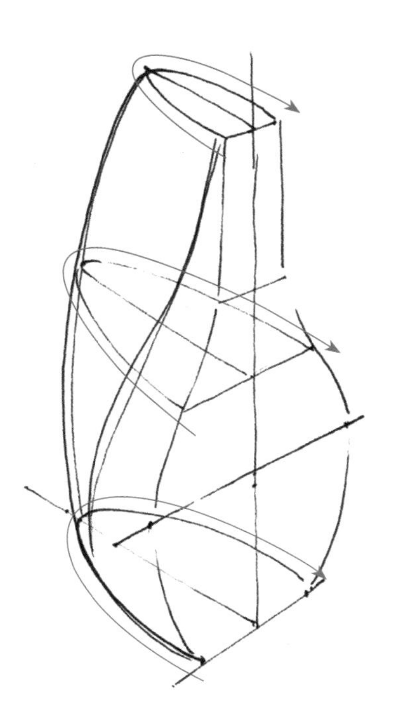

02 通过3个方向的截面补全形态。

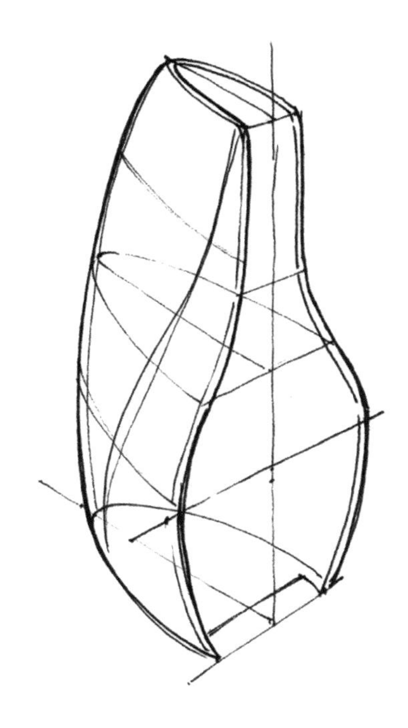

03 添加并细化结构。

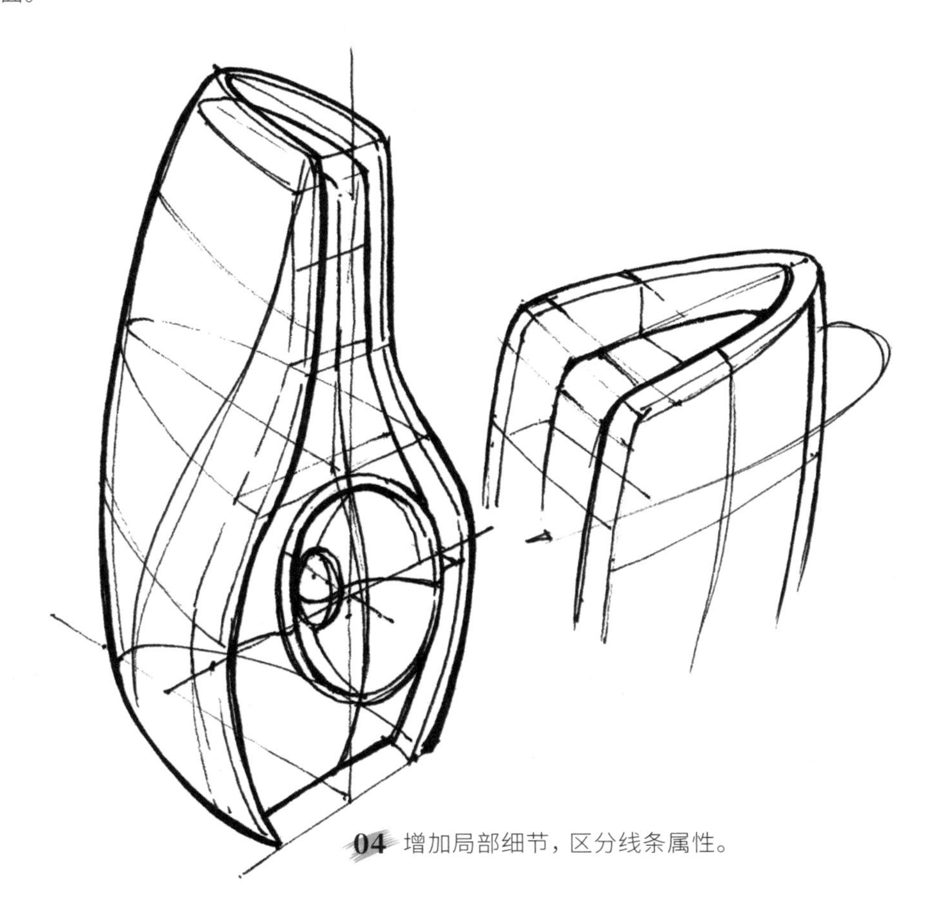

04 增加局部细节，区分线条属性。

4.2.3 局部截面法

有时因为造型的变化或功能的添加，产品的形态外观会有一些局部变化，此时可以通过局部截面法快速地进行绘制，截面线在一定程度上会把产品的结构和转折表达得更完善。

绘制要点

ⓐ 分析局部结构的转折变化。

ⓑ 注意起伏的透视变化。

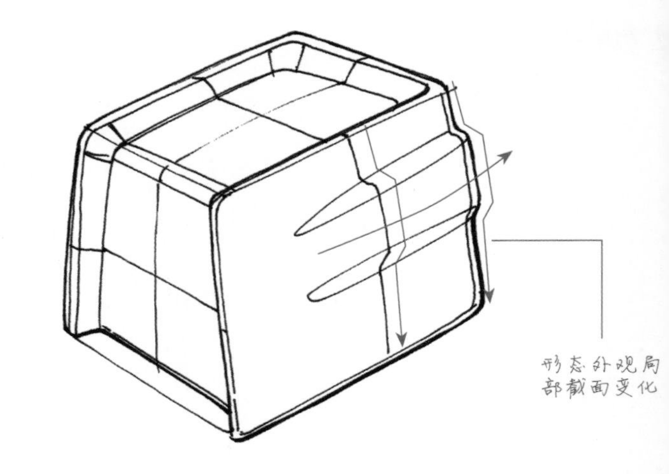

绘制流程

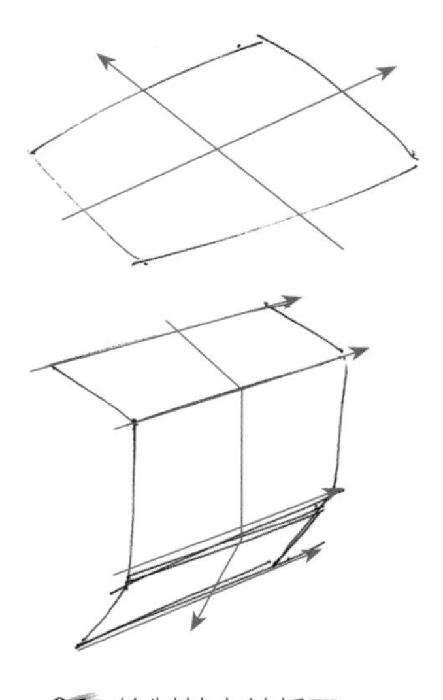

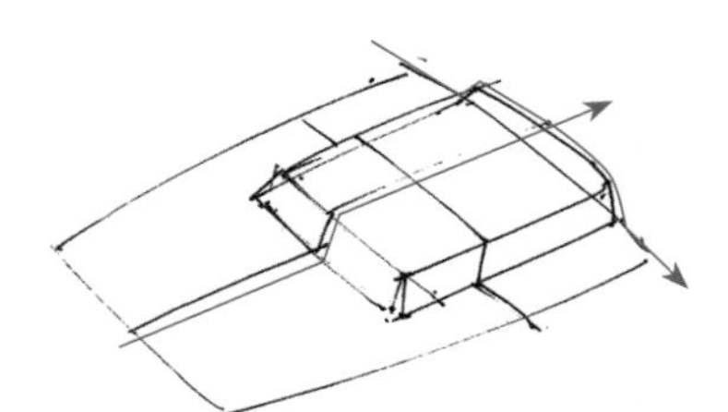

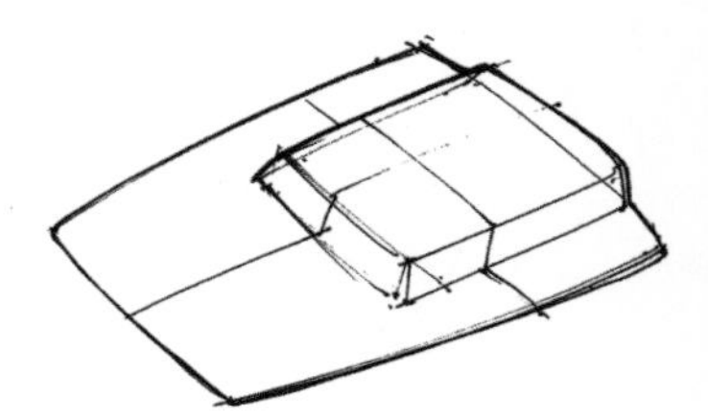

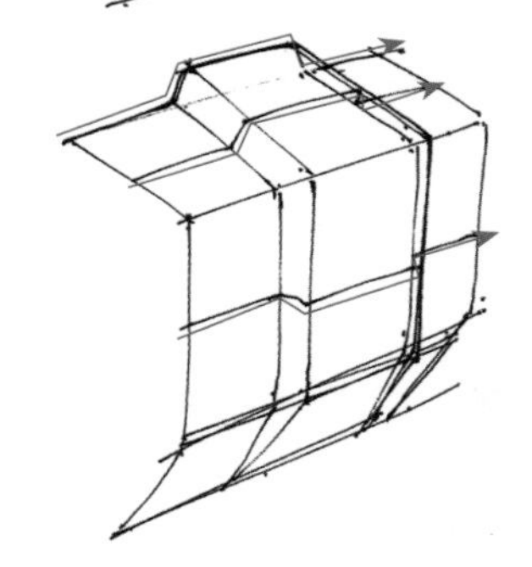

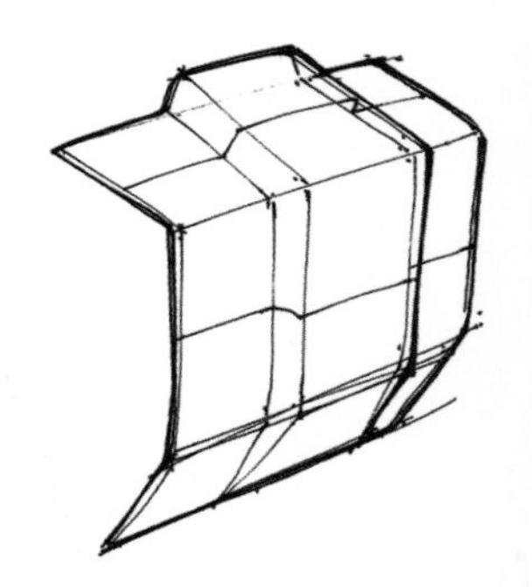

01 绘制基本转折面。

02 用截面线表达局部截面变化。

03 区分线条属性，完成绘制。

训练任务

学习形态构建方法的目的是为了更好、更快地绘制产品形态，大家可以结合前面的知识点，通过绘制下面这些产品形态来加深对形态构建方法的理解。绘制时注意产品的比例和线条属性的区分。

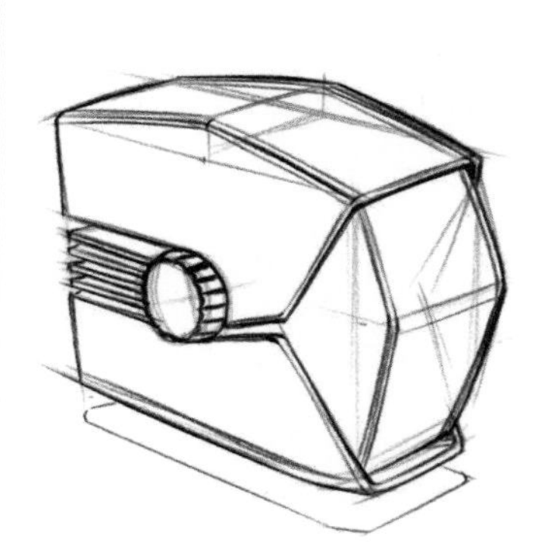

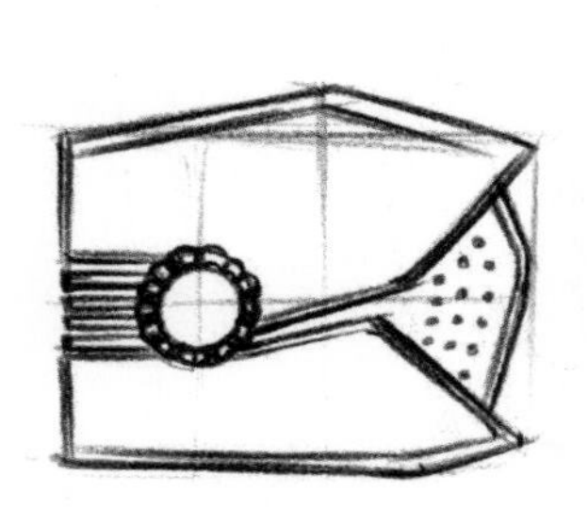

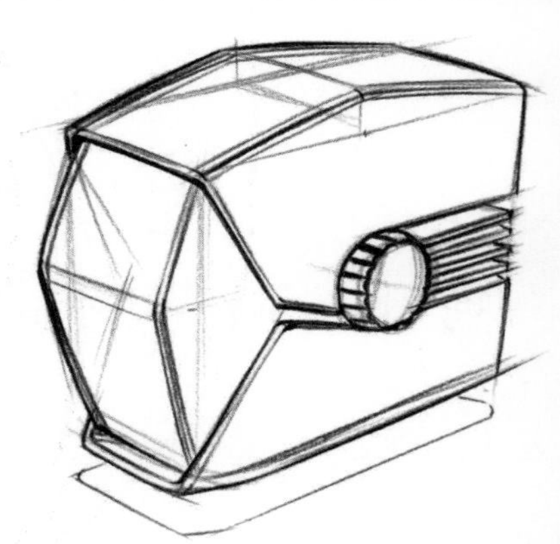

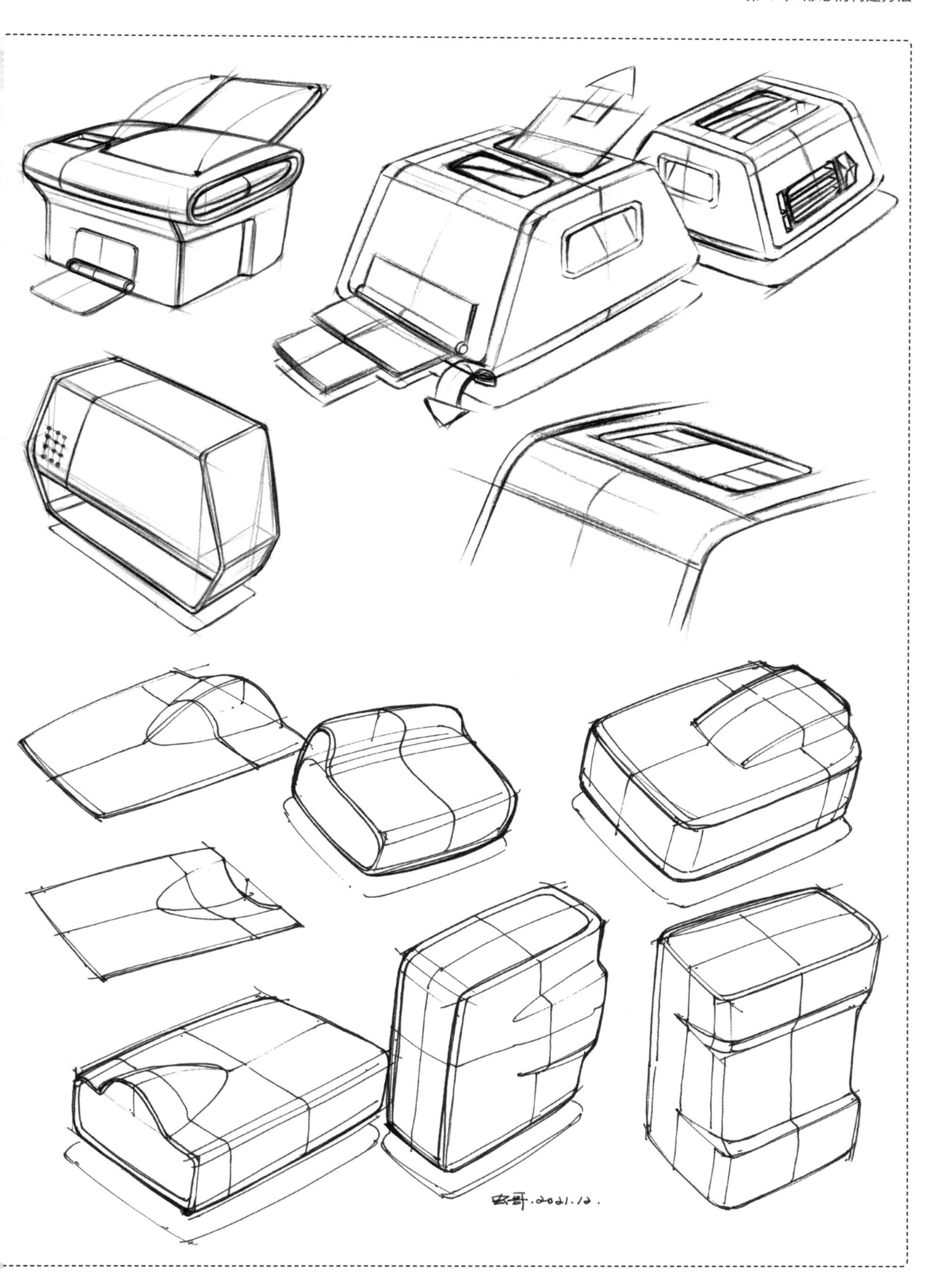

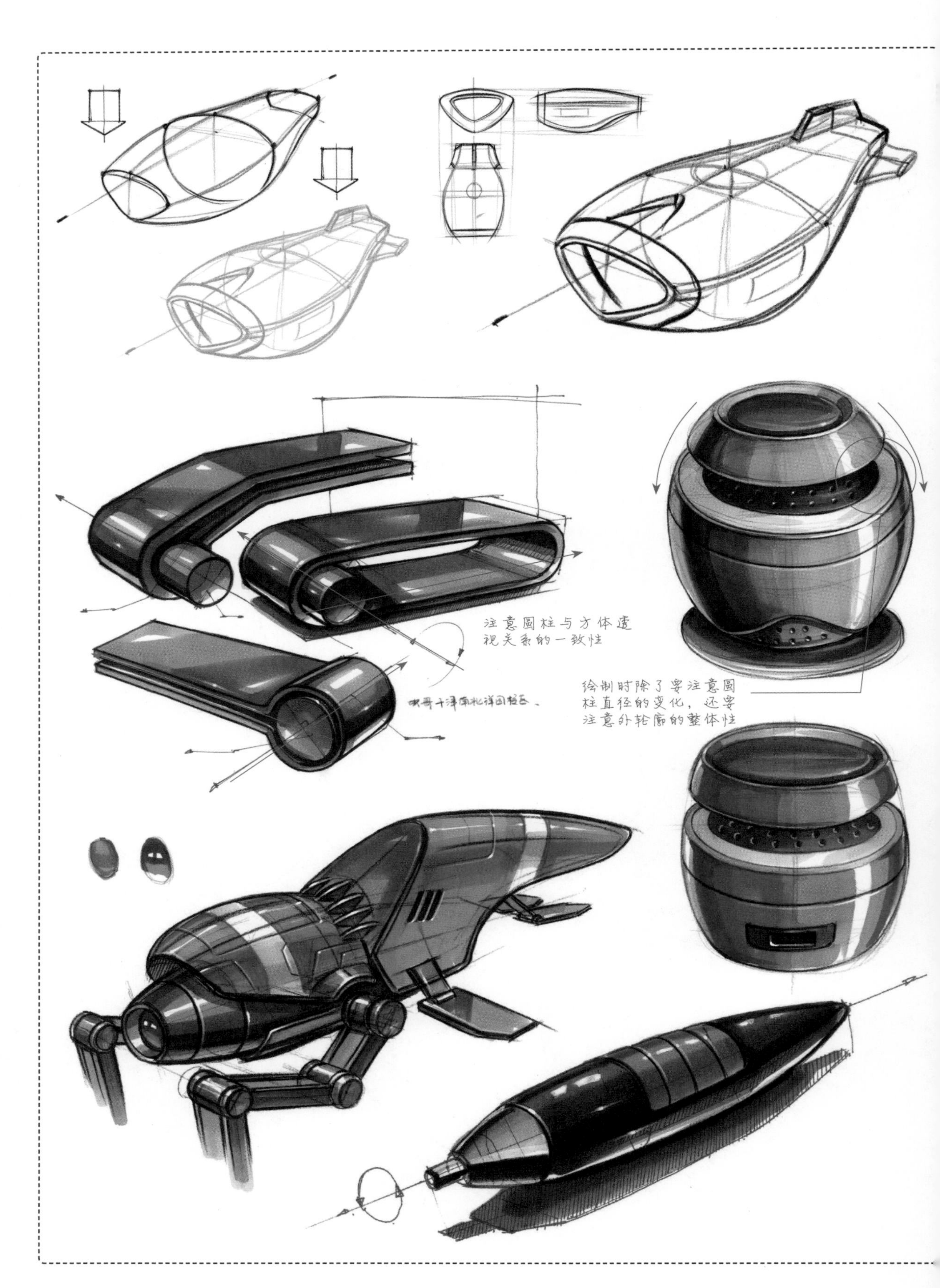
注意圆柱与方体透
视关系的一致性
绘制时除了要注意圆
柱直径的变化，还要
注意外轮廓的整体性

第 5 章 马克笔上色技巧

通过学习线条、透视和形态构建的相关知识，大家知道了如何正确地搭建产品形态的“骨架”，而本章讲解的马克笔上色和光影知识，相当于产品形态的“血肉”，能够让产品形态表现得更加饱满、清晰。另外，本章内容也是后面给产品上色的基础。

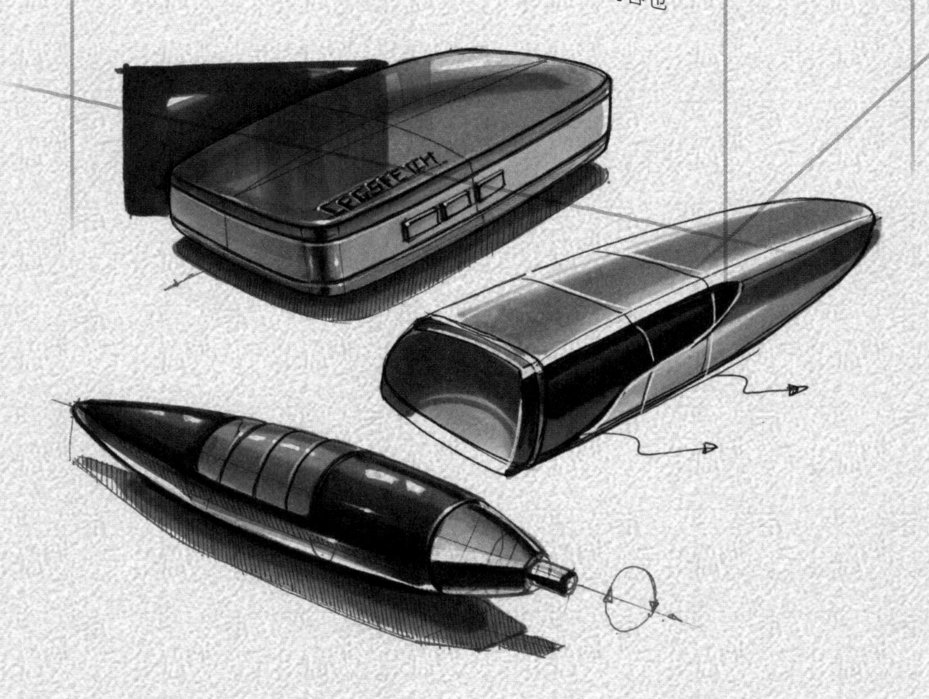

5.1 认识马克笔

马克笔是产品设计手绘上色的主要工具之一。目前常用的马克笔为酒精性马克笔，其优势在于集便携性与良好的融合性、速干性于一体。

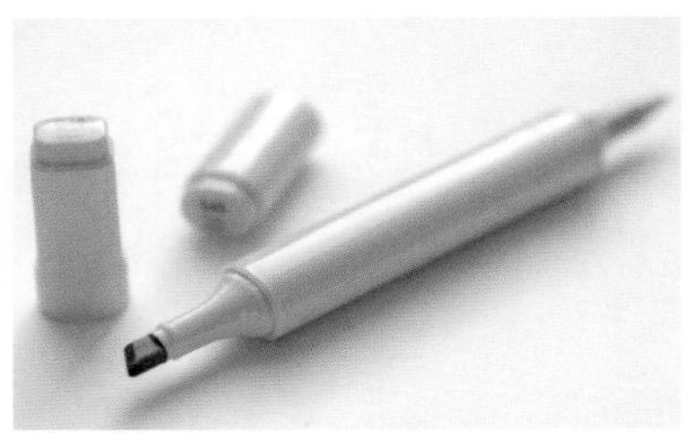

一般一支马克笔有宽头与细头，宽头用于大面积铺色，对于产品设计手绘来说，宽头是最常用的一头。细头可以画出比较细的笔触，主要用来刻画细节或做局部修饰，但也可以通过反转宽头实现类似的效果，大家可以根据自己的绘制习惯选择使用方式。

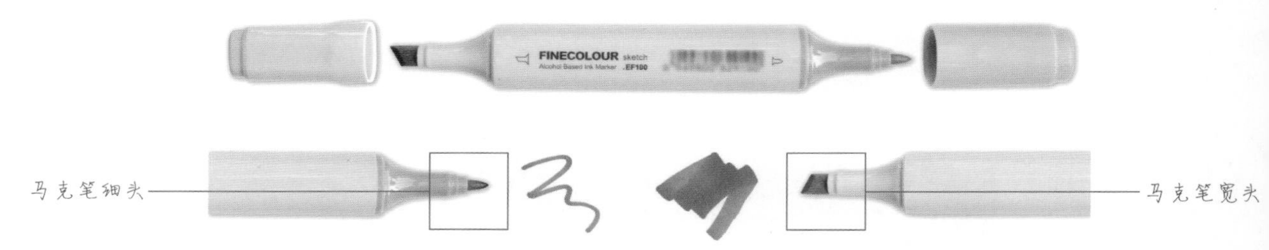

5.1.1 马克笔的特性

在开始学习用马克笔上色之前，首先需要了解马克笔的特性、注意事项等，以便快速地掌握马克笔的使用方法，从而减少绘制时出错的概率。

• 绘制次数与运笔速度

重复绘制可以加重颜色的深度，一般重复3~4遍，颜色会达到本支笔颜色的最大深度与饱和度。如果想绘制一个色彩均匀的画面，可以采取多次重复的方法，使整个画面的颜色深度达到一致。

运笔的快慢也能决定颜色的深浅。运笔快时颜色会浅一些，运笔慢时颜色会深一些，因此可以根据想要获得的效果来控制笔速。匀速运笔能使本笔呈现的颜色深度达到一致。

初学者在学习上色时要注意以上两点，否则容易出现颜色深浅不均匀的情况。

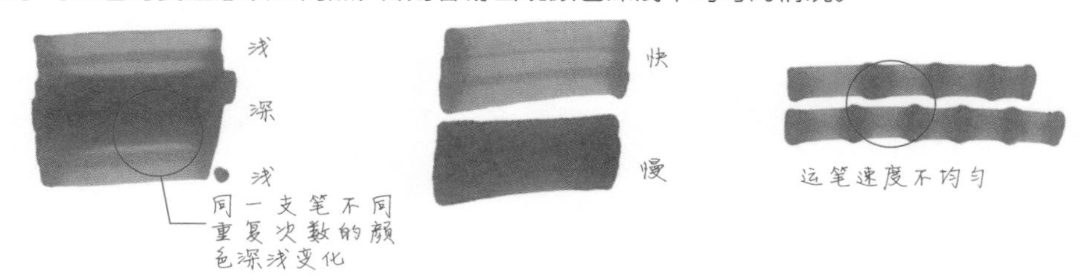

• 湿画过渡与干画过渡

在颜色湿润的时候做过渡，融合性会更好，过渡会更自然。如果想得到一个比较平整的画面，可以采用湿画平涂的方式绘制。

如果想得到比较明显的笔触或比较明显的明暗对比边界，可以等上次涂的颜色干了以后再进行过渡或色阶的叠加，这就是干画过渡。

我们在绘制过程中可以根据画面的过渡需求决定干湿过渡的程度。

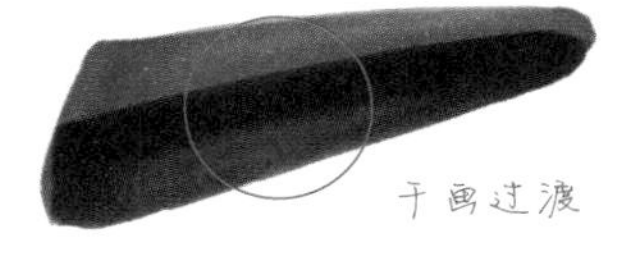

马克笔未干时加深颜色，融合度高；马克笔干后加深颜色，有比较明显的界限区分

• 干湿情况下颜色的深浅变化

因为湿润时颜色会比较深，干了之后颜色会相应变浅，所以可以做一个色卡，这样能够更好地记住马克笔色彩的明度关系。

马克笔未干时

马克笔干后

• 叠加后的颜色变化

马克笔不同的色相叠加后会产生色相变化，因此在进行不同色相的叠加之前，一定要考虑到产生的效果有哪些不同。在产品设计手绘中要避免冷暖色、补色等颜色的叠加，否则容易导致画面变脏。有了一定的手绘基础后，如果有混色的需求，可以做一些渐变色效果。

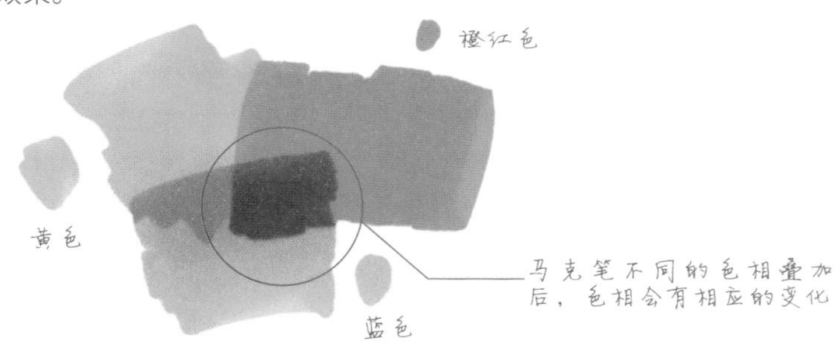

同色系色相可以根据需求进行叠加。如果同色相、不同深浅的马克笔较少或色阶变化较小，无法满足形态光影深浅变化的刻画，那么可以将色相适当叠加，以增加明暗跨度，如黄色+木色、红色+灰色、橙色+红色等。

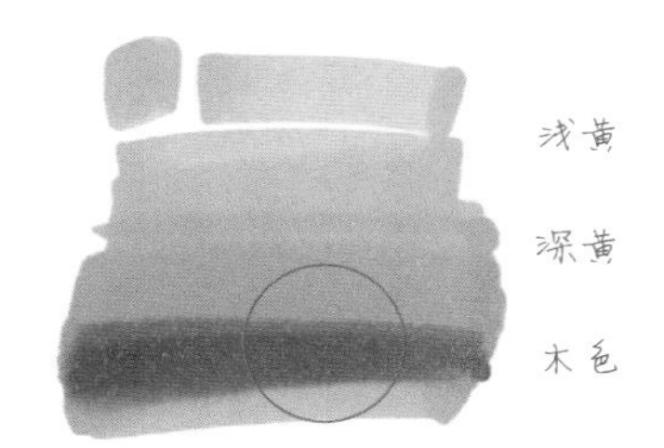

黄色的暗色可以通过黄色与木色叠加形成

• 色彩稀释

对于同色相的马克笔，用浅色在深色的底色上涂抹后，底色会变浅，产生类似于水彩稀释的效果。根据这个特性，可以对画面进行局部修改或表现一些特殊效果。

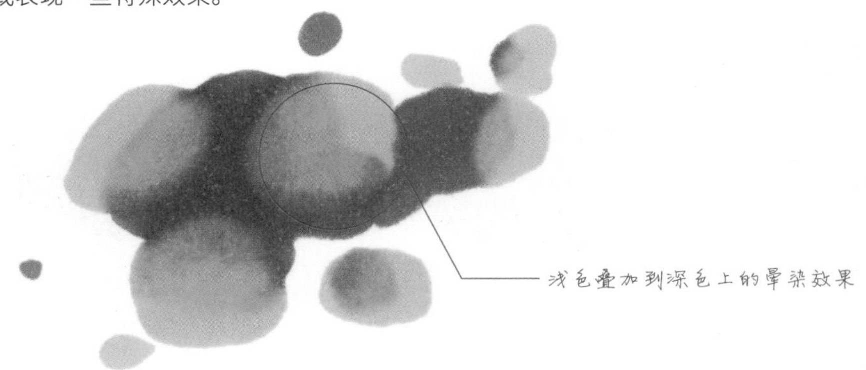

5.1.2 马克笔的选择

在初学阶段，大家可能不知如何选择马克笔的品牌、颜色和色号。下面笔者对此分享一些自己的经验。

• 品牌选择

不同品牌的马克笔在价格上差别比较大。在有一定上色基础的情况下，大家可以根据自己的喜好进行选择。对于初学者来说，比较推荐使用法卡勒（Finecolour）和酷笔客（Copic）这两款。法卡勒的性价比较高，颜色相对稳定。酷笔客（Copic）的颜色精准，价格相对较高。这两款都有墨水，大家可以根据情况选择购买常用的颜色墨水。

• 选色原则

用马克笔上色时应该配置的颜色其实有规律可循，以下是笔者总结的两条选色原则。

ⓐ 灰色系列可购买全色号，也可根据颜色编号间隔购买。可以选择2~3套不同色彩倾向（中性灰、冷灰、暖灰）的灰度。

ⓑ 在有色系列中，红、橙、黄、绿、蓝等常用颜色为必选色。一般每种颜色配备3~4支不同明度的马克笔，以保证同一色系可以绘制出不同的明暗层次。

将自己的马克笔颜色做成色卡，可以帮助我们快速找到需要的色号，从而提高工作效率。色卡最好制作得直观一些，以能够快速感受到色彩的明度层次变化为准。

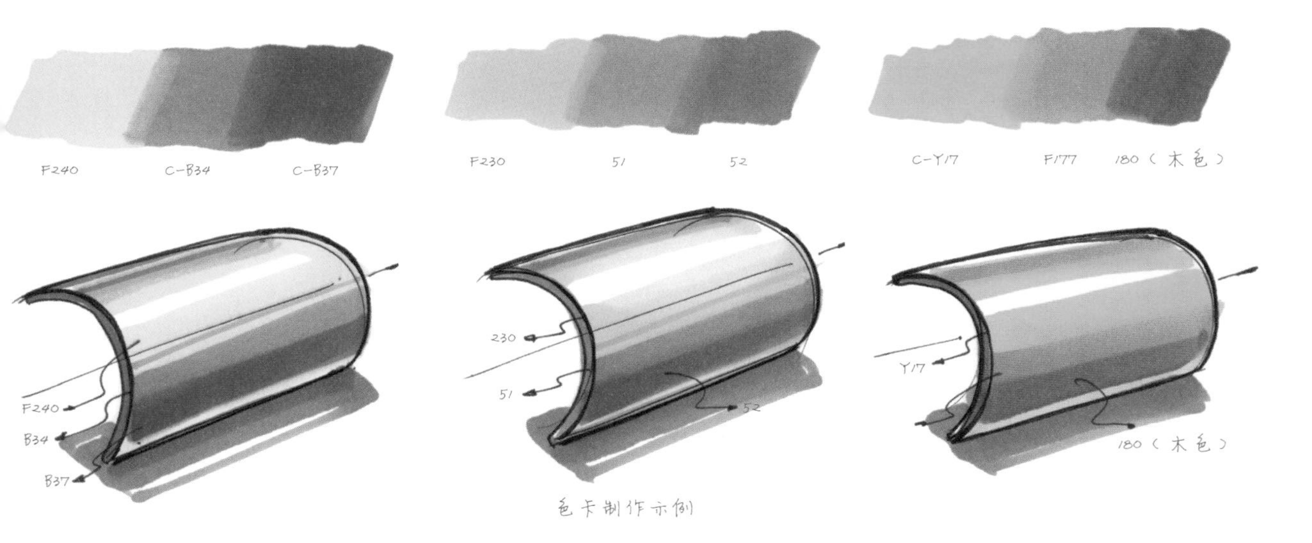

色卡制作示例

• 色号推荐

马克笔的品牌不同，色彩与色号也各不相同，而且一般通过拍摄呈现的色卡会有一定的色差，因此大多数情况下需要通过实际尝试才能确定是否适用。下面展示的是法卡勒马克笔的常用色，供大家参考。

灰色系		269	270	271	272	273	274
	191	276	278	279	280	281	282
		259	261	263	264	265	266
橙红色		178	214	215	140	142	
黄色系		225	226	177			
绿色系		231	45	46	48	50	
		24	27	30	37		
		68	70	71	73		
蓝色系		240	241	242	243	245	
		235	236	237	238	92	
紫色系		119	116	117	123		
木色系		246	247	180	169		

5.2 基本用法

认识了马克笔之后，就可以使用马克笔给产品形态上色了。在给产品形态上色的过程中，学习者还要了解一些绘制技巧和需要注意的地方。

5.2.1 笔触绘制

马克笔的笔触是马克笔上色的基本元素，前期能否掌握基本笔触的运用，对后期马克笔上色的效率与效果有很大的影响。

• 基础笔触的绘制

马克笔笔触的宽窄变化主要是通过调整马克笔宽头的角度实现的。

最宽笔触是用得较多的基础笔触，适用于大面积涂色。让马克笔的宽头与纸面保持平行，使宽头的最宽面与纸张完全接触。铺大面时让笔头的宽度面与形态边缘保持平行，笔头接触起点后迅速平稳运笔至终点收笔。以下是最宽笔触应用的注意要点。

ⓐ 不要在起止点停留过长时间，否则笔触容易因墨水向纸面渗透导致两端过大、过重。

ⓑ 要匀速运笔，在运笔途中速度过快或过慢容易造成笔触的颜色深浅不一。

ⓒ 注意笔头接触面与纸面要保持平行、紧贴，避免出现笔触的断裂。

中等宽度笔触可将马克笔的宽头旋转45°得到，绘制时笔头斜侧面要紧贴纸面。

最细笔触可将马克笔的宽头反转得到。当然，根据画面要求，初学者运笔不熟时也可以直接用马克笔的细头绘制细的笔触。

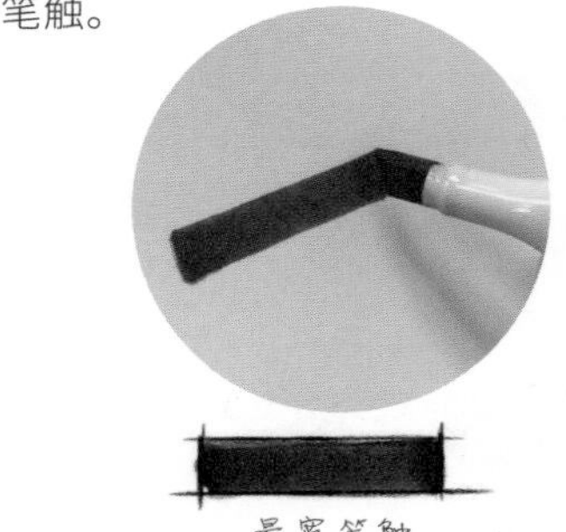

最宽笔触

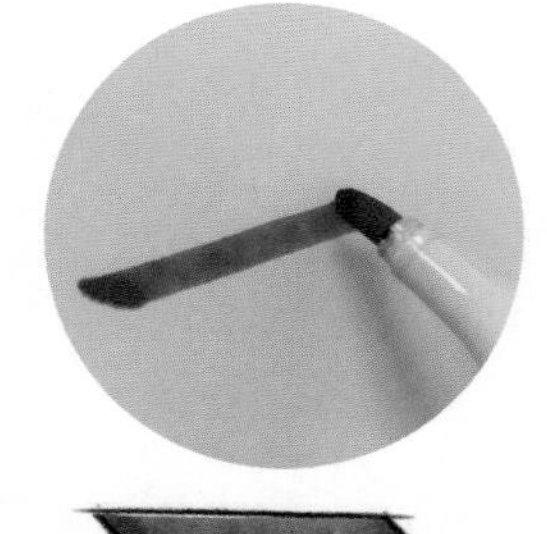

中等宽度笔触

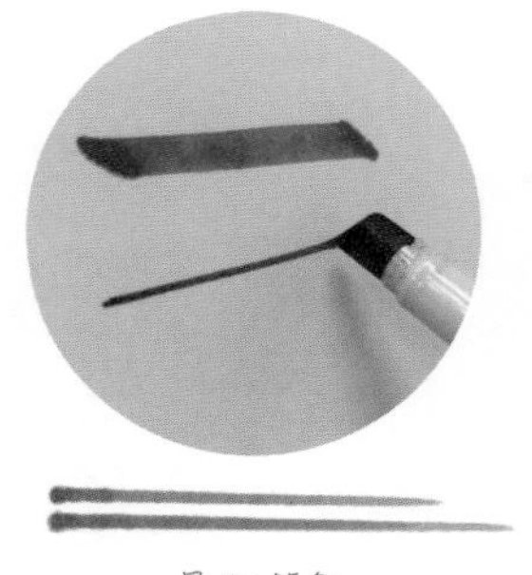

最细笔触

• 笔触的拓展绘制

在绘制曲面形态或反射部分时，对于不同的形态，有时会用到不同粗细的笔触。根据上面的基础笔触变化规律，可以通过调整马克笔宽头的角度拓展出更多不同的笔触。

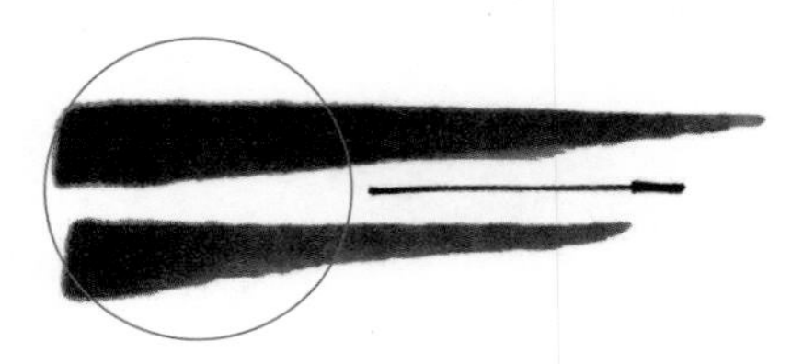

从宽头开始，一边向右运笔，一边顺时针旋转抬起笔头

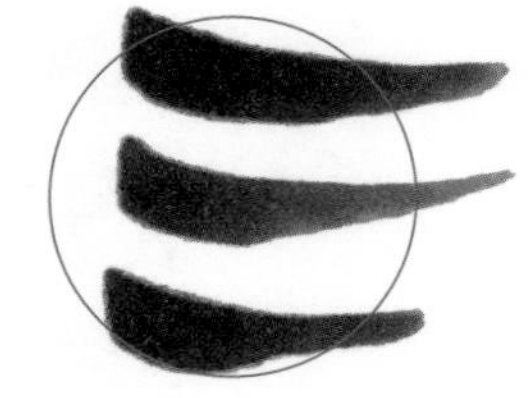

从宽头开始，一边向右运笔，一边逆时针旋转抬起笔头

一边向左运笔，一边顺时针旋转抬起笔头

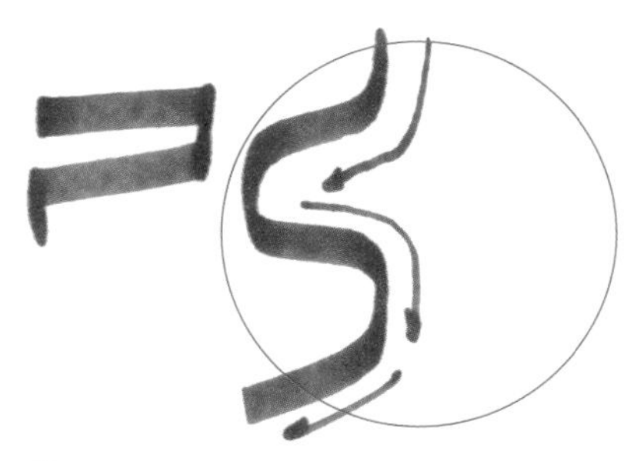

根据箭头方向运笔，感受马克笔笔触的宽窄变化

不同宽窄的形态透视面对笔触的要求不同。在不同的形态上运用合适的笔触，能够提升上色效率及呈现效果，这就是学习者需要了解并练习不同宽窄的笔触的原因。

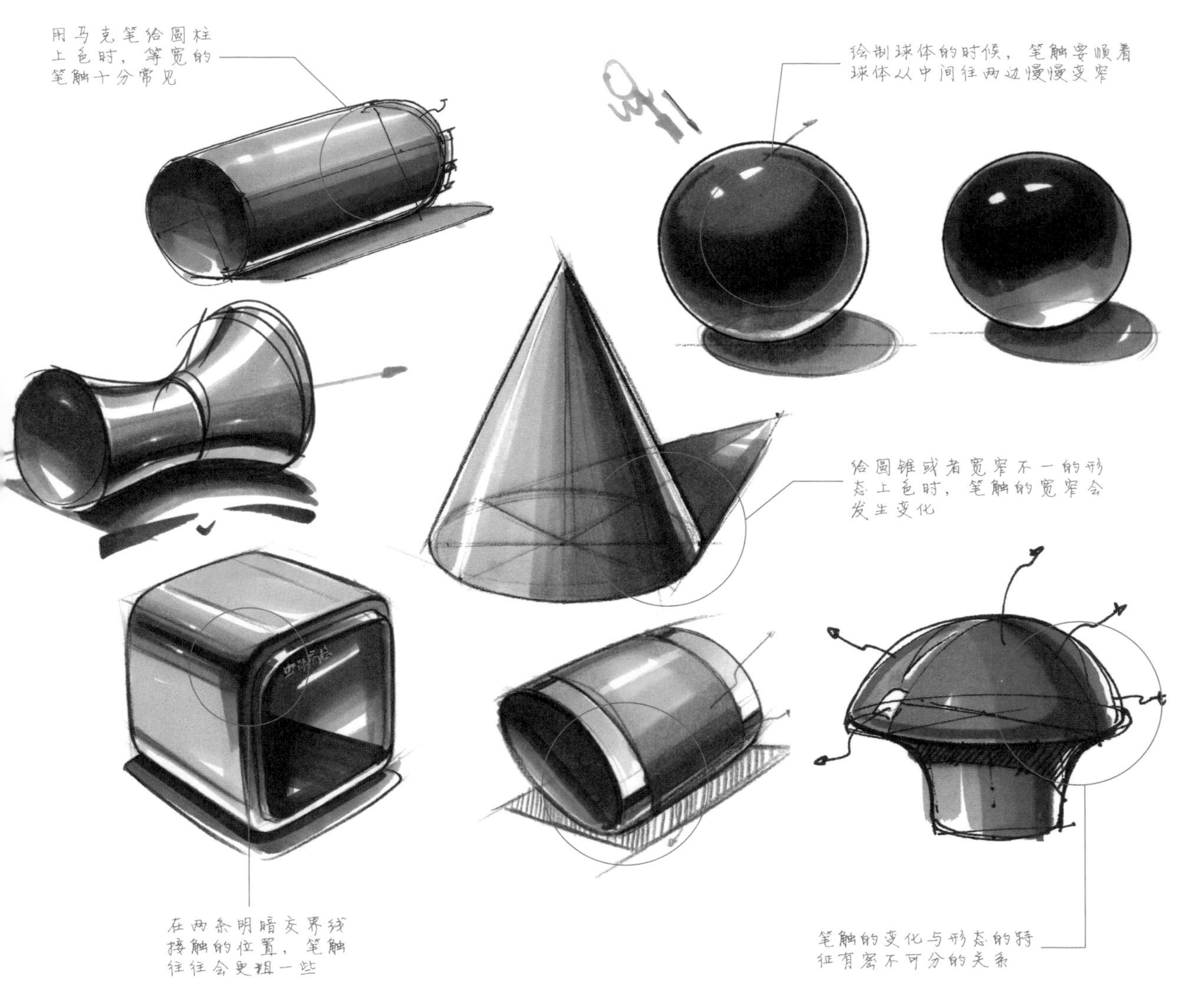

用马克笔给圆柱上色时，等宽的笔触十分常见
绘制球体的时候，笔触要顺着球体从中间往两边慢慢变窄
给圆锥或者宽窄不一的形态上色时，笔触的宽窄会发生变化
在两条明暗交界线接触的位置，笔触往往会更粗一些
笔触的变化与形态的特征有密不可分的关系

训练任务

可以在正式涂色之前先训练一下对马克笔的把控能力，包括对起止点的控制、运笔的平稳度、马克笔宽头角度的变换等。一定要多尝试、多感受，这样便于学习者更快地掌握马克笔的使用技巧。

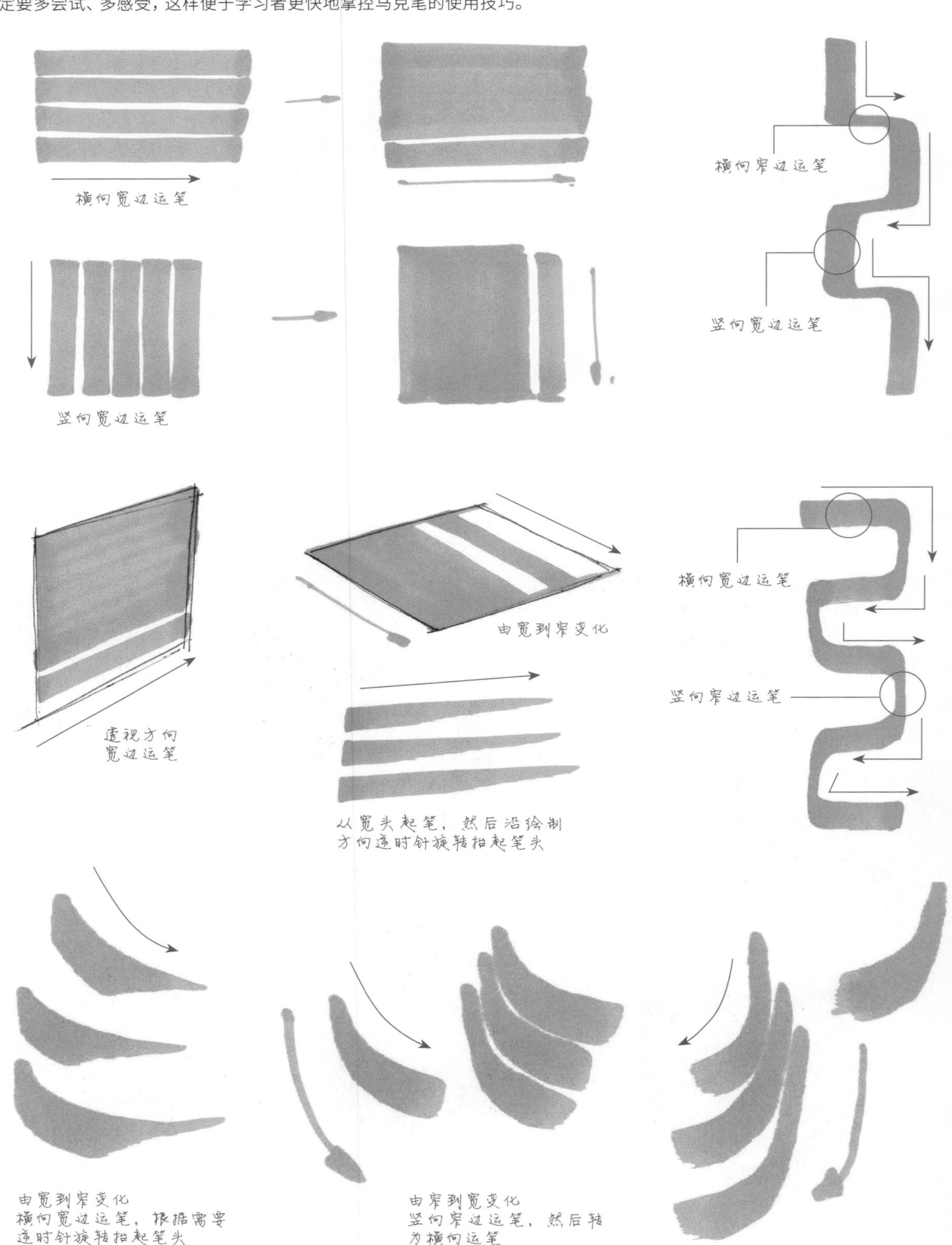

5.2.2 铺色方法

了解完基本笔触的变化之后，现在来尝试用马克笔铺色。在绘制产品设计手绘时，每个产品都可以拆解成不同的透视面，用马克笔给形态上的各透视面铺满颜色是给整体形态上色的第一步。

• 湿画平涂

铺色的方法有很多，既可以一笔一笔地按照形态的透视关系排笔，也可以采取湿画平涂的方式涂色。

湿画平涂的笔触不但融合性好，而且绘制速度比较快，推荐学习者使用湿画平涂法。绘制要点是笔触之间需要较多的叠加，要趁上色未干时快速重复涂色，以达到均匀上色的效果。上色时可以适当留白，避免上色之后画面不透气，显得太“闷”。

以上两种方式在表达形态光影的本质上没有区别。

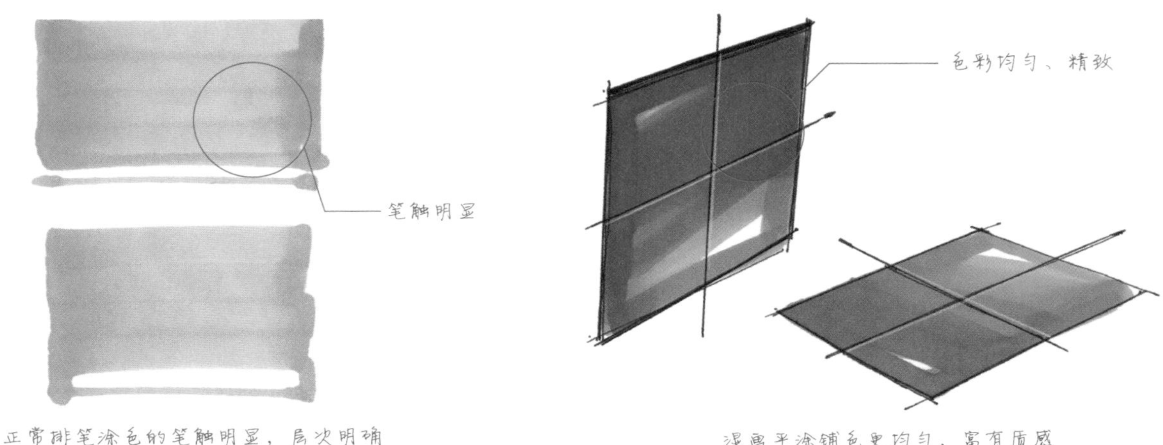

正常排笔涂色的笔触明显，层次明确

湿画平涂铺色更均匀，富有质感

• 过渡方式

当形态上有明暗变化的时候，需要用不同明度的颜色进行过渡。常见的过渡方式有两种，一种是用过渡笔触过渡，另一种是根据需要直接借助马克笔颜色的明度自然、柔和地过渡。

很多时候，运用过渡笔触既能提高绘制速度，又能增加过渡的视觉顺畅度与画面的丰富度。与素描一样，明暗的过渡主要通过笔触的疏密来表达。但是不能叠加太多的过渡笔触，否则会很乱、很碎，影响画面效果。

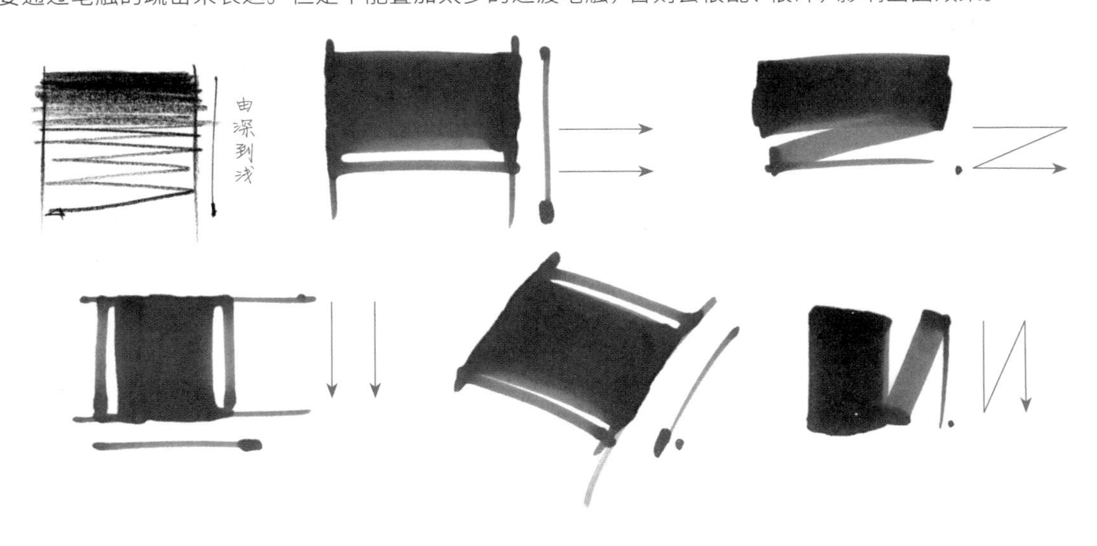

除了用过渡笔触过渡，还可以借助马克笔颜色的明度自然、柔和地过渡。当两个色阶的差别太明显时，用两个过渡色里的浅色笔在深浅交界部分涂抹，过渡会更加自然。如果觉得两个色彩明度之间的过渡冲突不是特别大，可以不用进行柔和过渡。

过渡不够自然

用两个过渡色里的浅色在过渡交界处进行叠加，可达到柔和过渡的目的

提示

用过渡笔触过渡和借助马克笔颜色的明度柔和过渡这两种方法无好坏之分，可以根据个人喜好来选择，只要不影响形态的表达即可。

• 在不同透视形状内铺色

下面以方体的顶面与侧面、圆形截面为例进行湿画平涂练习。

绘制流程

方体顶面与侧面的铺色流程如下。

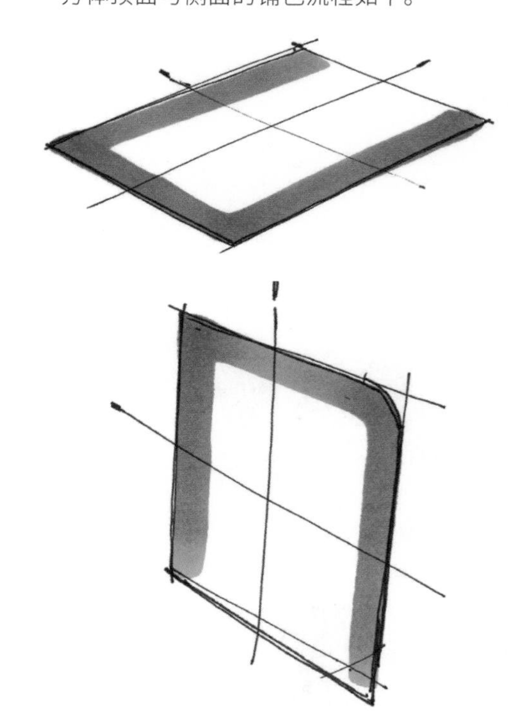

01 为了防止笔触溢出，可以先对透视面进行勾边处理。

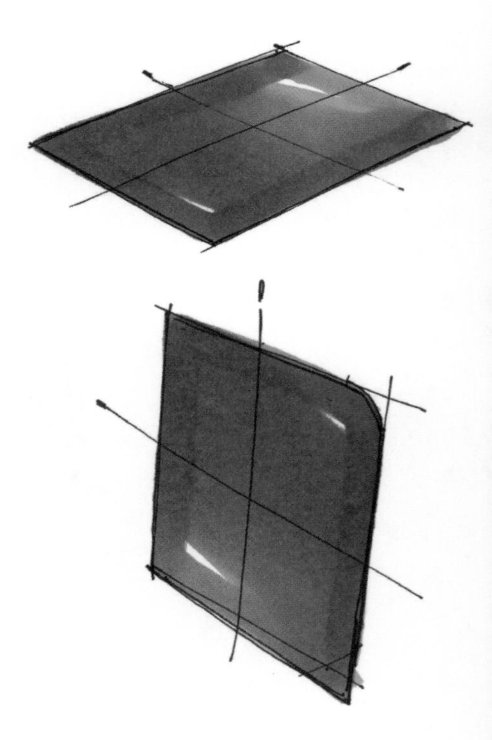

02 湿画平涂透视面，局部留白。

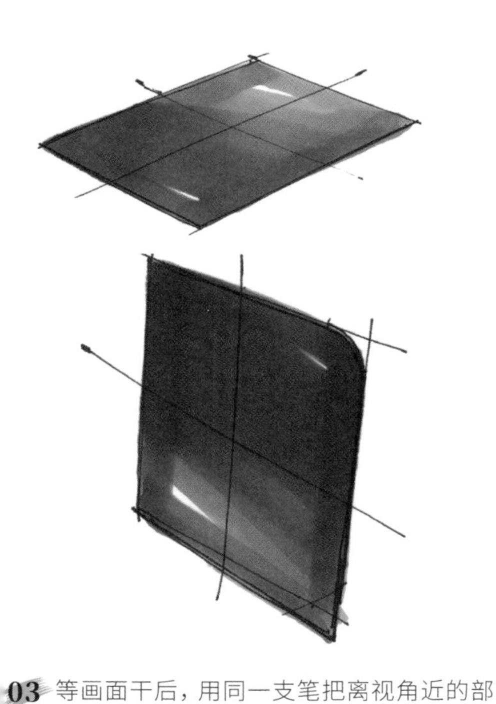

03 等画面干后，用同一支笔把离视角近的部分重复加深。

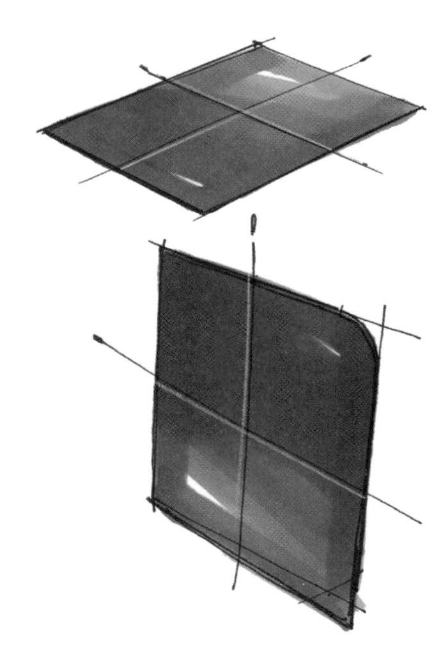

04 用白色彩铅对中心辅助线进行勾勒，提升画面的丰富度与精致度。

圆形截面的铺色流程如下。

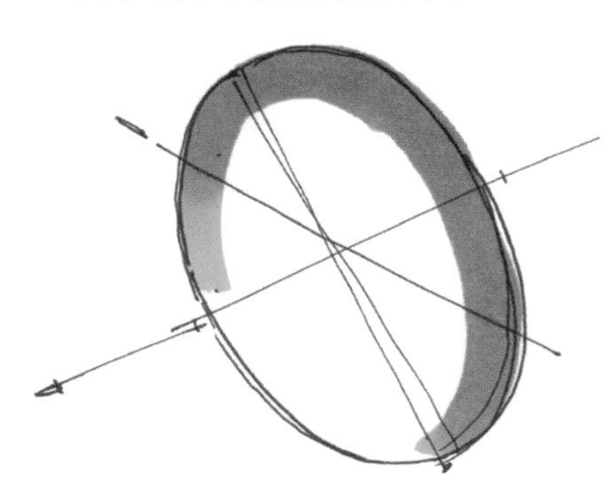

01 为了防止笔触溢出，可以先对透视面进行勾边处理。

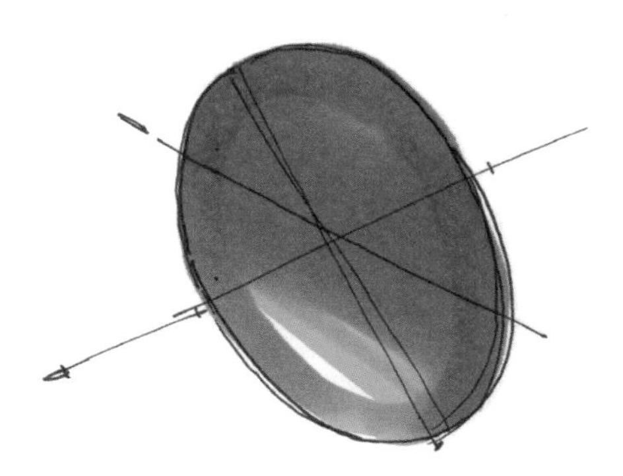

02 顺着透视轴向运笔，这样表达出的截面是平的而不是内凹的。

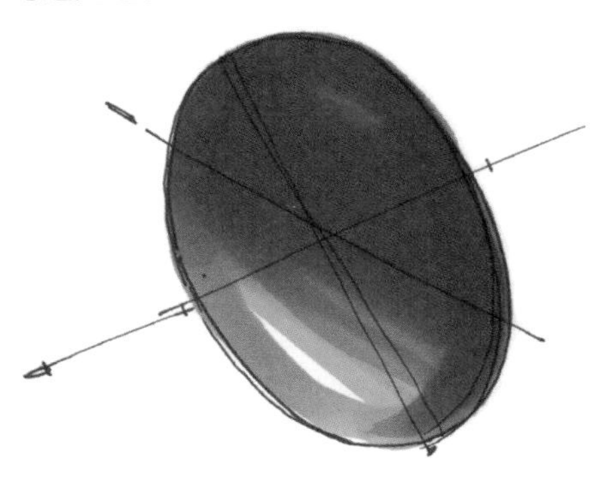

03 用颜色深一点的马克笔加重离视角近的区域，增加色彩的明度变化。

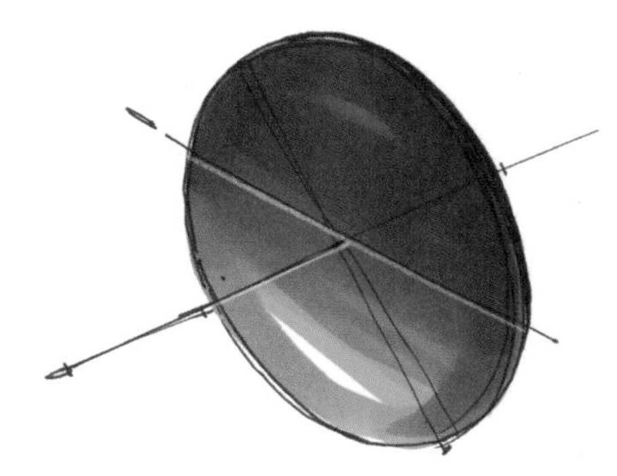

04 用白色彩铅对中心辅助线进行勾勒，提升画面的丰富度与精致度。

训练任务

透视平面涂色训练对掌握马克笔的特性、马克笔的笔触、铺色的过渡方式等都有很好的促进作用。掌握了各透视面的涂色技巧后，绘制透视形态时只需考虑明暗关系即可。

除了下面这些训练内容，大家还可以自行绘制透视面，然后进行上色训练。

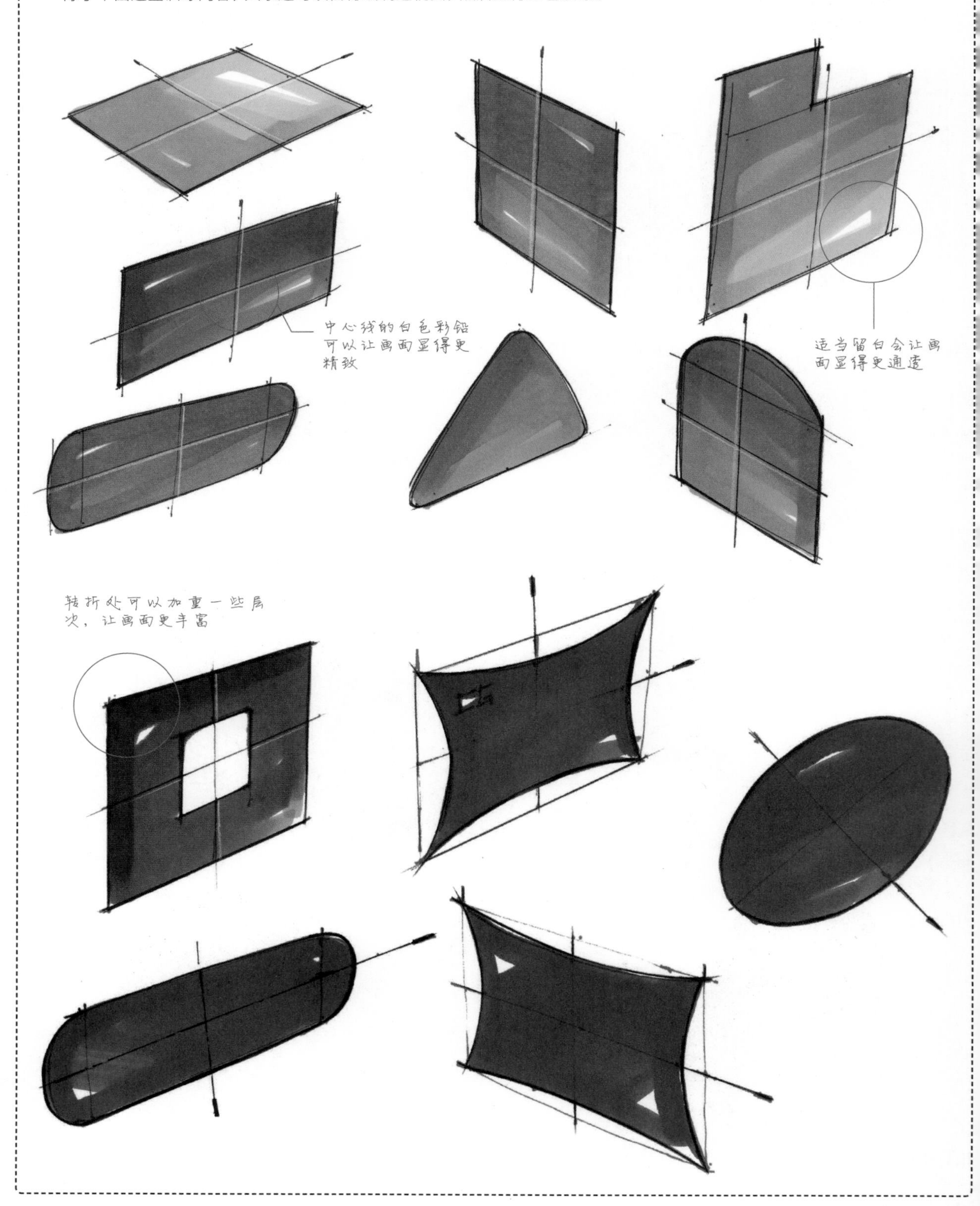

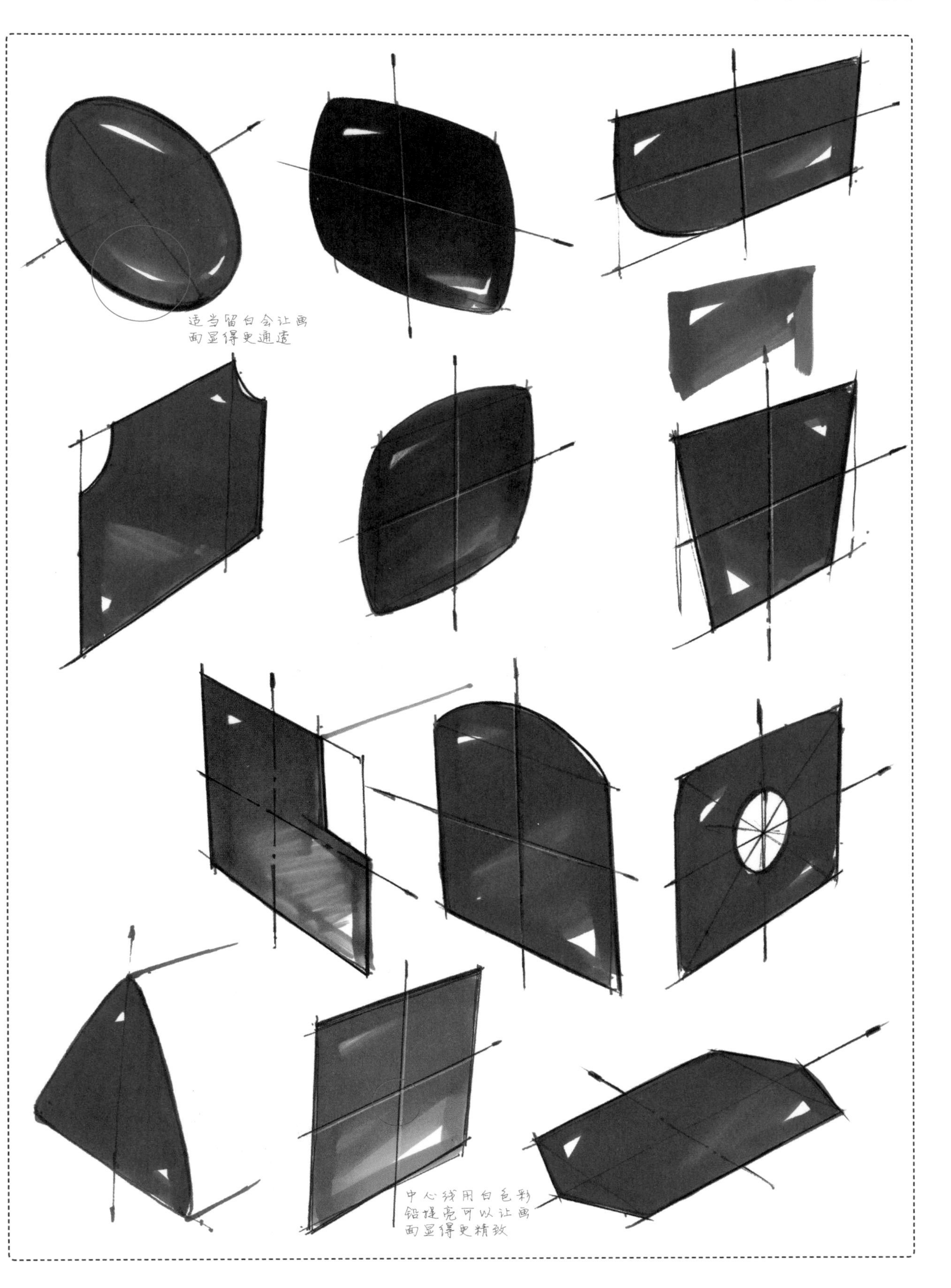
适当留白会让画
面显得更通透
中心线用白色彩
铅提亮可以让画
面显得更精致

5.3 实用光影原理讲解

对光影知识的运用是马克笔上色的基础。只有学会分析光影、理解明暗关系，才能知道色彩在形态上的明暗变化，从而正确地塑造形体，让产品看起来具有空间感，且更准确、真实。

5.3.1 光影层次分析

在分析光影时，要注意区分受光面与非受光面。受光面指的是受主光源照射的部分，包含高光、亮部、灰部。非受光面指的是不受主光源照射的部分，即暗部。大部分情况下，暗部会受到反射光或环境光的影响，因此在画面上，暗部包含明暗交界线、反光两部分。

对于常见材质（非镜面反射）来说，入射光线与形态形成的角度越大，形态表面越亮；入射光线与形态形成的角度越小，形态表面越暗；当入射光线与形态表面呈90°（最大角度）时，形态表面最亮。光线与形态表面相切的部分是形态上最暗的部分——明暗交界线。但由于准确的入射角度计算起来比较费时、费力，因此上色时大致参考入射角度计算起来就可以。

特点分析

ⓐ 高光一般为入射光线与形态表面所成角度最大的部分，是形态上最亮的部分。对于不同的形态材质、光源等，高光会有不同的表现形式。

ⓑ 亮部是照射角度较大的区域，这一区域受光源的影响很大，明度也最高。

ⓒ 灰部出现在照射角度为45°左右的区域，通常能呈现出物体原本的色彩和明度，也就是固有色。

ⓓ 明暗交界线出现在受光面与非受光面的交界处，从属于暗部，也是形态上（相同色彩中）最暗的部分。这一区域受光源与环境的影响均最小，所以明度也最低。

ⓔ 反光是受环境光或辅助光源影响较大的区域，与明暗交界线一样，从属于暗部。

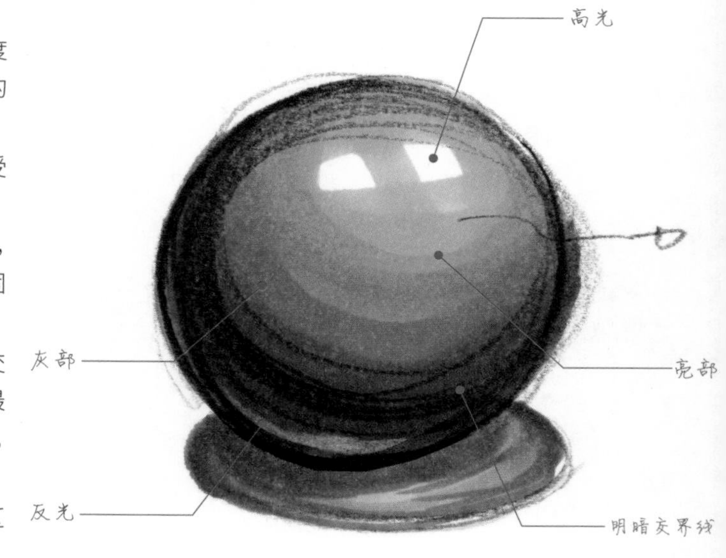

绘制形态时只要区分出正确的明暗层次，表达就不会出现太大的问题。

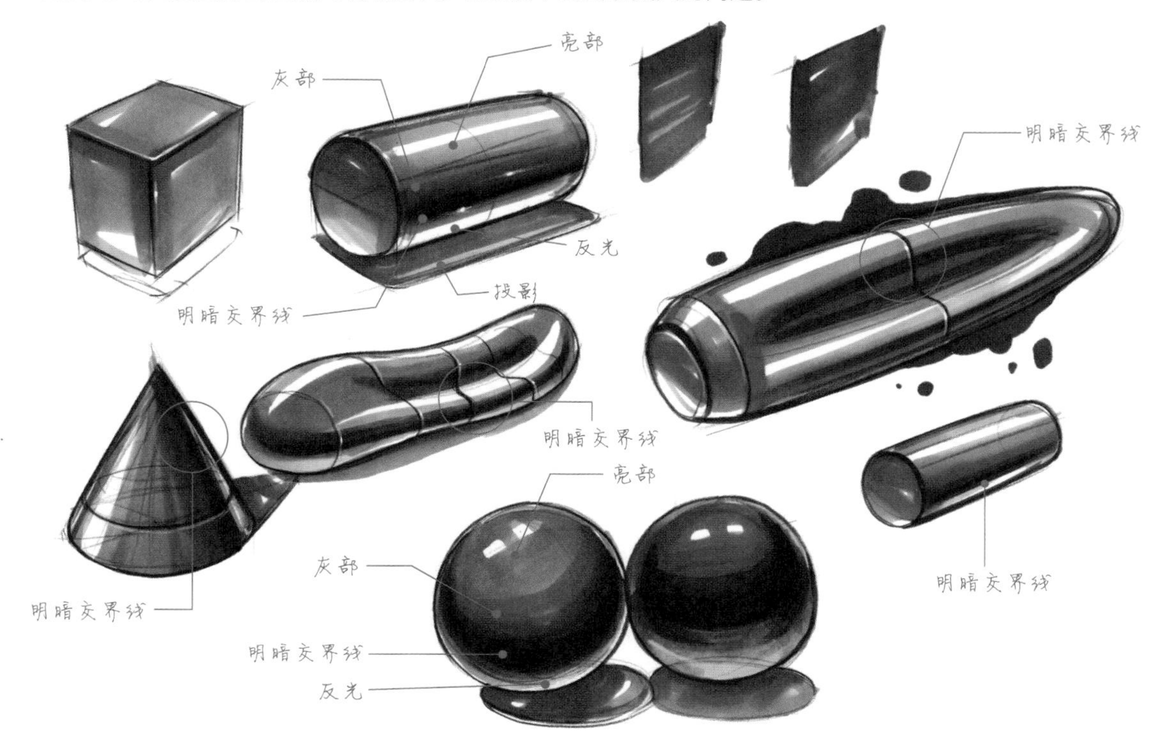

5.3.2 投影绘制

简单的投影绘制可以增强形态的真实性与体量感。通过学习光源类型及光源角度的相关知识，我们可以绘制相对真实的形体投影。

• 平行光源

为了方便理解与绘制，研究光源时通常以平行光源为例。平行光源类似于太阳光的照射效果（由于太阳距离地球足够遥远，因此太阳光线基本呈平行状态，对物体投影的发散影响可忽略不计）。运用平行光源绘制产品设计手绘更方便理解，且更规律，因此这种方法应用较为广泛。

为了让产品的体量感表达得更充分，可以对产品的亮部、灰部、暗部进行明确的区分。右图以方体产品为例，展示了适用于产品表达的十分常见的打光方向设定。

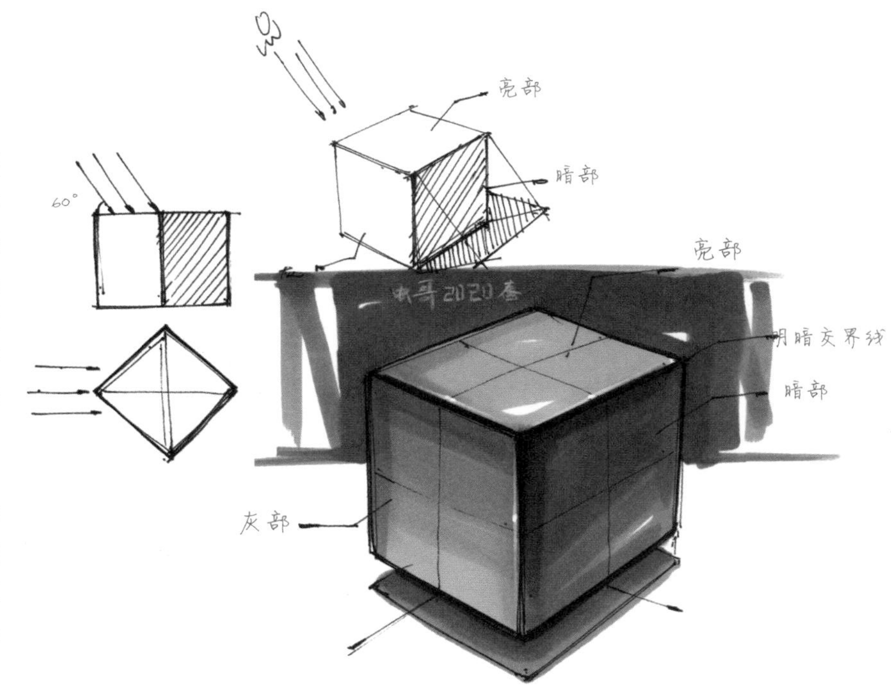

• 投影计算

投影是产品设计手绘中不可忽视的一个部分，它既可以增强形态的真实性，又可以更好地衬托和突出产品。下面是简单产品的投影计算与绘制方法。

用两条线来表达光源的方向，实际光源的入射高度为A，光源的入射方向为B。想象平行光源从你的左后方照射过来，产生了一个斜线A和稍微偏向右上方的斜线B。

因为这里是以平行光源为研究对象，所以投影的方向都是平行的。在透视中，画面的投影方法类似于将形态以正确的透视关系投射到平面上，投影和形态本身的透视要汇聚在同一个灭点上。水平方向上线条的投影长度应该与形态本身的长度相等。

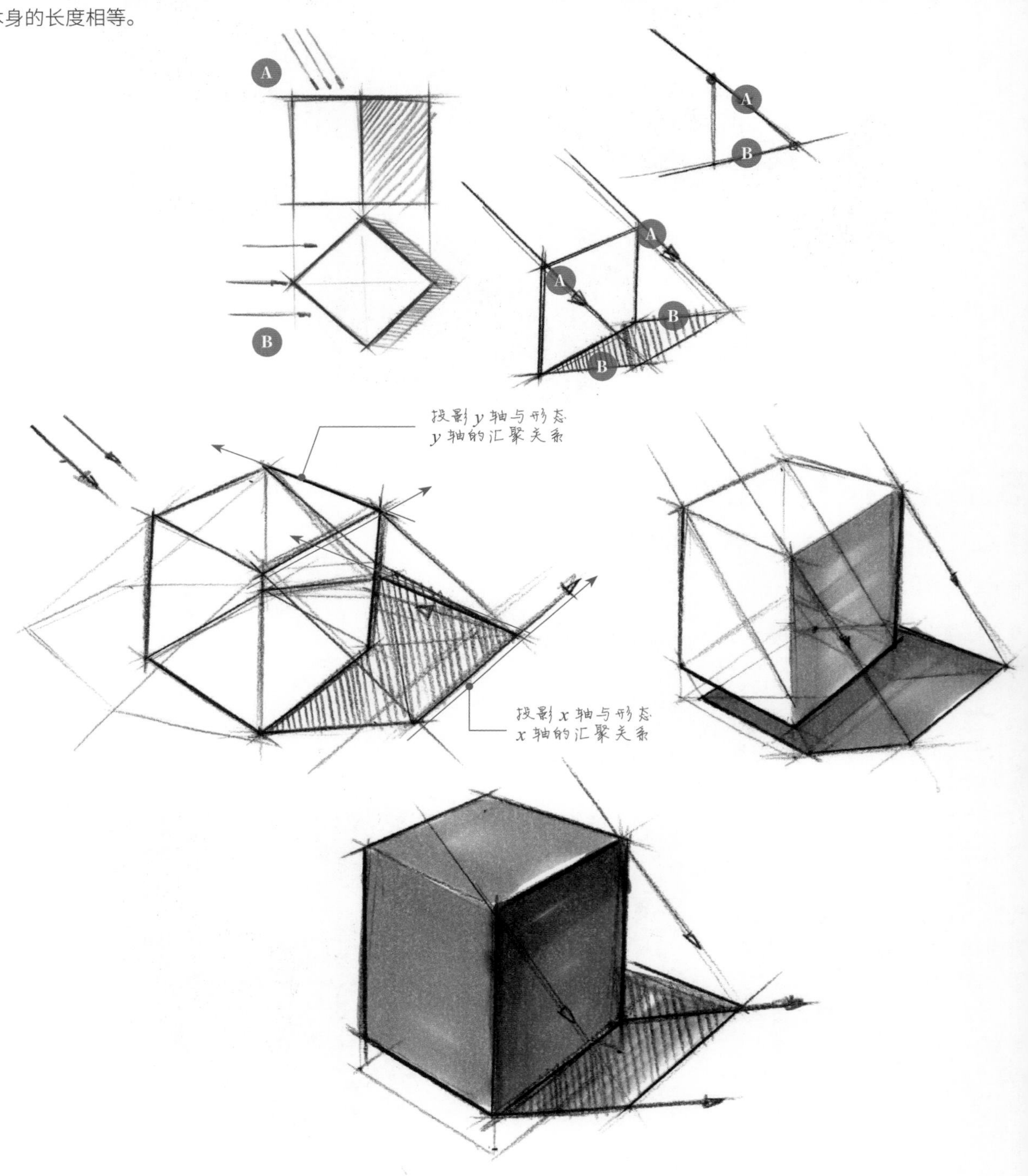

在实际绘制中，投影的明度会受到距离的影响而产生变化。一般靠近形态区域的投影颜色较深，远离形态区域的投影颜色较浅。

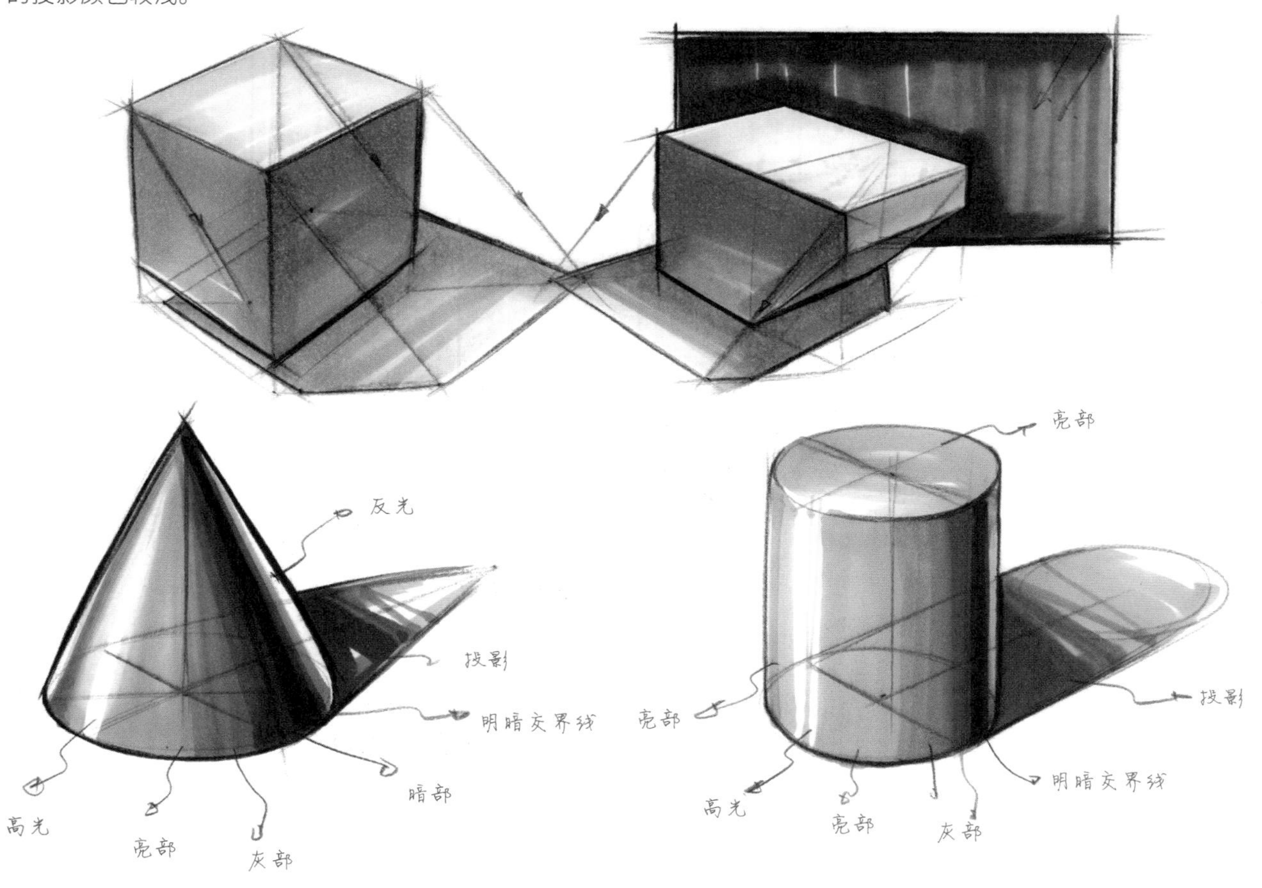

截面下沉投影是在实际绘制中经常用到的一种投影方式，手法简单，且可以很好地衬托形态。绘制原理就是截取形态的特征截面进行下沉作为投影。

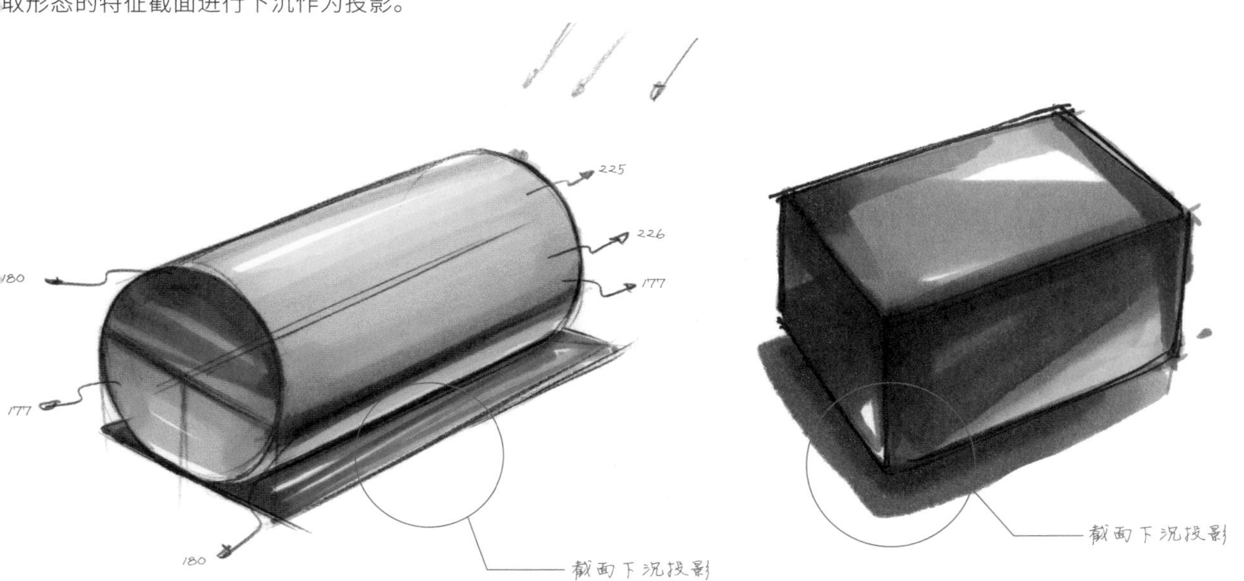

5.4 简单形态上色

前面讲到，大多数产品都是由基础形态或基础形态的变形组合而成的。因此，了解并熟练掌握基础形态的上色规律，在绘制实际的产品时，就会水到渠成。基础形态大致可以分为方体形态、圆柱形态、曲面形态及组合形态等。给产品形态上色一般遵循“分析光源及光影层次—铺浅色，留高光—丰富光影层次—刻画细节—调整画面”的流程和“从浅色开始铺色”的基本上色原则。下面分别针对不同形态进行讲解。

5.4.1 方体形态

方体形态在产品中占比很大，因此理解并处理好方体形态的上色是非常重要的，需要好好练习。在上色之前，首先应该确定光源方向，然后分析形态的光影关系及明暗层次，最后根据形态的转折及配色涂上相应的颜色。如果倒角正对着光源照射的方向，那么该部分就是形态中最亮的部分。由于倒角处的转折比较丰富，因此这部分的过渡也比较集中。

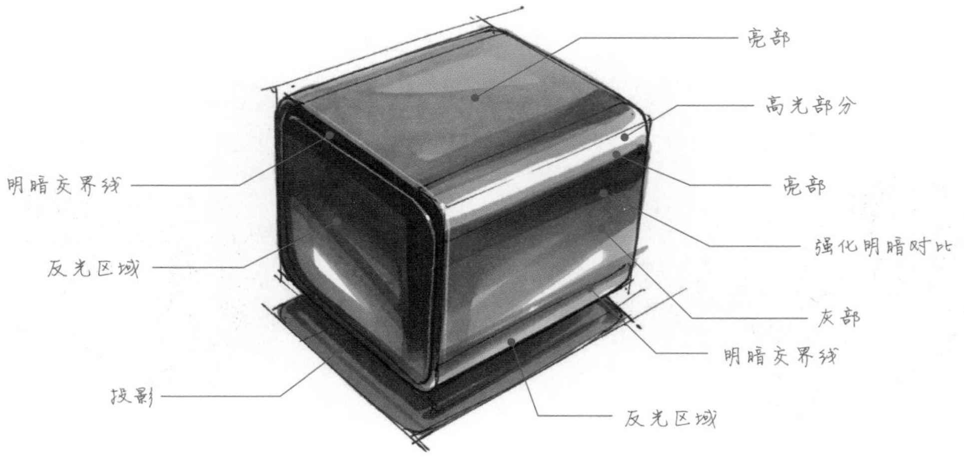

倒角方体光影原理分析图

平时大家可以练习给不同比例、不同倒角或不同光源下的方体形态上色，一段时间之后就会对方体产品的上色有比较明确的认知与把握。

绘制流程

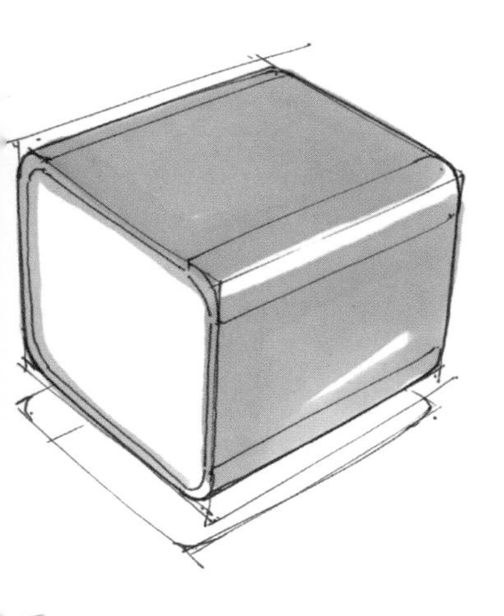

01 确定光源方向和不同面的明暗关系，从浅色区域开始铺色，留出高光。

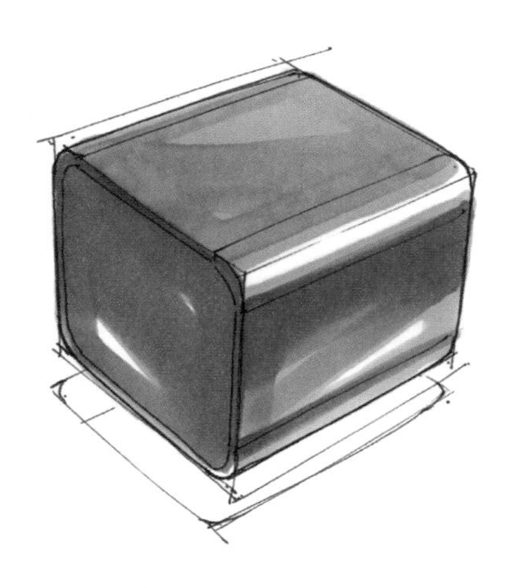

02 在灰部铺色。

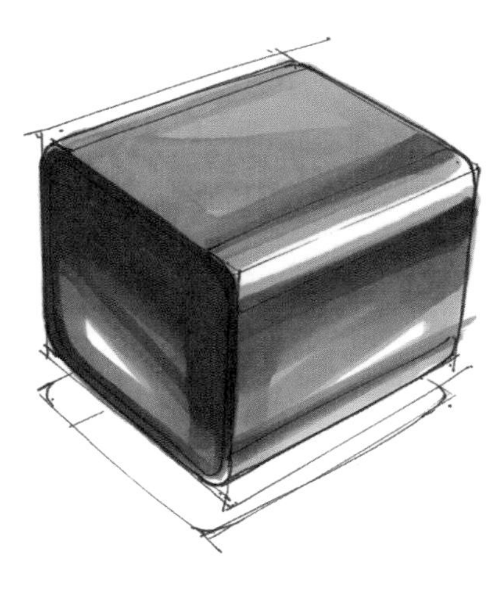

03 强调转折部分的对比，增加暗部的过渡与层次。

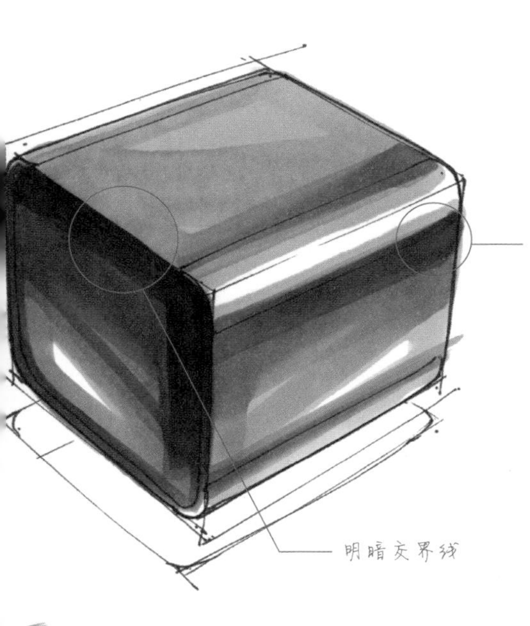

04 强调转折部分和明暗交界线。

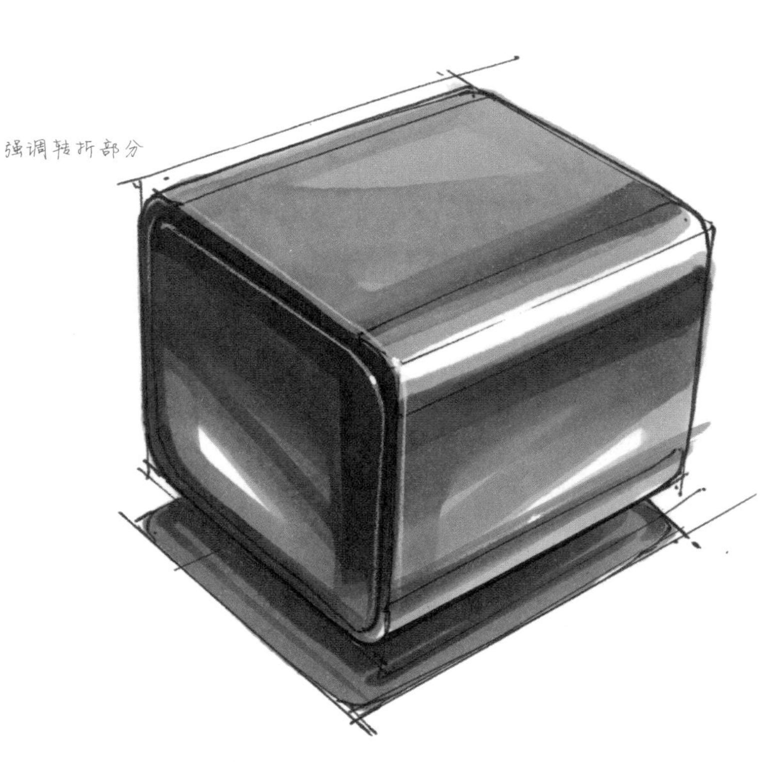

05 绘制投影，提亮高光，调整画面。

训练任务

参考下面的训练内容绘制方体形态，然后根据方体形态的光影层次关系进行马克笔上色训练。在这个阶段，可以挑选一部分自己绘制得比较好的线稿复印出来，并在复印件上上色，以进行马克笔上色的专项强化训练。

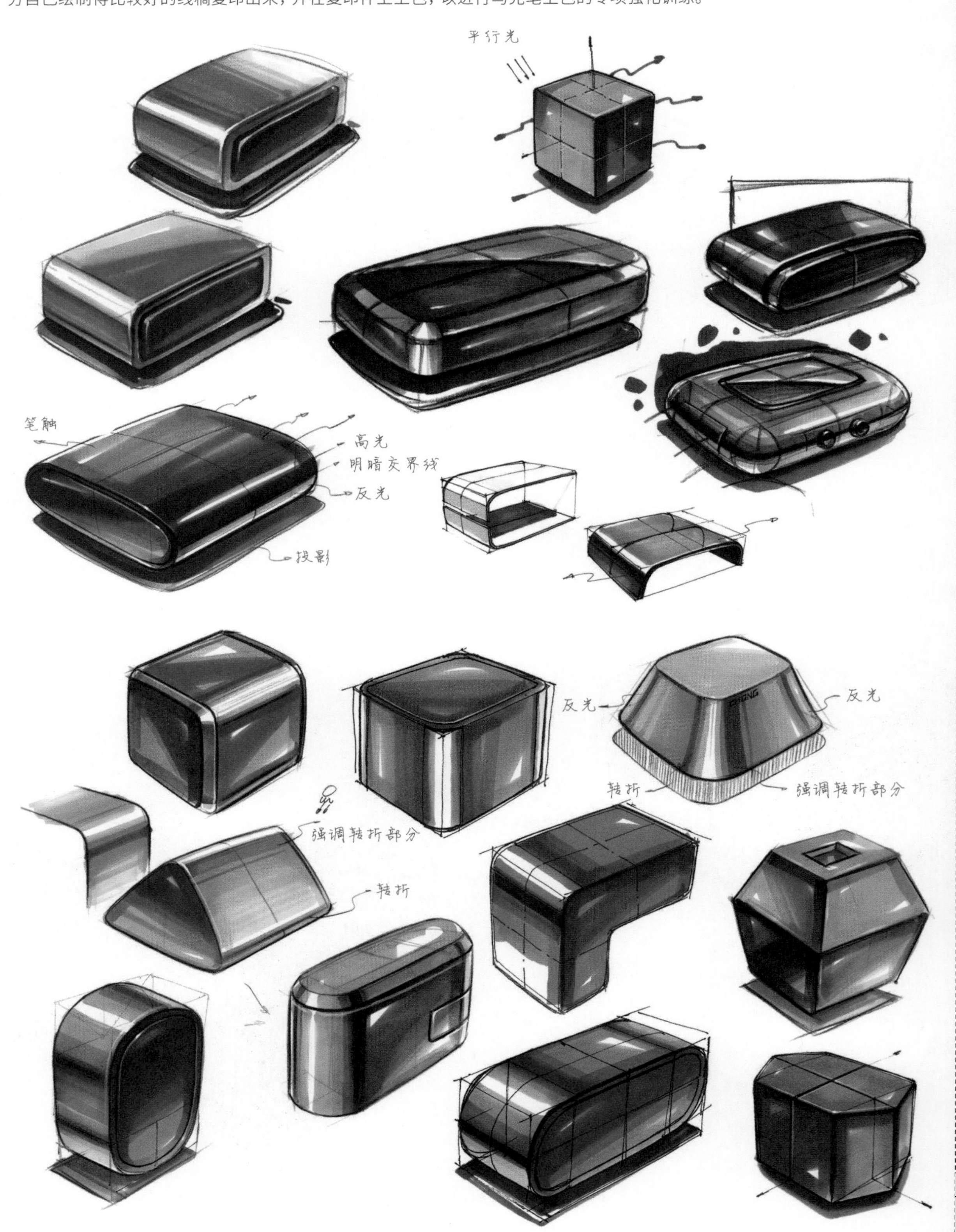

5.4.2 圆柱形态

圆柱体是基本形态之一。给圆柱体上色时需要注意，明暗层次以高光为中心线呈对称分布，亮部面积占比较大，灰部、明暗交界线及反光部分的面积相对小一些。上色之前应该先确定光源方向，然后分析形态的光影关系及明暗层次，最后根据形态的转折和配色涂上相应的颜色。

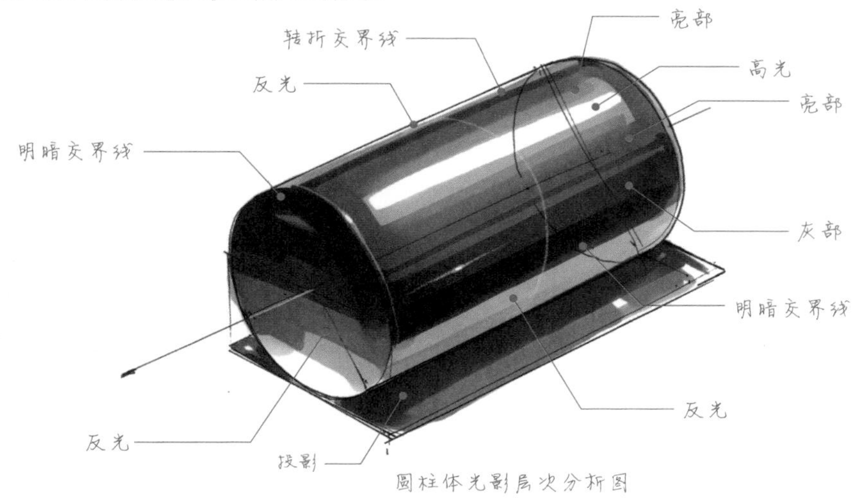

圆柱体光影层次分析图

平时大家可以练习给不同比例、不同方向或不同截面大小的圆柱体上色，一段时间之后就会对柱体产品的上色有比较明确的认知与把握。

绘制流程

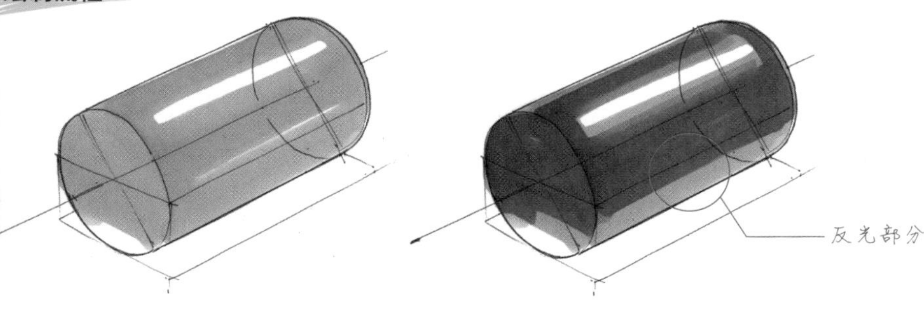

01 确定光源方向和不同面的明暗关系，铺浅色，留高光。

02 加重颜色，留出浅色作为反光部分。

03 增加灰部层次和暗部过渡层次。

04 强调明暗交界线，增强明暗对比。

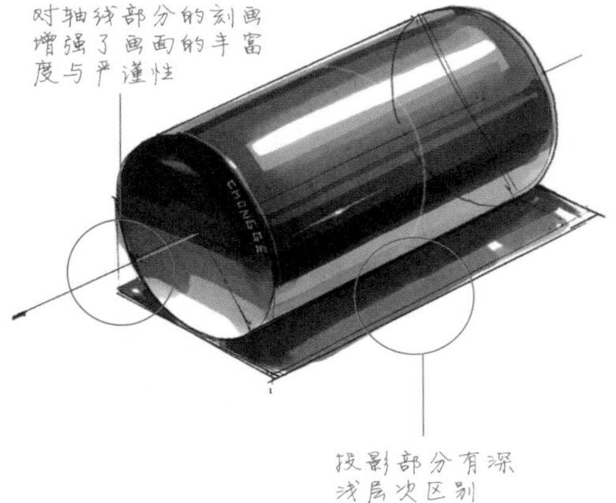

05 绘制投影，提亮高光，调整画面。

训练任务

参考下面的训练内容绘制圆柱形态，根据圆柱形态的光影层次关系进行马克笔上色训练。在这个阶段，可以挑选一部分自己绘制得比较好的线稿复印出来，并在复印件上上色，以进行马克笔上色的专项强化训练。

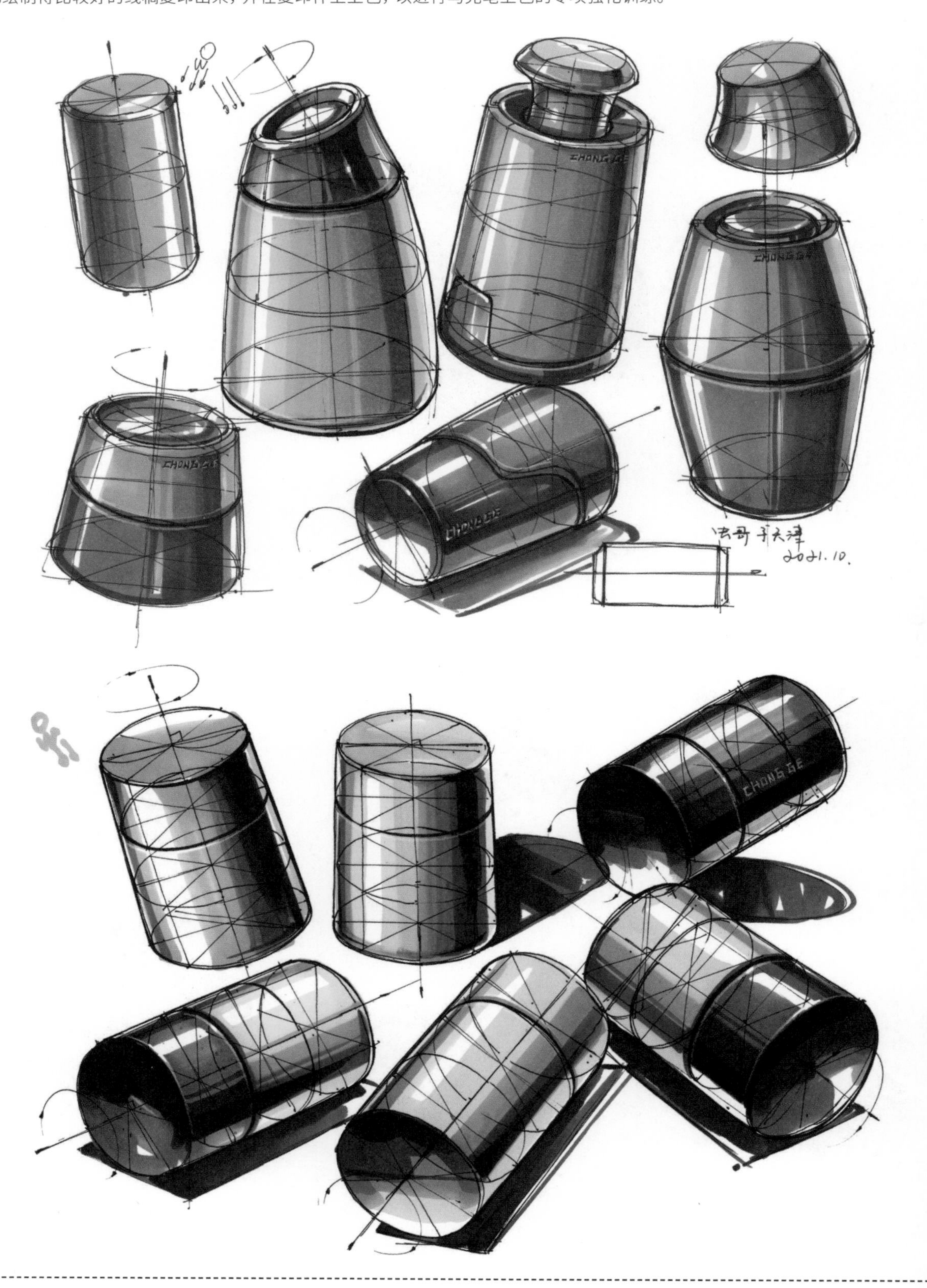

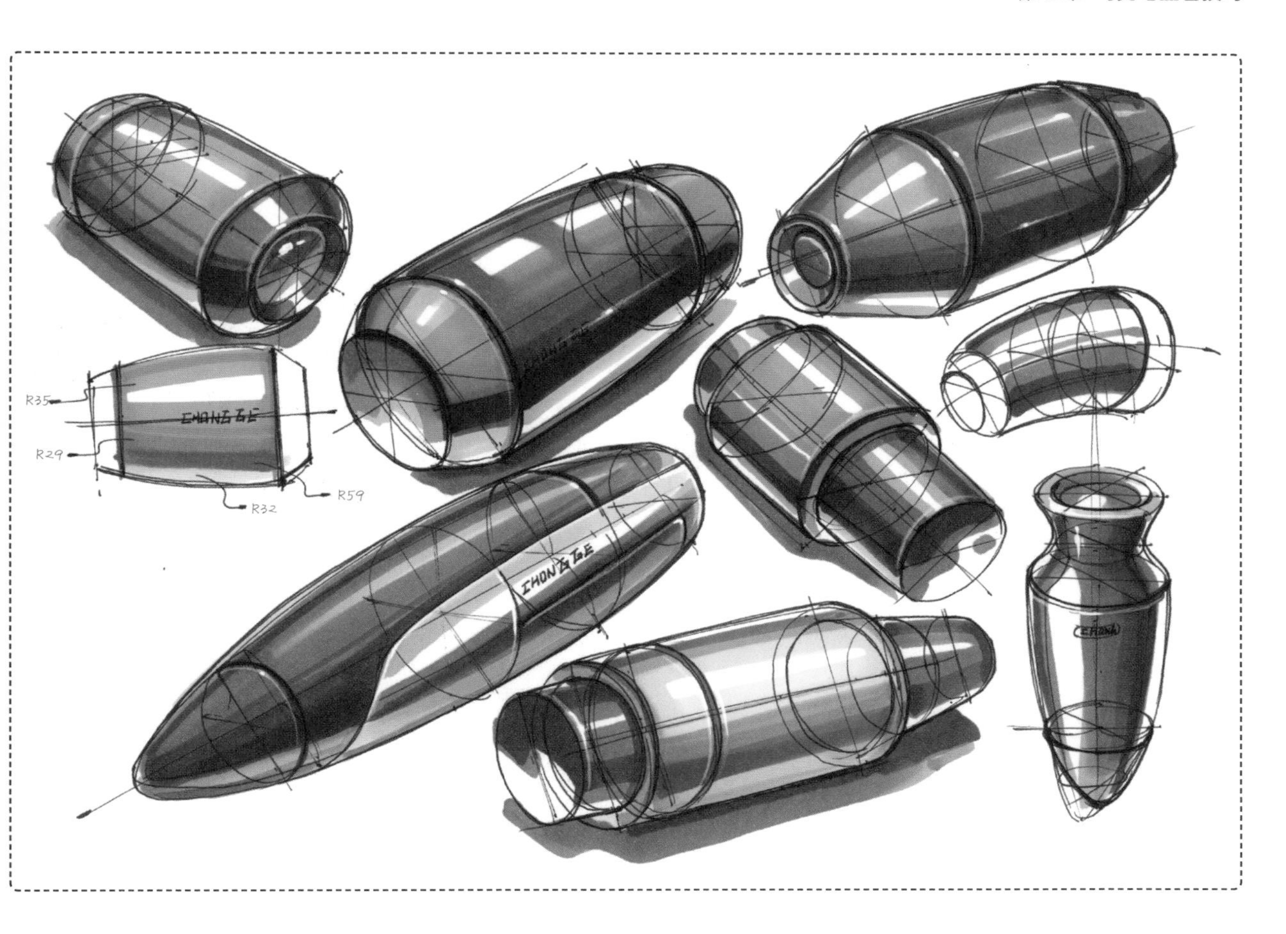

5.4.3 曲面形态

给曲面形态上色时需参考前面讲过的基本形态的光影原理，并对形态进行光照角度的分析。曲面形态的上色要点就是分析光照角度和曲面形态的特点，同时进行相应的过渡变化。

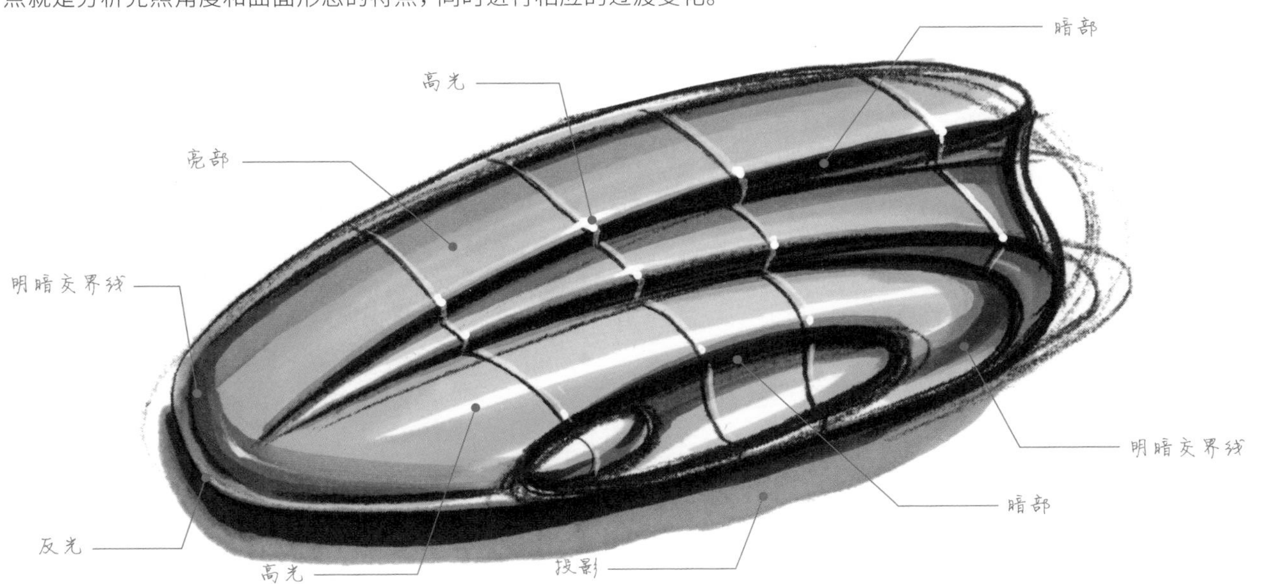

绘制流程

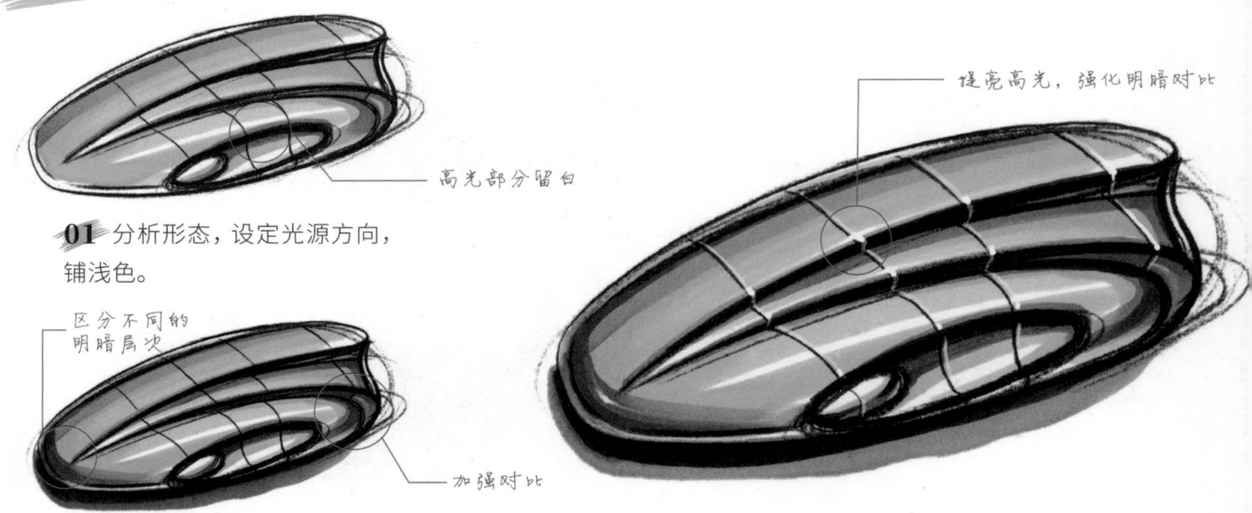

01 分析形态，设定光源方向，铺浅色。

02 加重转折区域的颜色，丰富层次，让形态的体量感更强。

03 调整整体画面，加强明暗对比，提亮高光。

训练任务

参考下面的训练内容绘制曲面形态，根据曲面形态的光影层次关系进行马克笔上色训练。在这个阶段，可以挑选一部分自己绘制得比较好的线稿复印出来，并在复印件上上色，以进行马克笔上色的专项强化训练。

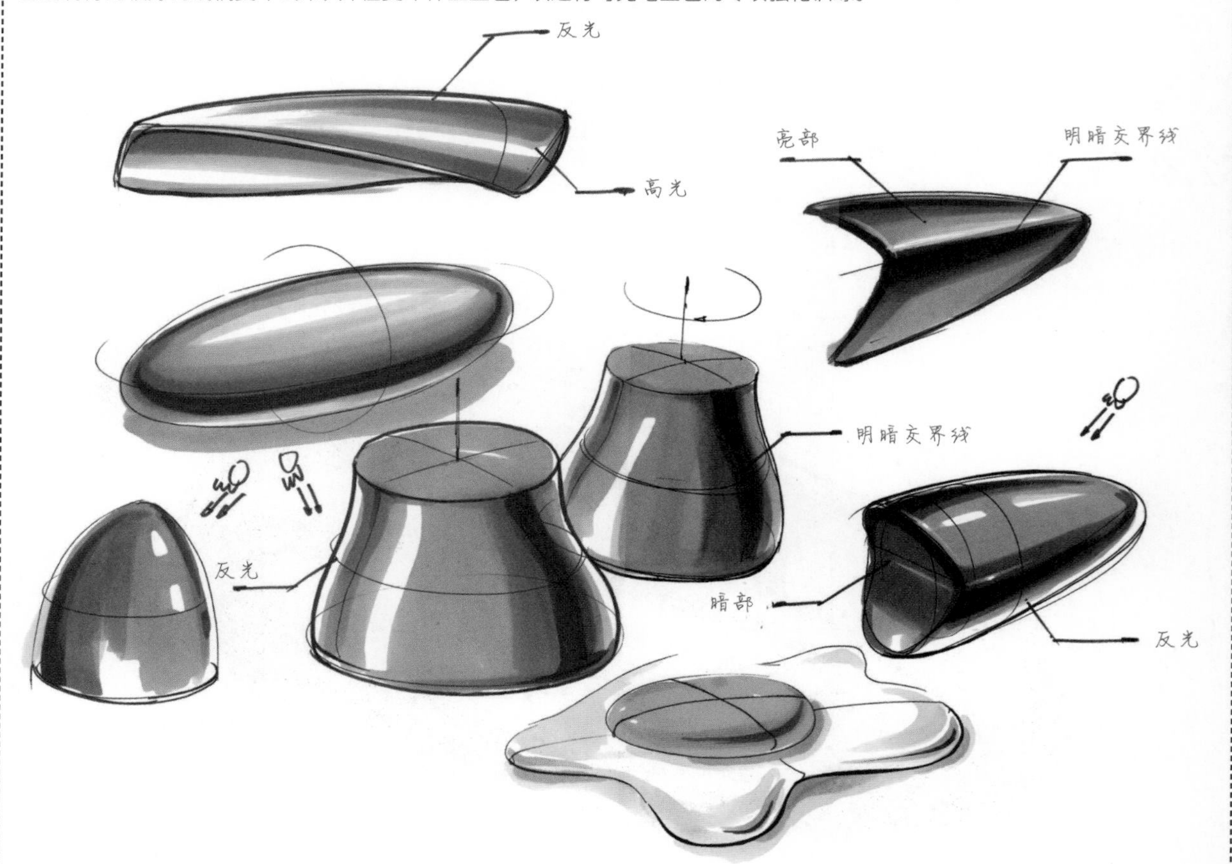

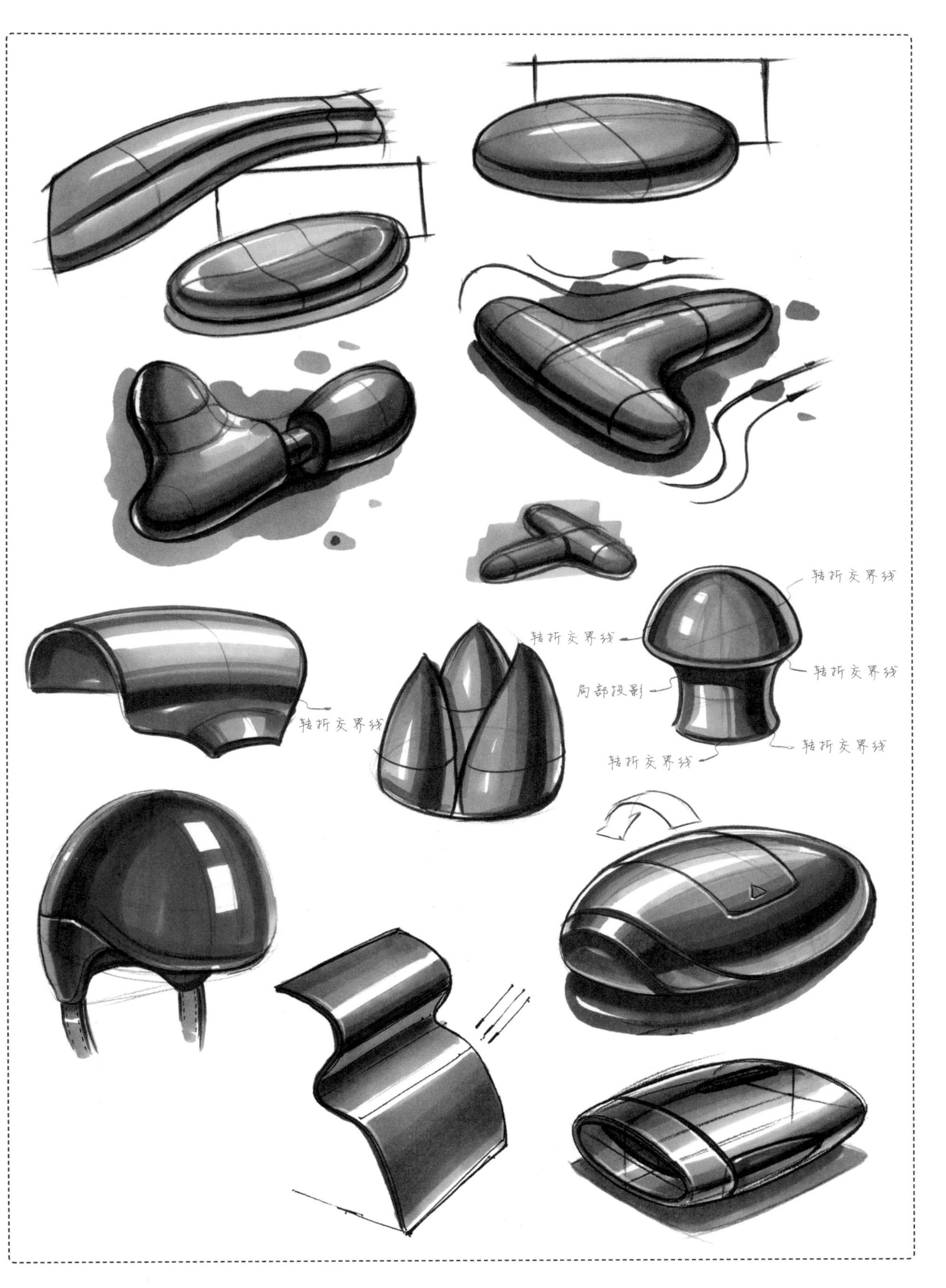

转折交界线
转折交界线
转折交界线
局部投影
转折交界线
转折交界线
转折交界线

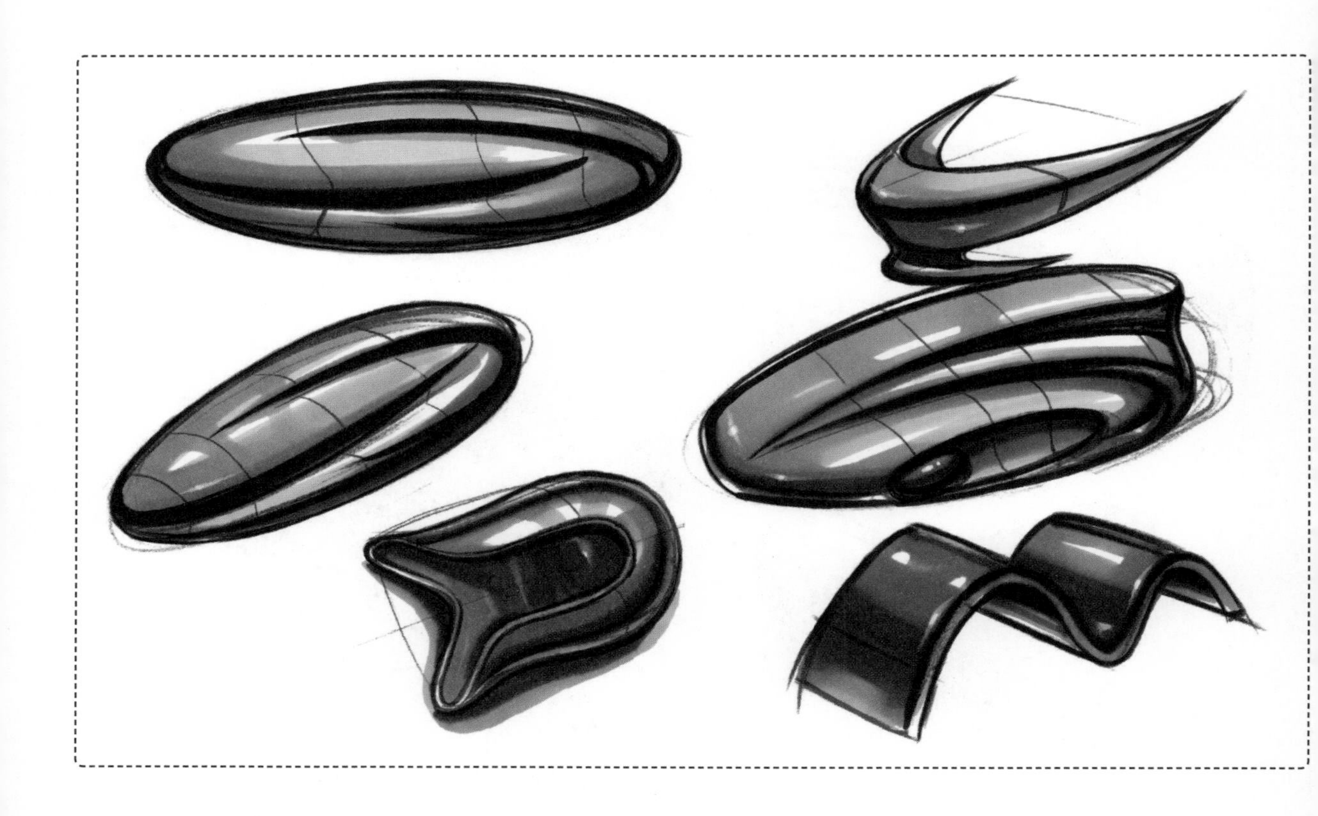

5.4.4 组合形态

大多数时候我们面对的上色形态是包含多个几何形态组合或几何形态变形的相对复杂的形态，但不要对复杂形态望而却步，只要对形态的不同部分进行相应的结构分析，忽略细节，将其简化成基础形态后就比较容易处理了。

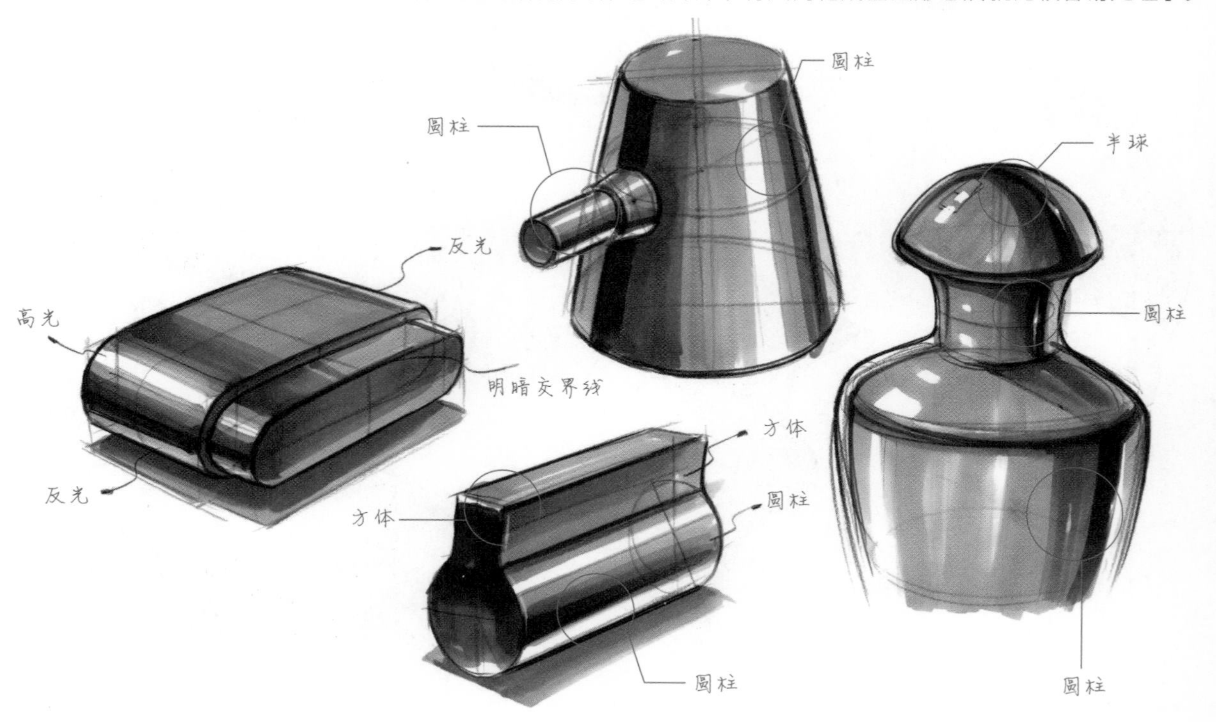

训练任务

绘制时要遵循“忽略产品细节，简化产品形态”的思路，这样可以更快地解析形态光影，完成上色任务。

5.4.5 明暗转折与过渡变化的关系

在用马克笔上色的过程中，会有色彩的明暗转折与过渡变化，这种转折与变化是由产品形态的转折面产生的。在形态转折密集的地方，明暗过渡变化相对明显；在形态转折稀疏的地方，明暗过渡变化相对柔和。形态转折面的宽窄决定了过渡面的宽窄，所以上色时要把重点放在形态的转折刻画上。

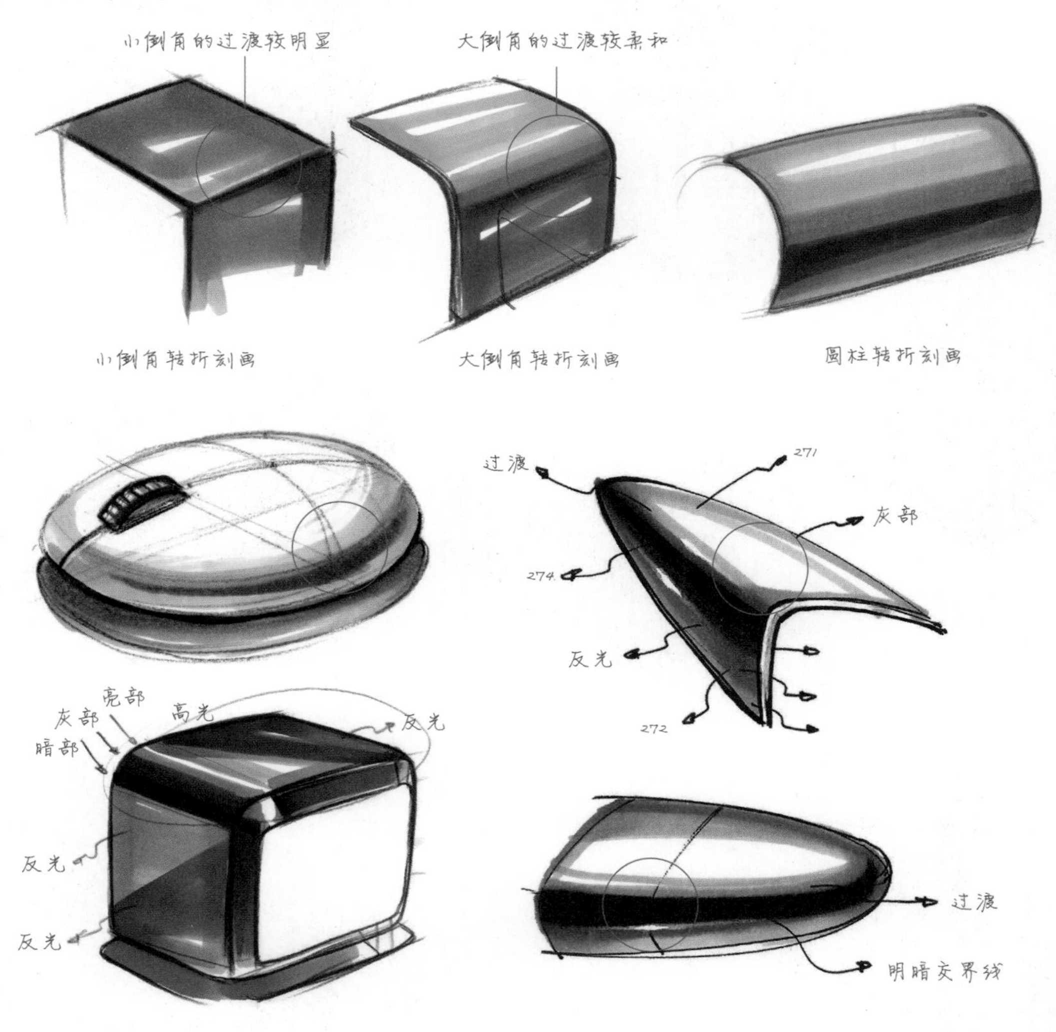

如果设定的光源方向不同，产品的转折会有不同的明暗变化，倒角处的过渡关系也不同。

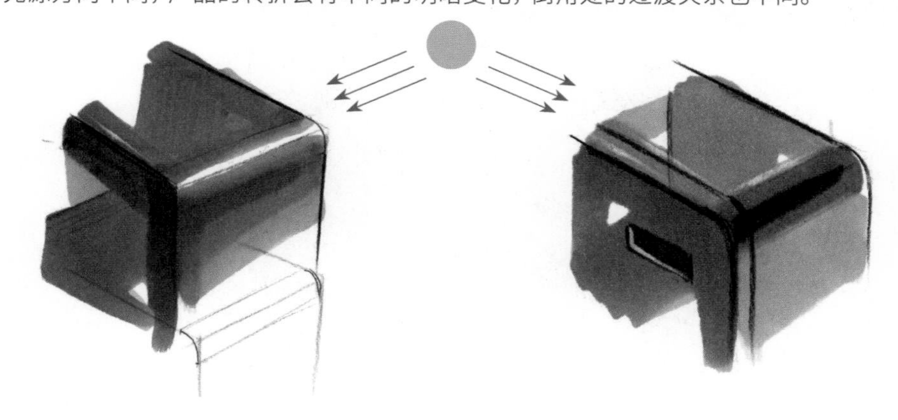

训练任务

此处为综合训练，需根据本章所学的知识点进行绘制，在绘制过程中要遵循上色流程，认真分析光源方向，确定光影层次。

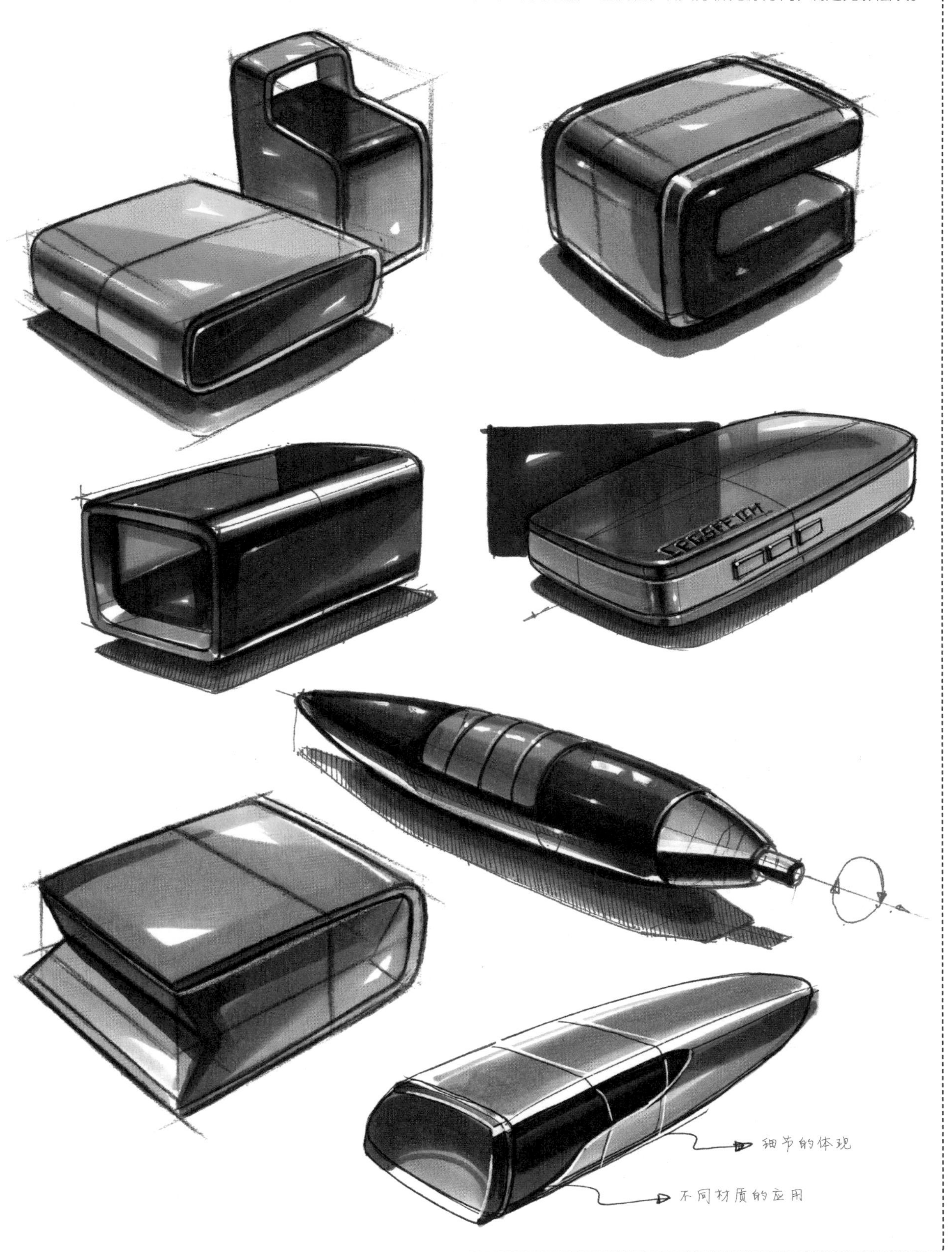

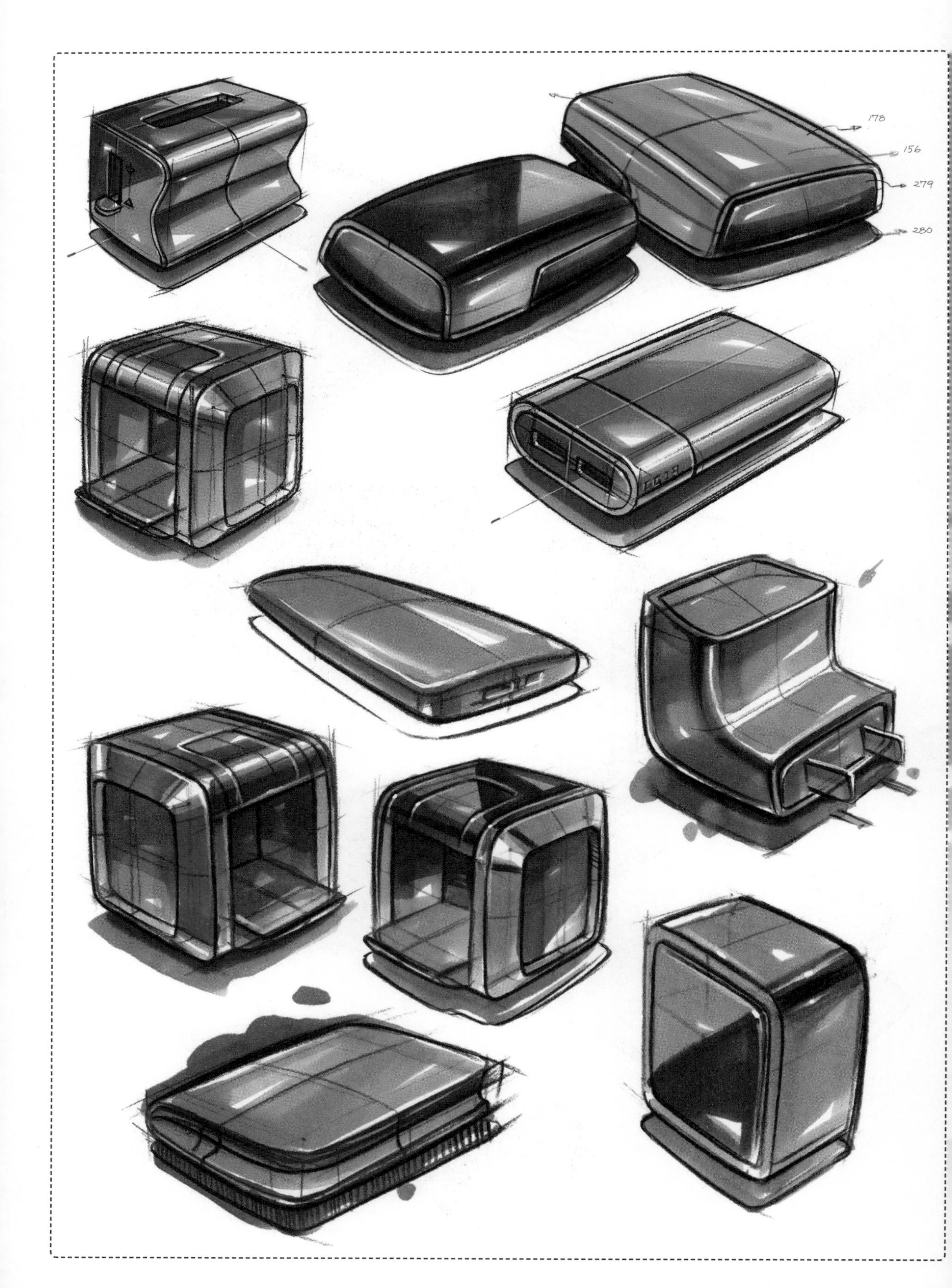
178
156
279
280

第 6 章

材质表达与细节表达

不同的产品往往会应用不同的材质，对于不同的材质，在产品设计手绘中有不同的表达方式。了解常见材质的特点、常见的细节种类及两者在产品设计手绘中的应用技巧，能够让产品设计手绘图看起来更加真实、细致，让观者在读图时对产品的材料、色彩、结构等有更加清晰、明了的认识。本章将从产品的材质表达与细节表达两部分展开讲解。

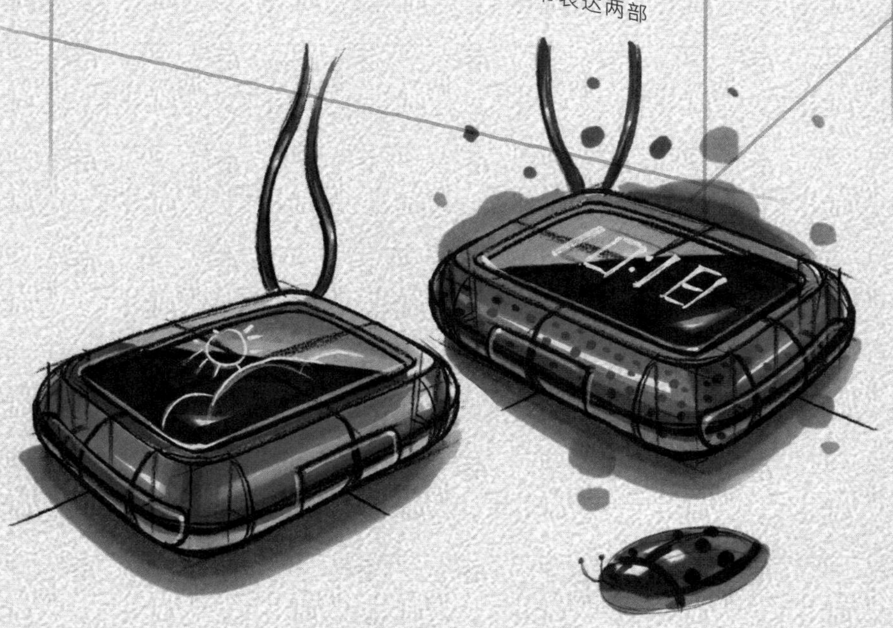

6.1 材质表达

产品的材质和表面处理是产品设计中非常重要的部分。在产品设计手绘中，材质表达是进行外观表达很重要的方式之一。合理的材质刻画，可以大大增强产品的真实性与表现力，让观者能够“看懂”你的设计。对材质进行精准刻画的主要目的是让观者能够感受到不同材质的特点并产生共鸣，也方便设计师后期选择更合适的材质并深化设计，避免一味地对产品材质进行“超写实”的表达。

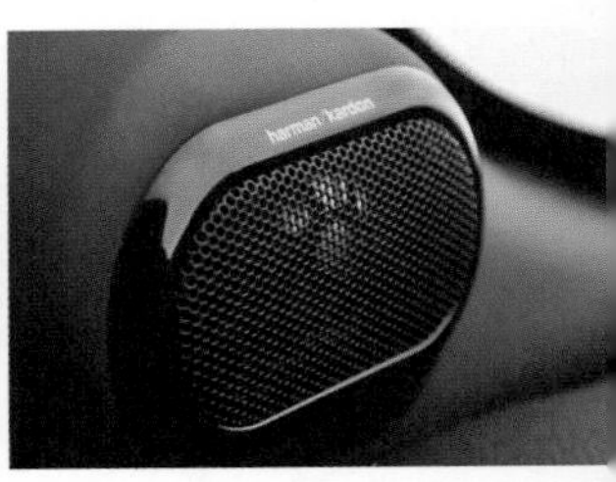

6.1.1 常见的材质

在表达材质的时候，一定要先了解材质表达的本质——材质表面特征的表现。研究材质时可以从光滑度、透明度和纹理表达入手，理解各种材质在这3个方面的变化规律，有利于降低绘制的难度。

材质的光滑程度是影响产品明暗和色彩变化的重要因素。

漫反射材质的表面有细小的颗粒，不会明显反射周围环境，其光影主要由主光源决定，过渡柔和，没有明显的高光、反光。磨砂材质、橡胶材质等都可以归为漫反射材质。

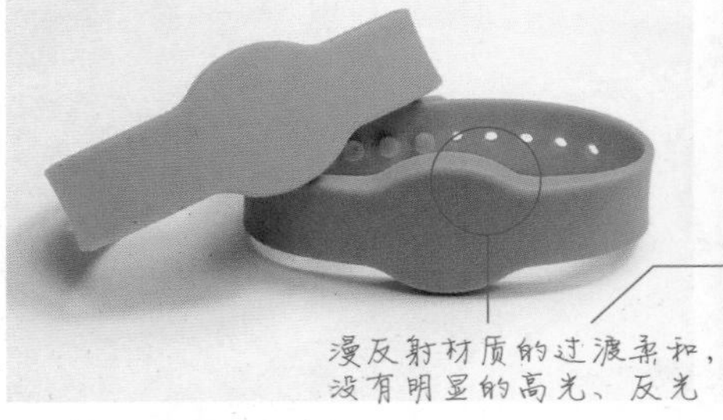

随着光滑度的提升，环境对产品的影响越来越大。光滑程度大致处于漫反射与镜面反射的中间值时，光源与环境同时作用于材质，高光明显，反光较强，有时也会加入反射的表达。这种是产品手绘表达里面十分常见的一种材质表达，如较光滑的硬塑料。

高光明显、反光较强

受到光源与环境的双重影响
有时会加入反射的表达

光滑程度超过漫反射与镜面反射的中间值后，环境对材质的影响进一步增大，直至完全反射周围的环境，也就是所谓的镜面反射。这类高光滑度材质在工业产品中的应用非常广泛，如汽车漆、镀铬、不锈钢等。

环境对材质的影响增大，甚至以环境反射表达为主

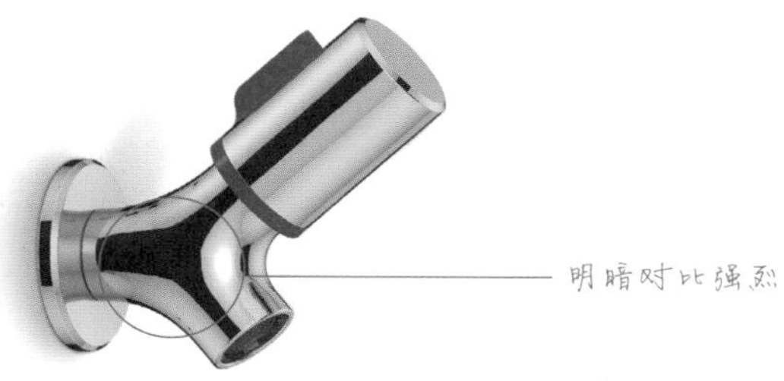
明暗对比强烈

了解了这种变化规律后，我们便能根据需要总结出由漫反射到中光滑度再到高光滑度材质的不同表达方式。

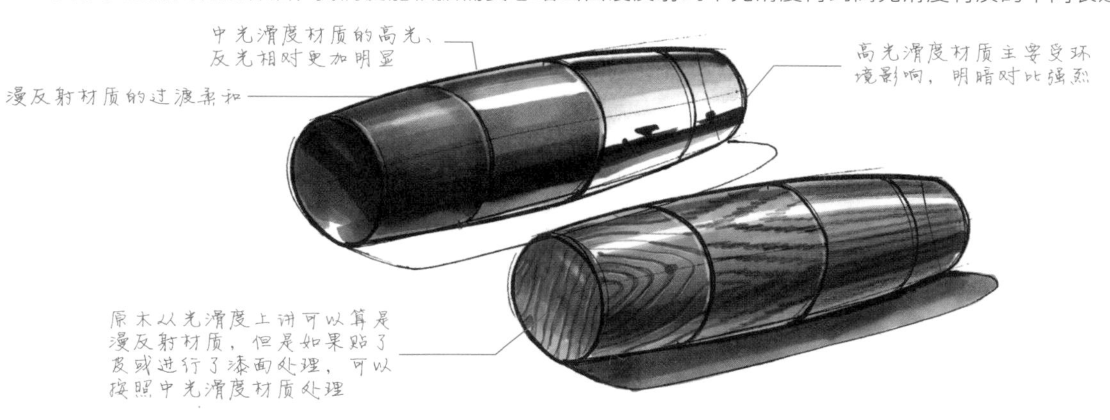
中光滑度材质的高光、反光相对更加明显
漫反射材质的过渡柔和
高光滑度材质主要受环境影响，明暗对比强烈
原木从光滑度上讲可以算是漫反射材质，但是如果贴了皮或进行了漆面处理，可以按照中光滑度材质处理

中光滑度材质产品的光影及上色规律与前面章节所讲的一致，不再另行讲解。产品设计手绘中常见的几种比较有特色的材质分别为金属材质、木材质和皮革材质。除此之外，透明材质也是一种非常重要的材质。下面分别对每种材质的手绘表现进行讲解。

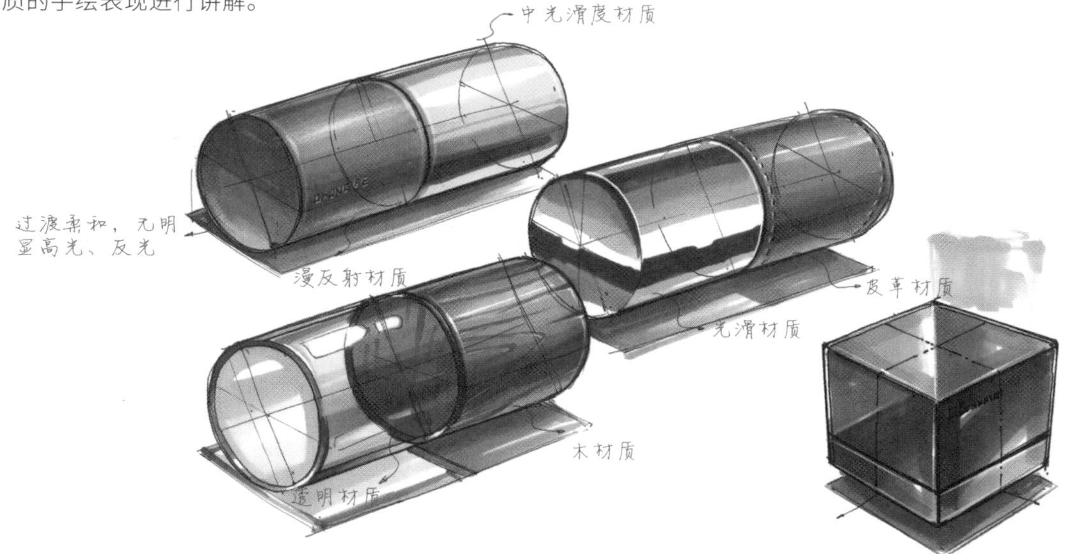
中光滑度材质
过渡柔和，无明显高光、反光
漫反射材质
皮革材质
光滑材质
木材质
透明材质

6.1.2 金属材质表达

金属材质的表面光滑，线条硬朗，富有科技感，广泛应用在工业产品中，如电子产品、机械产品等。大多数金属材质表面的光滑程度都比较高，光滑程度超过漫反射与镜面反射的中间值。

特点分析

ⓐ 环境反射的强度较大，反射清晰。

ⓑ 形成清晰、明显的高光点或高光带。

ⓒ 明暗对比程度增大，最亮部分与最暗部分会呈现相互接触的状态。

ⓓ 过渡圆润。

提示

绘制金属材质时，设定的周围环境不要过于复杂，以便展示出金属材质独有的特点。一般会设定一个自然环境，如天空、地平线及简单的周边景物（树木、厂房等）。

绘制流程

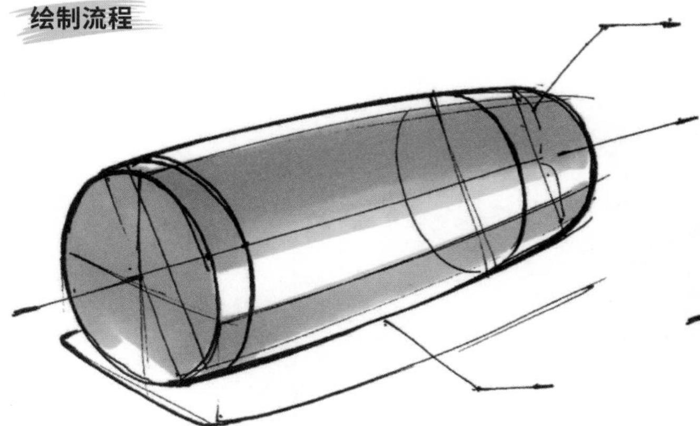

01 根据设定的环境铺浅色，留出亮色反射部分。

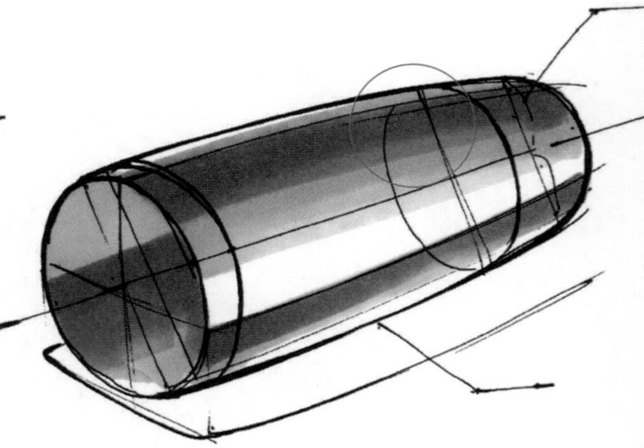

02 丰富过渡层次，从圆柱体顶部向留白位置进行柔和过渡（留出反光）。

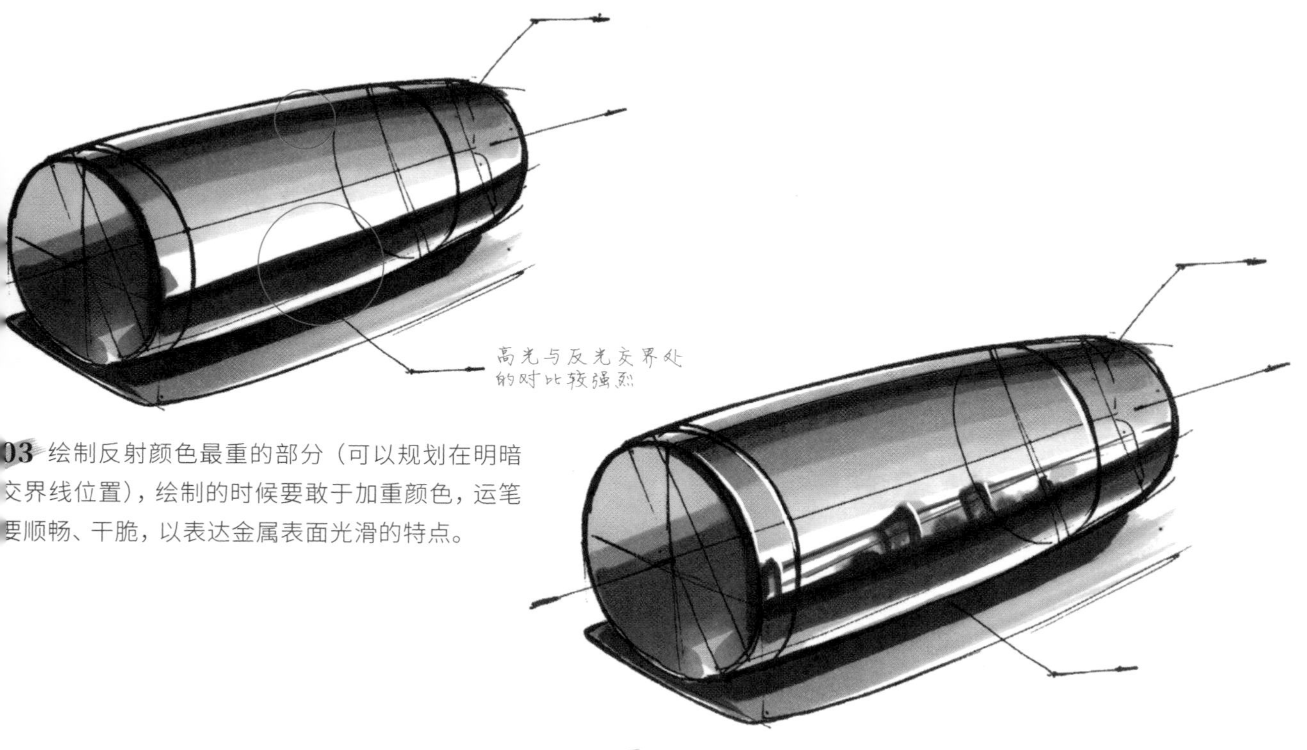

03 绘制反射颜色最重的部分（可以规划在明暗交界线位置），绘制的时候要敢于加重颜色，运笔要顺畅、干脆，以表达金属表面光滑的特点。

04 可以尝试加入具体的反射环境，这样绘制效果看起来更加真实一些。

在产品设计手绘中，圆柱体与方体形态的产品是较常见的，因此这里着重以圆柱体与方体的金属材质产品为例进行展示。

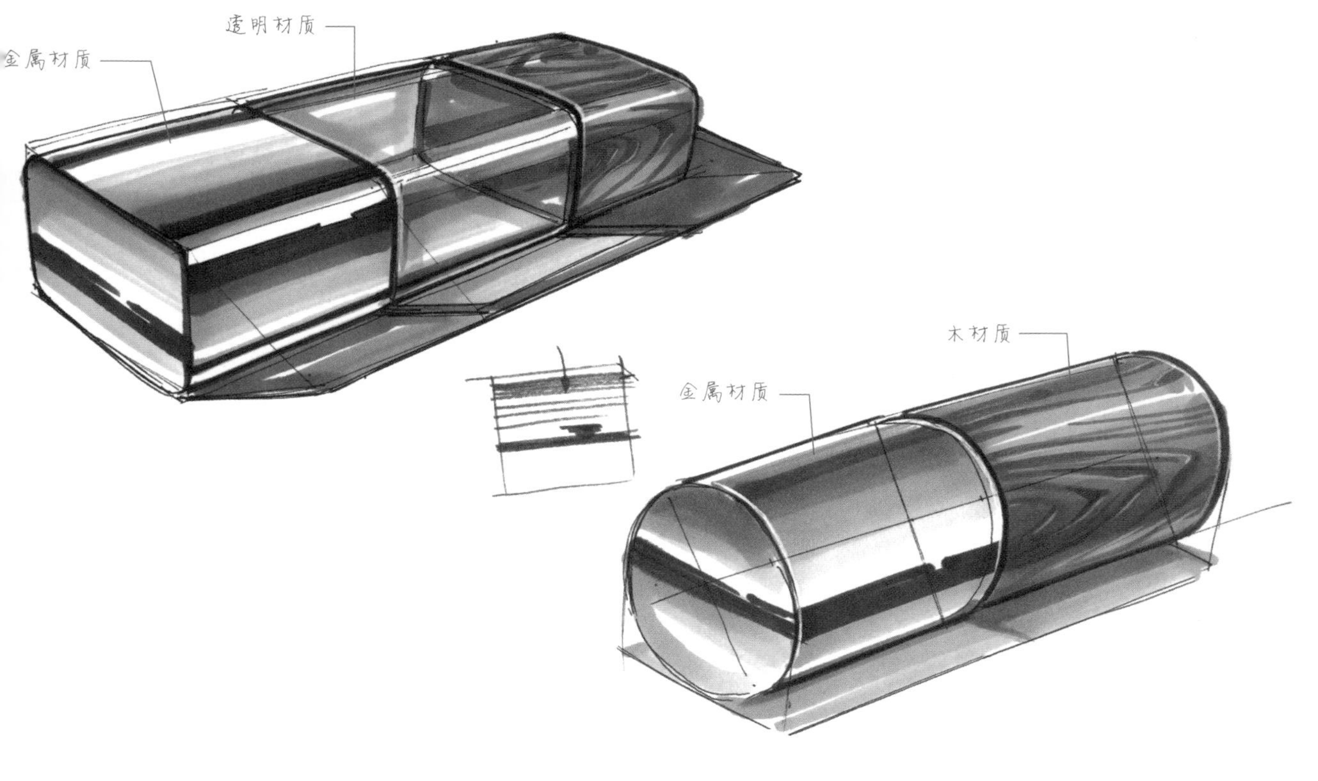

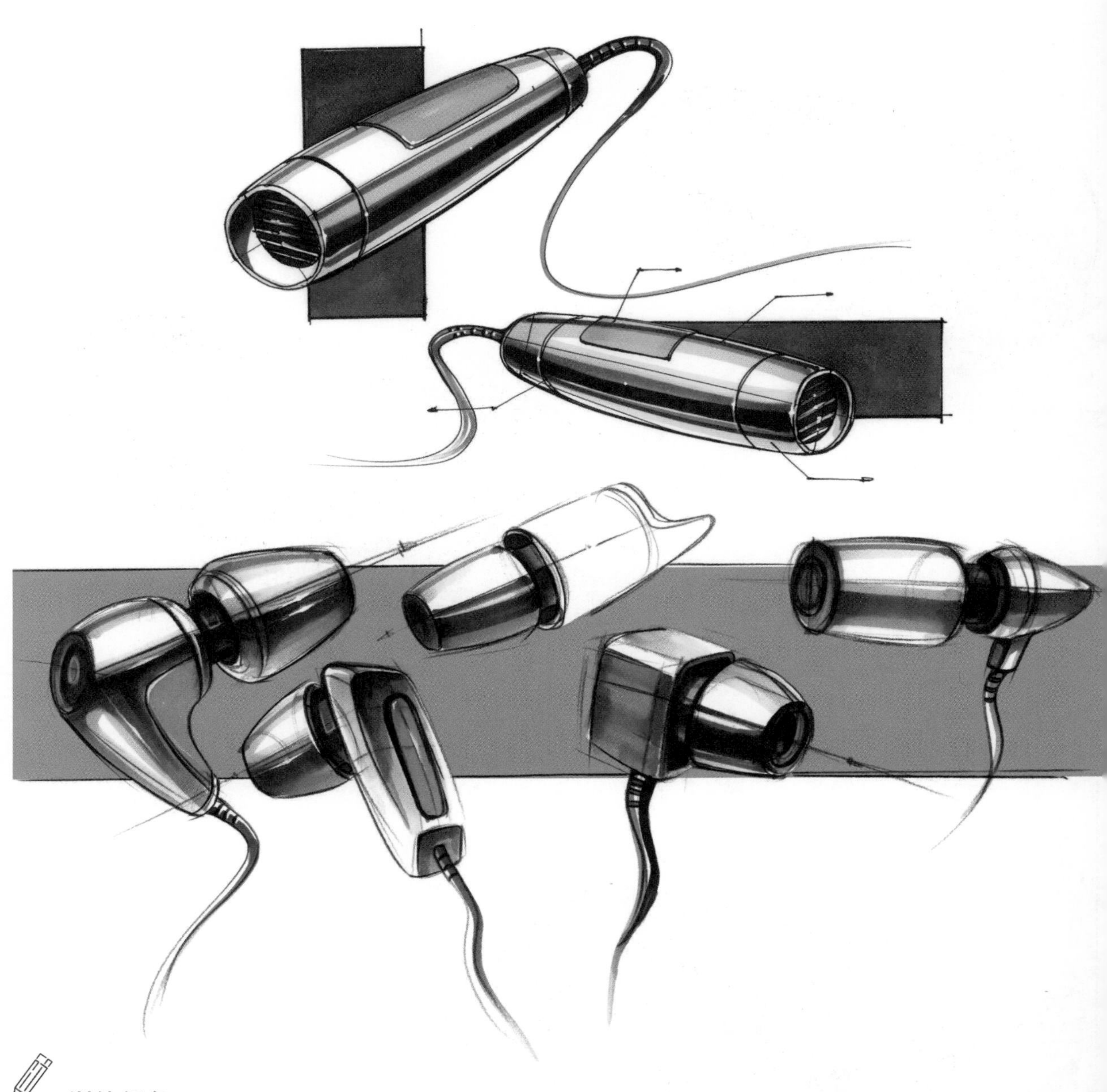

训练任务

在训练过程中除了要临摹出产品的质感，还要总结材质本身的特点和绘制思路，这样在绘制其他同类材质产品时才能够做到举一反三、灵活处理。

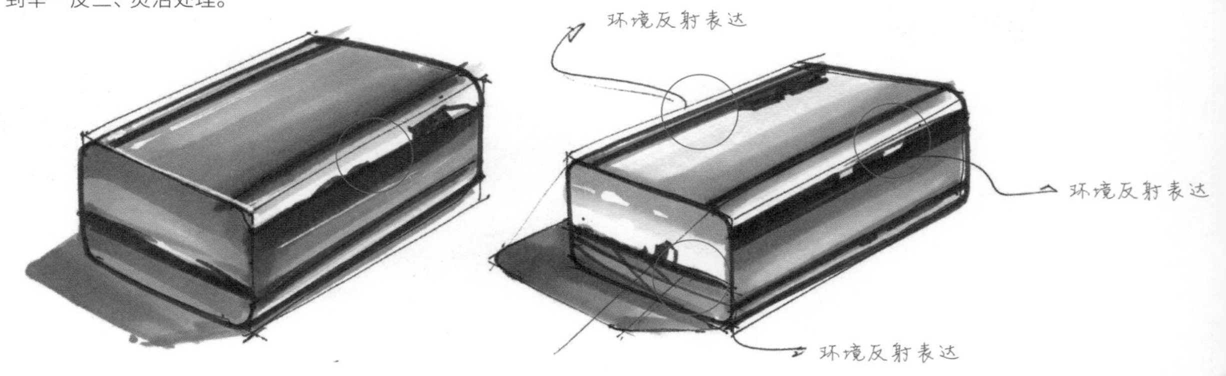

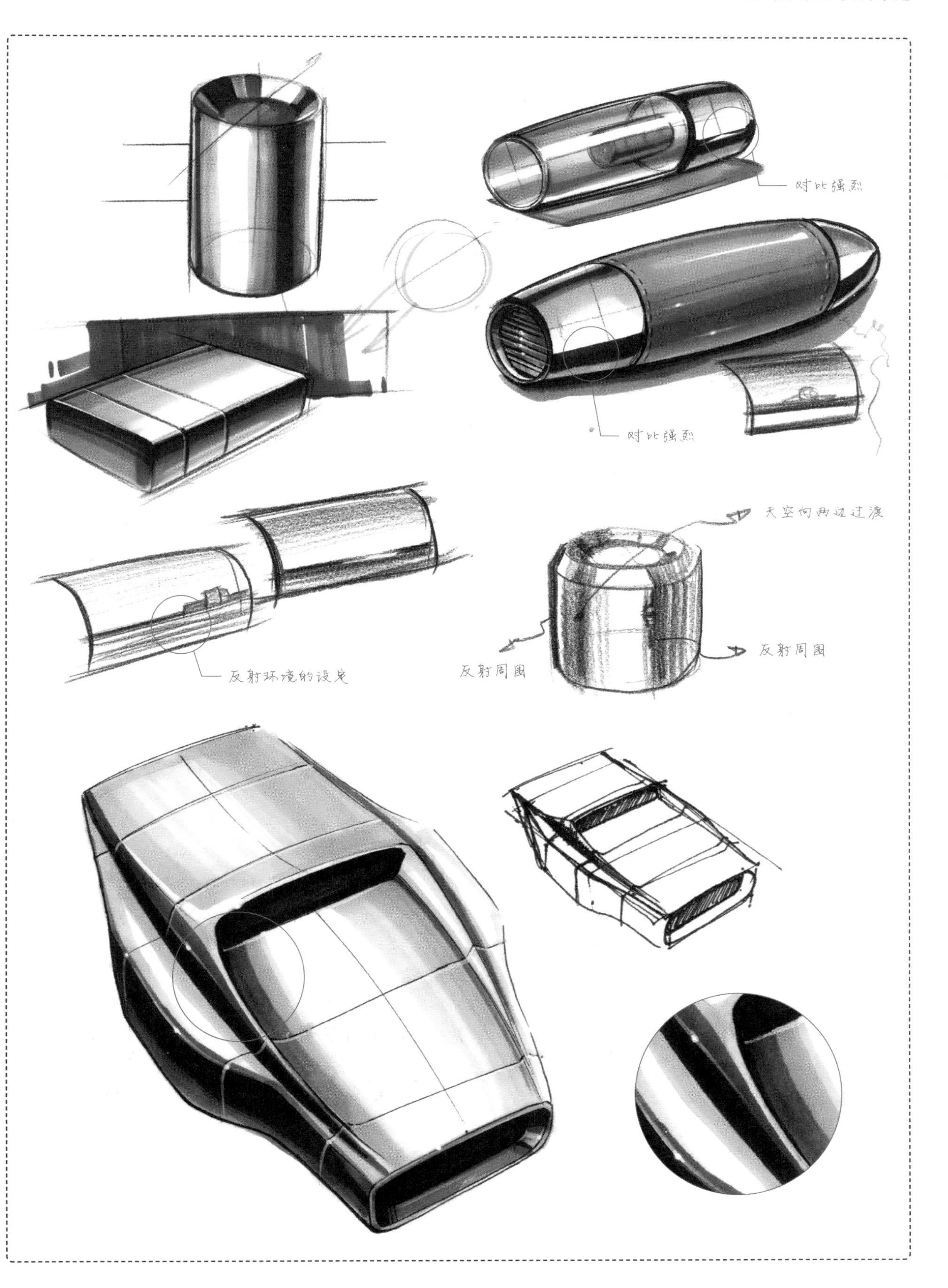
对比强烈
对比强烈
天空向两边过渡
反射环境的设定
反射周围
反射周围

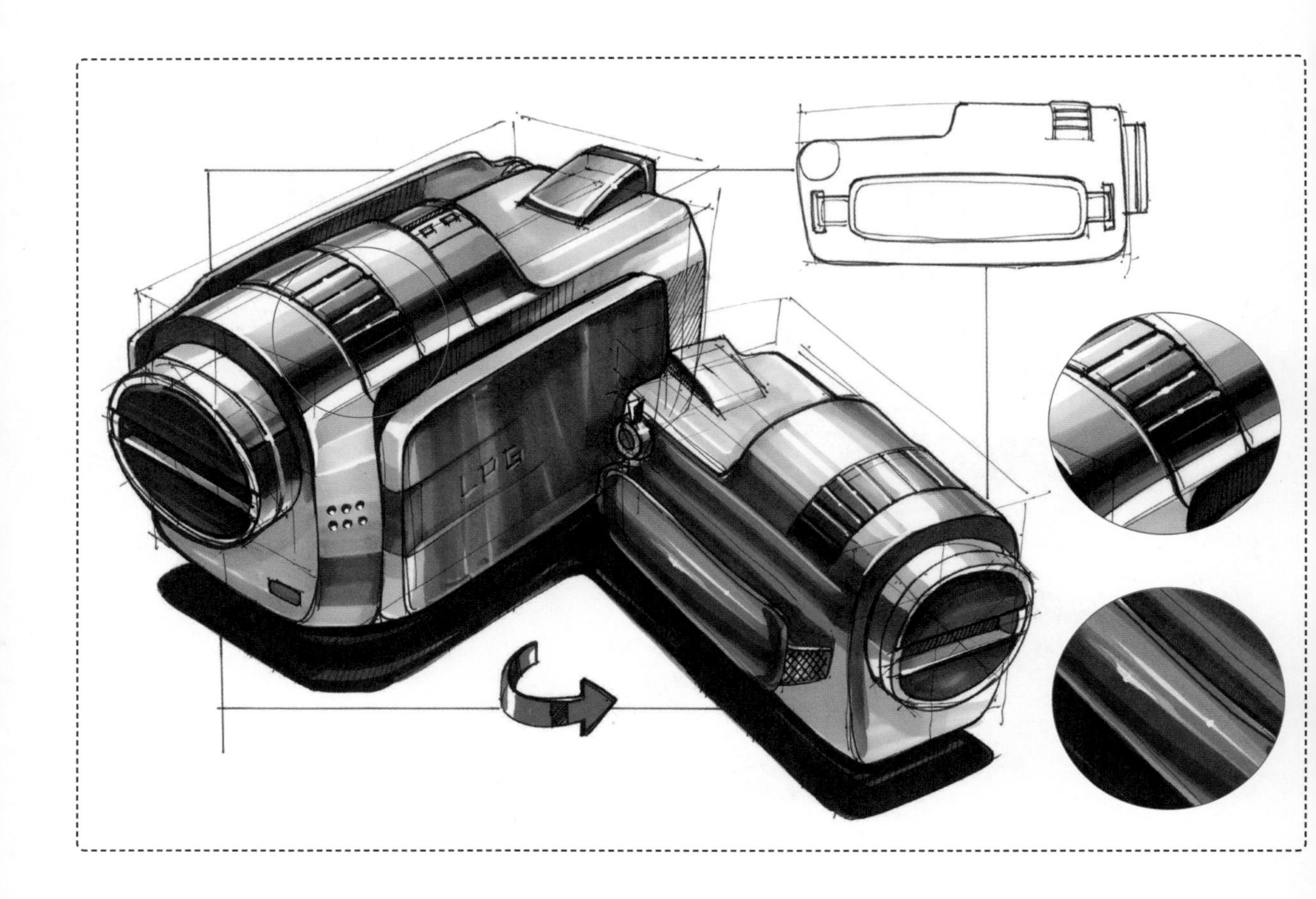

6.1.3 透明材质表达

透明材质一般都有精致、纯洁的质感，产品本身会带有相同气质。透明材质广泛应用于工业产品，如调料瓶、水杯、水瓶、吸尘器、工艺品等。

透明材质的主要特征体现在透明度、反射、投影等方面。在产品设计手绘表达中，可以把重点放在反射与透明度的表现上。

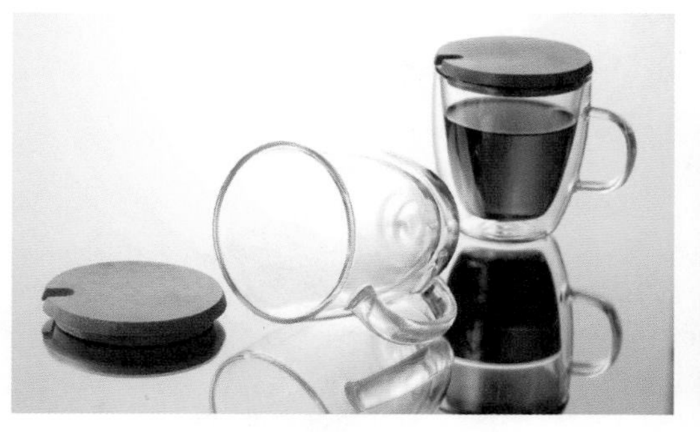

特点分析

ⓐ 光滑的透明材质会反射周围的环境，反射的光越亮，透明度越低；相反，则透明度越高。在产品设计手绘中，可以利用这一原理合理表达透明材质的明暗层次，亮的地方透明度低，暗的地方透明度高。

ⓑ 为了方便绘制，可以按照正常的光影原理表达透明材质的明暗关系，但需要结合上面的特点进行。

ⓒ 透明材质大多是中空的，因此可以看到壁厚。

d 因其透明属性，产品内部的形态结构或背景都可以被看到。

e 透明材质的投影表达方式比较独特。一般中间透明的位置投影颜色浅一些，而壁厚的投影颜色深一些。

下面分别以中空透明材质产品和含液体透明材质产品为例讲解具体的绘制流程。

绘制流程

中空透明材质产品的绘制流程如下。

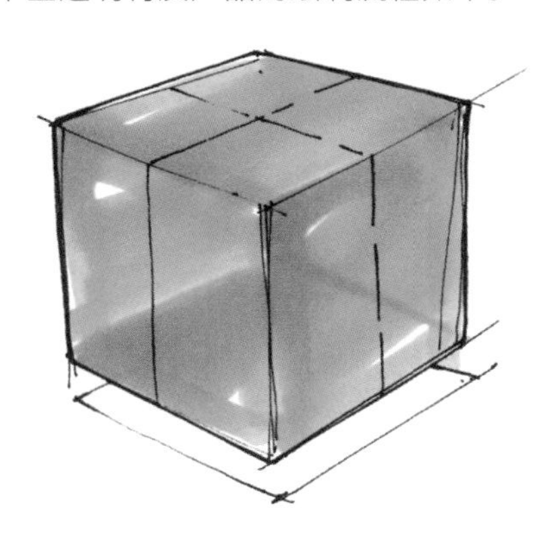

01 设定好光源环境，用浅色马克笔铺色。

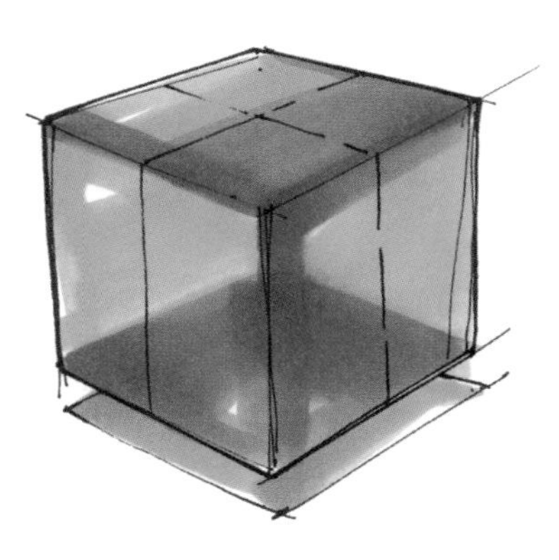

02 丰富过渡效果，因为是透明材质，所以需要绘制出底部结构，并且进行相应的加重。

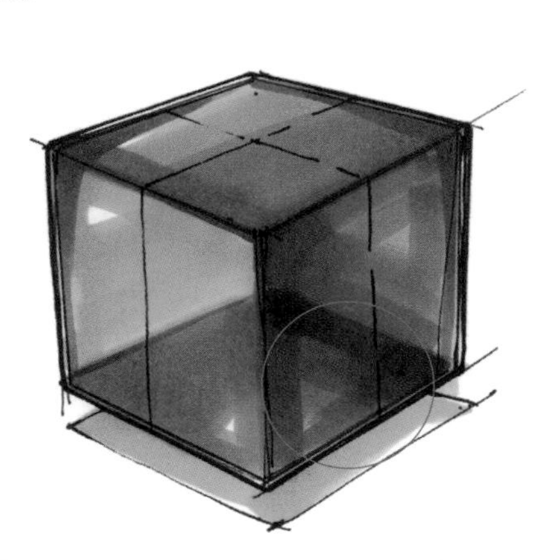

03 暗的地方透明度高，因此暗部颜色会重一些，同时底部处在暗部的位置颜色会更重一些。

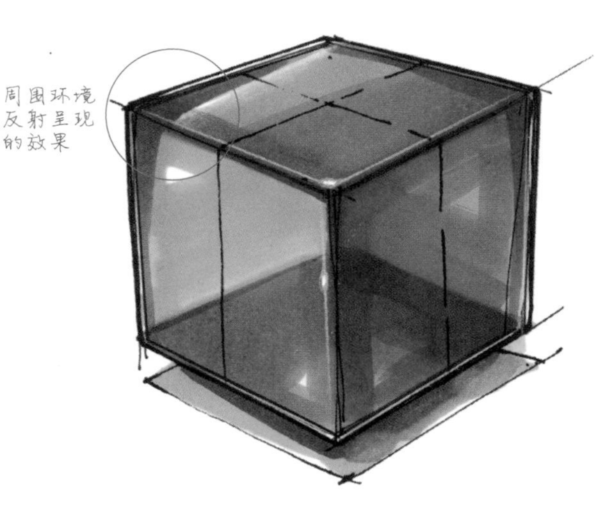

04 加入高光并加强对比，调整整体画面。

含液体的透明材质产品的绘制流程如下。

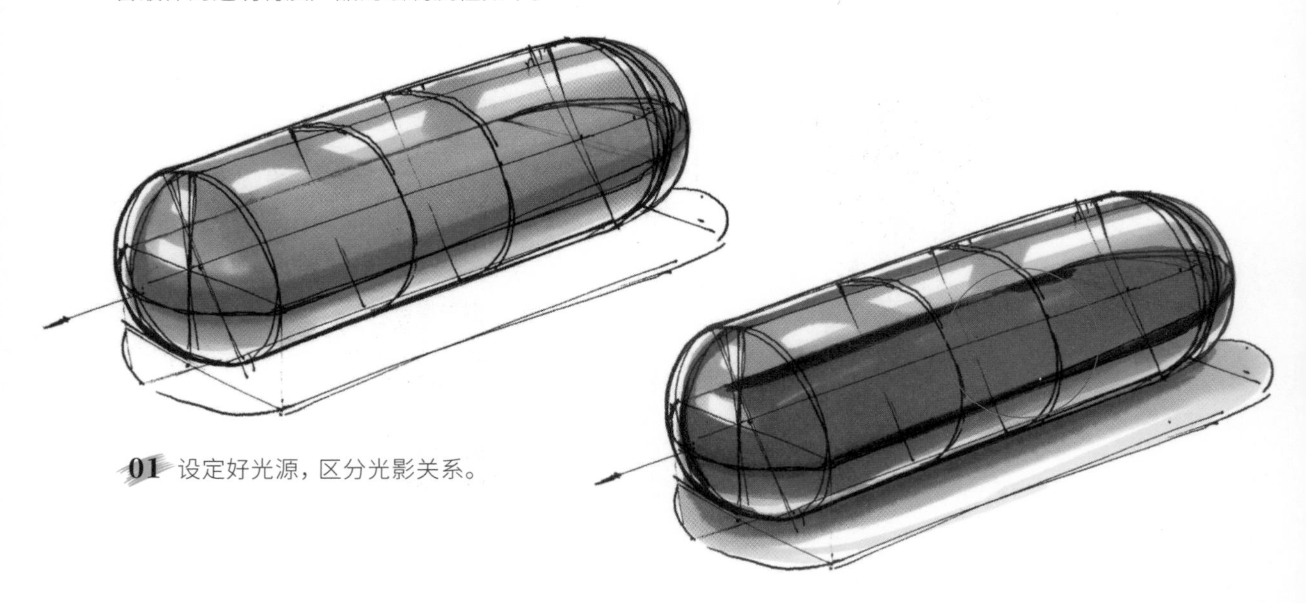

01 设定好光源，区分光影关系。

02 绘制内部液体的截面，为了区分转折面，截面的颜色可以重一些。

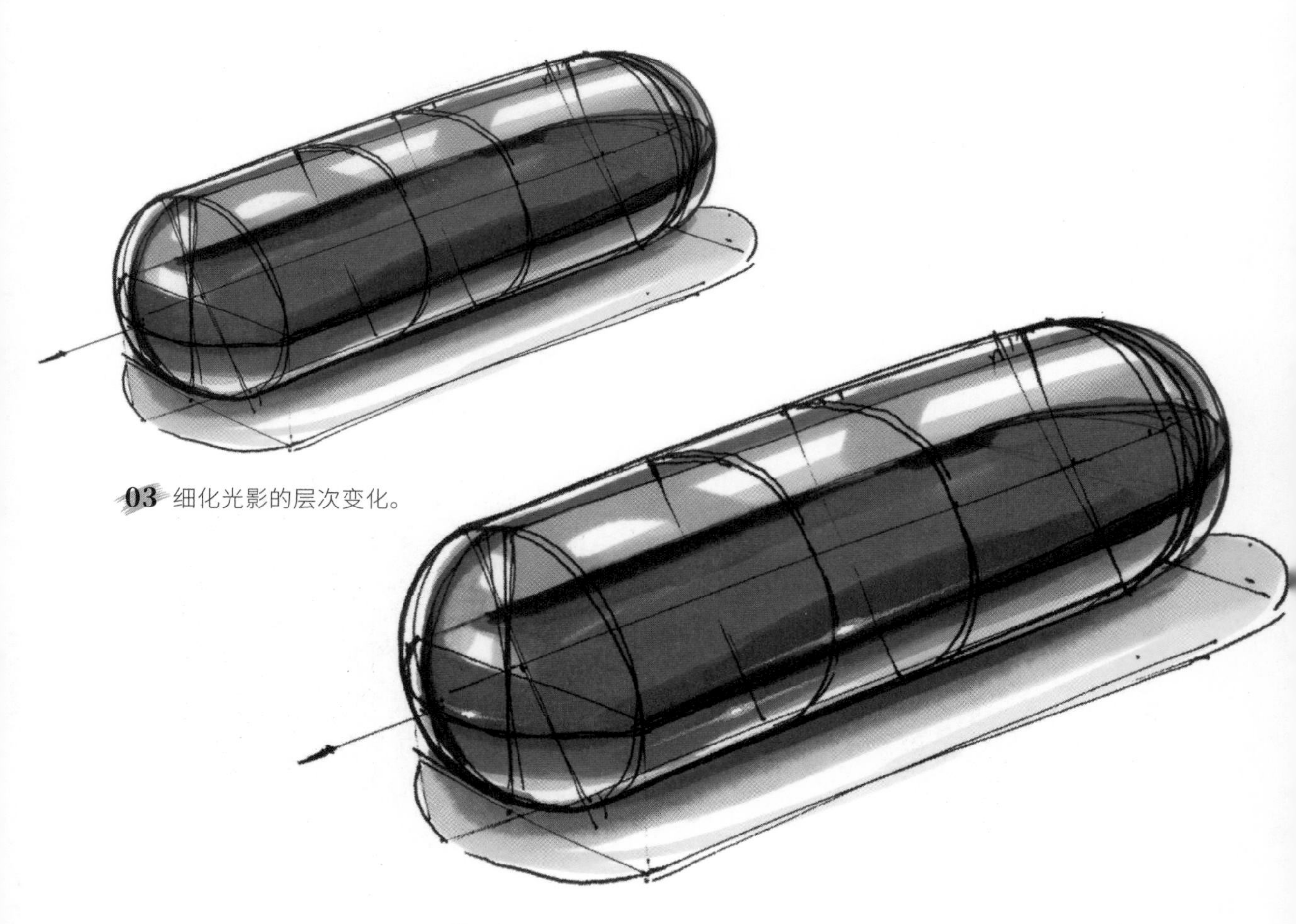

03 细化光影的层次变化。

04 添加高光，强化转折和对比，调整整体画面。

在绘制透明材质的时候，要注意透明材质内部结构的色彩，以及背景的色彩。如果色彩的区别比较大，就需要分别绘制透明材质的不同部分。

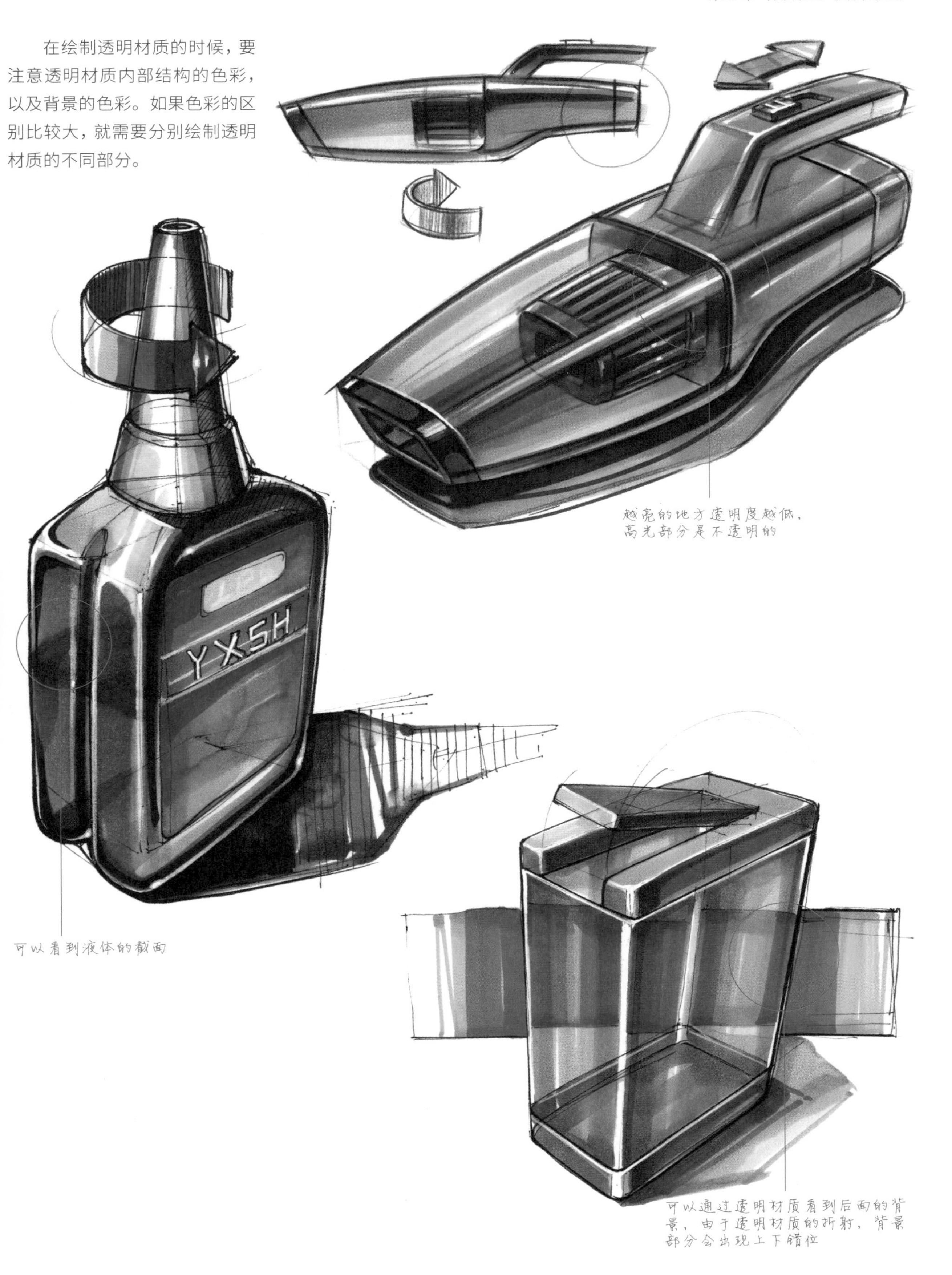

越亮的地方透明度越低，
高光部分是不透明的
YXSH
可以看到液体的截面
可以通过透明材质看到后面的背景，由于透明材质的折射，背景部分会出现上下错位

训练任务

临摹下面产品的线稿并用马克笔上色。在训练过程中注意理解透明材质的特点，总结透明材质本身的特点和绘制思路，这样在绘制其他同类材质产品时能够做到举一反三、灵活处理。

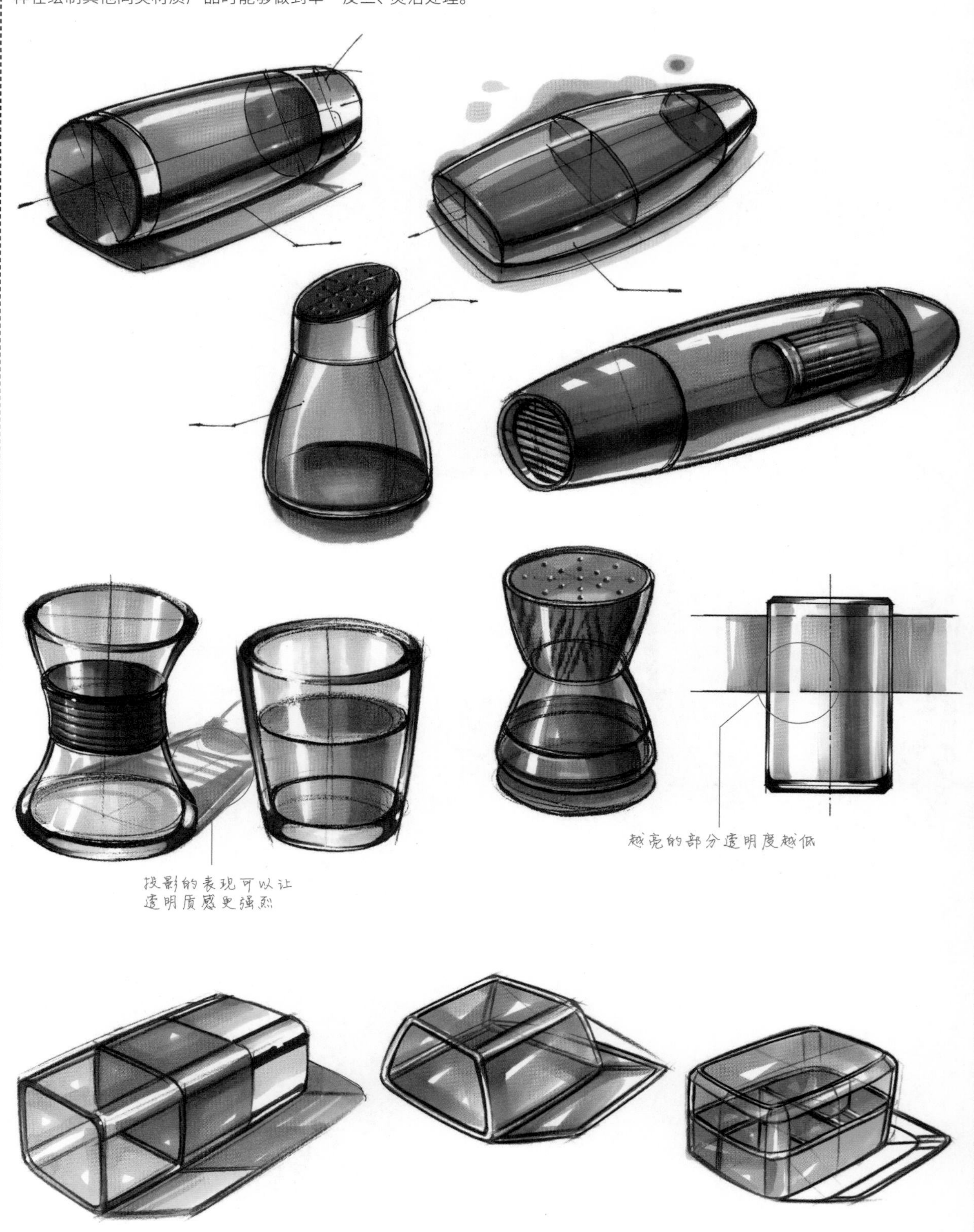
投影的表现可以让
透明质感更强烈
越亮的部分透明度越低

6.1.4 木材质表达

木材表面粗糙，能提升产品的品质与亲和力。木材质是工业产品——尤其是家居类产品中的常见材质之一。

木纹的形式非常多样，不同品种的树木、不同生长时间的树木，它们的纹理都会有区别。只需总结常用而又方便表达的木纹样式，就可以满足设计手绘中对木纹绘制的需求。

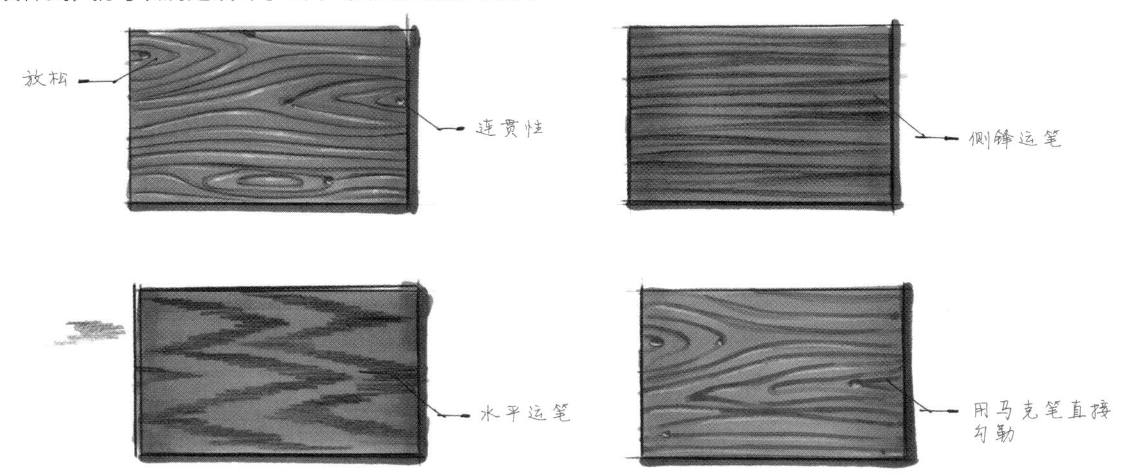

特点分析

ⓐ 木材质属于漫反射材质，光影层次的过渡较柔和，绘制时一般不需要表现出太过明确的高光、反光等，但要根据表面的光滑度情况具体考虑是否预留出一些合适的高光、反光区域。

ⓑ 木材质非常重要的一个特征是木纹的变化多样，纹理的表现很重要。

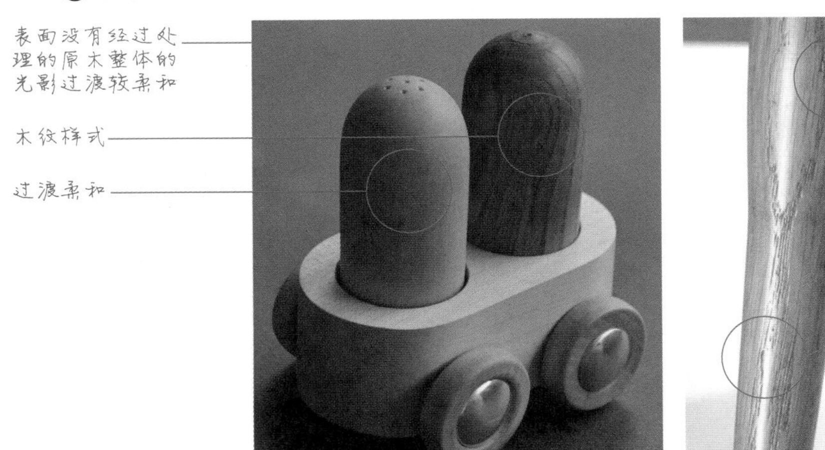

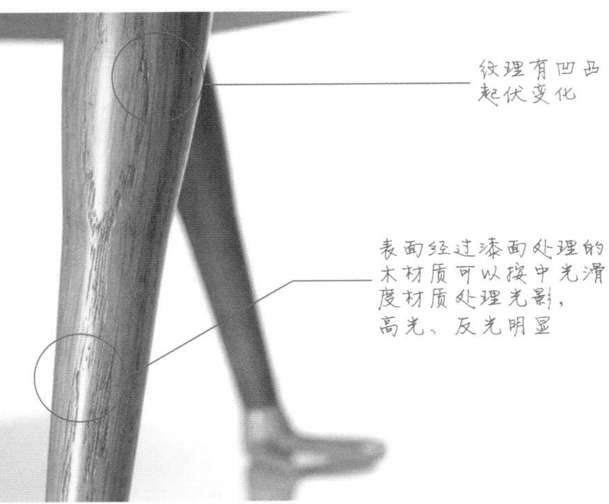

绘制流程

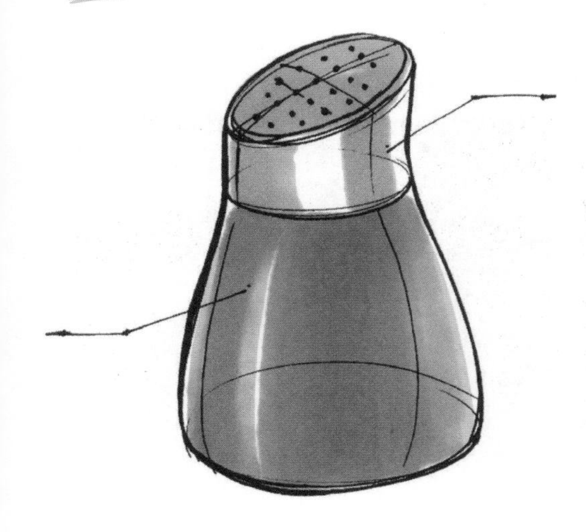

01 根据木材质的光滑度（中光滑度）及色彩特点，选择相应颜色的笔进行铺色，先从浅色区域绘制。

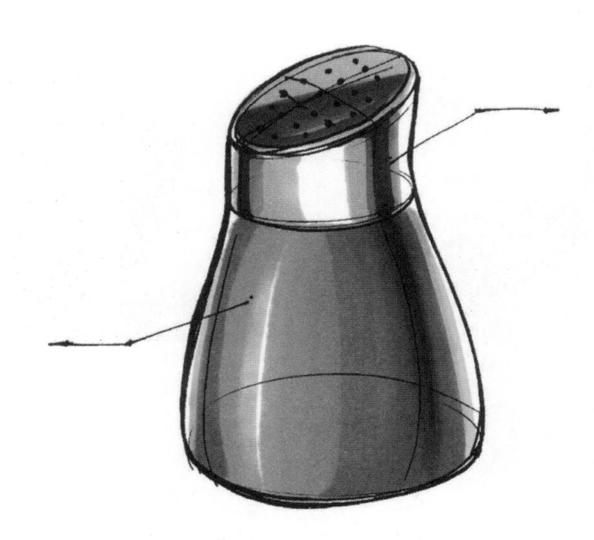

02 根据前面所讲的光影层次原理细化明暗层次，加强明暗对比。

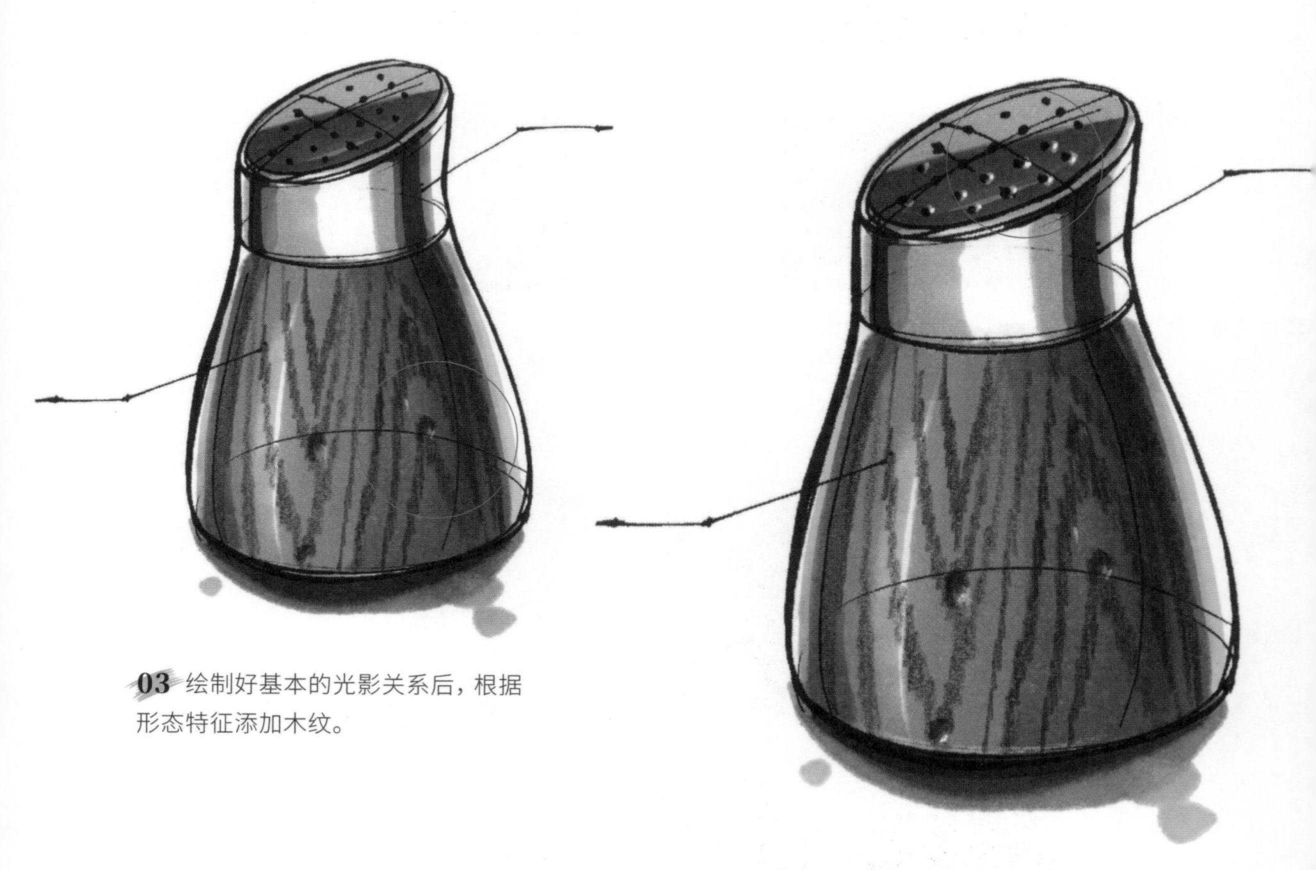

03 绘制好基本的光影关系后，根据形态特征添加木纹。

04 可以在相应的纹理上添加一些凹凸细节和高光，调整整体画面。

家具是广泛应用木材质的一类产品。木材质的刻画要点在于绘制完基本的光影关系后，再刻画木材纹理。

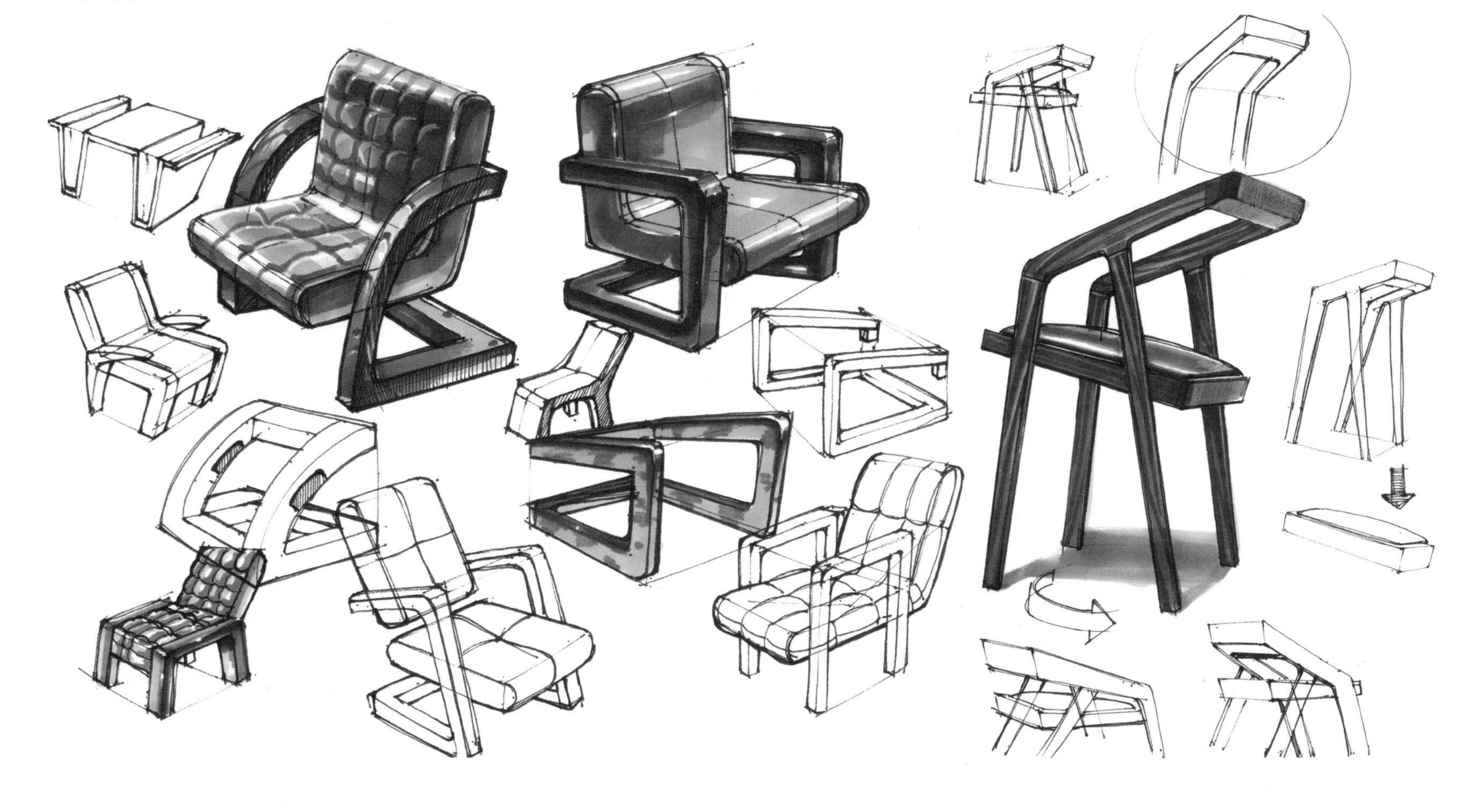

训练任务

设定好木材质的光滑程度，同时注意不同形态上木纹的形状。只有把握好这两个方面，才能熟练绘制出产品的木材质部分。

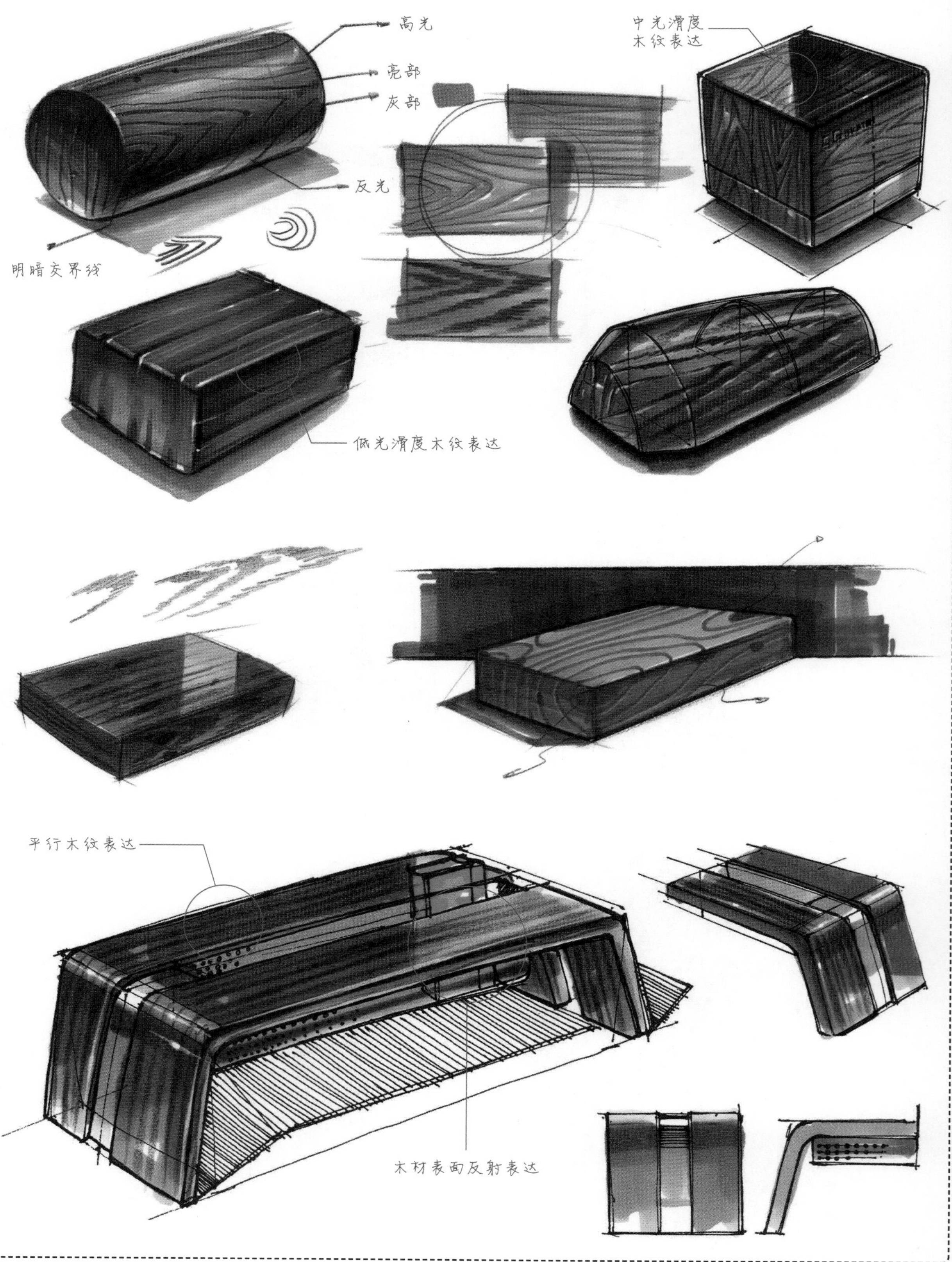

6.1.5 皮革材质表达

皮革材质的表面为中光滑程度，很具有表现力，能够体现产品的质感与尊贵感。皮革材质在家居、皮包、座椅等产品上比较常见，也会出现在一些产品的局部装饰和包装上。

特点分析

ⓐ 皮革材质一般被认为是中光滑程度的材质，会有相对明显的高光与反光。

ⓑ 针脚线是皮革材质的一个主要特征，且易于表达，在基础材质上绘制出针脚线，就可以表现出皮革材质的特征。绘制针脚线时注意针脚线的长度、距离要均衡，这样皮革会显得更加精致。

ⓒ 皮革的纹理是多样的，可以多找一些纹理作为参考。绘制皮革纹理时要注意纹理是有体积的，需要表现出光影变化，这样绘制出来的效果会更加真实。

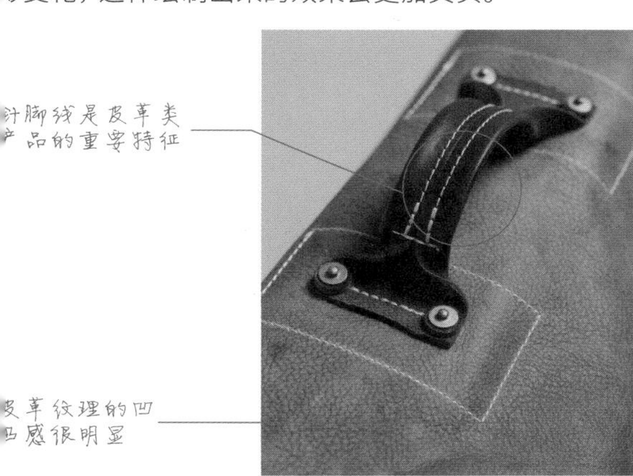
脚线是皮革类
品的重要特征
革纹理的凹
感很明显

大多数的皮
革材质是中
光滑度的

绘制流程

01 选择颜色，按照中光滑度材质的特点绘制出基本的光影关系。

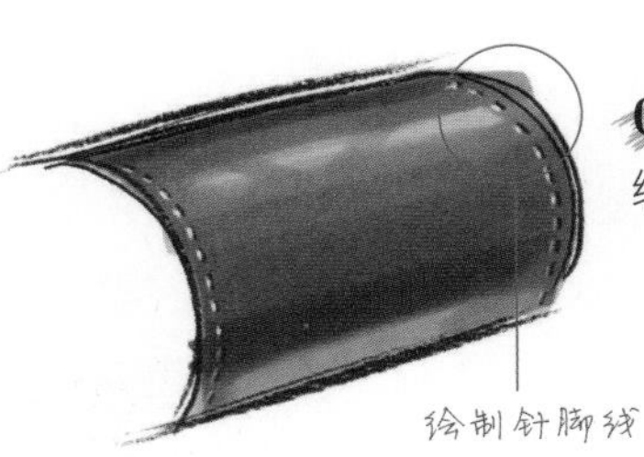

02 丰富光影层次并绘制针脚线。

皮革的纹理是自然生长出来的，因此绘制时既要注意纹理的均衡性，又要考虑纹理形状的自然性，还要表现出体量感。

绘制纹理时要有形体的意识

训练任务

皮革材质产品上的针脚线是表现皮革材质的基本要素，绘制时一定要注意线条的长度，以及间距的均衡性，这样绘制出来的材质会显得更加细致。皮革的纹理一定要绘制得自然一些。

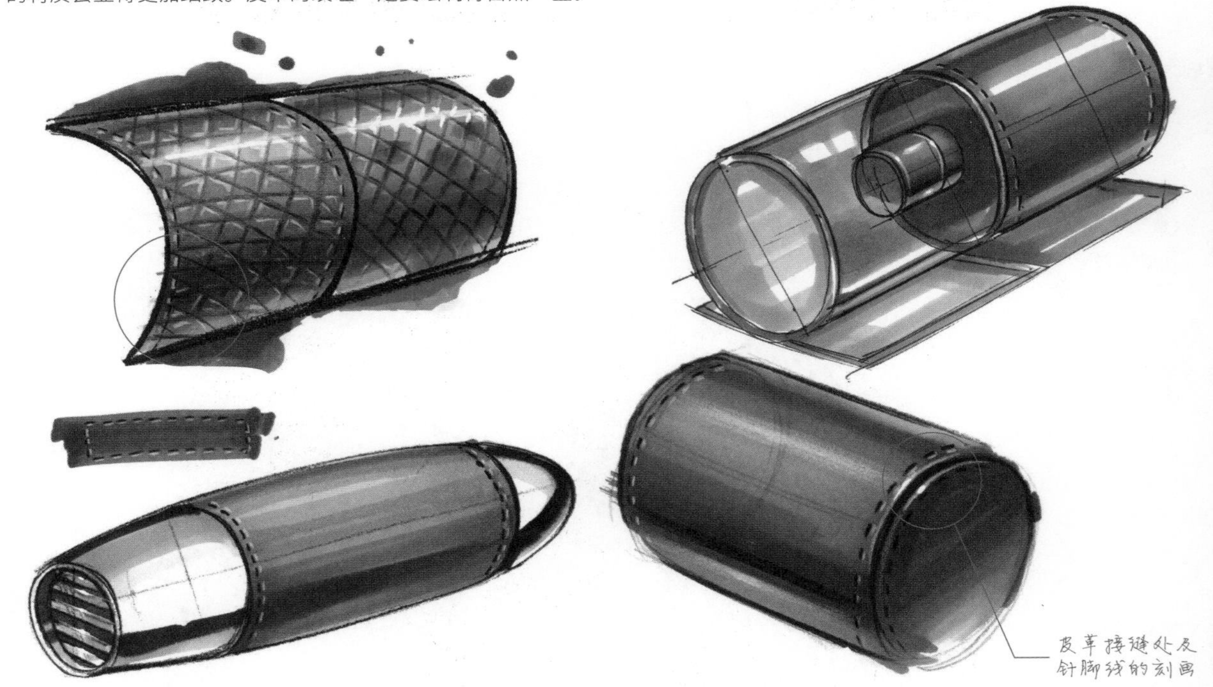

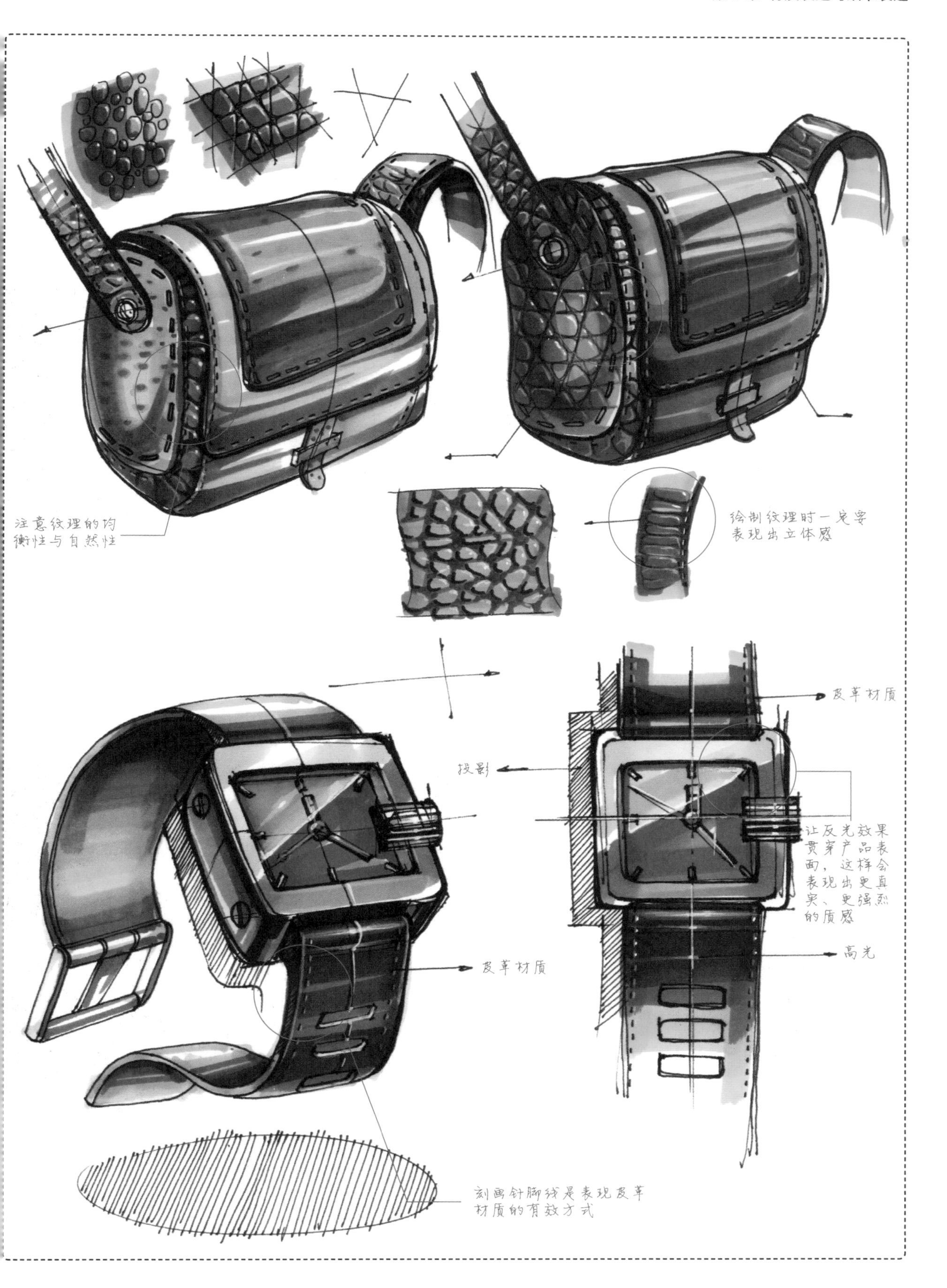
注意纹理的均衡性与自然性
绘制纹理时一定要表现出立体感
皮革材质
投影
让反光效果贯穿产品表面，这样会表现出更真实、更强烈的质感
高光
皮革材质
刻画针脚线是表现皮革材质的有效方式

6.2 细节表达

每个产品从研发到生产都会经过一个较长的周期，产品的外观、细节等都会经过多次打磨。细节往往能够体现产品的特质和精致度，因此，无论从结构、功能的角度讲，还是从外观方面讲，产品的很多细节都值得去关注。

从产品设计手绘的角度来说，如果缺少细节的表达，就无法体现很多设计特点、结构及功能部件，不利于设计信息的传达，产品形态也会过于简单。因此需要仔细地观察细节，以便对它们进行细致的刻画。

6.2.1 常见的细节

常见的工业产品细节包括接缝线、按钮、电源线、散热孔、凹凸纹理、屏幕、镜头等。恰到好处地刻画细节会让产品效果图看起来更精致且更富有感染力。从原理上说，想做好细节表达，主要就是加深对形态的理解，把细小的结构、形态“放大”，然后对其光影关系进行细致的表达。

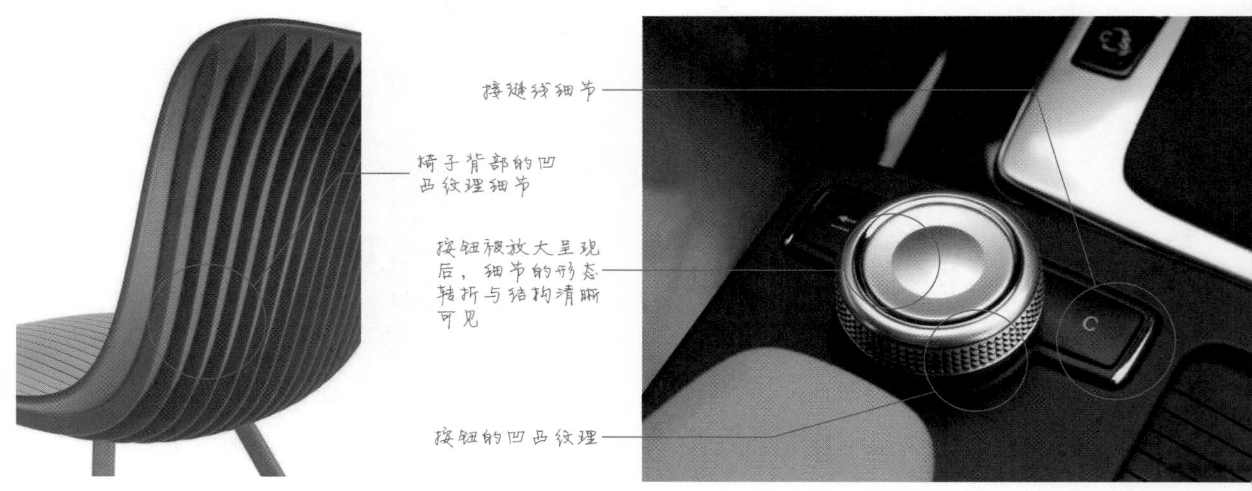

6.2.2 7种细节表达

下面将针对上面提到的7种常见的工业产品细节分别进行讲解。

• 接缝线

接缝线就是产品上两个不同部件交接处产生的线，如果放大来看，可以看作两个部件的交接位置。在绘制接缝线的时候，需要分析高光的位置。

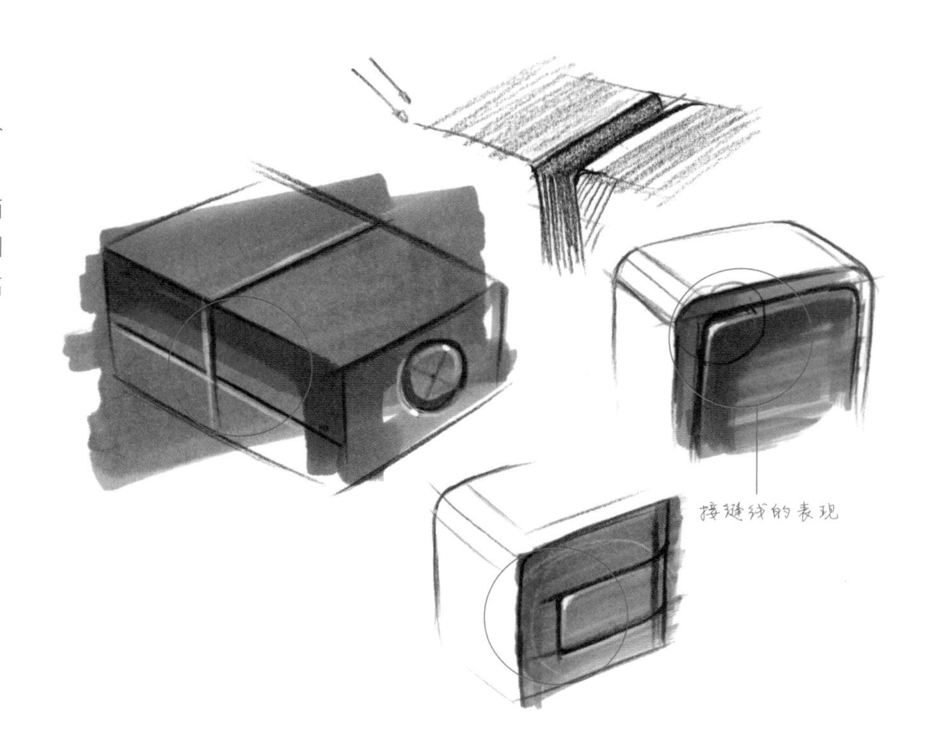

• 按钮

按钮基本是每个工业产品的标配部件，其形态变化比较丰富，使用方式多种多样，以按压、旋转、推拉等较为常见。在绘制按钮的时候，一定要考虑产品形态与按钮的穿插关系，让按钮真正地“安装”在产品上。

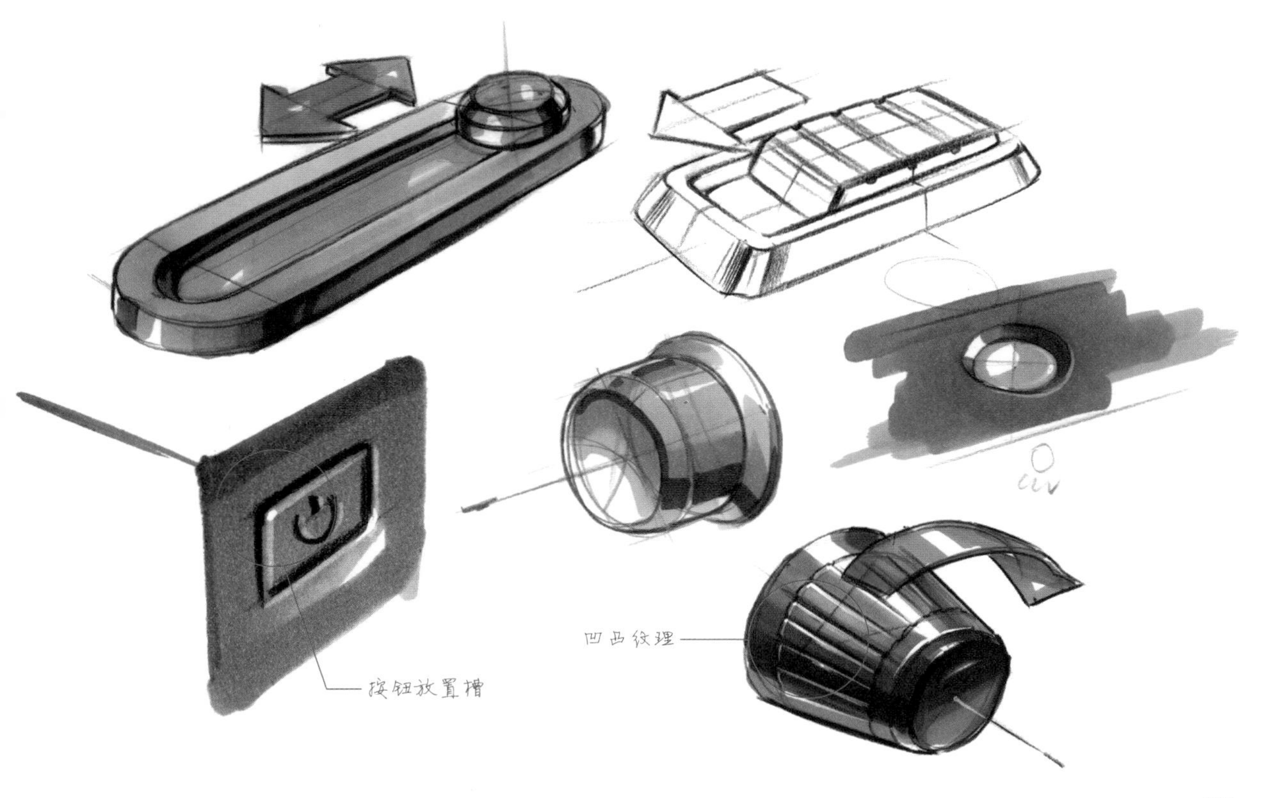

• 凹凸纹理

纹理的样式有很多，但几乎都离不开内凹与外凸这两种形式。外凸纹理的高光位置与入射光源的位置相对应，内凹纹理的高光位置与入射光源的位置相反。下图很好地展示了凹凸纹理的光影关系。

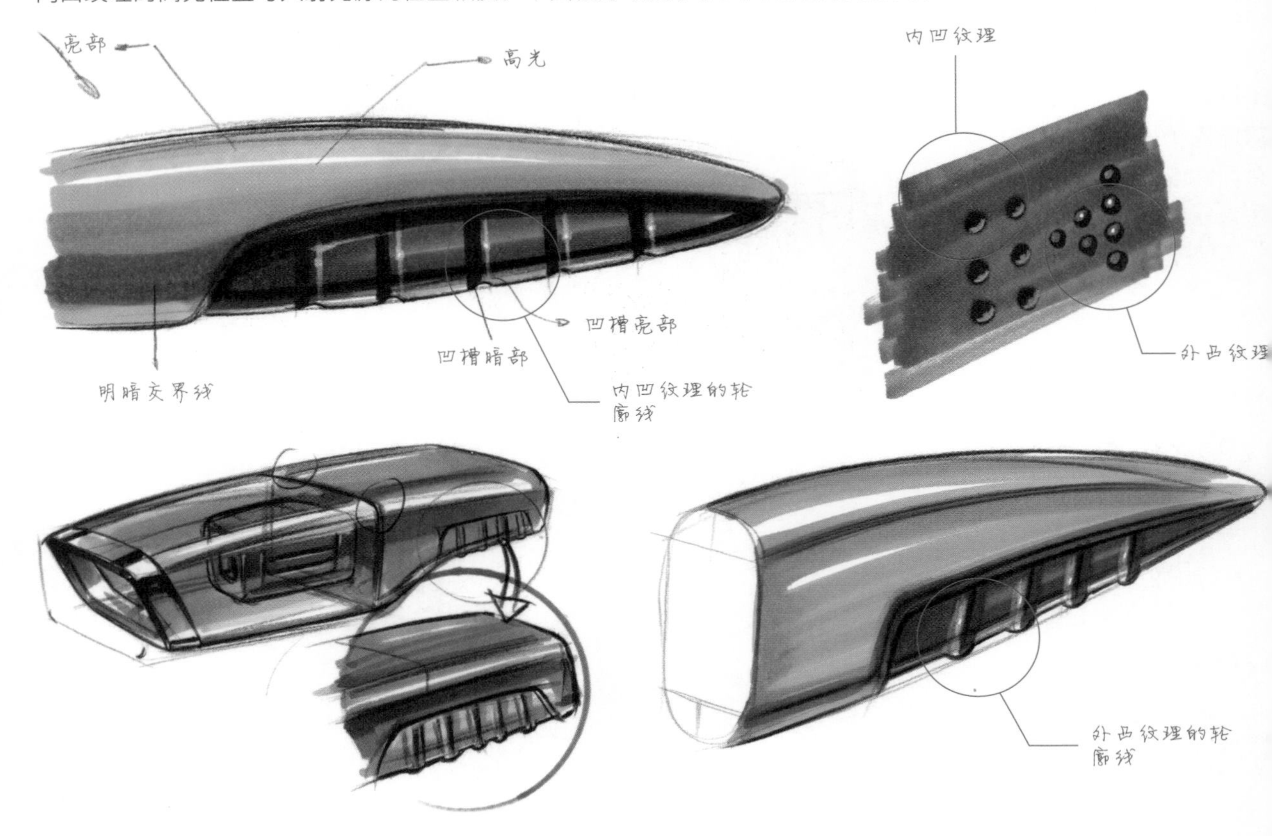

• 散热孔

从形态转折的角度来说，散热孔可以被看成不同形态的内凹部分。可以结合凹凸纹理的特性和光源方向来理解散热孔的光影关系。

• 屏幕

屏幕是很多电子产品必不可少的部分，虽形状、比例各不相同，但绘制原理类似。在产品设计手绘中，屏幕可以被看成透明材质与光滑材质的组合。根据设定的光源，屏幕多表现为半边亮、半边暗的效果。有时可以在屏幕上绘制一些数字或画像，以增强真实性。

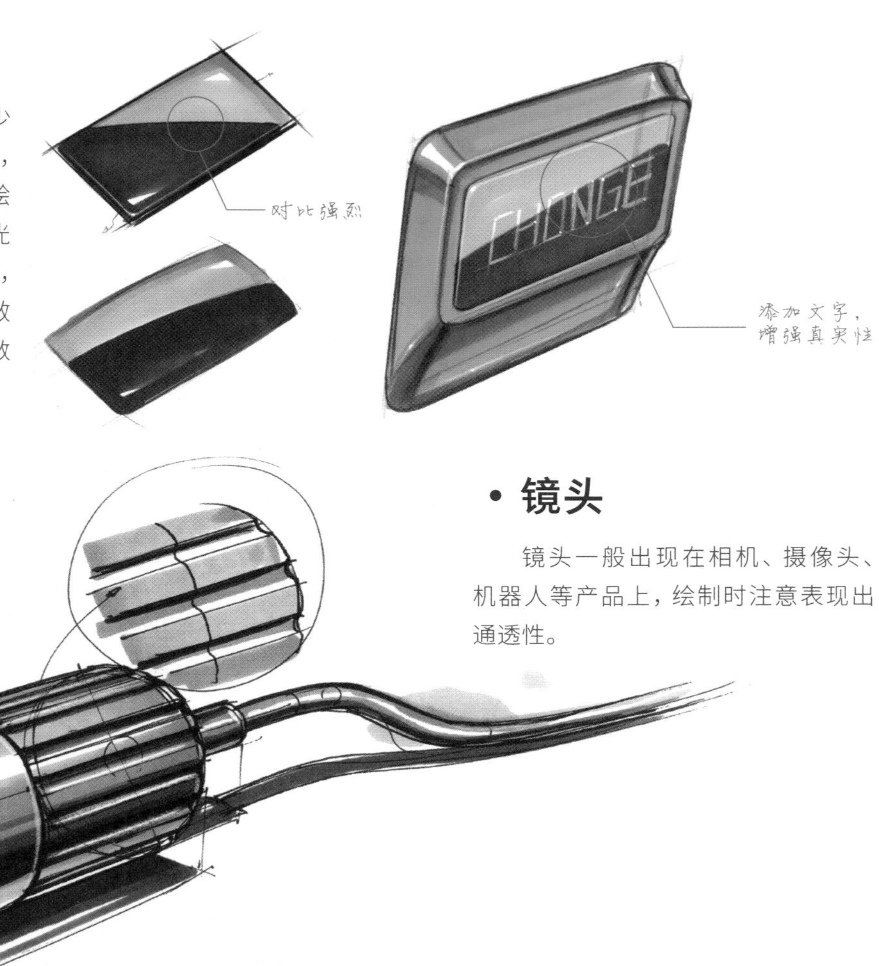

• 镜头

镜头一般出现在相机、摄像头、机器人等产品上，绘制时注意表现出通透性。

• 电源线

电源线一般可以被当作一个圆柱处理。在主体与线交接的地方，要注意电源线短轴一定是顺着形态的大趋势延伸的，一般处理尾端时会让它慢慢消失。

接缝线的刻画

形态与电源线交接部分的表达

训练任务

临摹下面的产品线稿并上色。细节是产品精细化表达的重要部分，大家在训练的时候一定要重视。在绘制的时候，要有“把小细节放大”的意识，多思考细节的形态变化规律，这样手绘表达会越来越细致。

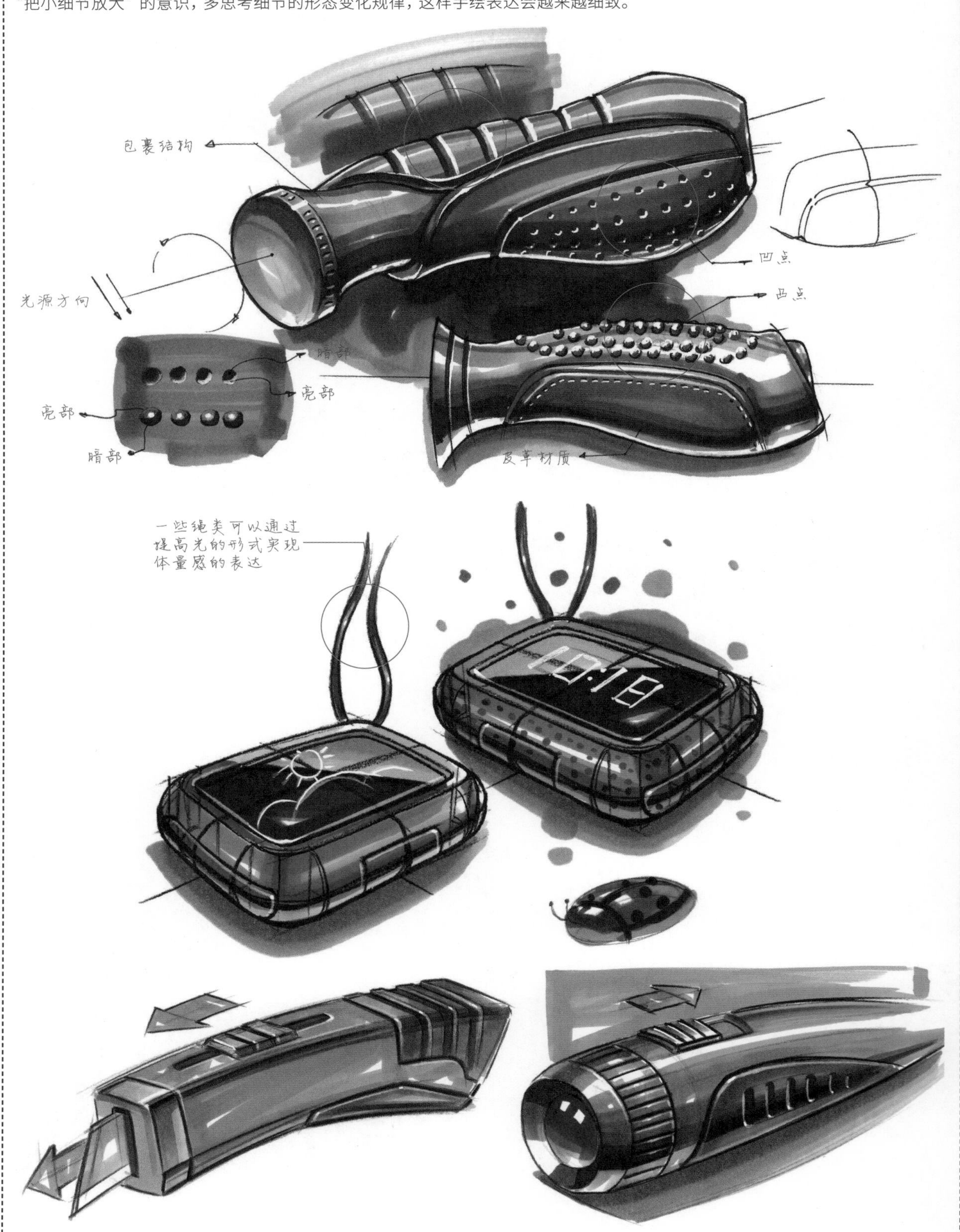

第 7 章

更多创意表达技巧

学习了前面的知识后，虽然已经可以正确地表达产品形态，能够让人们了解产品的形态、色彩、材质等，但对于产品设计手绘来说还不够。如何让人快速地看懂产品的结构、功能、设计点及产品如何使用等，是进一步该解决的问题，也是一种进阶的表达。本章将通过讲解辅助元素的应用、绘制功能展示、使用场景等，让表达更清晰且图面更具设计感。

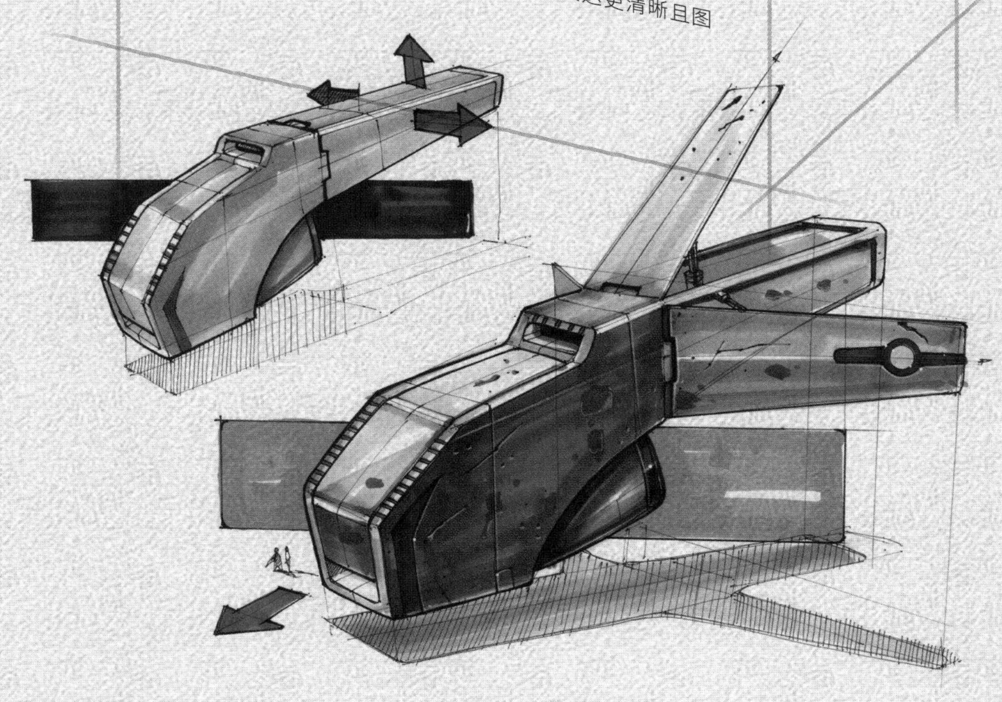

7.1 构图原则与构图要素应用

设计的清晰诠释与传达是产品设计手绘成功的标准。如果一幅产品设计手绘图不能让人看懂，那么它就失去了传达信息的意义。好的构图和必要的构图要素可以很好地帮助观者区分画面主次、梳理读图流程，能更好地传达设计师的设计意图。

7.1.1 构图原则与构图意识

在绘制产品设计手绘图时，一定要有意识地去进行构图表现。好的构图应该符合人们的视觉习惯，具有基本的形式美感，而且能引导人们去正确地理解形态与设计。构图是一个很大、很广泛的主题，这里仅对产品设计手绘中的一些基本原则及构图要素做简要说明。

• 基本原则

首先是预留边框。一般画图的时候会让画面与纸张边缘有一定的距离，可以在心里设定一个边框（初学者可以直接把边框浅浅地绘制出来），提前规划产品的位置。画图时除非有特殊需求，一般都在边框内进行绘制，这样画面会有向中心聚拢的趋势，而且能避免画到画面外。

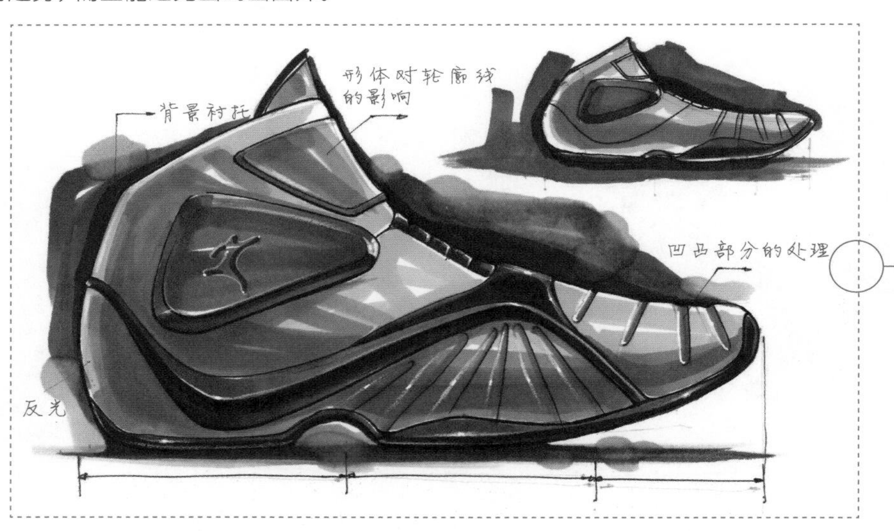

绘图时预留出边框，防止形态溢出画面

其次是注意产品的摆放位置。画图时尽量把产品的主要表达形态或结构放到视觉中心的位置，这样更方便区分主次，突出主体。三分法构图是比较简单且实用的构图方法，即把画面在横向和纵向上分别分成3等份，这样就会在画面中得到4个点。在绘制主要产品形态的时候，一般会将产品放置在这4个点上。

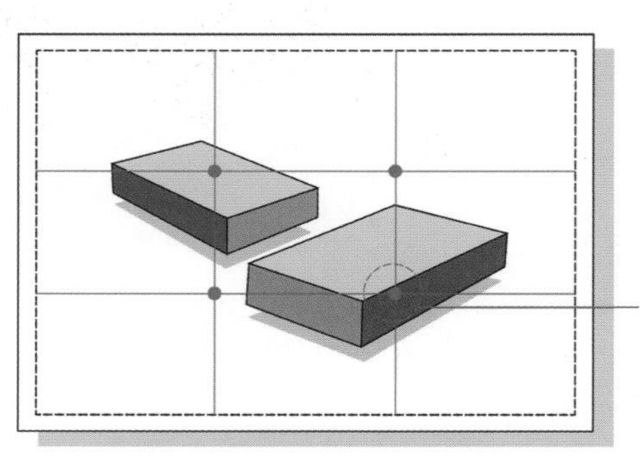

在有主次区别的画面里，可以将主体物放置在这4个点上，这样更能吸引观者的目光

• 构图意识

产品设计手绘构图既要能表达设计方案，又要保持美感及画面的协调性。这里的协调性是指画面上形态及辅助构图元素的摆放位置要协调，即根据画面剩余的空间让需要表达的形态变换角度并穿插摆放，达到说明产品、丰富画面的效果。主次区分、视觉导向等可以通过形态大小、刻画的精细程度、背景、箭头等加强说明。下面是一些产品形态及各种辅助元素的构图参考。

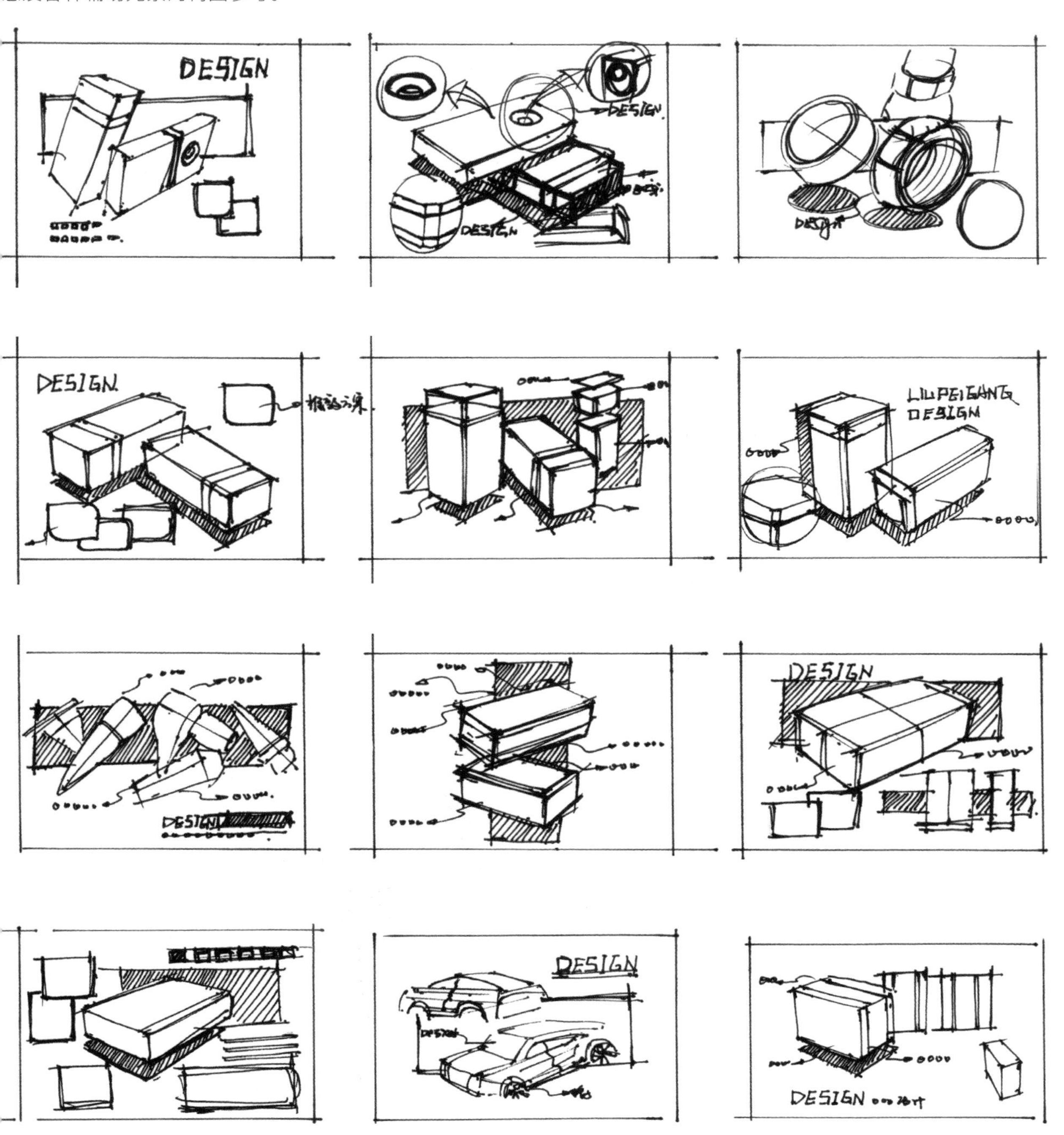

接下来我们一起来学习关于各种构图要素的知识及其表现方法。

7.1.2 背景与投影

背景与投影不仅能衬托形态、让形态显得更突出，还能增强画面的丰富度及感染力。

• 背景的绘制形式

背景既能够对产品形态起到很好的衬托作用，又可以起到分组管理与加强形态间联系的作用。在绘制背景时，一般不会让形态全部放在背景里，而是露出相应的部分，以达到让形态更加突出的目的。背景的形式多样，有方形、圆形、随机形状等。其中方形背景是十分常见的一种形式，不同比例的方形背景所衬托的区域不一样。

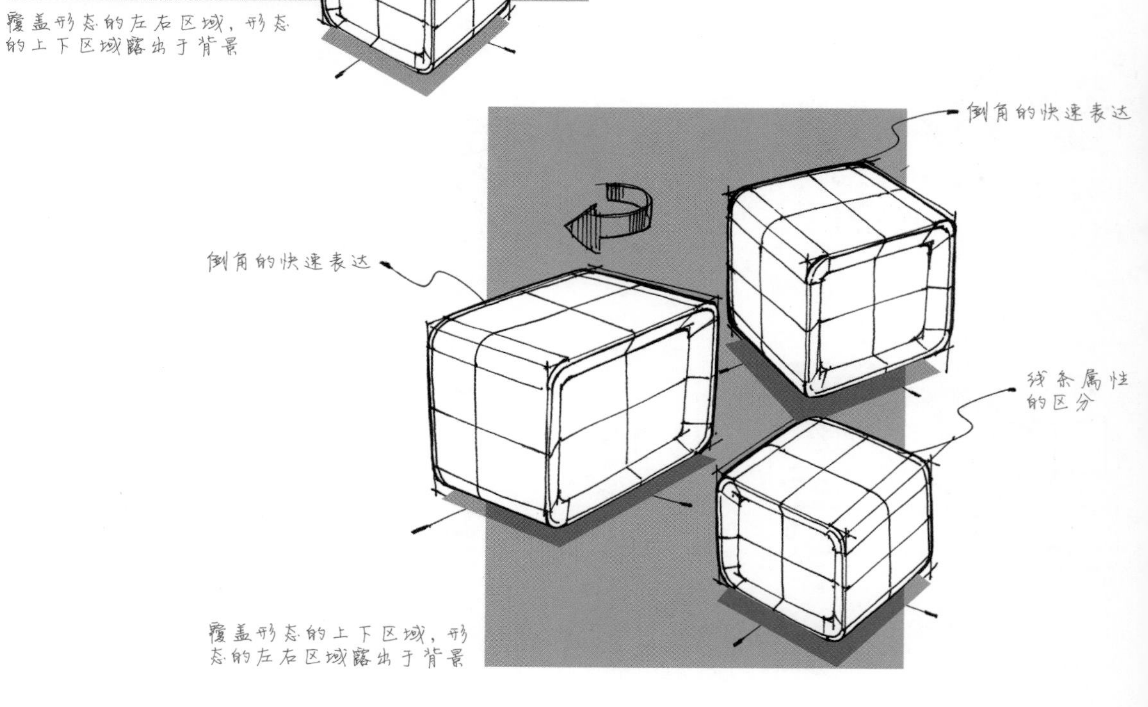

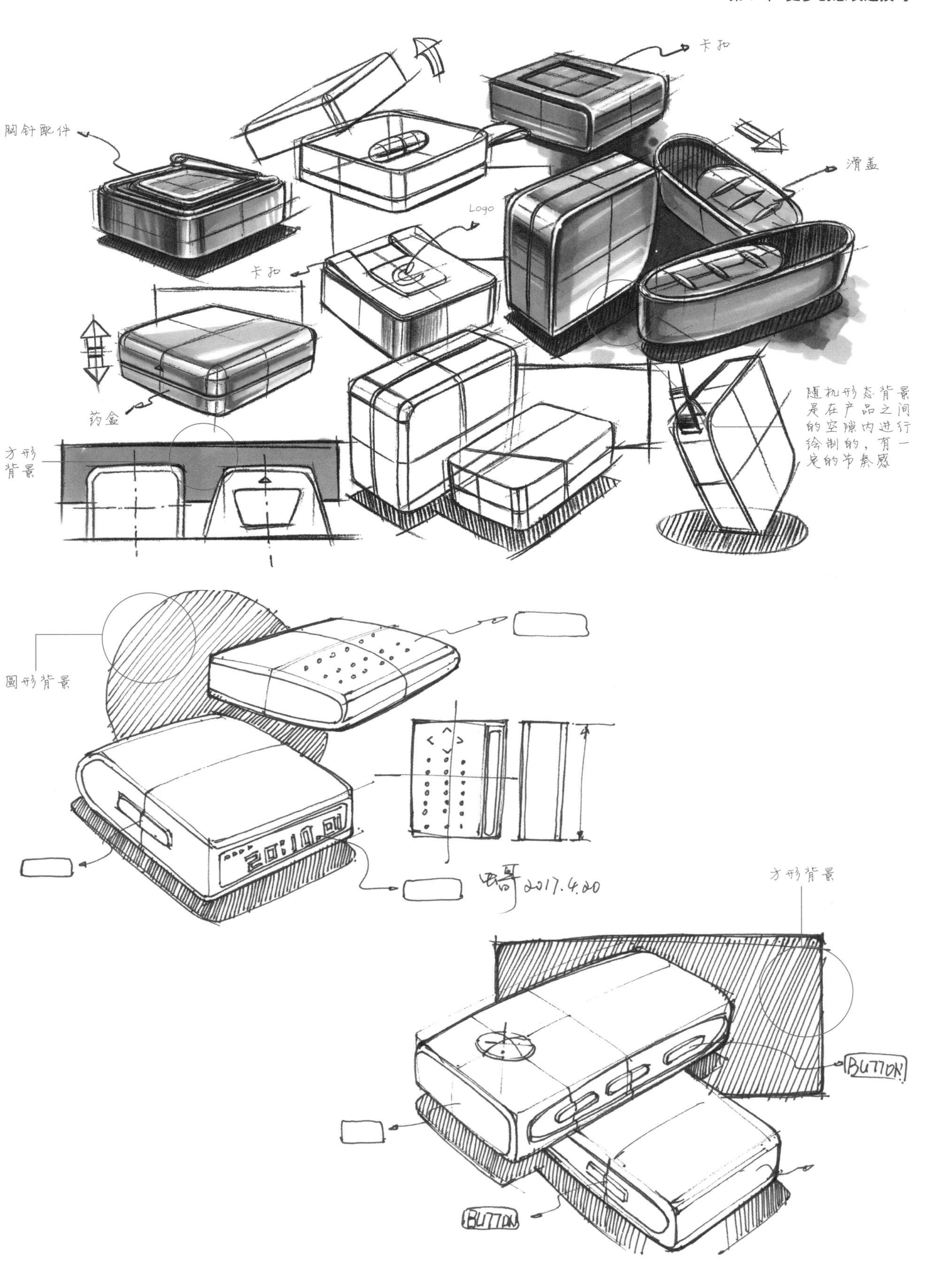
卡扣
胸针配件
滑盖
Logo
卡扣
药盒
随机形态背景是在产品之间的空隙内进行绘制的，有一定的节奏感
方形背景
圆形背景
方形背景
BUTTON
BUTTON

• 投影的绘制形式

前面在光影部分讲过投影的计算与绘制方法，在手绘中，除了会采用相对真实的投影画法，还会采用快速的投影画法，以此达到快速表达的目的。截面下沉投影、与背景平行投影、悬浮形态投影是比较常见的投影形式。截面下沉投影主要用于表现正常摆放在桌面或地面的透视形态；与背景平行投影用于表现部分产品的侧视图，类似于产品挂在墙上的状态，投影相当于与墙面（背景）平行；悬浮形态投影用于表现产品倾斜或悬浮的形态，通常用一个水平的椭圆来表达。

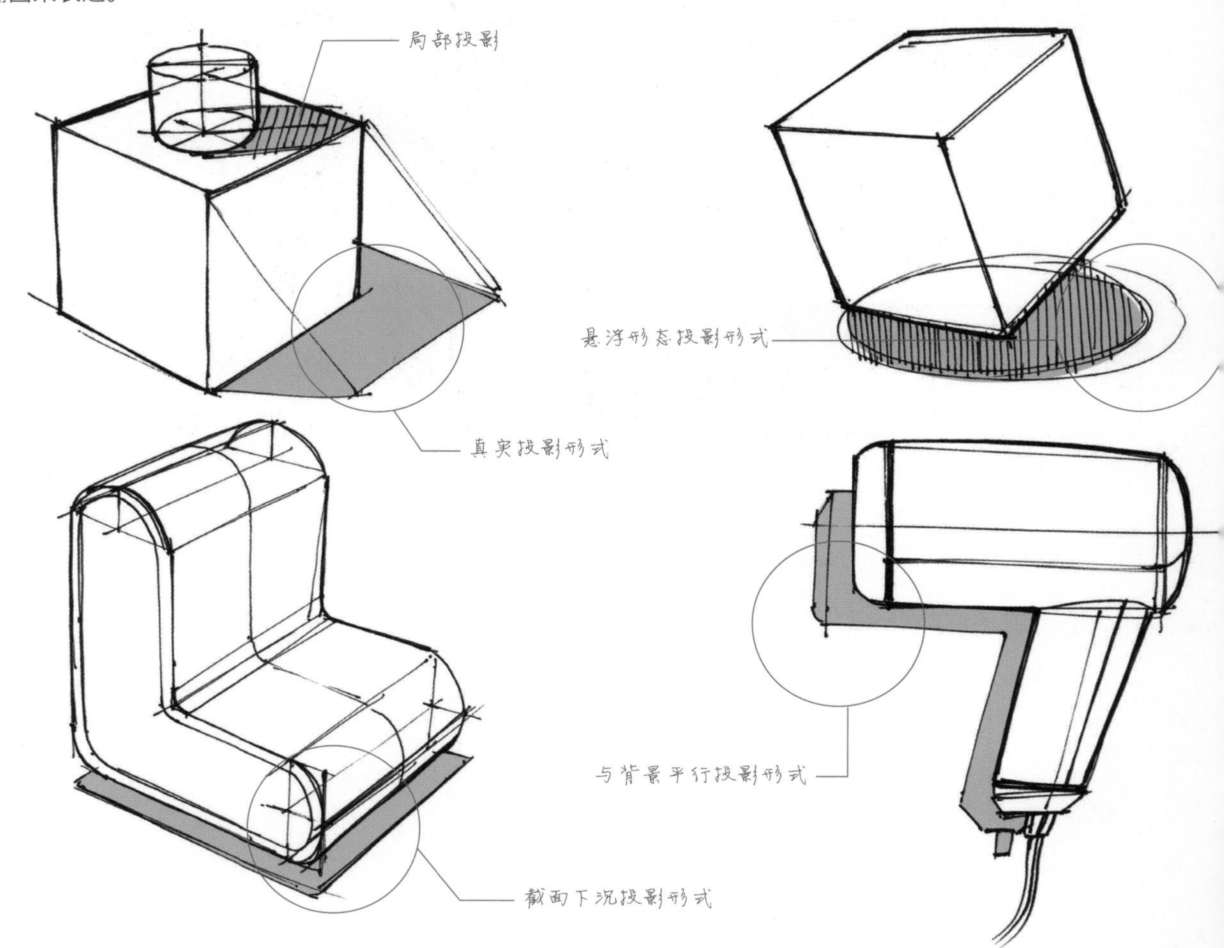

7.1.3 箭头与标注

在设计的说明要素里，箭头是必不可少的部分。正确地绘制和应用箭头，可以更明确地表达产品的结构、操作及运行方式等。

• 操作箭头的常见形式及应用

为了更清晰地说明设计意图，在透视图中，箭头必须按照透视规律绘制，并且应与其辅助说明的形态透视相对应。不同的箭头形式可以体现上升、下降、旋转、拉伸、展开、插入、按压等多种操作方式。在工业产品设计手绘中，应用箭头可以更好地说明产品的操作或运行方式。

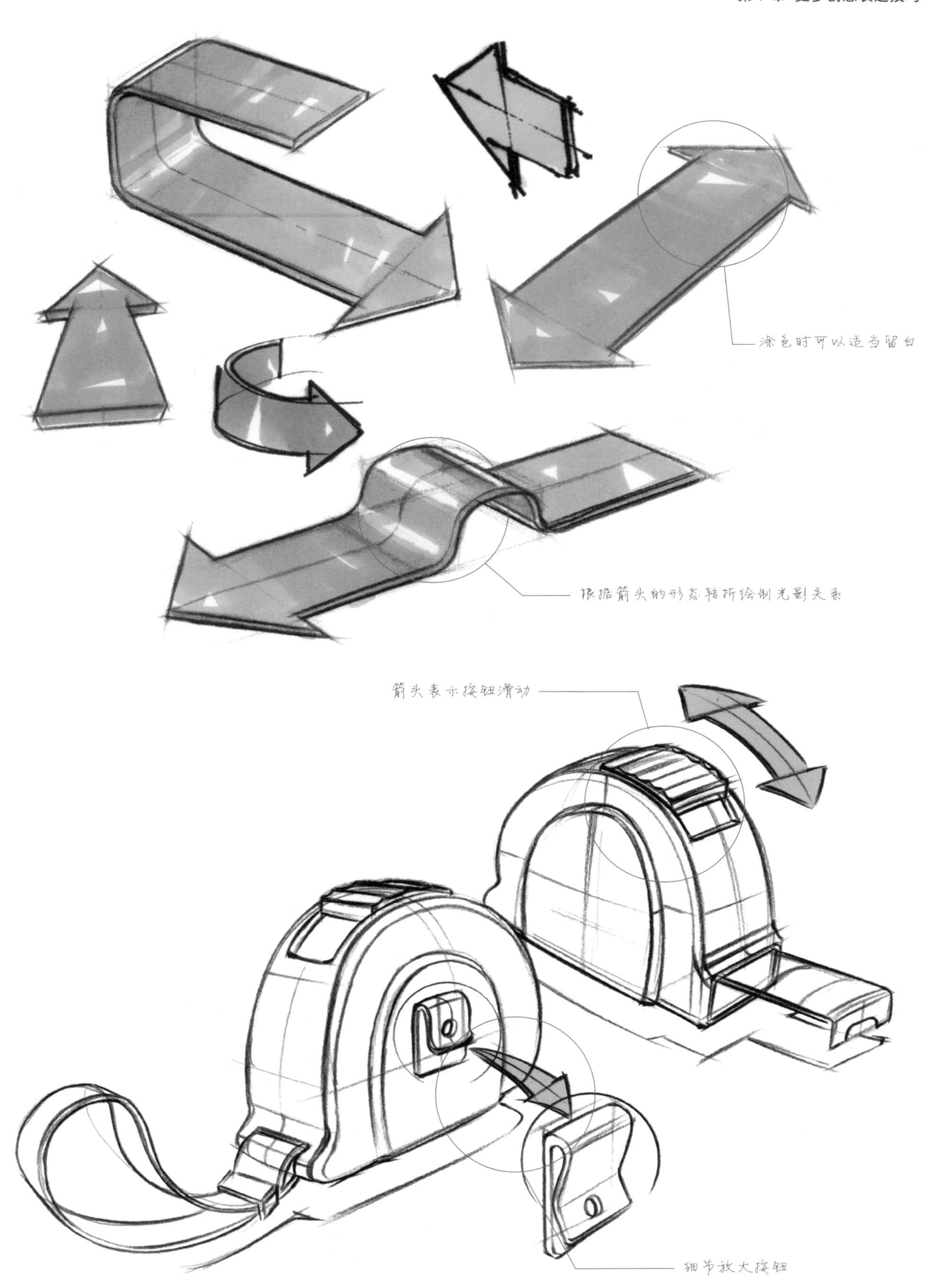
涂色时可以适当留白
根据箭头的形态转折绘制光影关系
箭头表示按钮滑动
细节放大按钮

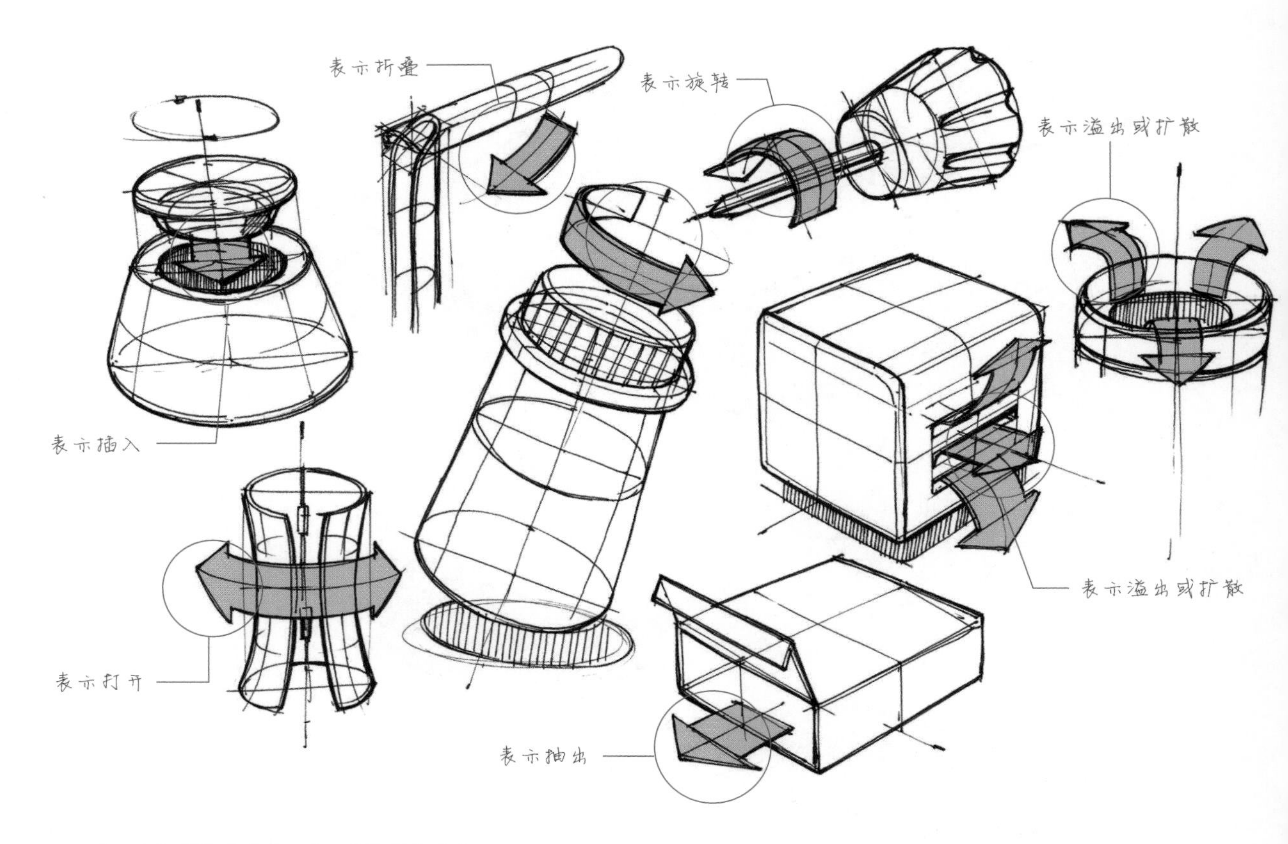

• 标注箭头与标注的技巧

虽然设计图可以表达出产品的大部分信息，但还需要文字标注补充表达，以印证人们看图所理解到的信息。在做设计标注的时候，除了要注意文字的清晰度以外，还需要注意标注箭头、文字的工整性与美观性。在实际操作中，通常是将文字横版排列，同时可以通过添加横向辅助线的方法增加文字的整齐度。

标注箭头主要以单线+指向箭头表达，一般为“S”形，分为严谨标注箭头与随意标注箭头两种。严谨的标注箭头多以倾斜线段+说明线段的方式组成，看起来更加规整。随意标注箭头相对自由，但尾端一般偏水平方向。

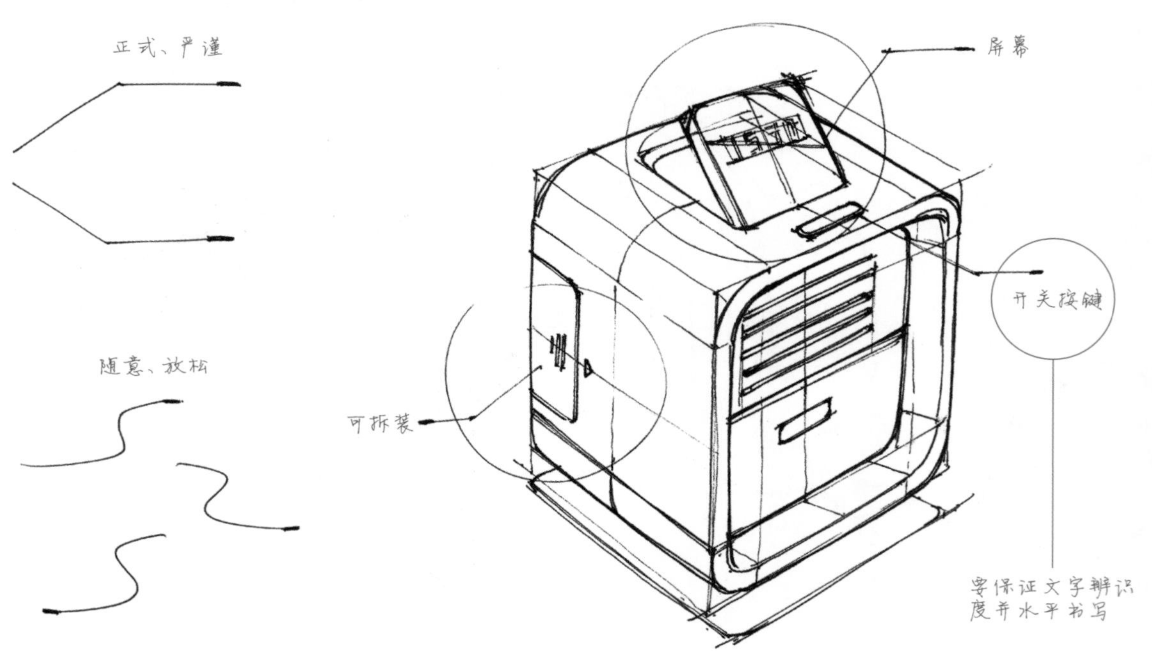

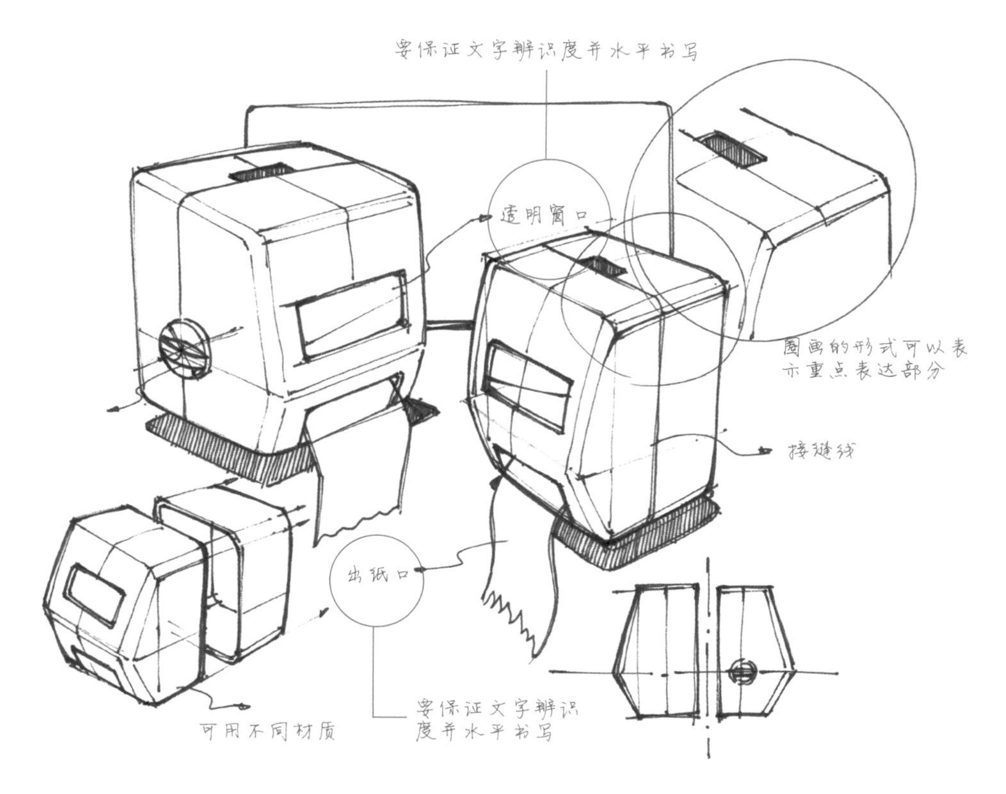
要保证文字辨识度并水平书写
透明窗口
圈画的形式可以表
示重点表达部分
接缝线
出纸口
要保证文字辨识
度并水平书写
可用不同材质

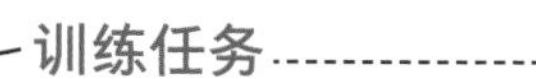

训练任务

对于产品手绘表达来说，操作箭头是常用且非常有意义的辅助元素。在绘制操作箭头的时候，只有掌握了形态与箭头的透视关系及结构的一致性，才能画出精致且正确的箭头。

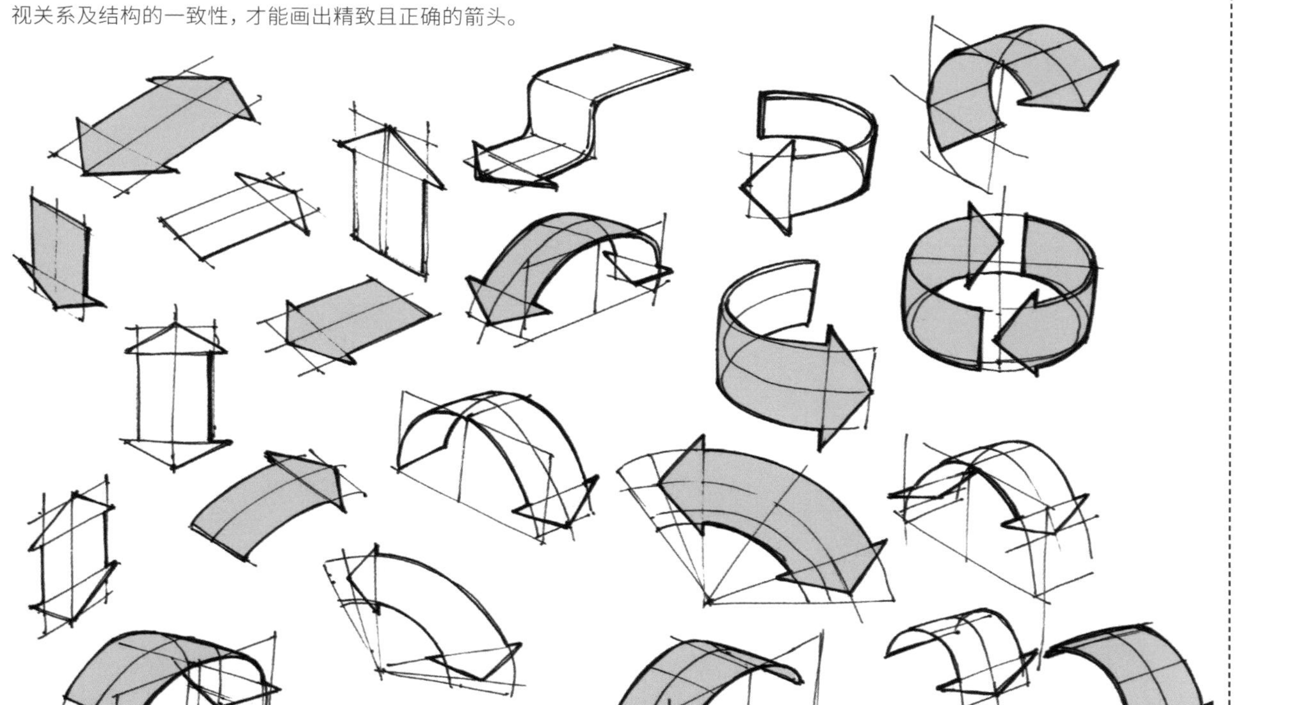
大哥 2021年11月

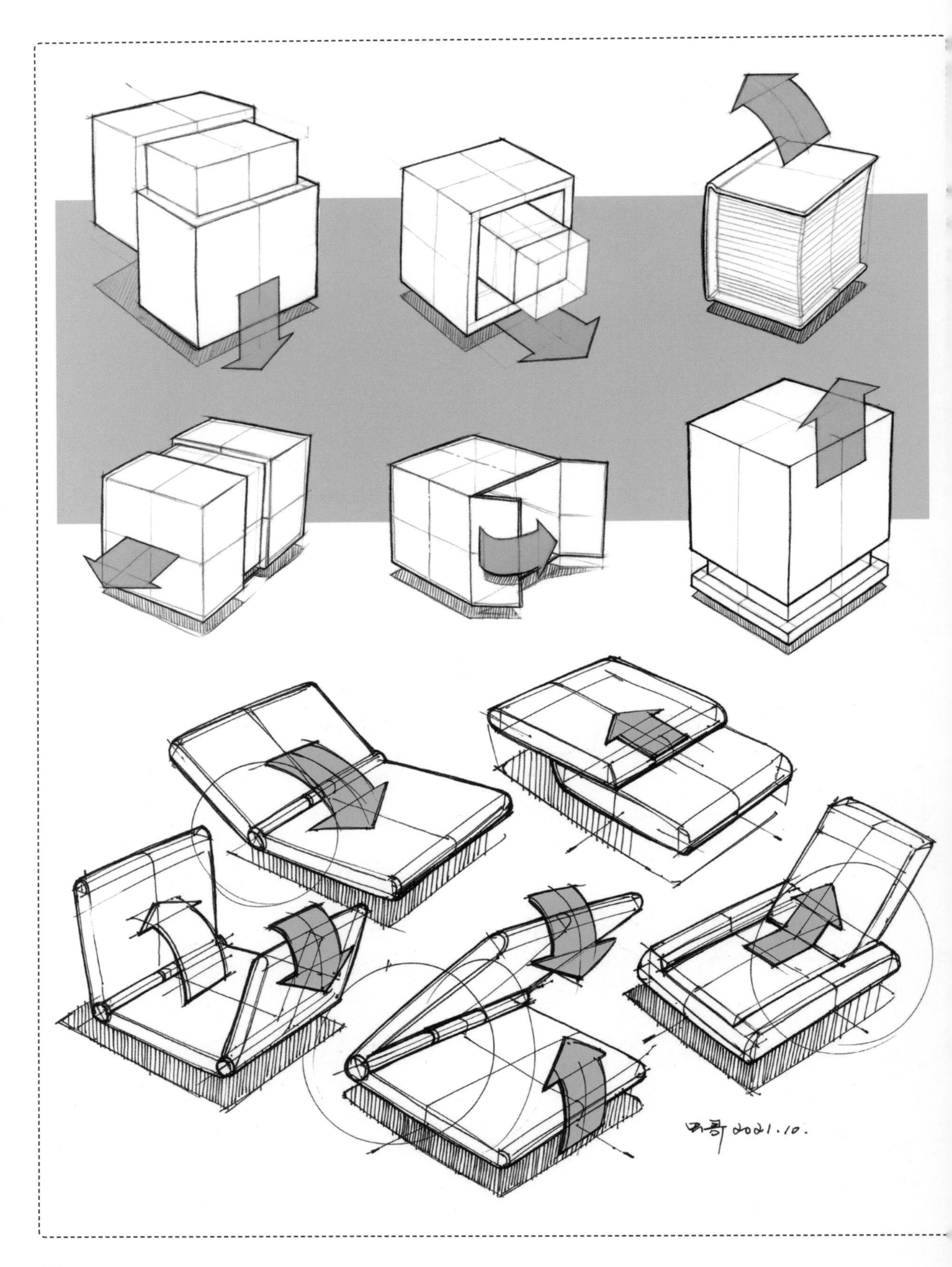

2021.10.

7.2 场景图表达

在产品设计手绘中加入使用场景能够让观者更有代入感，使其对产品的使用方式、人机关系、产品的尺度与大小等有全方位的认知。

场景图表达是产品设计手绘中的进阶学习内容，对于很多初学者来说有难度，需要通过一定的练习积累才能掌握。场景图表达涵盖的内容较多，主要与产品的功能展示、操作和使用方式，以及环境相关。

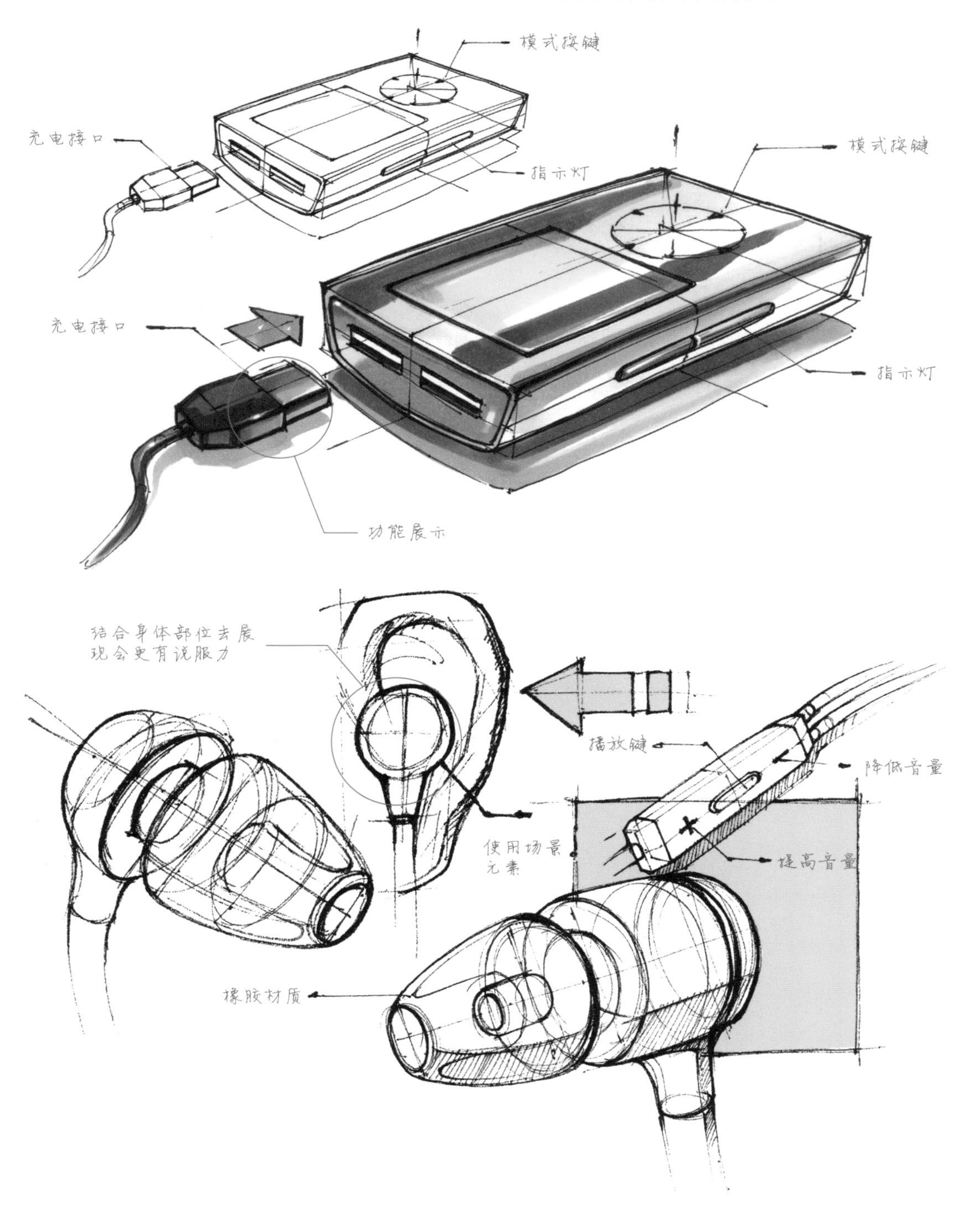

在一般的场景图表达中，我们可以通过手部动作去解释产品的操作方式。在训练手部造型绘制的时候，可以以产品的常用操作方式为准，如拿、提、握、按、拧等，这样会更有针对性，也会节省更多的时间。

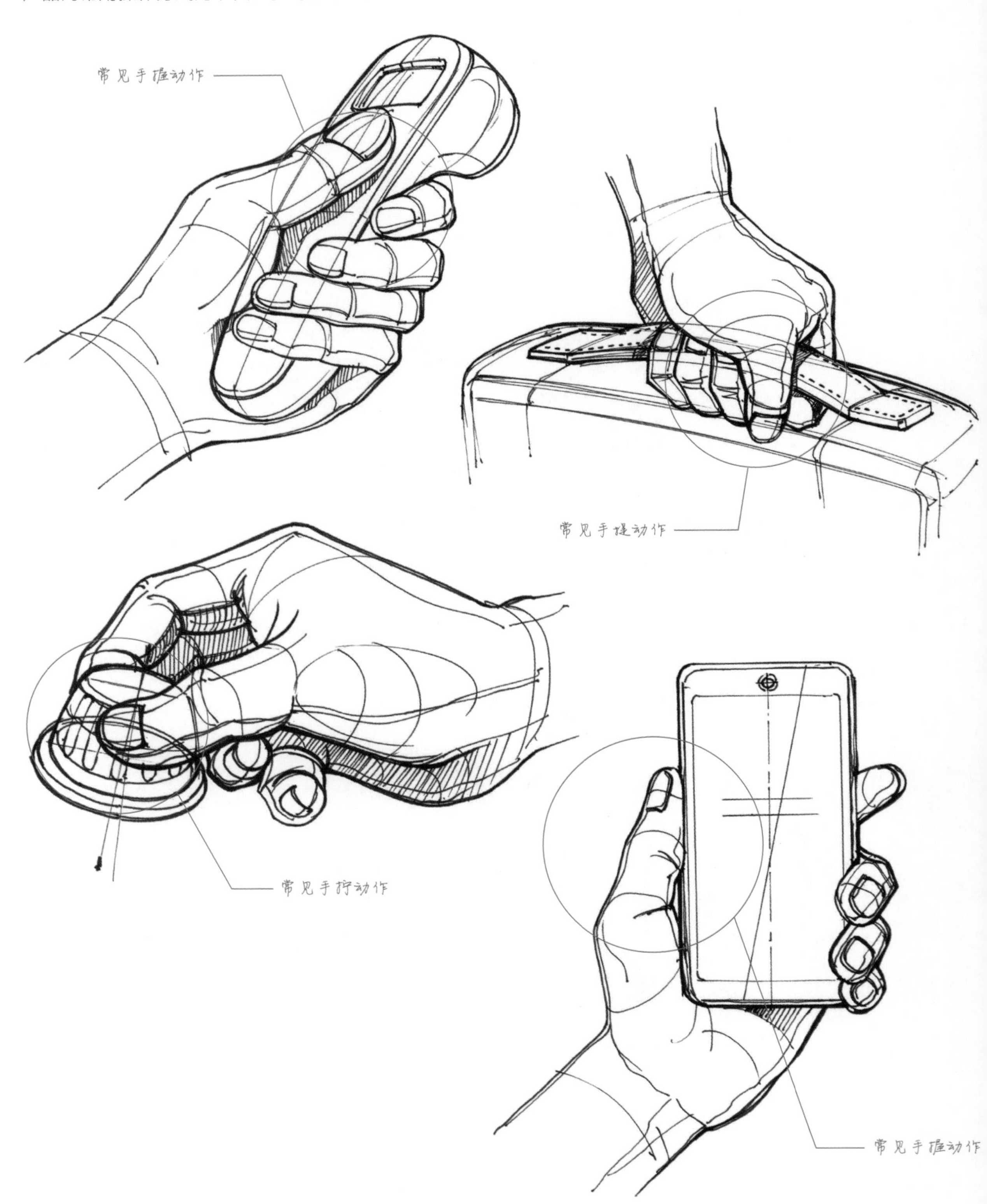

训练任务

下面这些是一些常见的手部操作方式示意图，可以针对这些示意图进行多次临摹训练，最终为己所用。

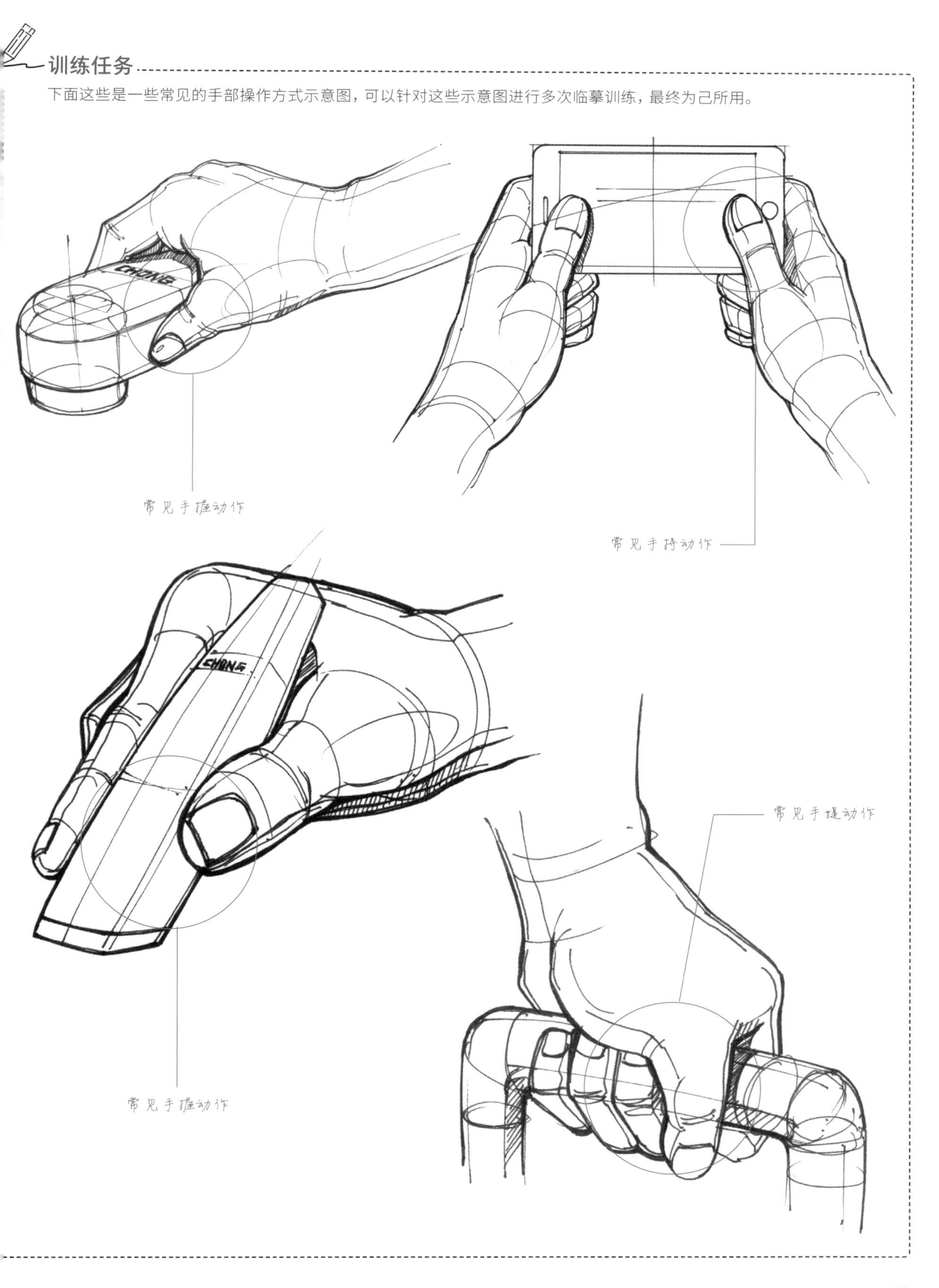

7.3 分解图表达

分解图也叫爆炸图，可以很好地体现产品外观与内部结构之间的组装关系，说明各部分的配件及功能等。绘制分解图时需要根据产品的组装结构选择单个轴向、两个轴向或多个轴向上的分解，并且要注意相互间的透视与组装关系，因此对形体结构的理解、透视关系的掌握有较高的要求。

绘制分解图时要先确定好形态分解的透视轴向，并做好绘制规划。分解图中的各个部件可以有一定的交叠，这样能够更好地体现出部件与部件之间的拆解关系。绘制过程中所画的参考线可以留着，甚至可以根据需要在后期专门添加形态拆解的轨迹辅助线，这样能更好地体现产品的拆解关系。此外，为了能够更好地交流、诠释或说明，可以对分解图中的部件进行相应的标注。

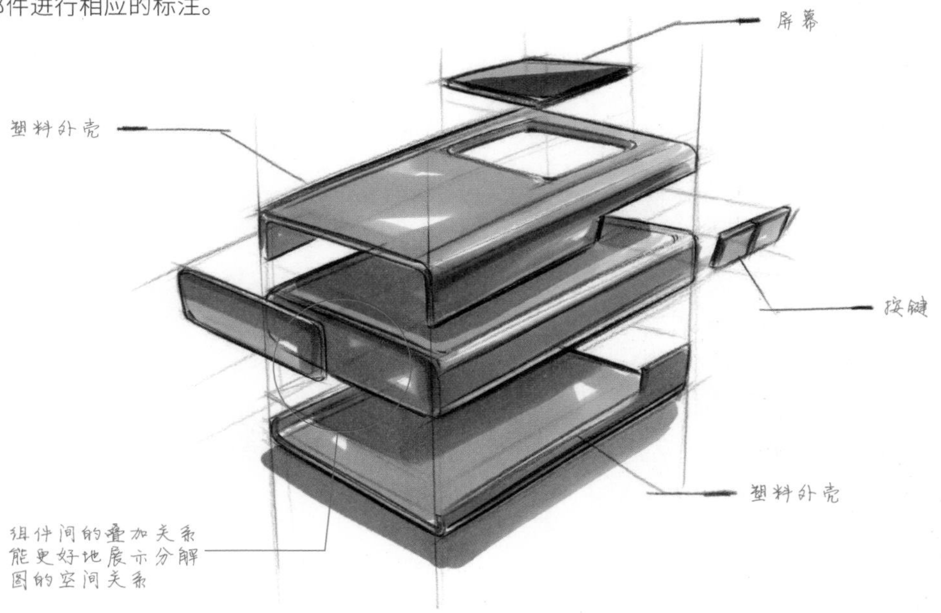

绘制三维透视图离不开x轴、y轴、z轴3个透视轴向的应用，分解图的拆解主要是在这3个方向上进行的。因为不同配件相互间会有交叠，所以绘制时需要先确定前后的交叠关系，然后区分线条属性，不然会引起空间混乱。

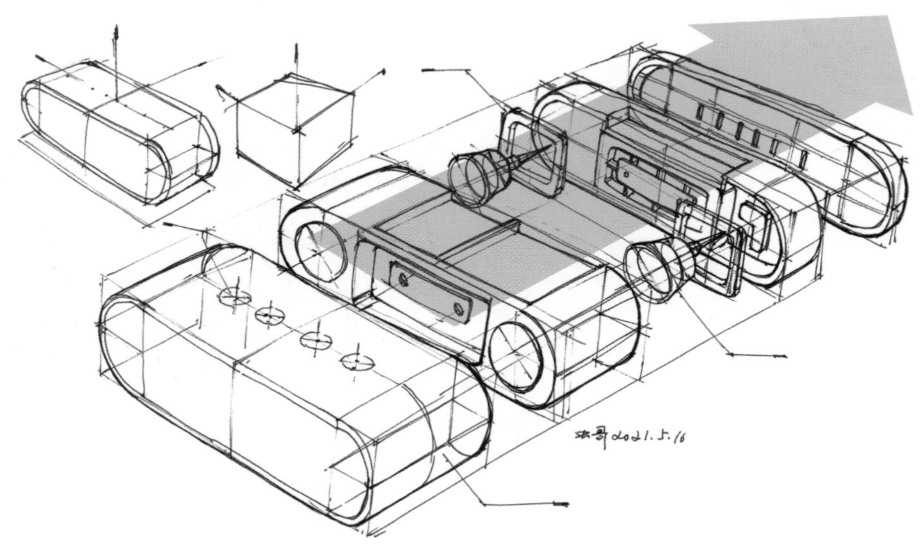

以圆柱为主体的分解图往往以短轴（中心轴线）方向作为主要的拆解方向，很多时候也会以其他两个透视轴向为准拆解一些局部组件。

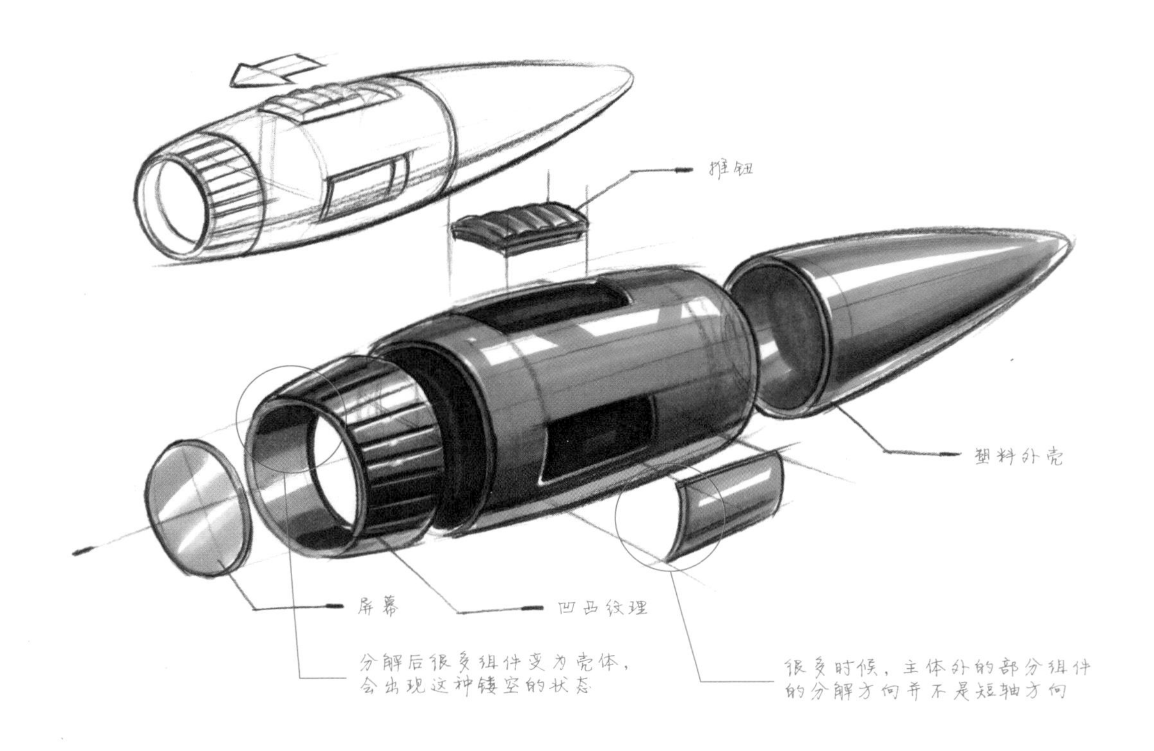
按钮
塑料外壳
屏幕
凹凸纹理
分解后很多组件变为壳体，
会出现这种镂空的状态
很多时候，主体外的部分组件
的分解方向并不是短轴方向

训练任务

绘制分解图可以很好地巩固学习者对透视的理解和把握，经常训练能在很大程度上增强学习者对复杂透视关系的处理能力。注意绘制前要做好分解规划，绘制时要把握好透视关系。

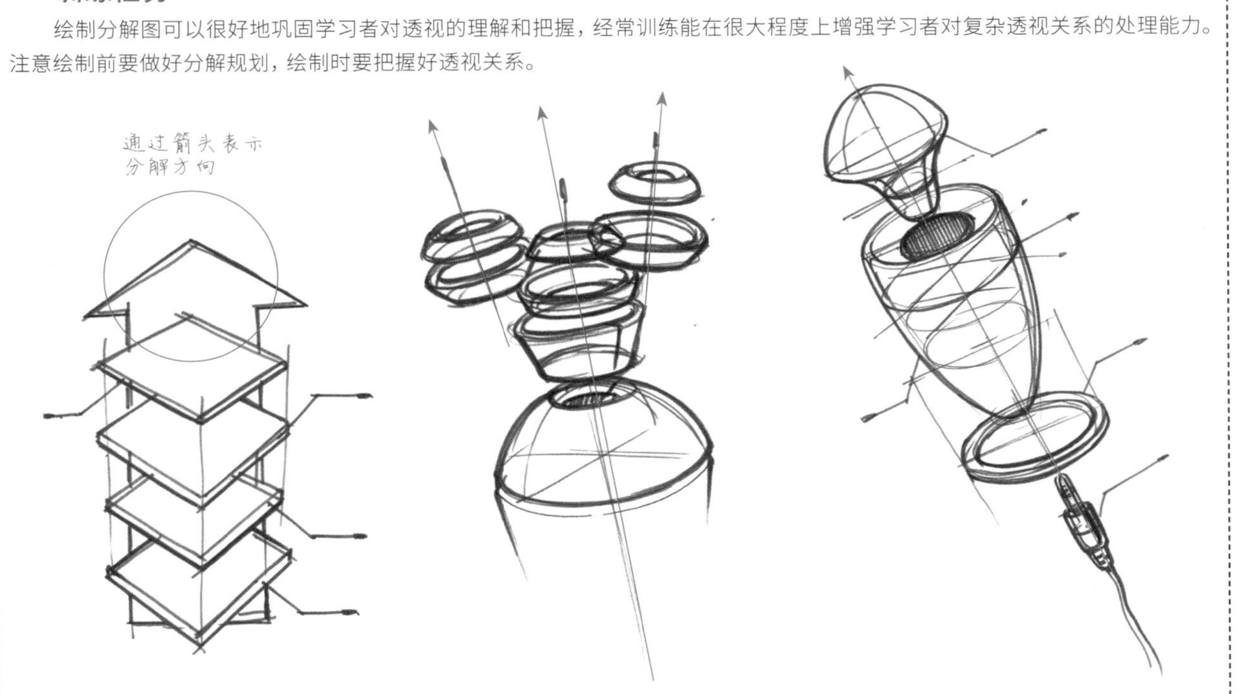
通过箭头表示
分解方向

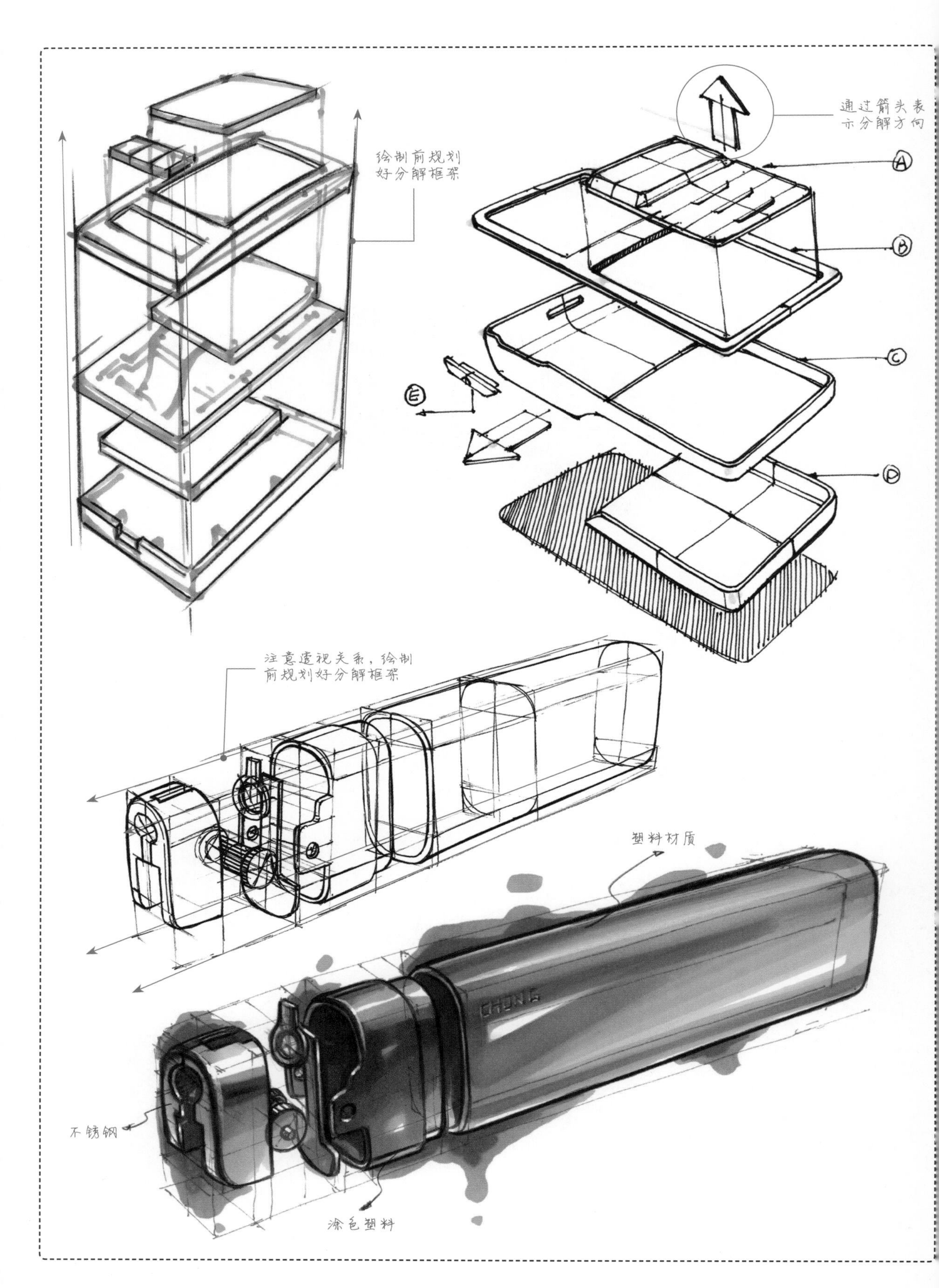

绘制前规划
好分解框架
通过箭头表
示分解方向
A
B
C
D
E
注意透视关系，绘制
前规划好分解框架
塑料材质
CHONG
不锈钢
涂色塑料

第 8 章

产品效果图绘制综合案例

绘制流程实际上也能体现手绘思维。很多绘制内容，如构建方法、色彩搭配、光源设置、明暗层次分析、铺色顺序等，都应该在动笔之前就规划好，动笔只是最后的执行阶段。本章将综合前面的知识，让大家通过实际绘制明确正确的绘制流程，强化手绘的思路。

8.1 蛋椅

蛋椅的形态圆润、可爱，绘制时需要认真对待以蛋形为主体的座椅扶手及靠背的转折结构。为了减少乱线和方便后期勾线，这里选择用浅色马克笔起稿，之后用马克笔上色可以把浅色盖住，整体画面会比较干净。

蛋椅表面设定为绒面，偏漫反射材质的表达，使人感觉到柔和、温暖。

绘制工具

线稿使用工具：马克笔、走珠笔。

上色使用工具：灰色系、蓝色系马克笔。

高光使用工具：霹雳马白色彩铅、三菱POSCA极细广告笔。

绘制流程

01 分析形态特征并用浅色马克笔绘制产品形态。

02 确定形态后，用走珠笔对产品进行描边处理，可以顺便绘制出针脚线的线稿。

03 设定光源方向，根据产品的亮部、灰部、暗部分别进行铺色，重色部分可以预留出来，其他地方根据设定的色彩平铺即可。

04 丰富光影层次，加强明暗对比。

05 根据光源方向绘制投影。

06 加重明暗交界线，进一步强化明暗对比。进行针脚线等细节的刻画，调整整体画面。

8.2 潘顿椅

潘顿椅几乎都是曲面，直接绘制有一定难度。可以先找好相应的透视辅助线，确定关键转折点。起稿时可以多尝试几次，了解结构和特征后再绘制会简单一些。

绘制工具

线稿使用工具：走珠笔。

上色使用工具：红色系马克笔。

高光使用工具：霹雳马白色彩铅、三菱POSCA极细广告笔。

绘制流程

01 找好辅助线及主要特征点，用线确定产品的比例与形态。

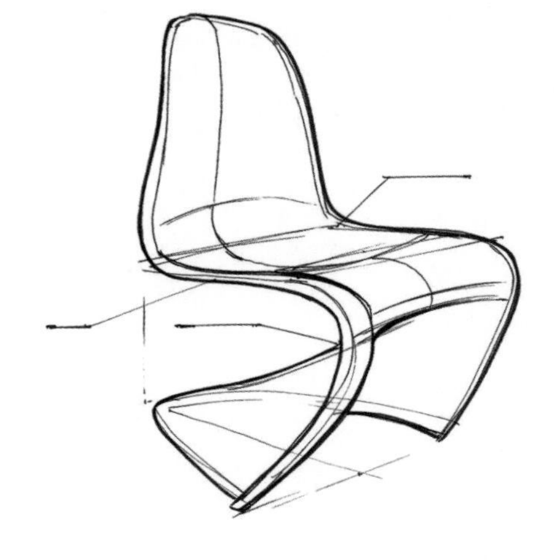

02 区分线条属性，让产品的层次与结构更加明确、清晰。

03 用浅色铺色，注意留出高光（由于材质为光滑塑料，受环境反射的影响较大，因此高光形状更加具体）。

04 在灰部铺色，丰富画面层次。

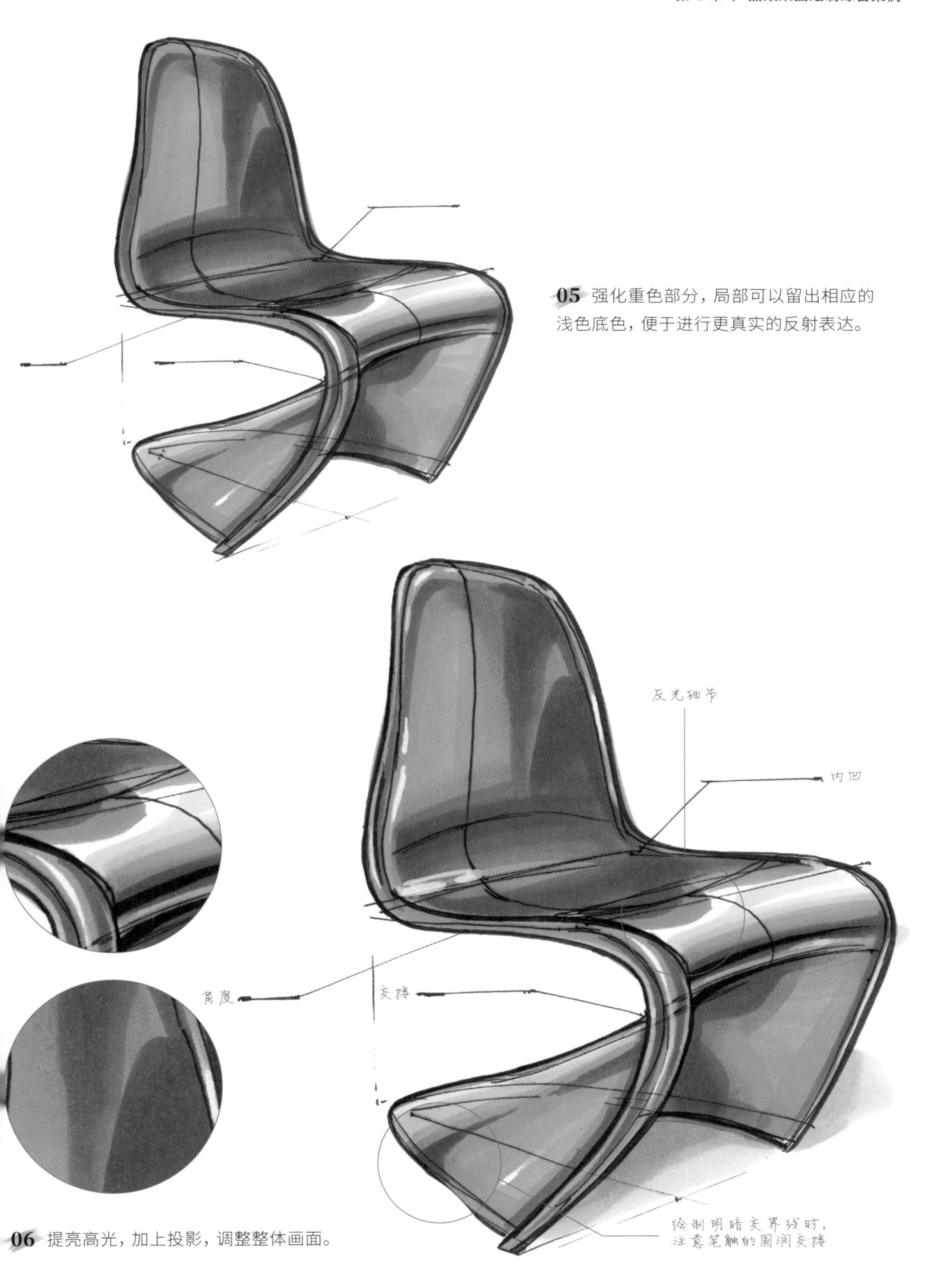
反光细节
内凹
角度
交接
绘制明暗交界线时，
注意笔触的圆润交接

05 强化重色部分，局部可以留出相应的浅色底色，便于进行更真实的反射表达。

06 提亮高光，加上投影，调整整体画面。

8.3 巴塞罗那椅

巴塞罗那椅是由基本形态组合成的产品，绘制时要注意不同部分的交接关系。椅子腿部支架的设计比较有特点，皮革材质的表达是其中比较有意思的部分。

绘制工具

线稿使用工具：马克笔、中性笔。

上色使用工具：中灰色系马克笔。

高光使用工具：霹雳马938白色彩铅、三菱POSCA极细广告笔。

绘制流程

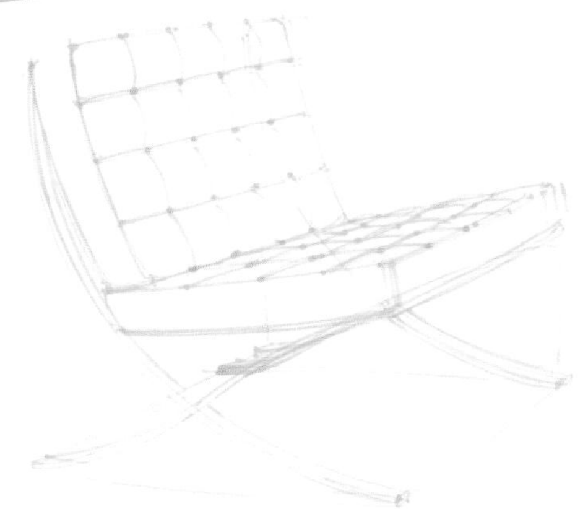

01 对形态结构进行分析、简化，用浅色马克笔绘制产品形态。由于马克笔的颜色较浅，因此可以放松绘制。

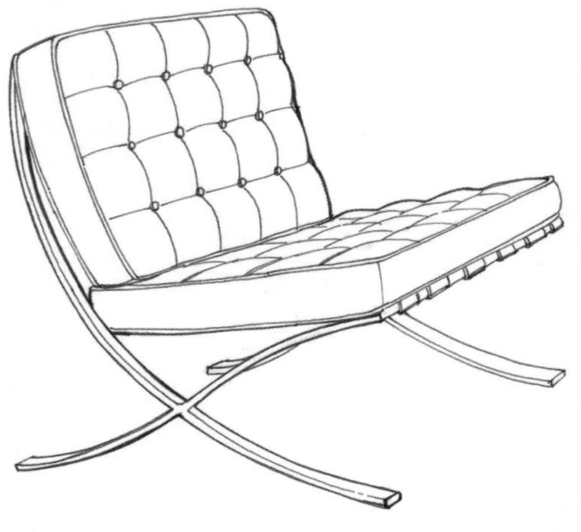

02 为方便后期上色，对产品进行描边处理。

03 确定光源方向，根据产品的亮部、灰部、暗部进行铺色，根据具体情况可以预留出重色部分，其他部分根据设定的色彩平铺即可。

04 细化明暗光影层次，加强明暗对比。

05 强化明暗交界线，绘制投影。

06 刻画细节（接缝线、反光、连接结构等），提亮高光，调整整体画面。

8.4 扶手椅

绘制这款椅子时需要注意木材质的表达。在绘制木材质等特殊材质时，比较好的方式是先绘制出形态的基本明暗关系，然后绘制材质本身的一些纹理，这样更易掌握，也更易出效果。由于木材质的纹理实际是有体量感的，因此可以根据光源的方向提亮亮部，区分明暗层次，这样纹理会显得更细致。

绘制工具

线稿使用工具：走珠笔。

上色使用工具：木色系、暖灰色系马克笔。

高光使用工具：霹雳马白色彩铅、三菱POSCA极细广告笔。

绘制流程

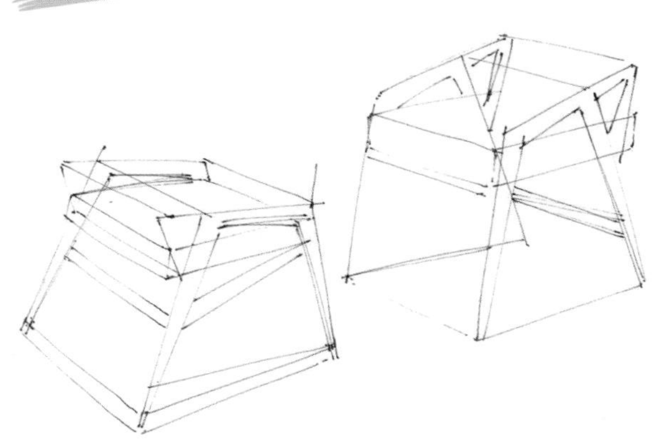

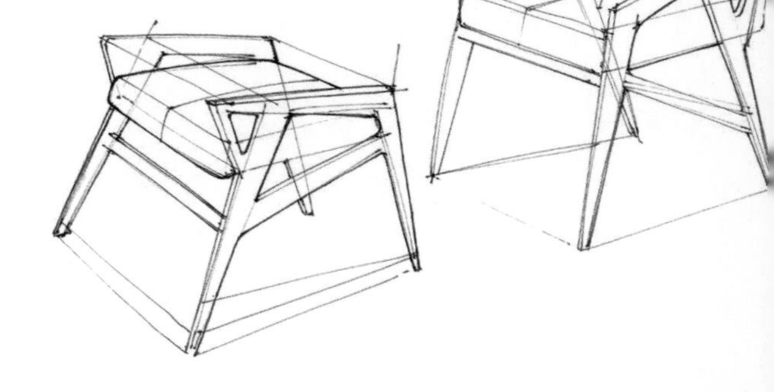

02 刻画细节，将产品特征和各部分细节勾画出来。

01 分析形态，绘制出产品的形态特征并找准透视关系。注意产品两个角度相互之间的错落关系与节奏感。椅子腿部及扶手的动势明显，一定要把握好。

03 细化线稿，区分线条属性，强调轮廓线、接缝线，表现出空间纵深感，随机勾勒出一些木质纹理。

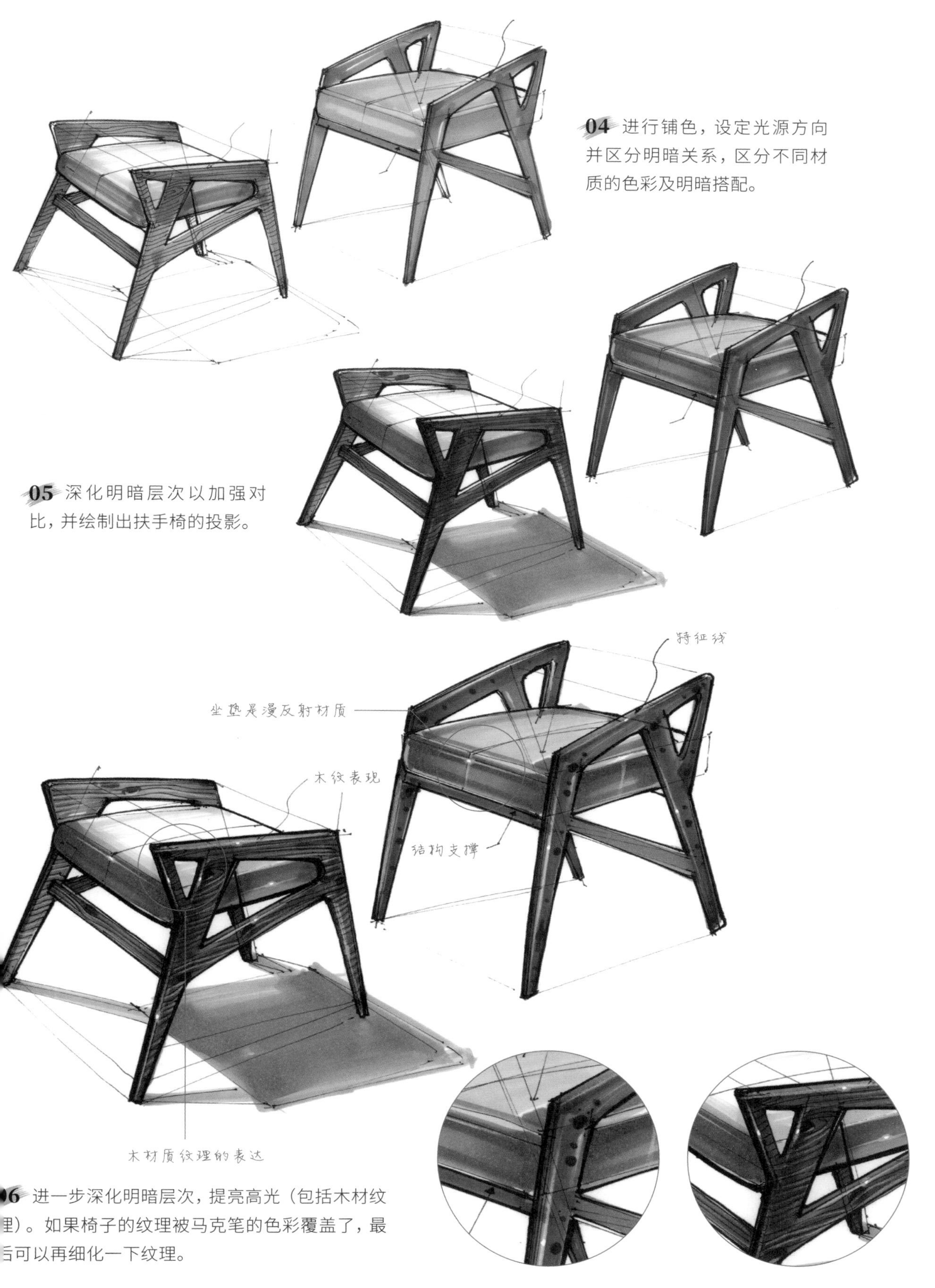

04 进行铺色，设定光源方向并区分明暗关系，区分不同材质的色彩及明暗搭配。

05 深化明暗层次以加强对比，并绘制出扶手椅的投影。

6 进一步深化明暗层次，提亮高光（包括木材纹理）。如果椅子的纹理被马克笔的色彩覆盖了，最后可以再细化一下纹理。

8.5 头盔

头盔对大家来说并不陌生，但很多人在绘制时无从下手，主要是因为头盔上面的弧面太多，形态不好把控。具体绘制时可以把头盔简化成圆形或者球体，根据产品角度（正视图、透视图）进行变形与细化。

绘制工具

线稿使用工具：针管笔。

上色使用工具：橙色系、蓝色系、灰色系马克笔。

高光使用工具：霹雳马白色彩铅、三菱POSCA极细广告笔。

绘制流程

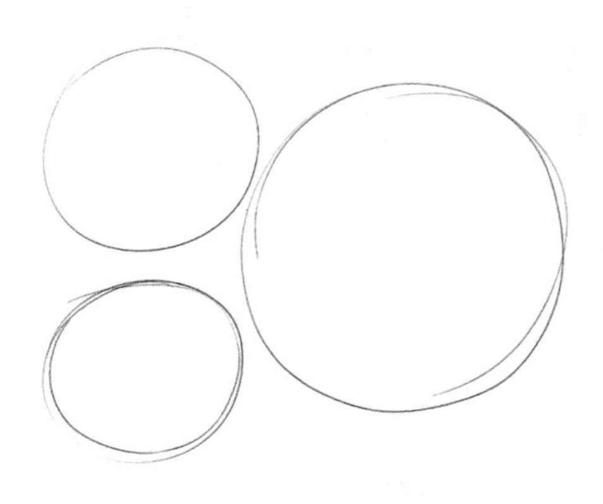

01 确定头盔的基本形态。

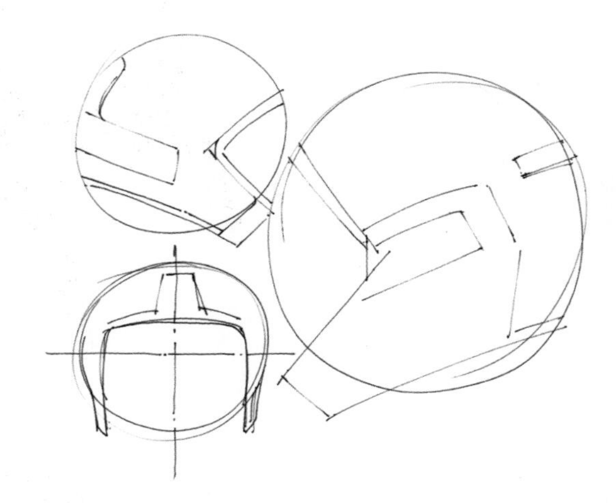

02 从整体着眼，分析头盔整体的比例，规划整体区域。注意以较轻的笔触绘制，方便后期矫正。

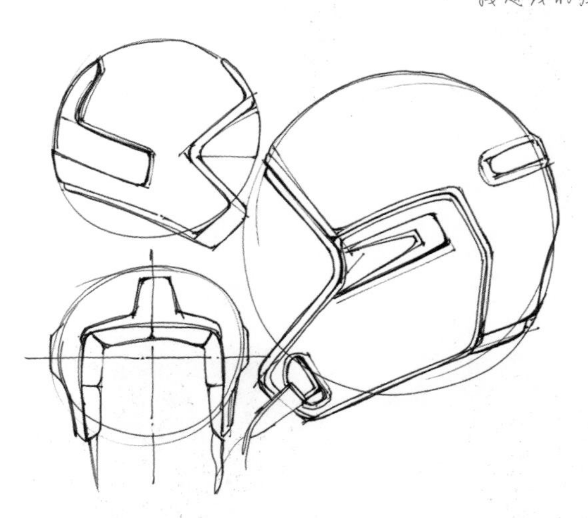

03 细化产品的各部分形态，保证前面的形态比例划分是正确的。

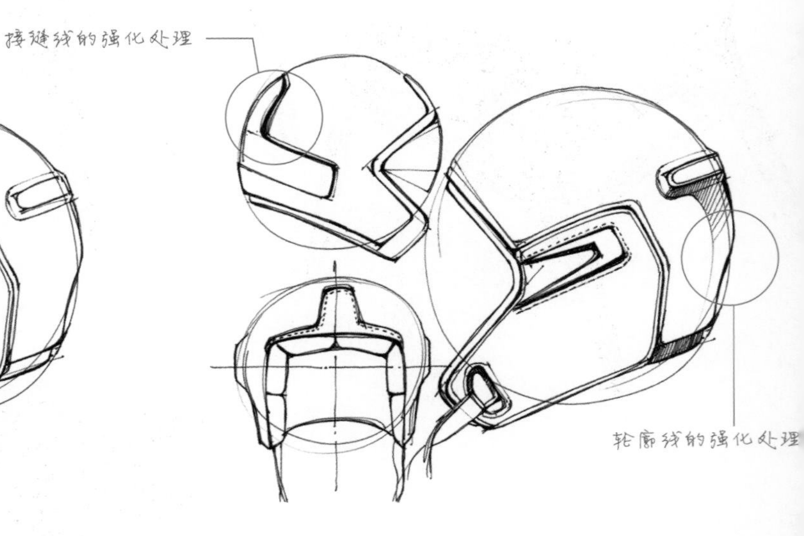

04 区分线条的层次，进一步细化，添加针脚线、阴影线，强化轮廓线、接缝线。

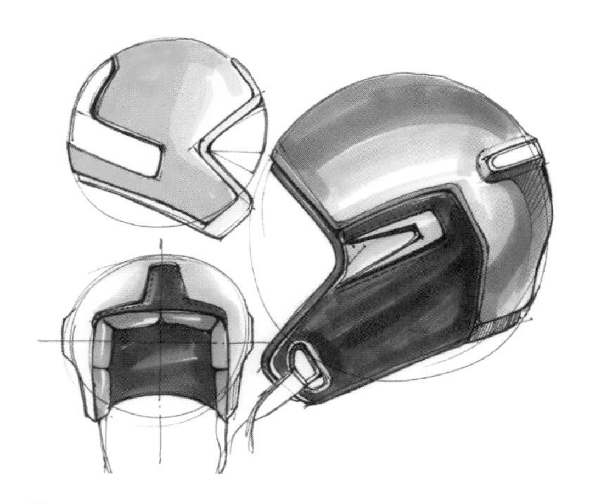

05 铺整体颜色，由浅到深上色，注意高光部分要留白，区分明暗关系。

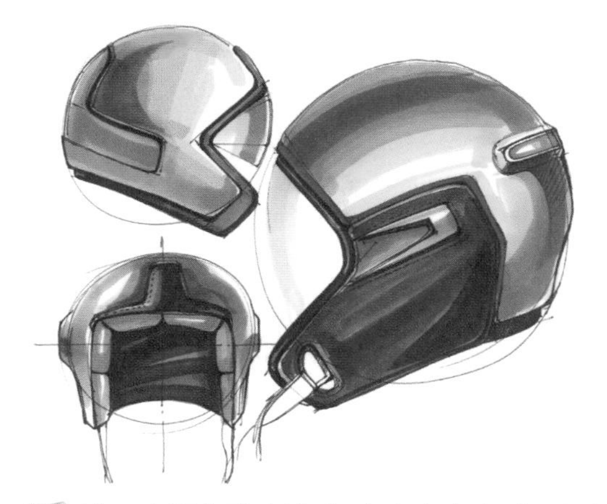

06 进一步区分明暗关系，加入灰部色阶，丰富明暗层次，使形态初步具备空间感。

07 增加细节，添加皮革纹理，提亮针脚线，调整反光等。

08 提亮高光（形态及纹路），加深明暗交界线，调整整体画面。

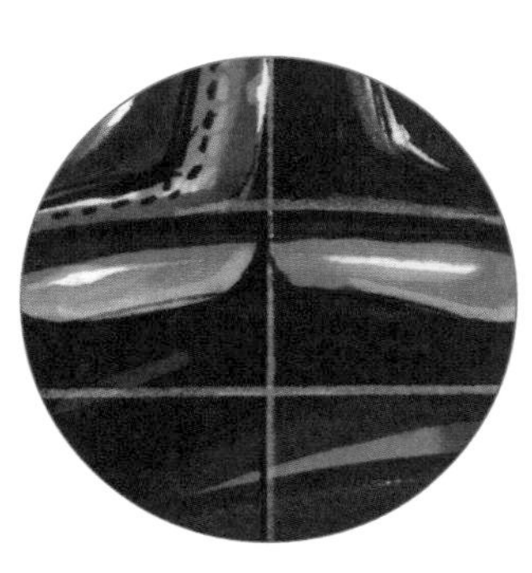

8.6 电动车

电动车是比较复杂的产品，会涉及车轮的透视表现，需要学习者对形态透视有比较深入的理解。绘制的时候注意透视关系，可以先绘制电动车的主体部分，然后确定车轮的位置及透视关系。

绘制工具

线稿使用工具：辉柏嘉399黑色彩铅。

上色使用工具：灰色系、蓝色系、橙色系马克笔。

高光使用工具：霹雳马白色彩铅、三菱POSCA极细广告笔。

绘制流程

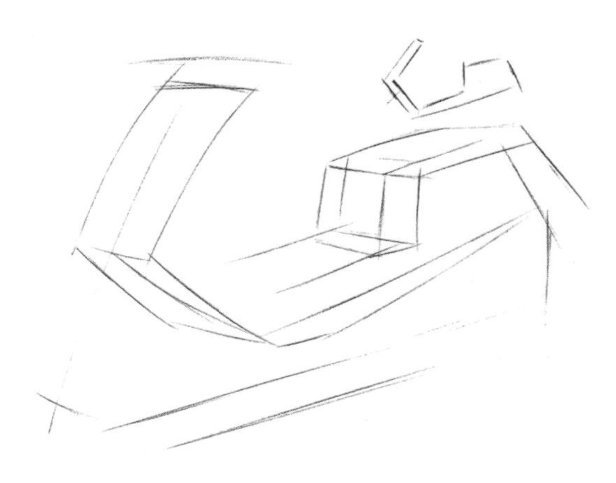

01 用黑色彩铅画出电动车的主体部分，注意形态的整体特征。

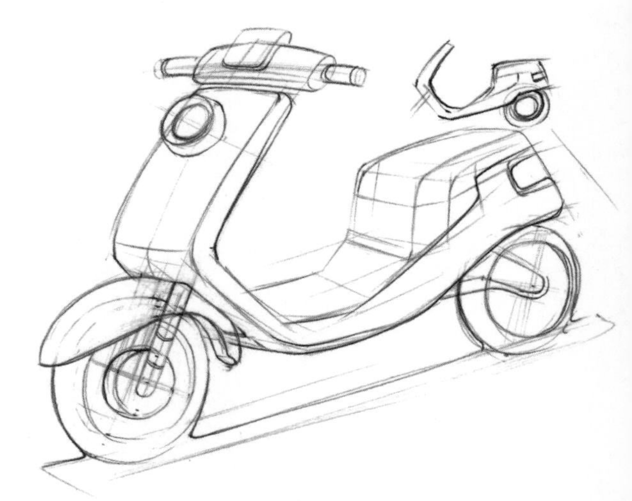

02 根据整体的透视关系刻画细节及结构，绘制出把手、车轮、车灯、投影等。

03 确定光源方向，从浅色区域开始铺色，区分明暗关系。

04 深化明暗关系，绘制车灯、轮毂。

05 进行车轮等细节的刻画，用白色彩铅提亮处理。

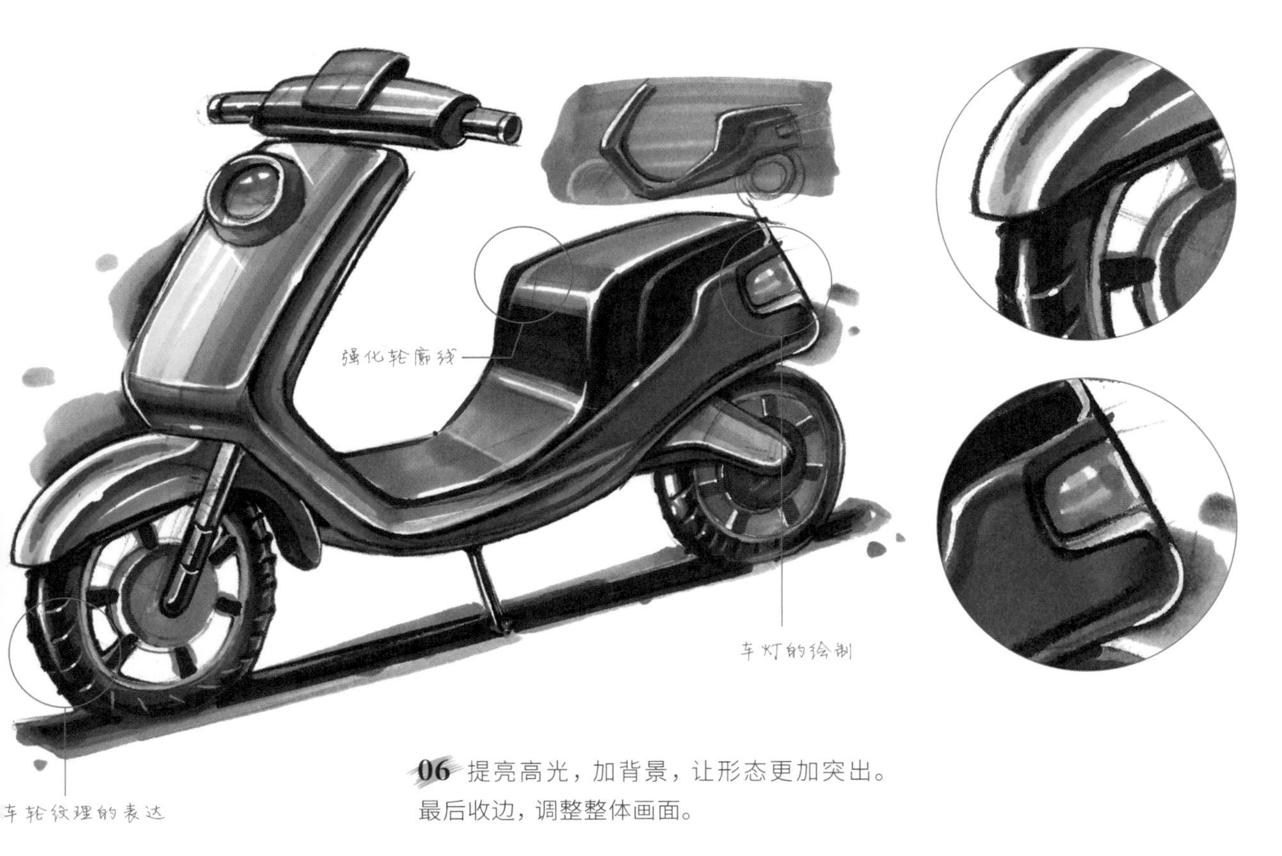

06 提亮高光，加背景，让形态更加突出。最后收边，调整整体画面。

8.7 手持电钻

这款手持电钻为组合形态。绘制该产品时需要注意整体形态特征的把握、表面的凹凸及细节刻画。

绘制工具

线稿使用工具：走珠笔。

上色使用工具：红色系、中灰色系马克笔。

高光使用工具：霹雳马938白色彩铅、三菱POSCA极细广告笔。

绘制流程

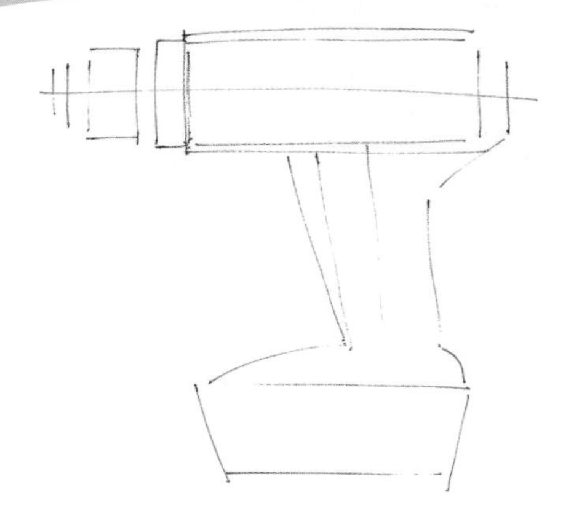

01 分析造型，用细线概括出电钻的基本形状，找准形态特征。

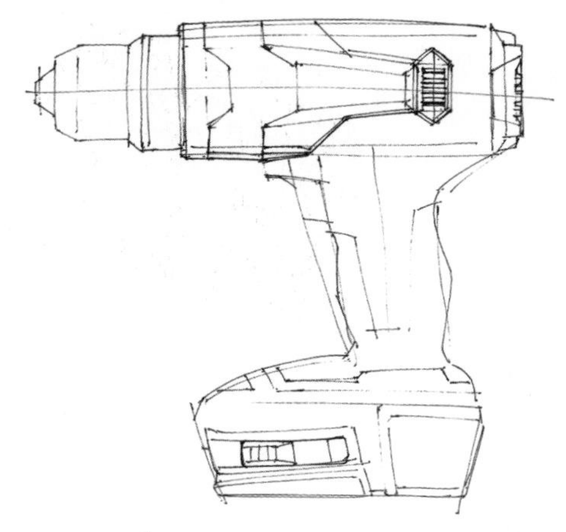

02 在上一步的基础上细化产品的具体形状。

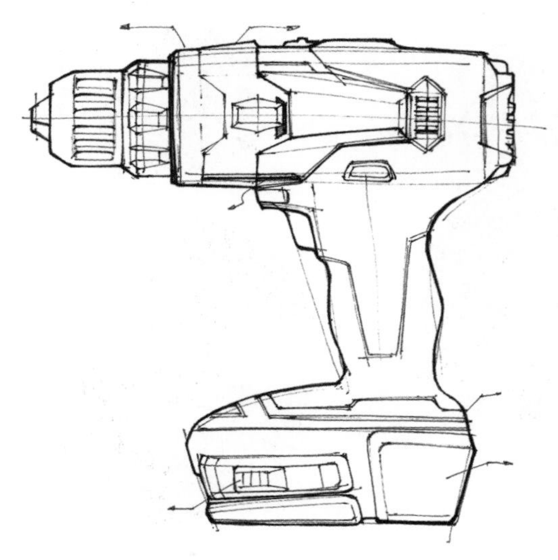

03 区分线条的属性关系，强化轮廓线、接缝线等，完善结构、转折，让形态呈现出立体感。

04 上色之前确定光源方向，区分整体的明暗关系。按照设定好的明暗关系从浅色区域铺色，预留亮部、反光。

05 加强明暗对比，调整过渡层次，增强产品的空间感。

06 丰富过渡层次，进行细节的刻画。提亮亮部与反光，增强对比，让表达更充分。

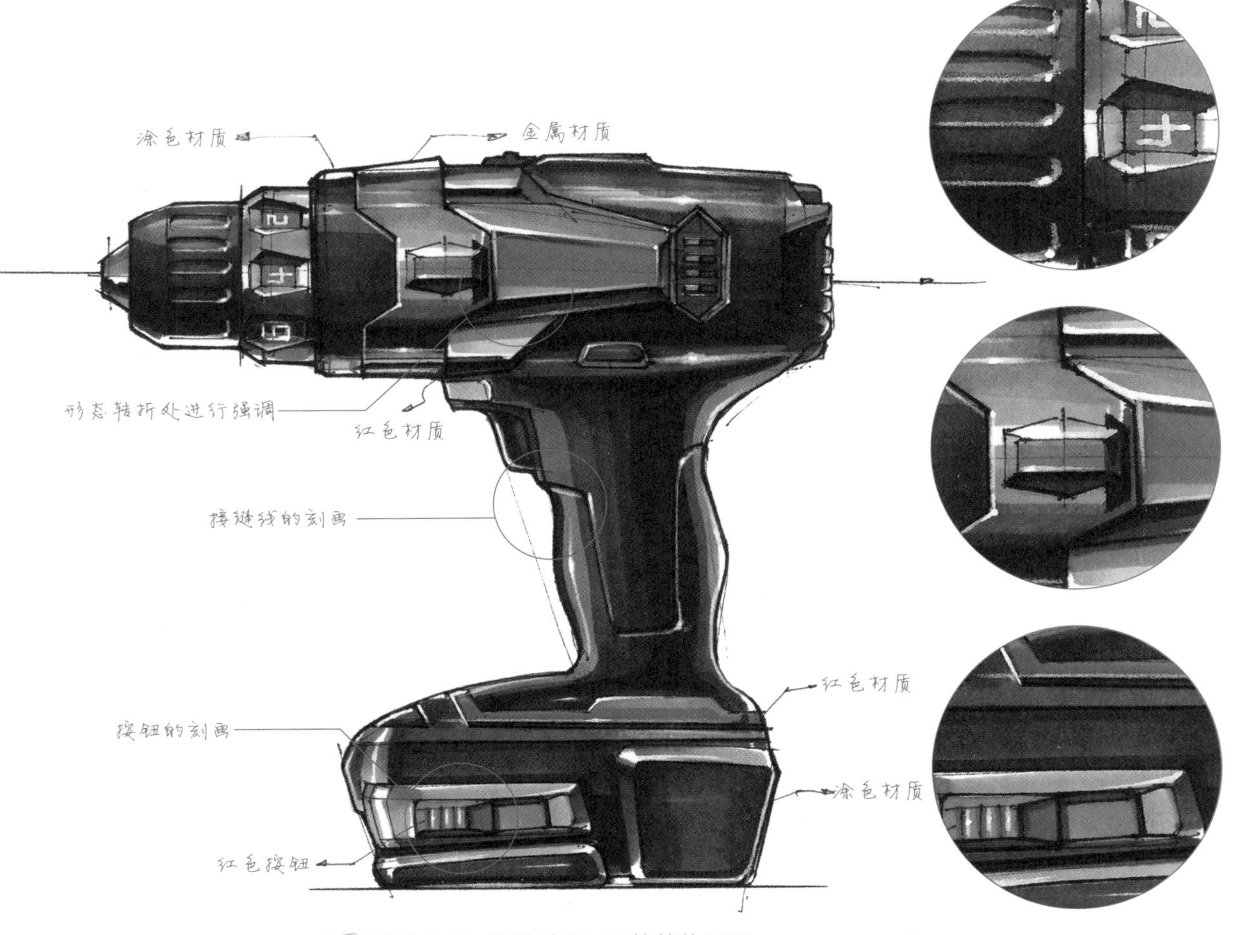

07 提亮高光，修整轮廓，调整整体画面。

8.8 机械手

机械手比较复杂，为了减少乱线，这里用浅色马克笔起稿。起稿时从大的形态特征入手，区分大的结构及功能。前期可以多做矫正与修改，保证形态的准确性，然后再进行细化。另外，本案例作为组合形态，很多的交接结构和透视关系的把控也需要注意。

绘制工具

线稿使用工具：马克笔、针管笔。

上色使用工具：冷灰色系马克笔。

高光使用工具：霹雳马白色彩铅、三菱POSCA极细广告笔。

绘制流程

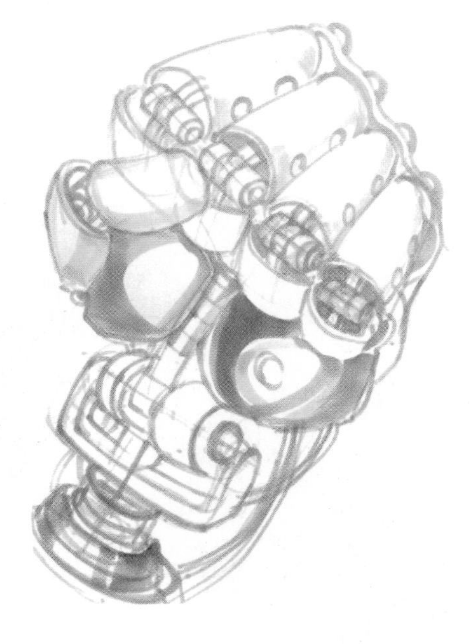

01 用浅灰色马克笔起稿，因为之后上色会对线稿有一定的覆盖，所以起稿时别害怕画错。

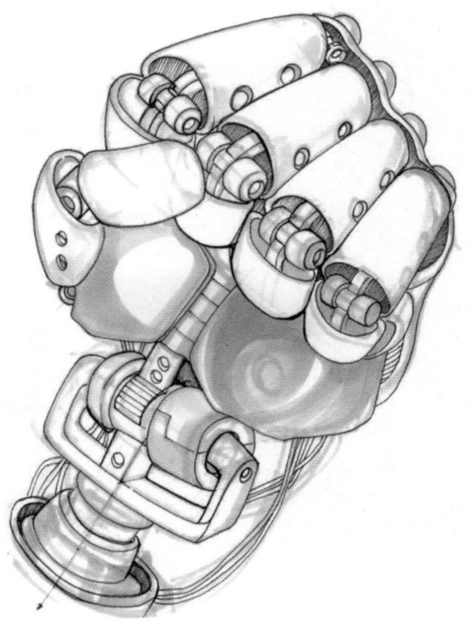

02 用针管笔勾勒出机械手的边缘部分，使形态收得更严谨，让边界更清晰，方便后期刻画。

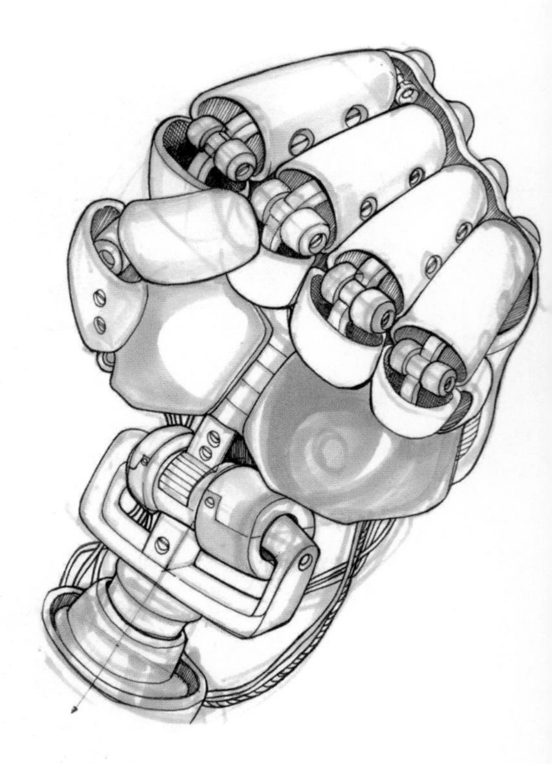

03 区分线型，细化线稿部分。

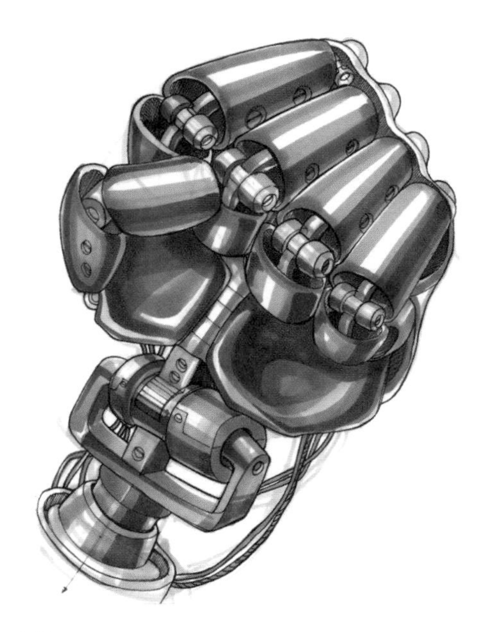

04 确定光源方向，区分整体的明暗关系。铺色时预留高光、反光。

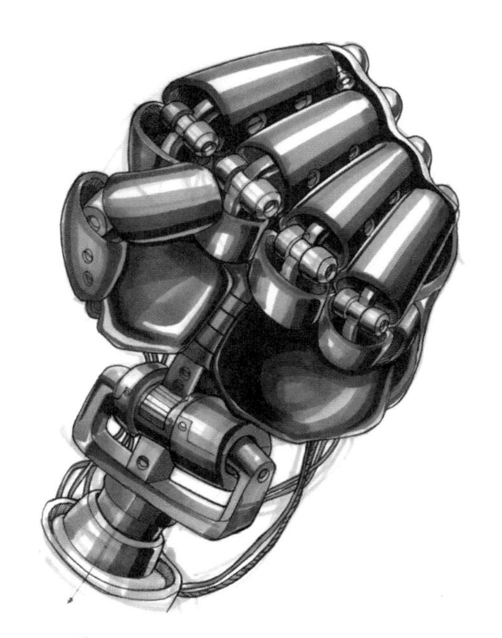

05 丰富明暗层次，加强明暗对比。

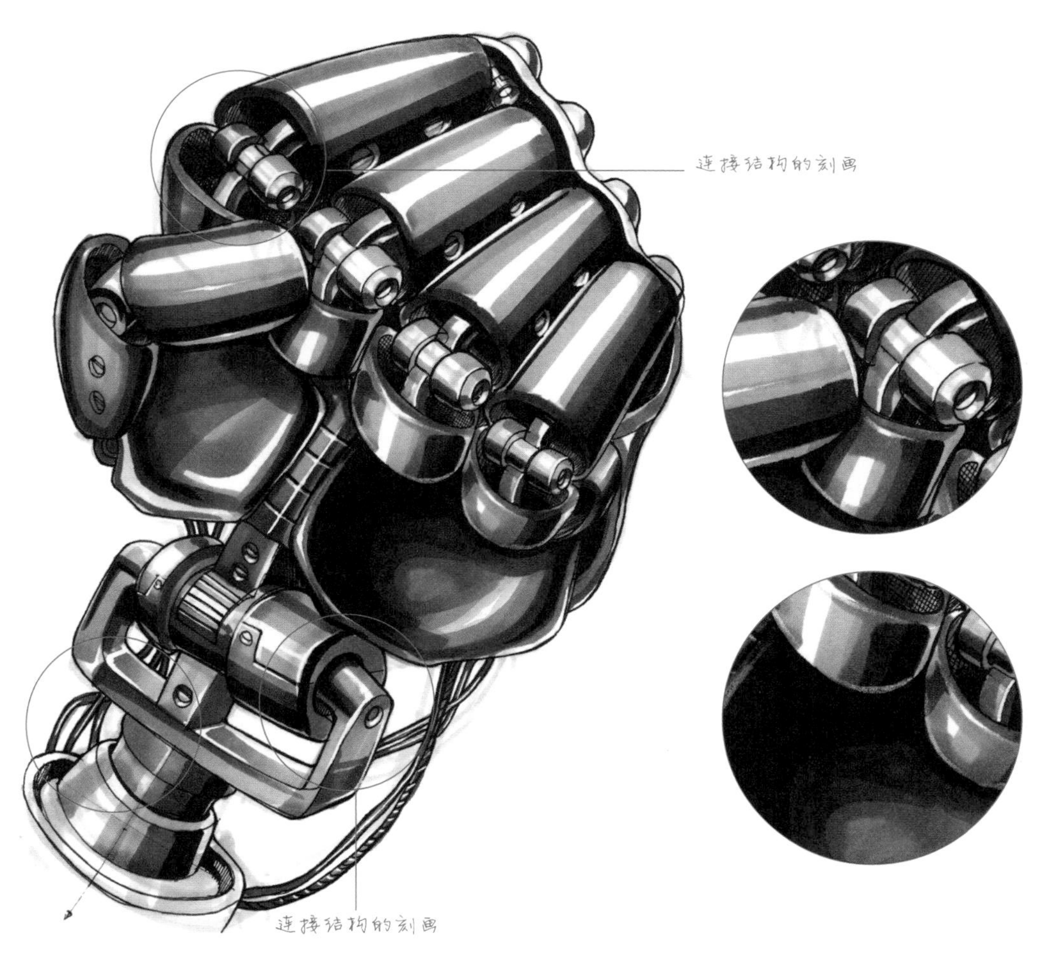

06 进行细节的刻画，提亮亮部与反光，增强对比。

8.9 机械心脏

机械心脏为曲面形态，绘制时需要注意把握比例和形态特征。本案例形态上有很多接缝和细节，绘制时可以仔细揣摩，对以后刻画细节有启发作用。虽然本案例有很多细节，但是上色时可以把整个形态简化为圆柱形态。

绘制工具

线稿使用工具：马克笔、针管笔。

上色使用工具：木色系、灰色系马克笔。

高光使用工具：霹雳马白色彩铅、三菱POSCA极细广告笔。

绘制流程

01 用浅灰色马克笔起稿，快速确定形态特征。

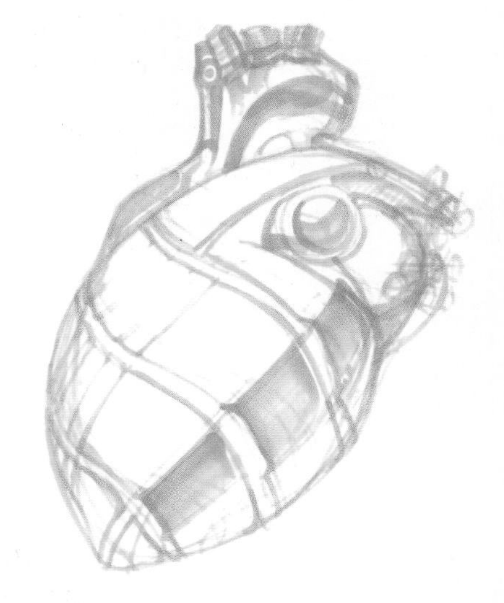

02 确定细节部分，可以多次矫正，简单绘制出转折面，力求造型准确。

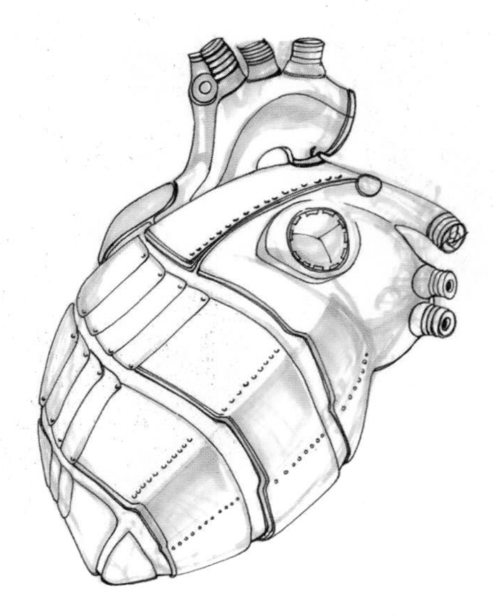

03 用针管笔勾勒出机械心脏的边缘部分，绘制更清晰的边界，方便后面的刻画。

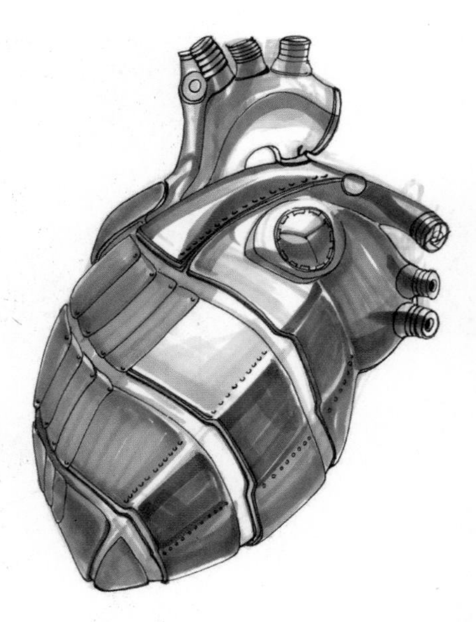

04 确定光源方向，区分整体的明暗关系。进行铺色，预留亮部。

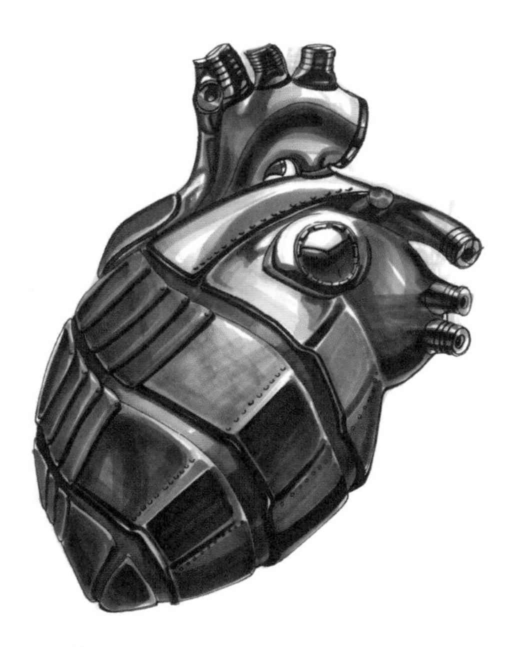

05 细化明暗层次，增强明暗对比，让产品更加饱满。

06 进行细节的刻画，提亮高光，加强反光部分，增强对比。

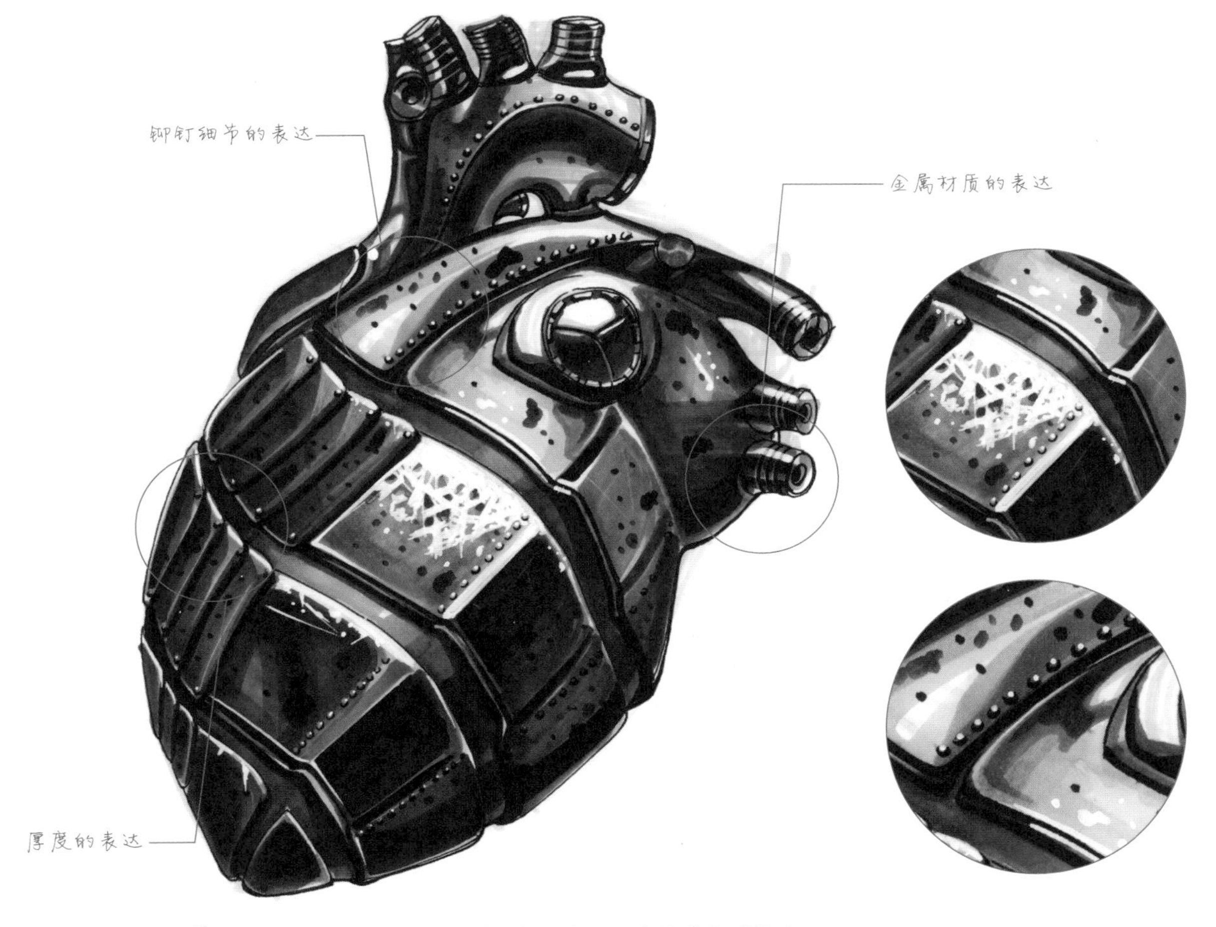

07 增加一些锈迹与划痕，让机械心脏更具沧桑感和感染力。

8.10 方形飞行器

飞行器的形态以方形为主体，注意飞行器后面张开的尾翼部分需要通过中心轴线找到其左右对称结构。在上色的时候，背景对排气筒部分的反射是比较有意思的一个部分，既可以增强质感和真实感，又可以烘托画面整体的气氛。

绘制工具

线稿使用工具：针管笔。

上色使用工具：暖灰色系、橙色系马克笔。

高光使用工具：霹雳马白色彩铅、三菱POSCA极细广告笔。

绘制流程

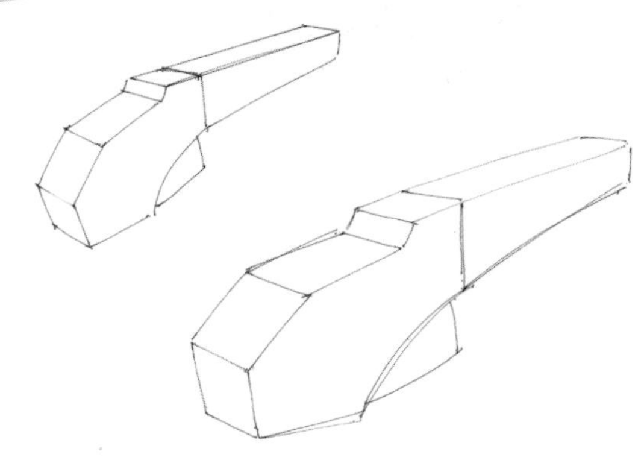

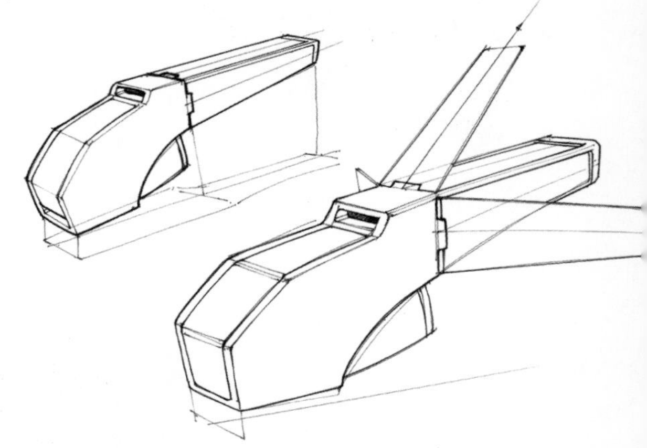

01 用针管笔画出飞行器的主体部分，注意形态整体的特征。

02 根据透视关系绘制飞行器的展开部分，前期的线条虚一点，方便后期更正。当整体关系确定好之后，进行适当的细节刻画。

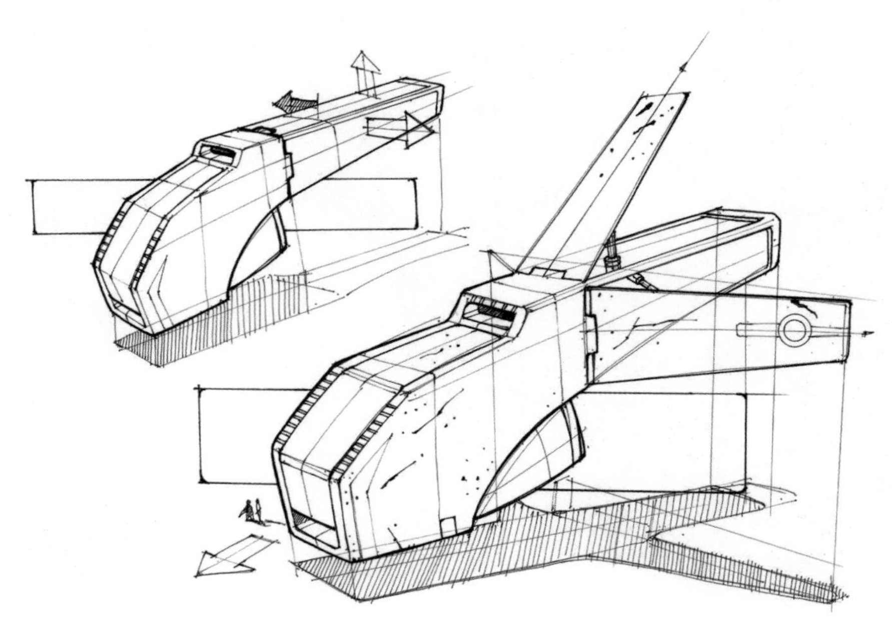

03 进行细节（如飞船展开结构、机体上的一些划痕等）、辅助元素、人物配景、箭头、投影、背景等的绘制。

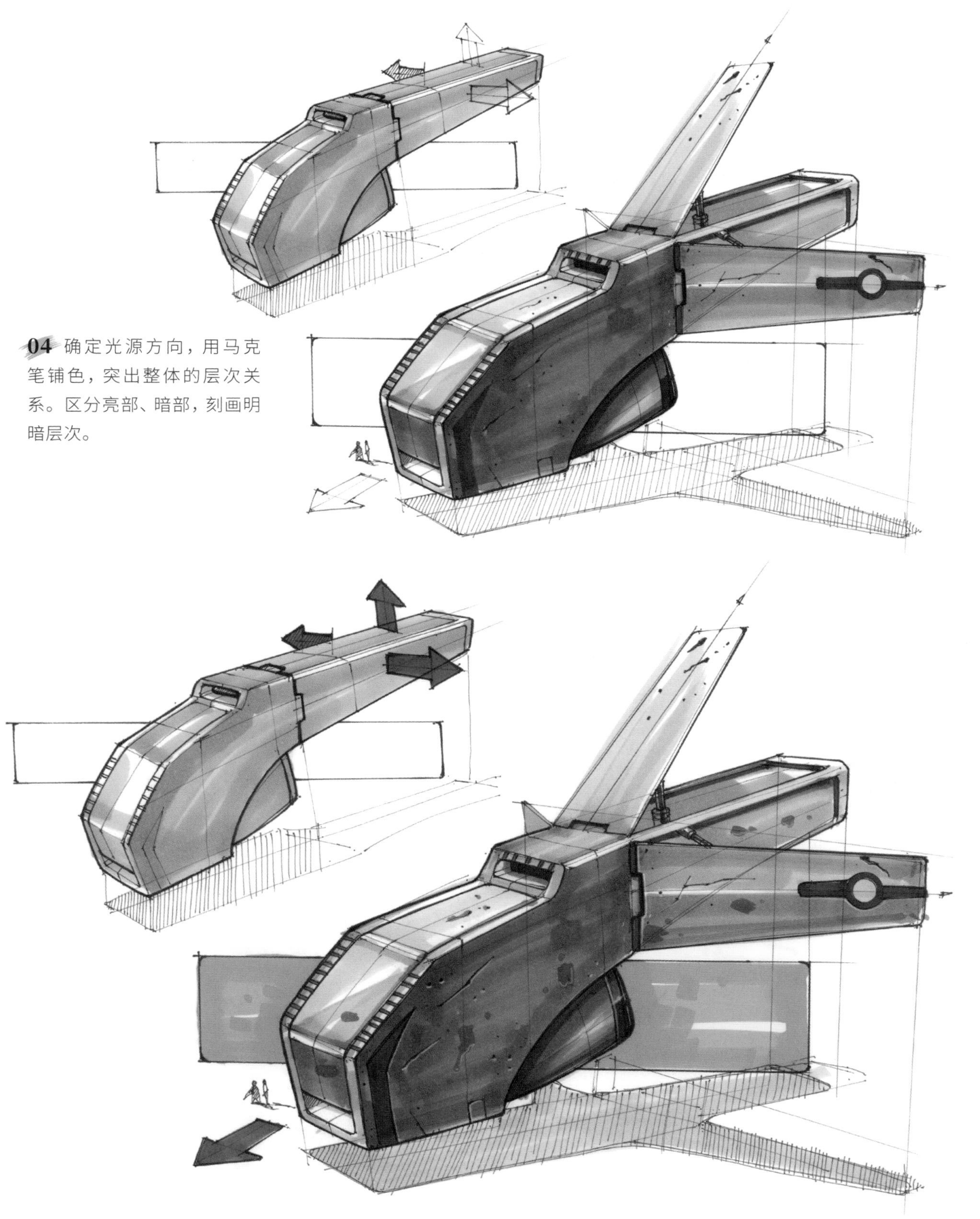

04 确定光源方向，用马克笔铺色，突出整体的层次关系。区分亮部、暗部，刻画明暗层次。

05 铺背景色，并且根据背景给飞行器添加环境反射颜色，让形态更真实、更有质感，然后刻画飞行器表面的划痕等细节。

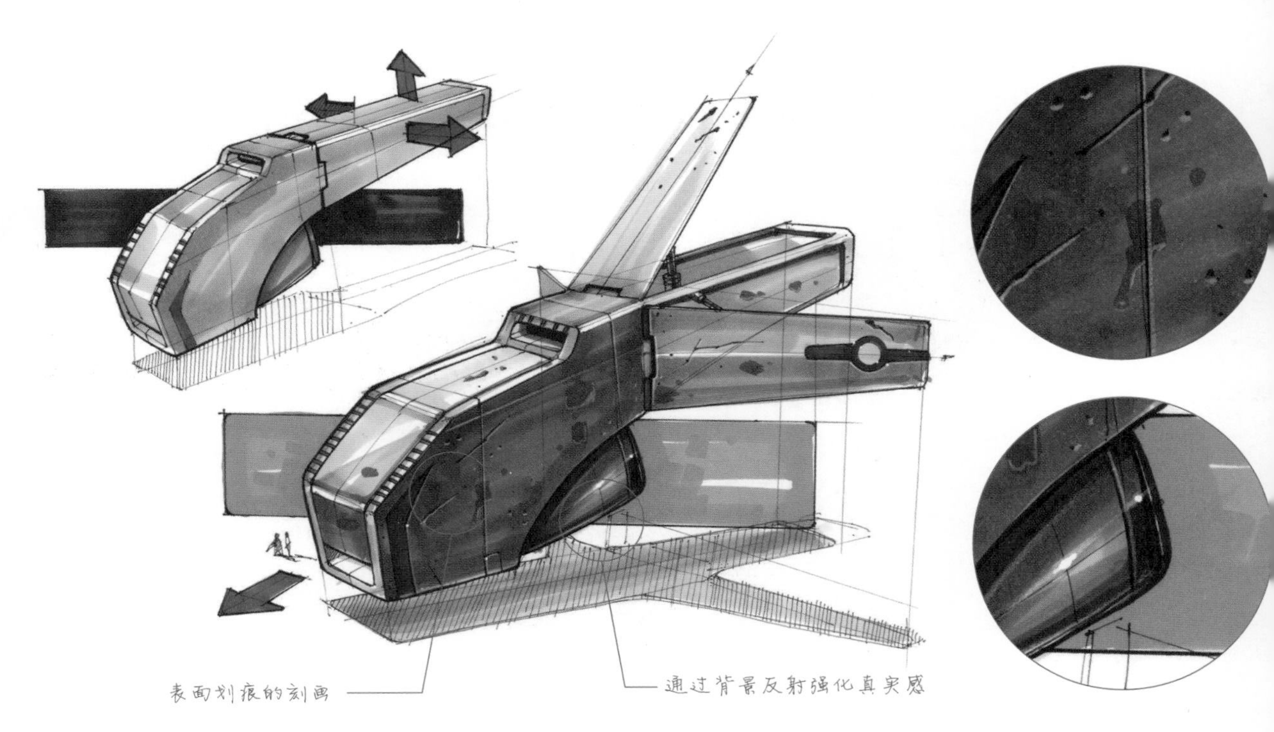

06 加入高光，调整整体画面。

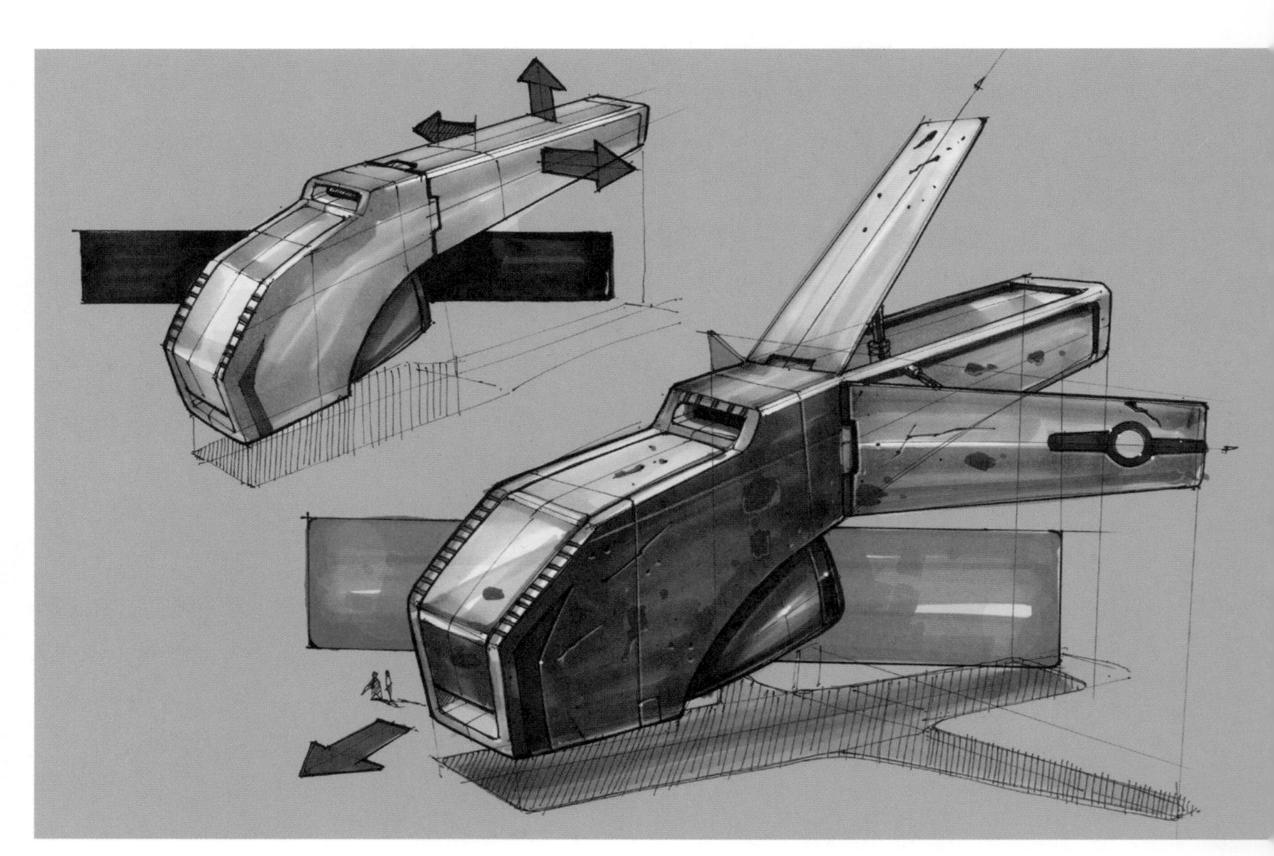

07 根据需求或个人兴趣对形态进行二次渲染。扫描线稿并导入计算机，加上复古背景，使画面更具有复古机械感。

8.11 圆形飞行器

本案例中的飞行器用底色高光法进行绘制。在底色纸上画图，因为纸本身带有明度变化，包含灰阶部分，且自带背景，所以亮部颜色往往可以省略，只需提亮高光、灰部和反光，加重明暗交界线即可。由于纸张本身带有风格或颜色，因此用有色纸张绘制出来的手绘图往往别有一番韵味。由此可见，底色高光法是一种比较简单、高效的绘制方法。本案例中的飞行器形态以圆柱形态为主，非常适合用来练习绘制圆的透视效果。

绘制工具

线稿使用工具：针管笔。

上色使用工具：灰色系、红色系马克笔。

高光使用工具：霹雳马白色彩铅、三菱POSCA极细广告笔。

绘制流程

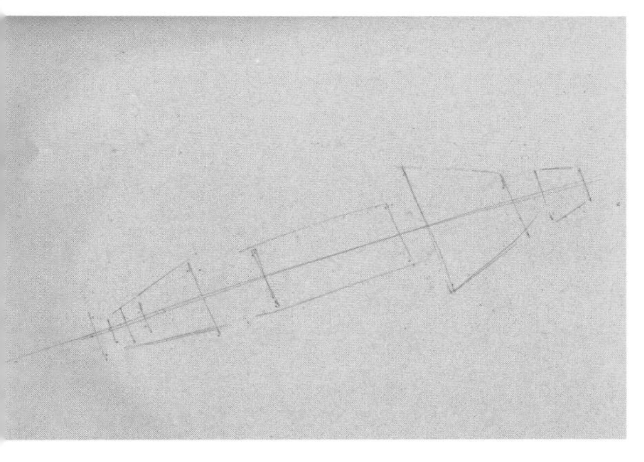

01 找到中心轴线（绘制以圆柱形态为主体的产品时一般先找中心轴线，也就是短轴），用简单的线条概括出飞行器的基本形状，要注意整体的形态特征。

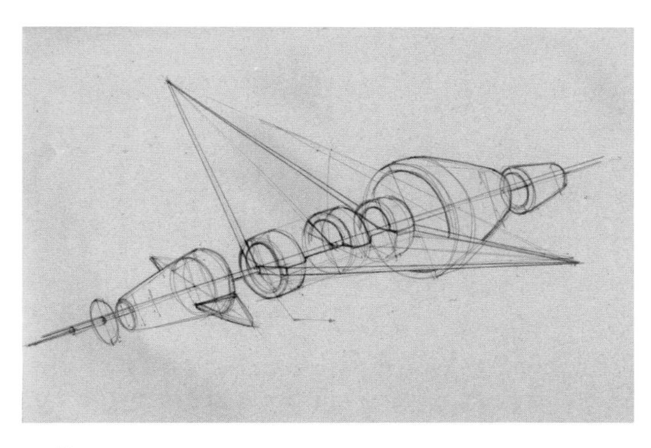

02 根据中心轴线及轮廓绘制出圆柱主体和两翼形态。

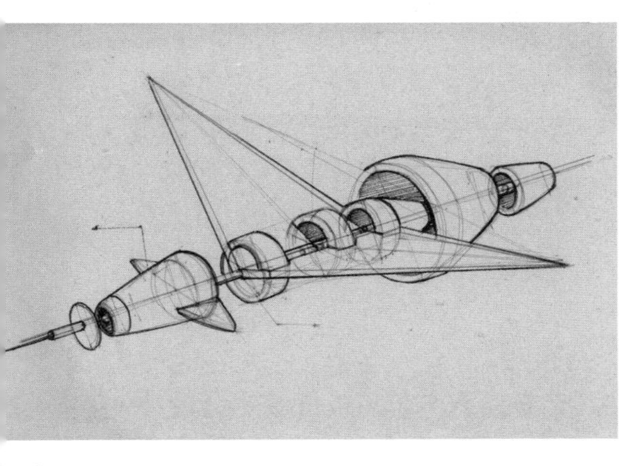

03 刻画细节，区分线条属性。加重轮廓线，绘制阴影线，加强空间感。

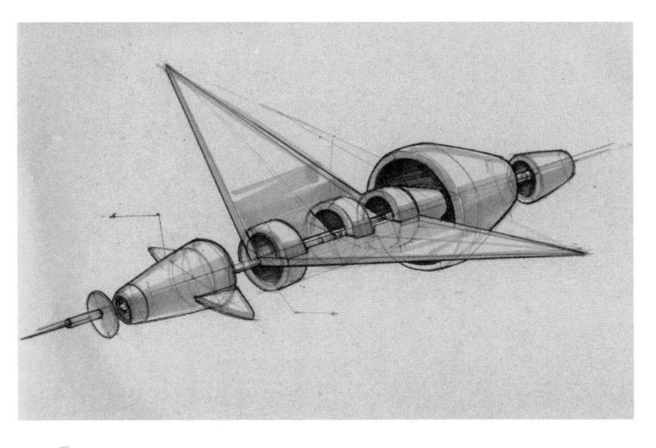

04 预留出亮部，在底色基础上铺一层灰调。

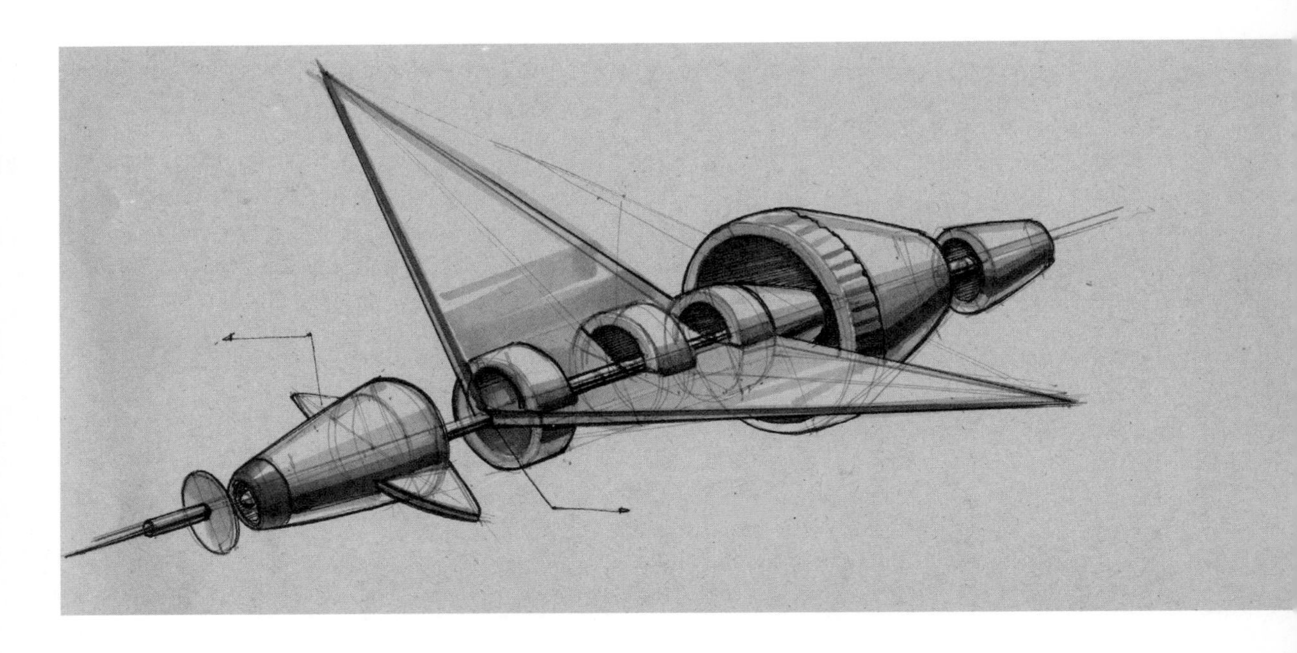

05 绘制出明暗交界线、凹凸细节，注意保证整个形态光影层次的一致性。加入红色作为点缀，增强飞行器的科技感。

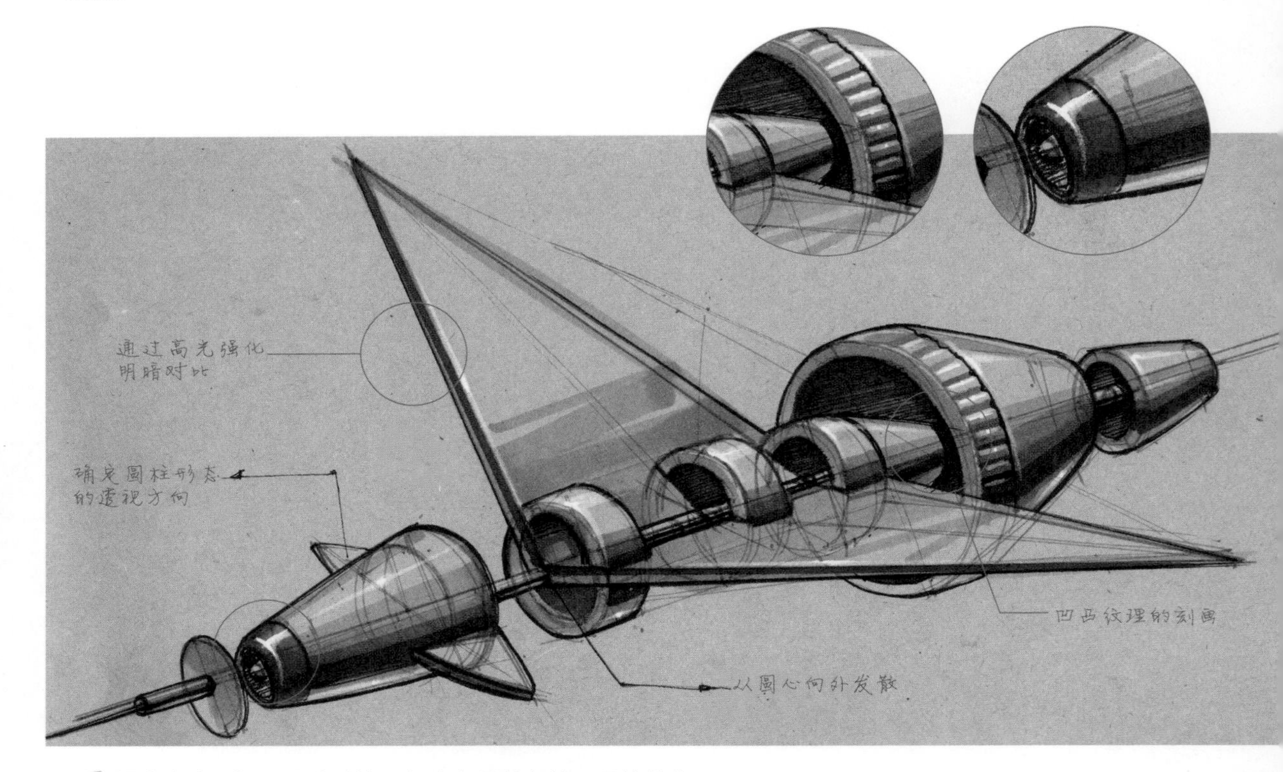
通过高光强化
明暗对比
确定圆柱形态
的透视方向
凹凸纹理的刻画
从圆心向外发散

06 提亮高光，加强明暗对比。加上必要的标注，调整整体画面。

8.12 运动鞋

绘制运动鞋时一定要注意材质的表现。绘制完明暗关系后再刻画皮革材质的纹理，这样画面会显得更自然，也更容易把控。很多初学者喜欢先刻画细节，这样会被束缚，以致费时、费力，所以一定要注意绘图的思路。

绘制工具

线稿使用工具：辉柏嘉399黑色彩铅。

上色使用工具：红色系、蓝色系、灰色系马克笔。

高光使用工具：霹雳马白色彩铅、三菱POSCA极细广告笔。

绘制流程

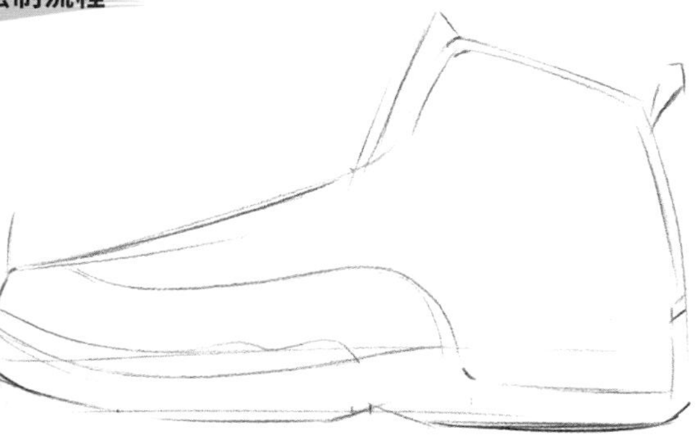

01 抓住产品的形态特征并起稿，放松地进行绘制。

02 绘制细节，区分线条的属性，完善线稿。

03 确定光源方向，区分整体的明暗关系，铺色并区分颜色。这一步主要是区分明暗面，不用添加细节。

04 加强明暗对比，调整过渡层次，增强产品的空间感。

05 丰富过渡层次，提亮亮部与反光部分，让表达更充分。

仿水彩效果的随机背景能
衬托出皮革纹理的精致感
鞋底凹凸纹理
皮革纹理的表达

06 增加细节，刻画皮革材质的纹理，并根据纹理用高光笔提亮高光。绘制背景以增强对比，协调整体画面。

8.13 挎包

挎包的材质虽然相对柔软，但还是要按照正确的透视关系绘制，否则挎包容易扭曲变形。可以适当地加一些布褶、针脚线等细节，让产品看起来更真实、细致。在绘制挎包时，需要注意挎包上面色彩的区分和材质的表现。

绘制工具

线稿使用工具：针管笔。

上色使用工具：皮革色系，冷、暖灰色系马克笔。

高光使用工具：霹雳马白色彩铅、三菱POSCA极细广告笔。

绘制流程

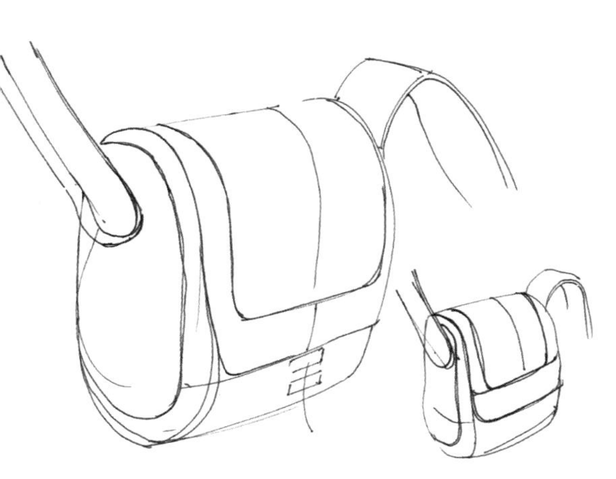

01 绘制出整体的形态特征，并找准相应的透视关系。挎包的材质相对柔软，线条可以随意一些。

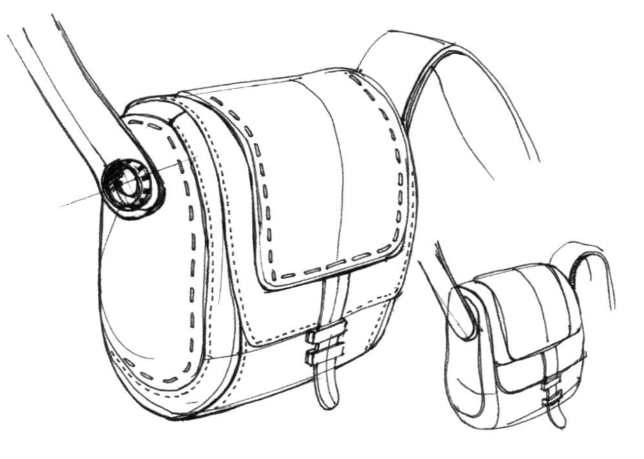

02 刻画细节，勾画出形态特征和各部分细节。

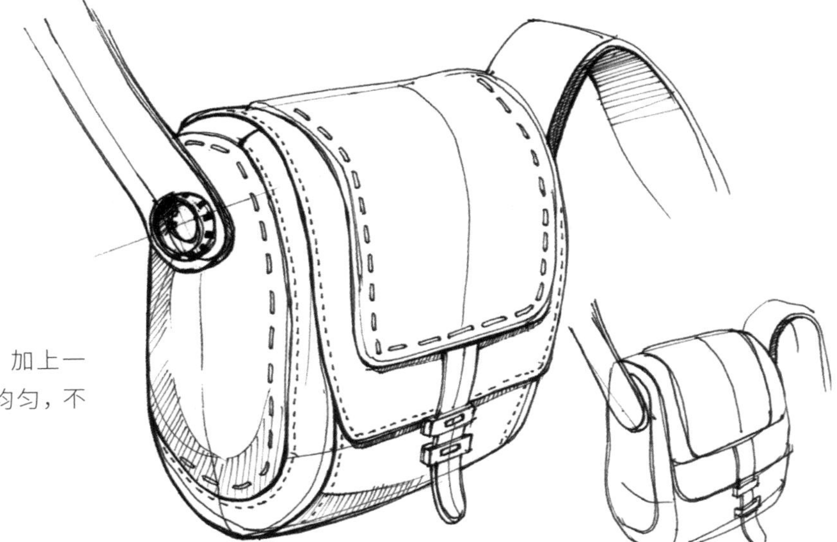

03 整理线条，区分线条属性。加上一些必要的阴影线，注意排线要均匀，不要太潦草。

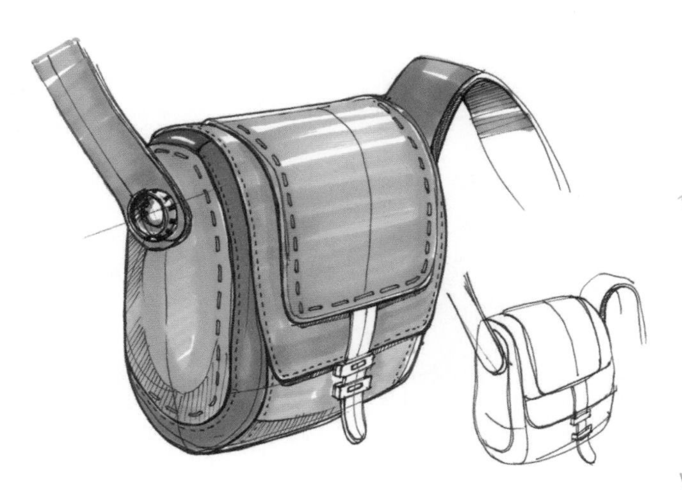

04 整体铺色，确定各个组成部分材质的颜色搭配。设定光源方向，区分基本的明暗关系。

05 深化明暗层次，加强明暗对比。进行皮革纹理及布褶的基础刻画。

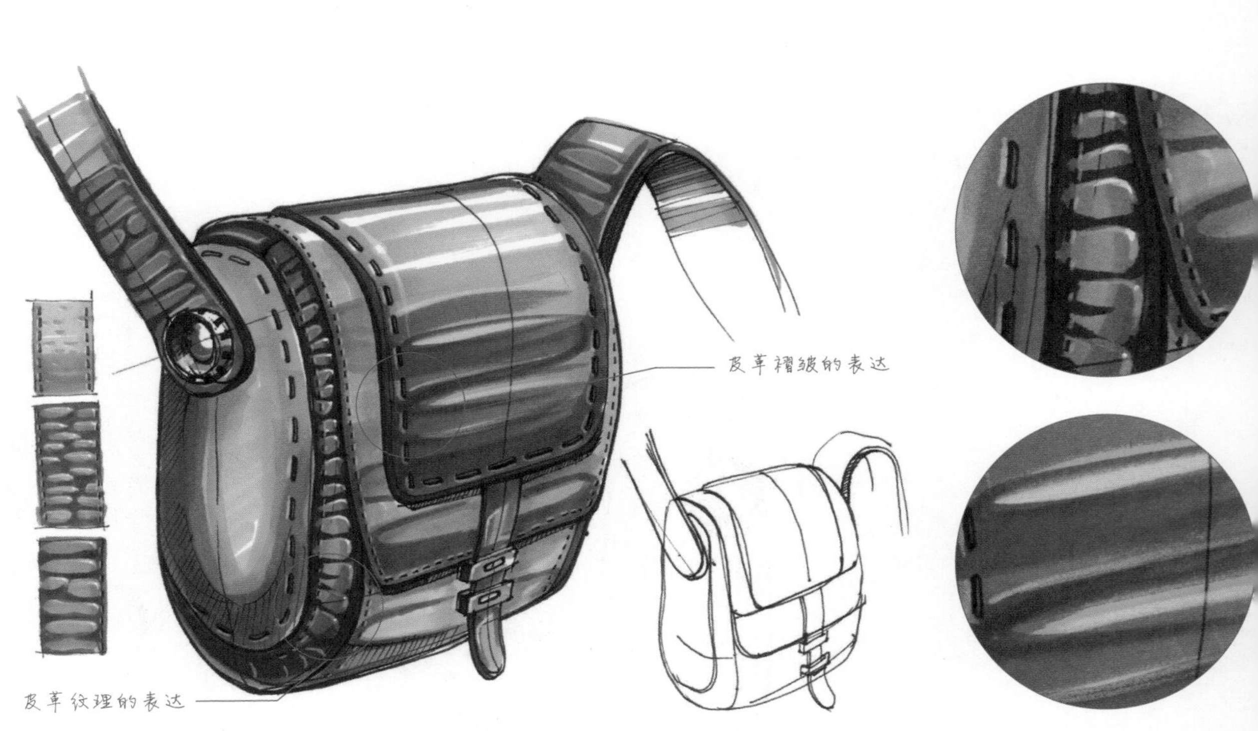

06 进一步深化明暗层次。进行细节的刻画，如皮革材质的纹理、布褶等，让表达更充分。根据光源的方向提亮高光，调整整体画面。

8.14 木质音箱

这是一款木质音箱，整体简洁大方，有比较丰富的细节，如按钮、屏幕等，并且涉及不同材质的应用。

绘制工具

线稿使用工具：走珠笔。

上色使用工具：木色系、中灰色系马克笔。

高光使用工具：霹雳马白色彩铅、三菱POSCA极细广告笔。

绘制流程

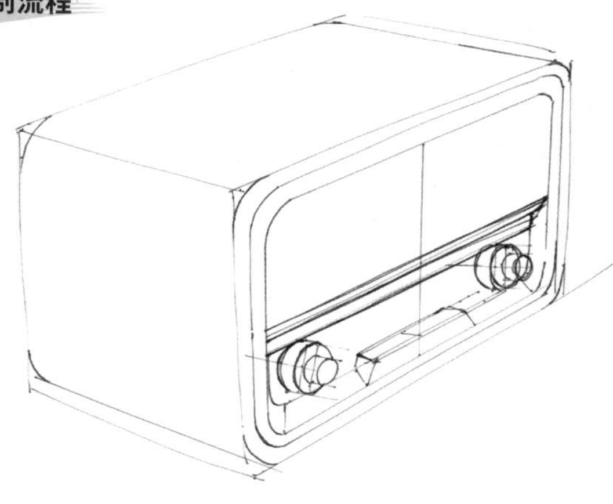

01 绘制产品之前先确定构建方法。方体为本产品的主要构成形态，确定比例并将产品简化为基本形态。然后绘制起稿线（细线），一边绘制一边矫正线条等问题。

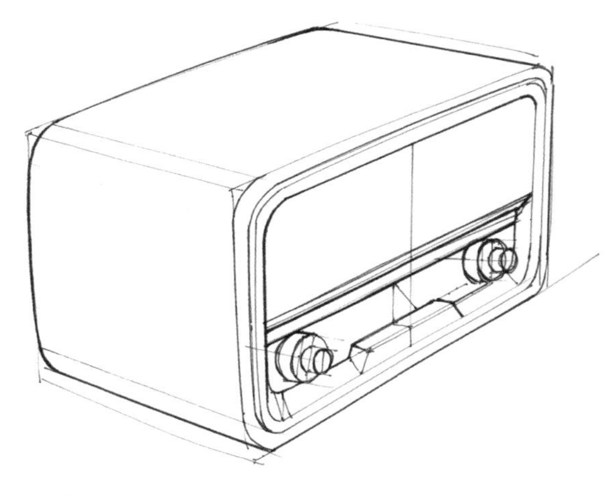

02 刻画细节部分。区分线条的关系，完善转折及细节，呈现出立体感。

03 确定主光源方向，区分大体的明暗关系。按照设定好的明暗关系来铺色，从浅色区域入手，预留亮部、反光位置。

04 加强明暗对比，调整过渡层次，增强产品的空间感。

05 丰富过渡层次，进行细节的刻画。用白色彩铅提亮亮部、反光等位置，细化木质纹理部分。

06 提亮高光，强化对比，让表达更充分。用白色彩铅绘制屏幕。

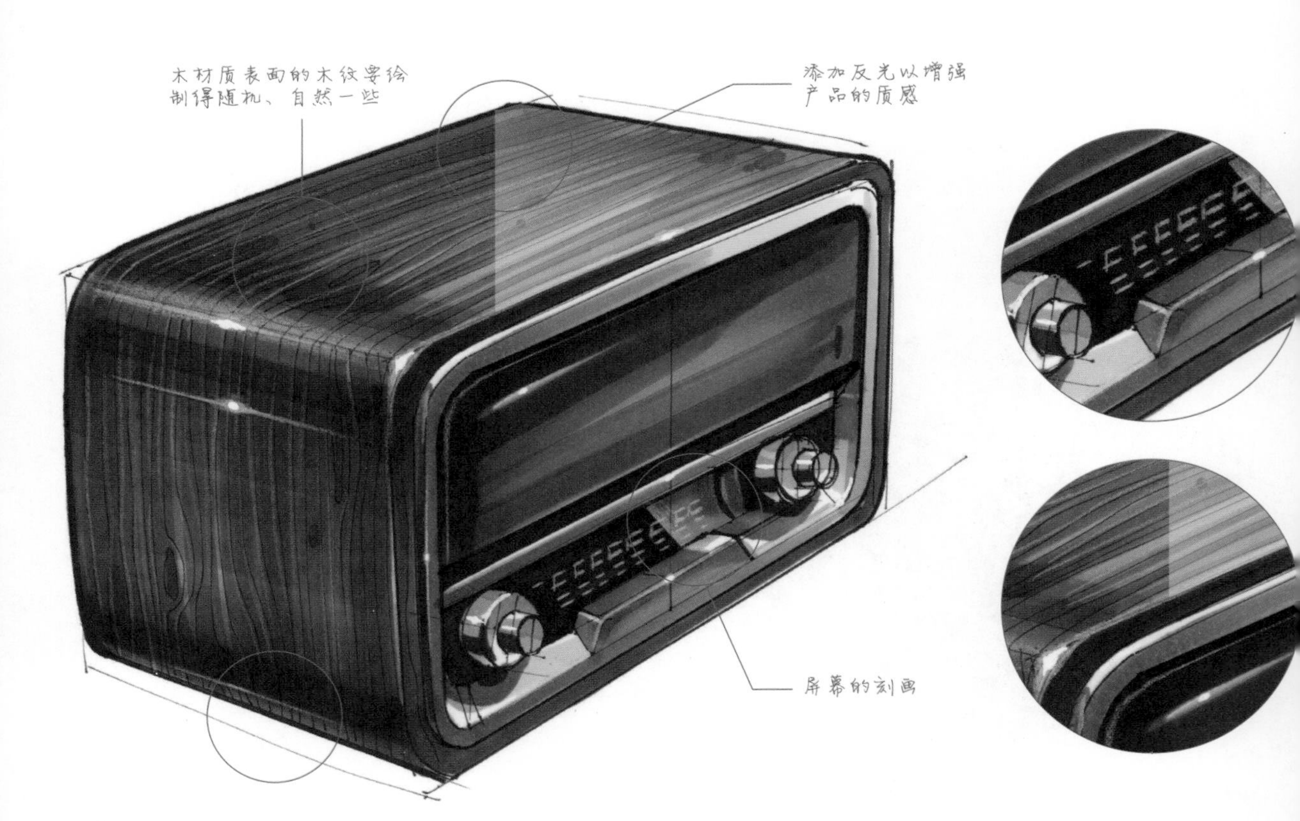
木材质表面的木纹要绘制得随机、自然一些
添加反光以增强产品的质感
屏幕的刻画

07 在后期处理时，可以使用Photoshop进行简单渲染，增强木材质（漆面效果）的真实感。

第 9 章

产品手绘展示图表达与解析

经过前面的系统学习，大家应该对产品设计手绘已经有了较为全面的了解。本章将展示多种产品的手绘展示图，并加以分析、解说，让大家深入理解设计手绘需要注意的问题和绘制技巧。

9.1 鞋类

鞋子具有丰富的曲面变化，绘制时可通过3个不同视角的特征截面确定形态构成，这对初学者来说有一定难度，但多加练习能有效提高训练曲面造型的能力。虽然鞋子的种类多样，但是由于人体的脚掌结构大体一致，所以鞋底各部分的比例是相对固定的。了解了鞋底的固定比例之后，绘制起来就会更简单。

脚后跟的位置前倾
鞋底的比例关系
鞋带的体量感要表达出来
用马克笔色彩
梯释局部

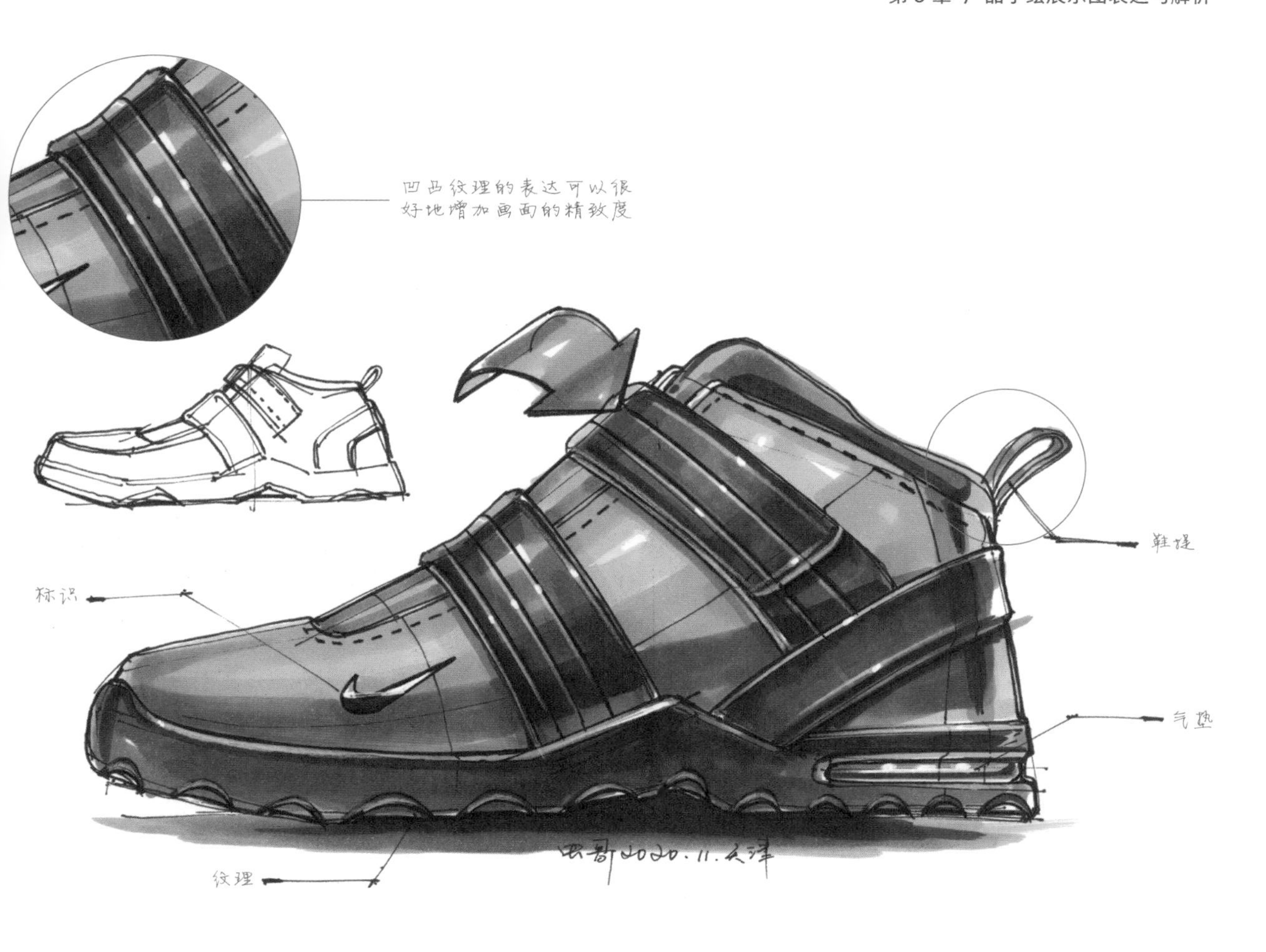
凹凸纹理的表达可以很
好地增加画面的精致度
鞋提
标识
气垫
纹理

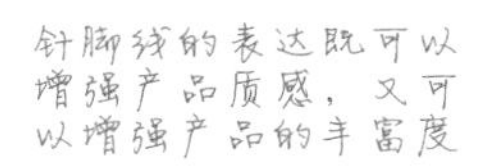
针脚线的表达既可以
增强产品质感，又可
以增强产品的丰富度

反光
Logo
反光
针脚线的表达
不同材质
品牌 Logo 的展示
光滑材质的表达

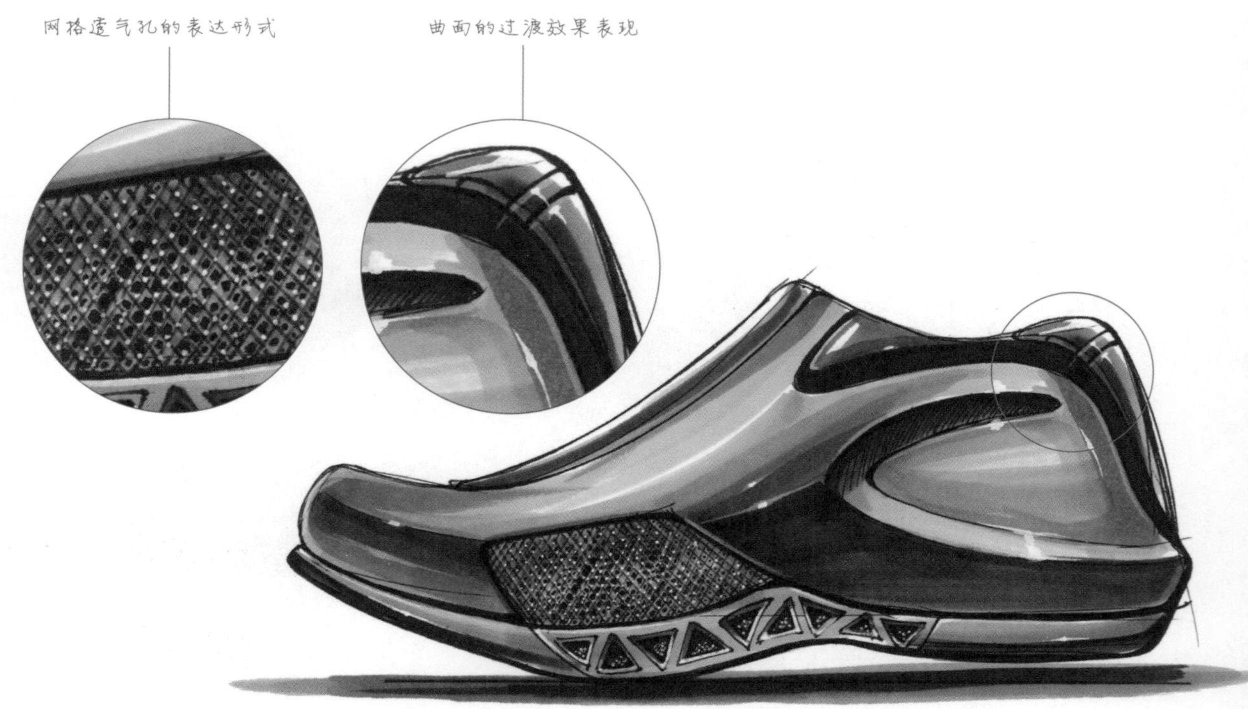
网格透气孔的表达形式
曲面的过渡效果表现

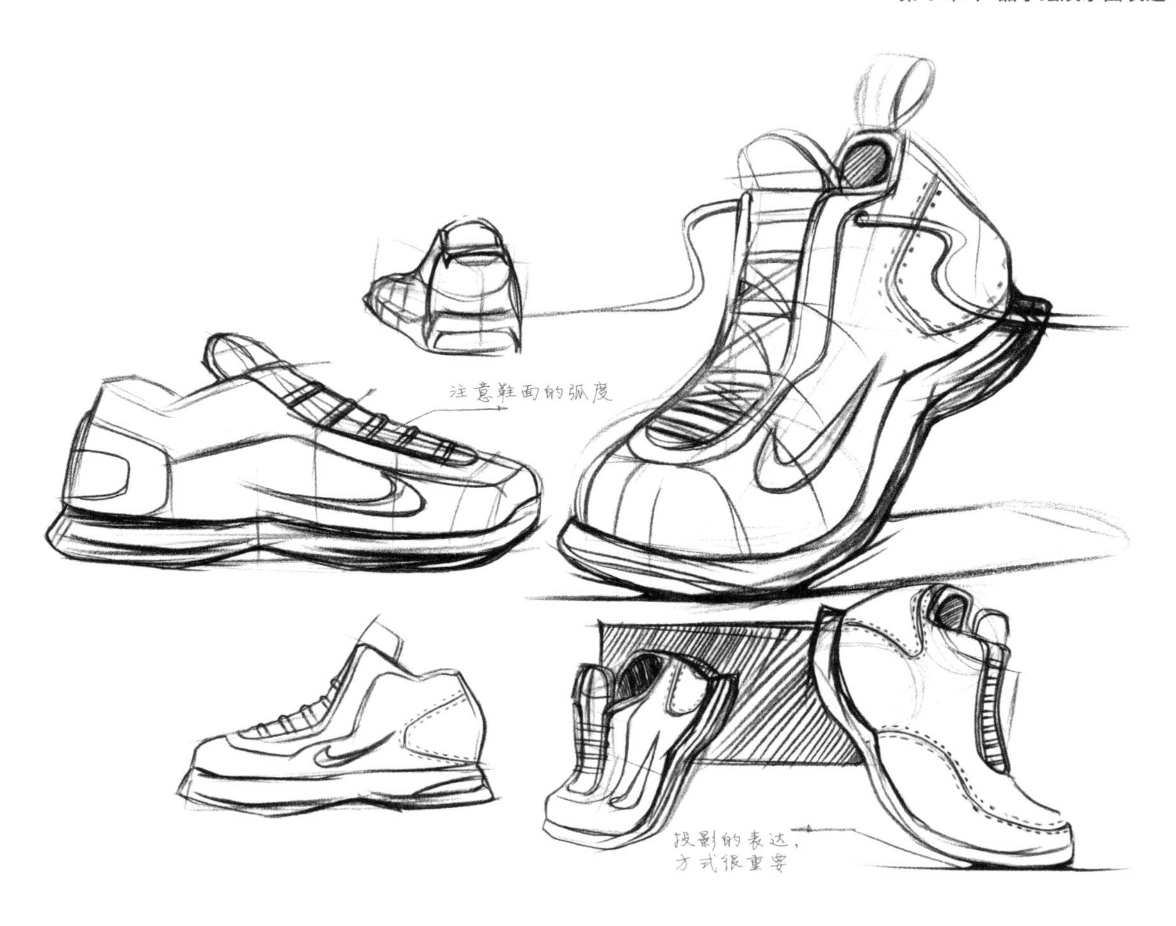
注意鞋面的弧度
投影的表达，
方式很重要

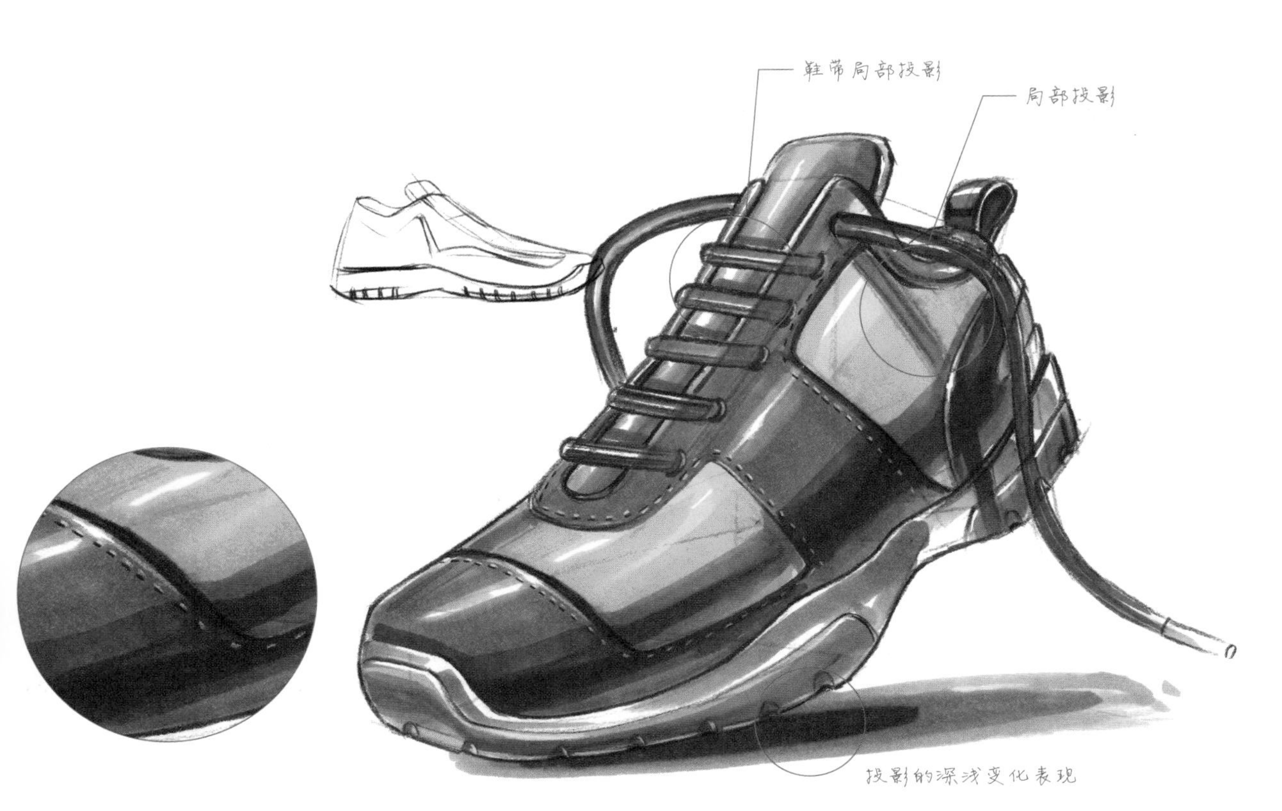
鞋带局部投影
局部投影
投影的深浅变化表现

9.2 交通工具类

交通工具是工业产品设计中的细分类别，包含汽车、摩托车、电动车、自行车、船、飞机等。其中汽车占据了主要位置。而汽车设计手绘由于具有炫酷的特点，因此成为很多人比较感兴趣的一个产品手绘领域。想要绘制好汽车手绘，必须对汽车各部分的结构、比例、细节等十分了解才行。汽车车身的比例、结构和车轮的透视是绘制时的三大难点，为方便理解，可以先对汽车进行基本形态的简化，然后刻画具体细节。

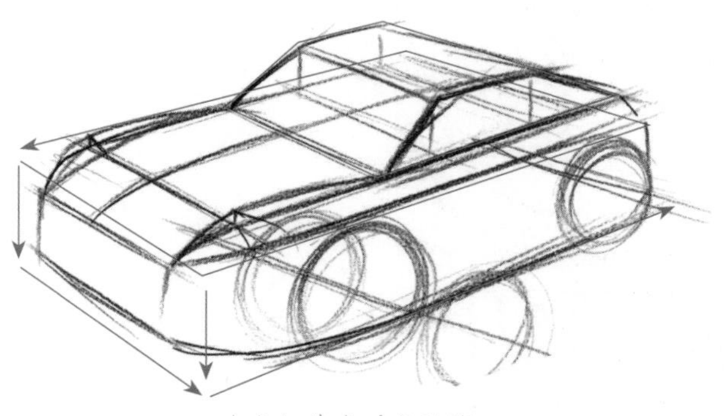

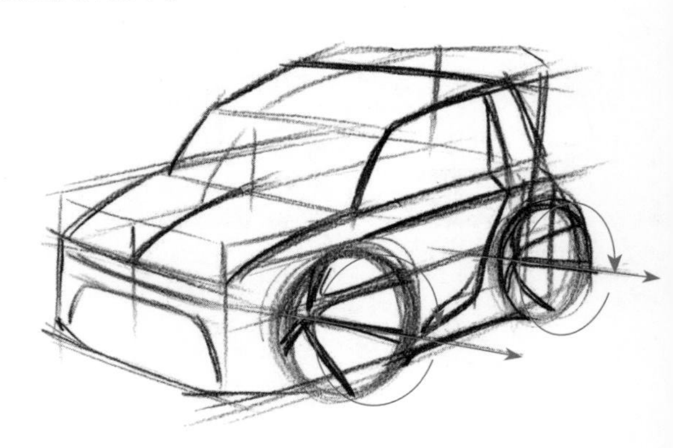

汽车的基本形态结构

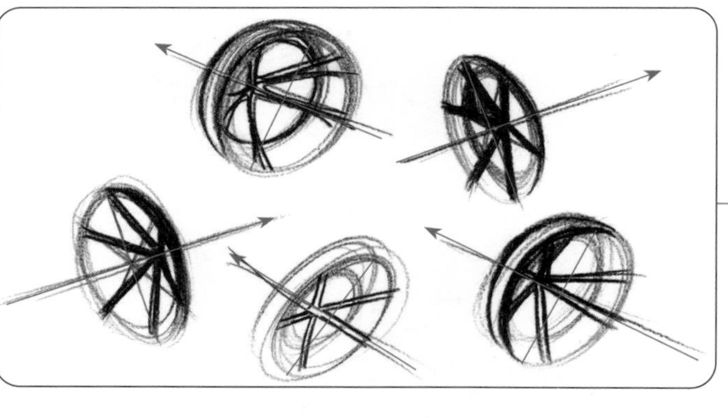

轮胎的绘制是很多人容易出错的地方，可以先找到车轮的透视轴向（短轴），再进行绘制，这样会更容易一些

独特的轮毂颜色起到了很好的点缀作用

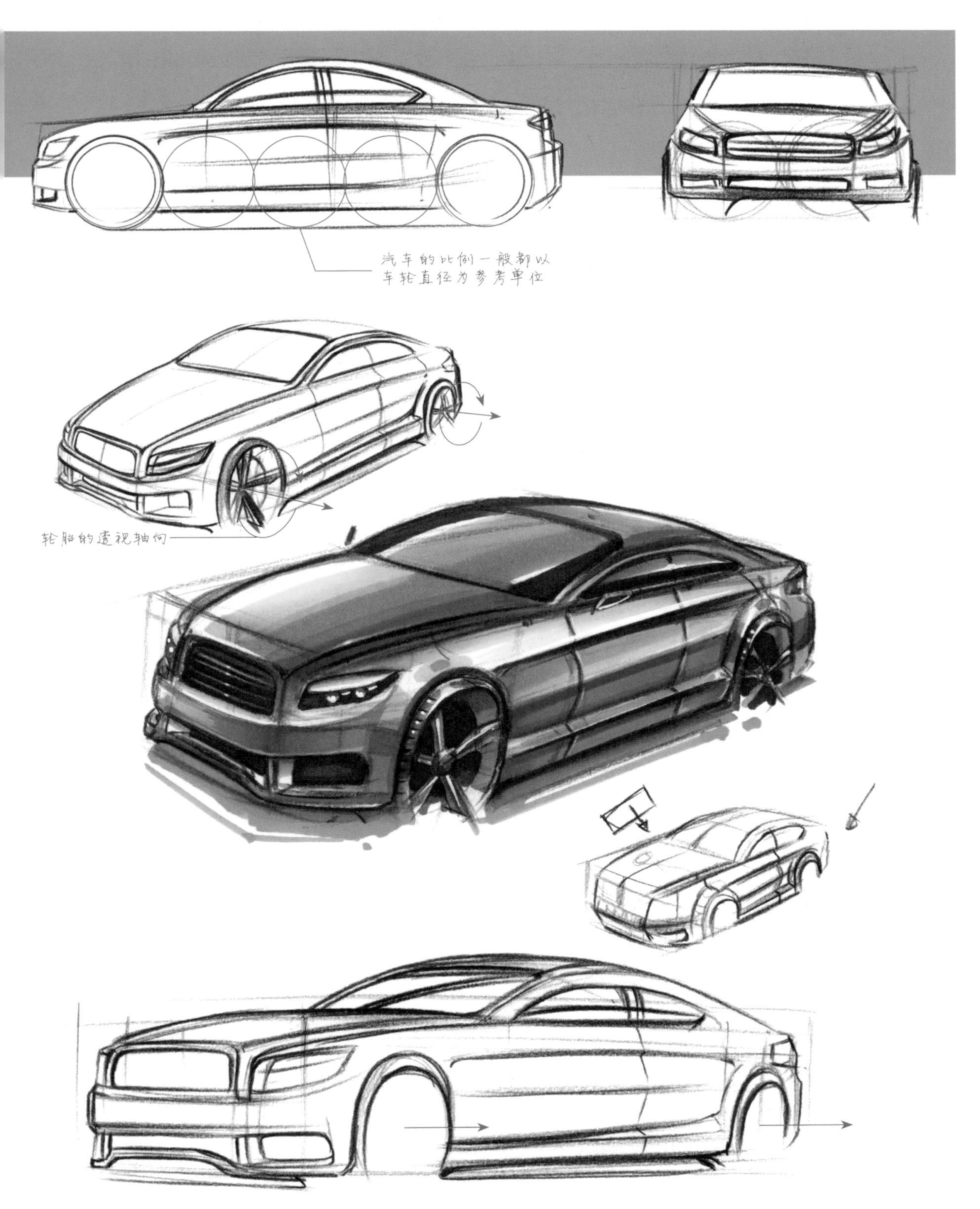
汽车的比例一般都以
车轮直径为参考单位
轮胎的透视轴向

汽车弧面的反射表达

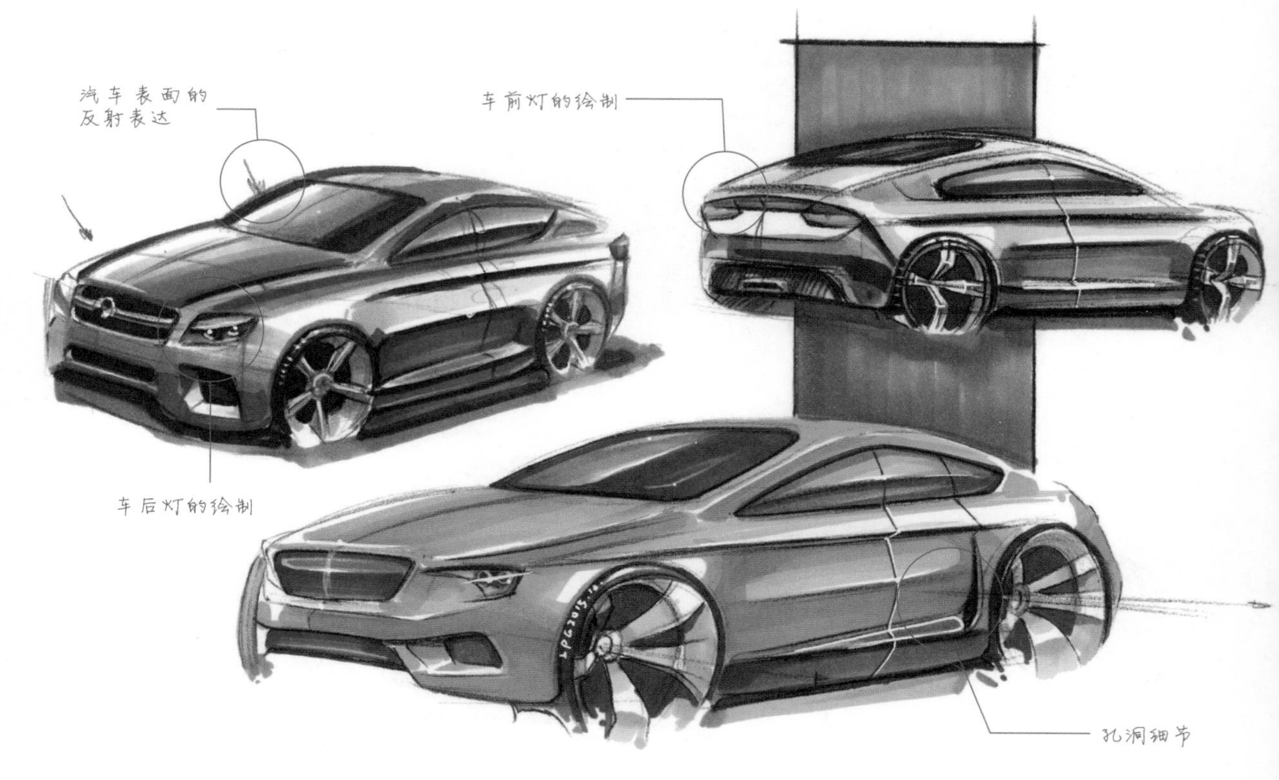
汽车表面的
反射表达
车前灯的绘制
车后灯的绘制
孔洞细节

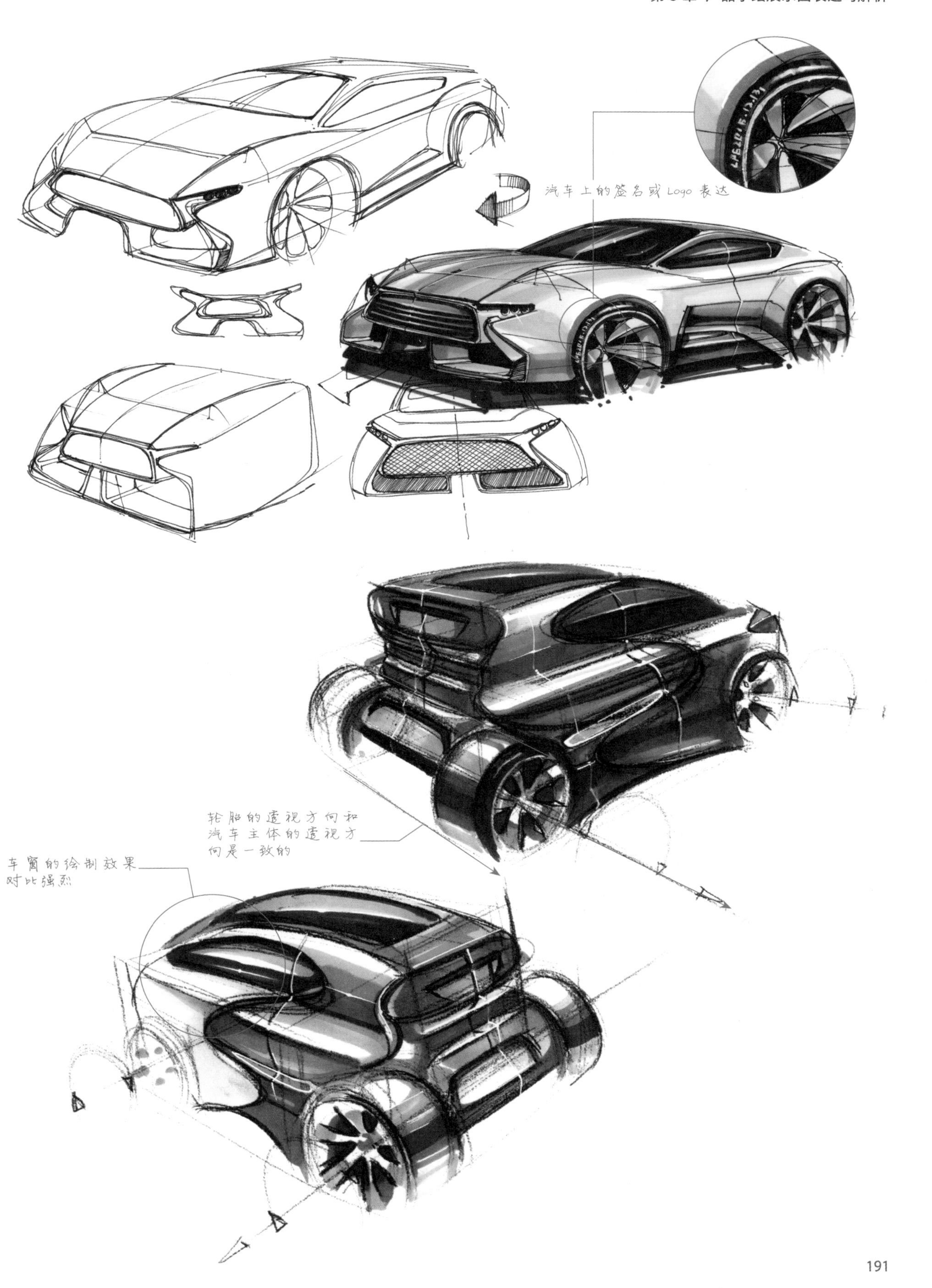
汽车上的签名或 Logo 表达
轮胎的透视方向和
汽车主体的透视方
向是一致的
车窗的绘制效果
对比强烈

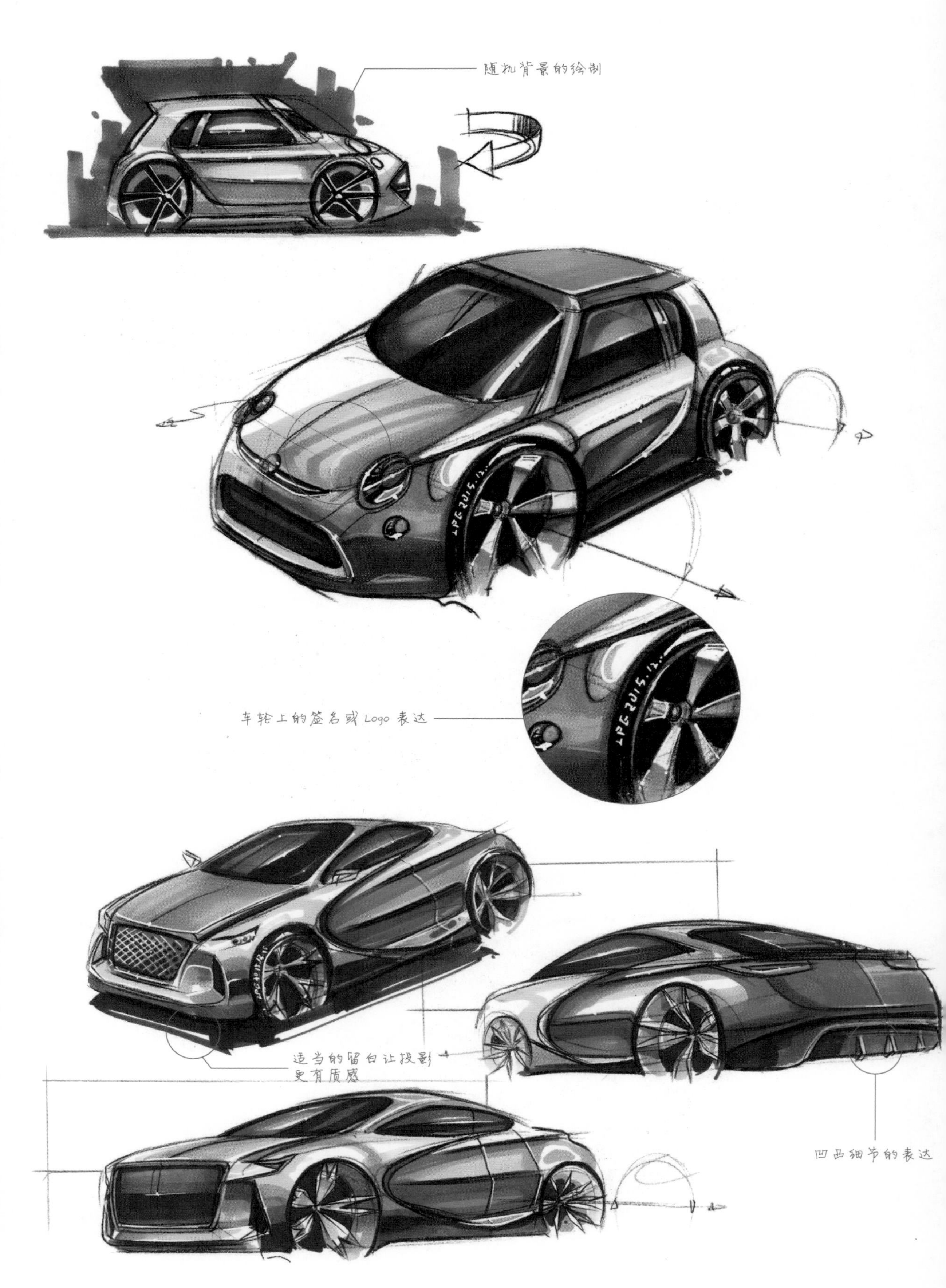

随机背景的绘制
车轮上的签名或Logo表达
适当的留白让投影
更有质感
凹凸细节的表达

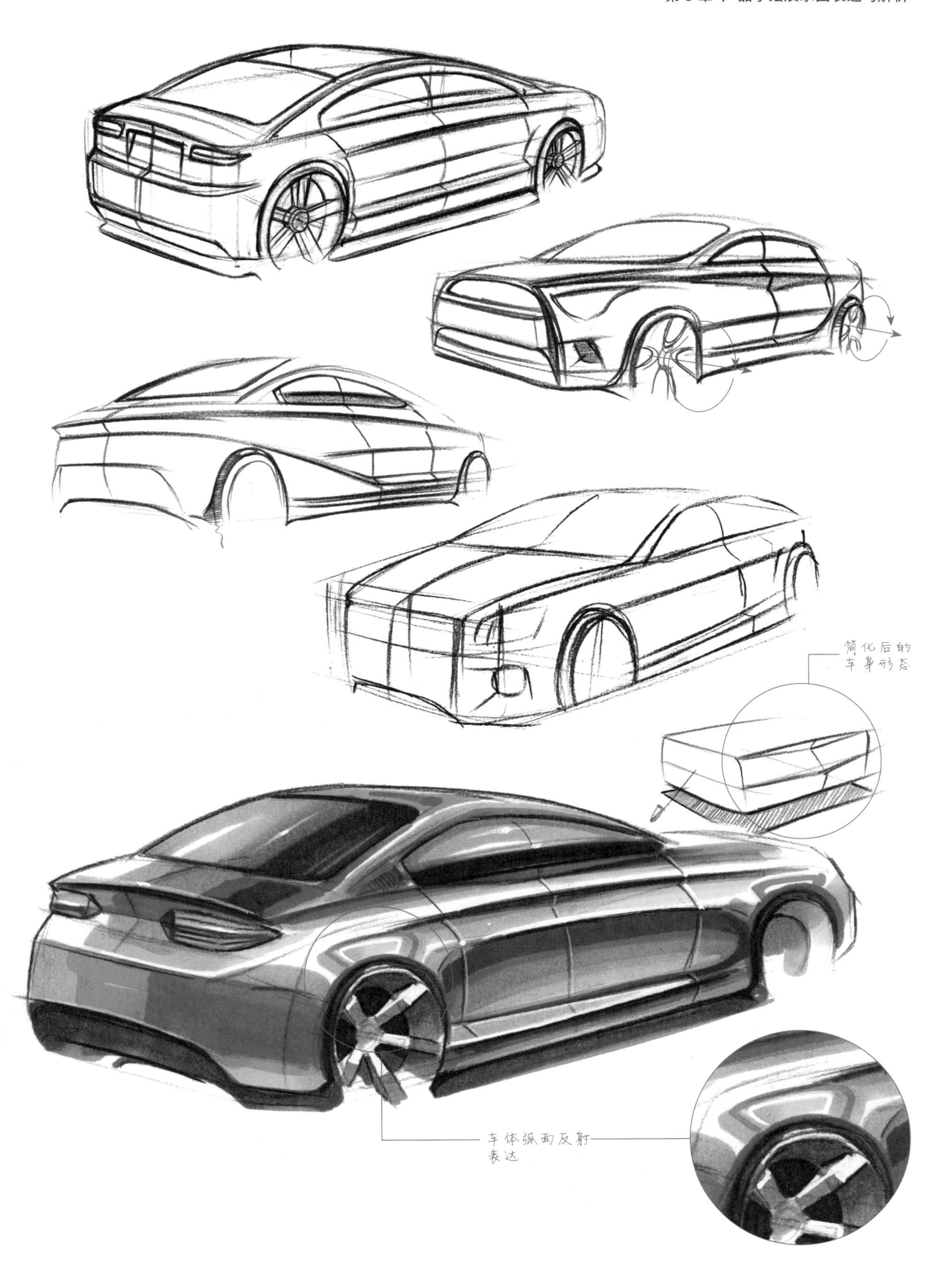
简化后的
车身形态
车体弧面反射
表达

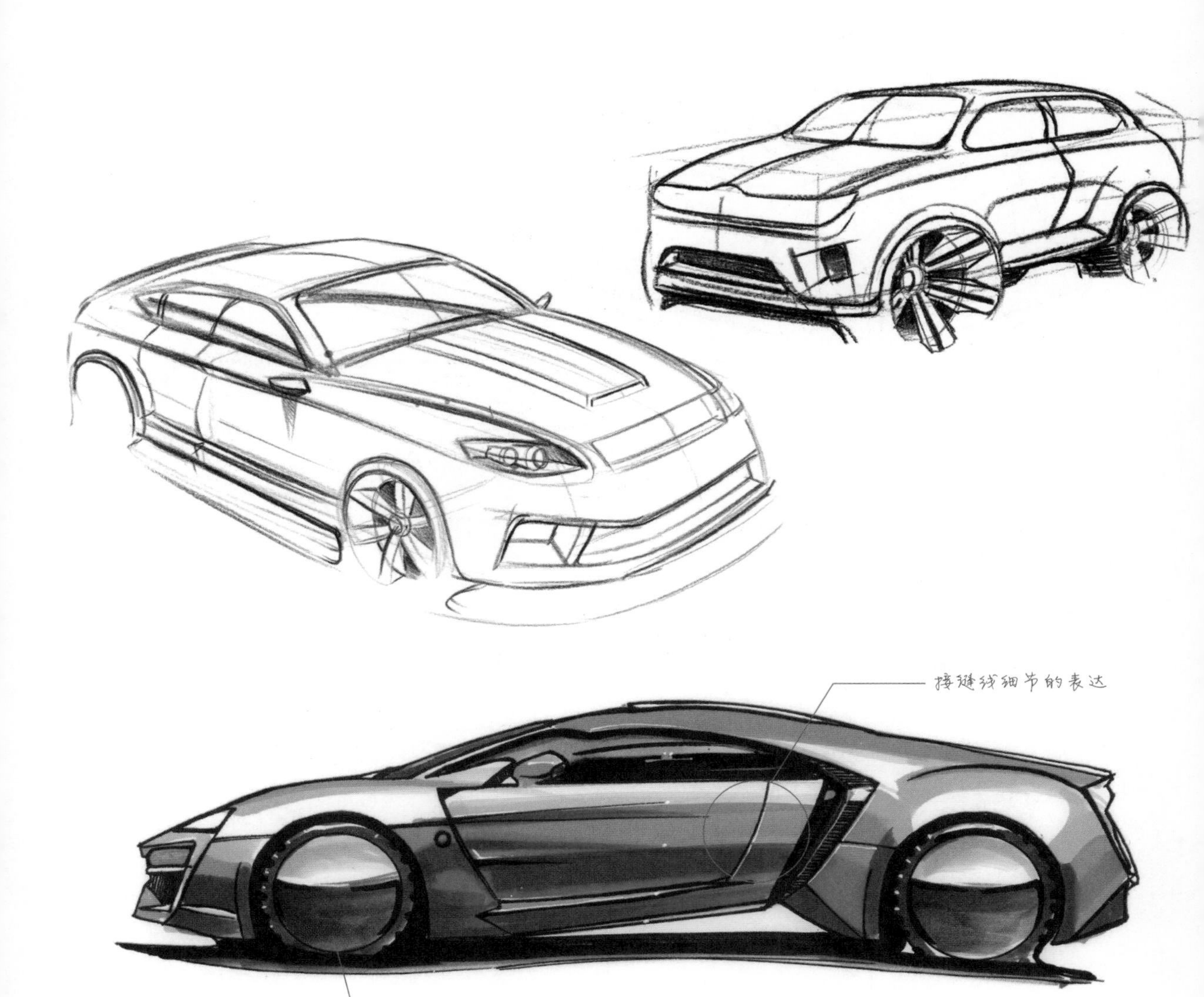
接缝线细节的表达
金属材质的表达

局部凹凸面的表达
车前灯的表达

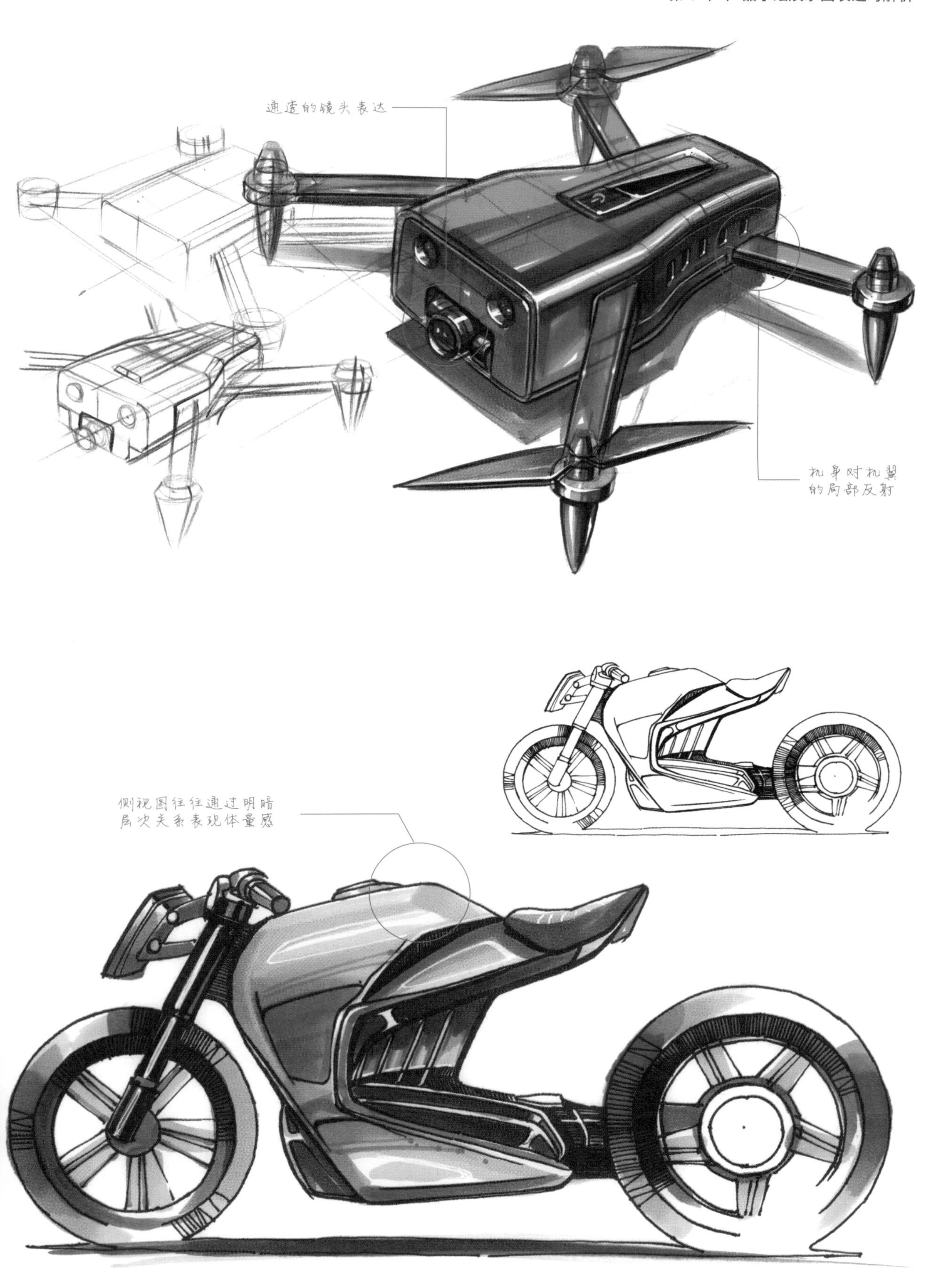
通透的镜头表达
机身对机翼
的局部反射
侧视图往往通过明暗
层次关系表现体量感

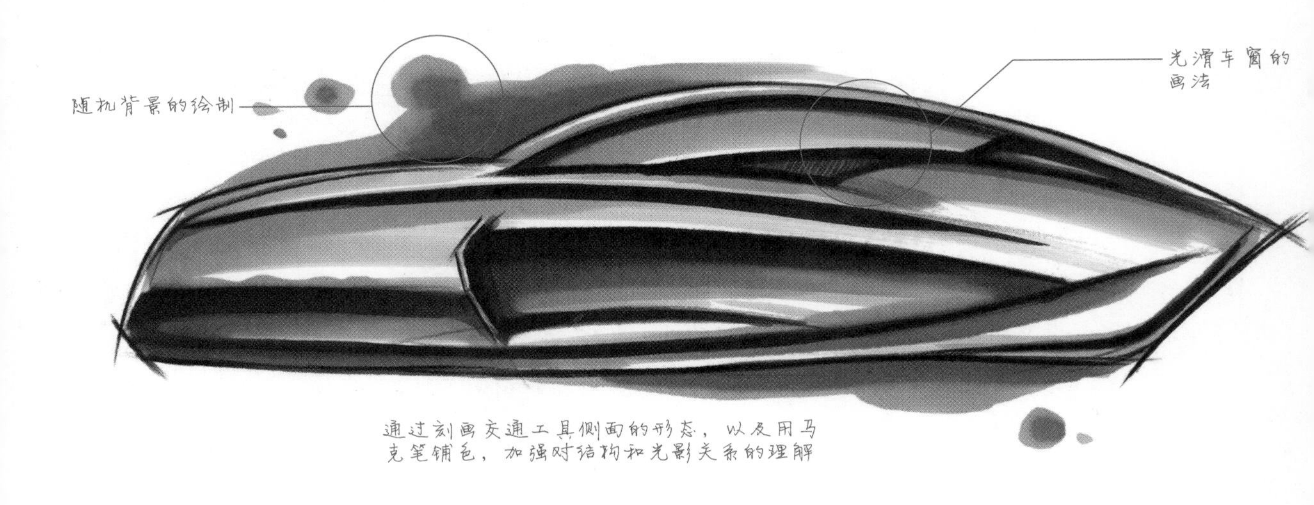

通过刻画交通工具侧面的形态，以及用马克笔铺色，加强对结构和光影关系的理解

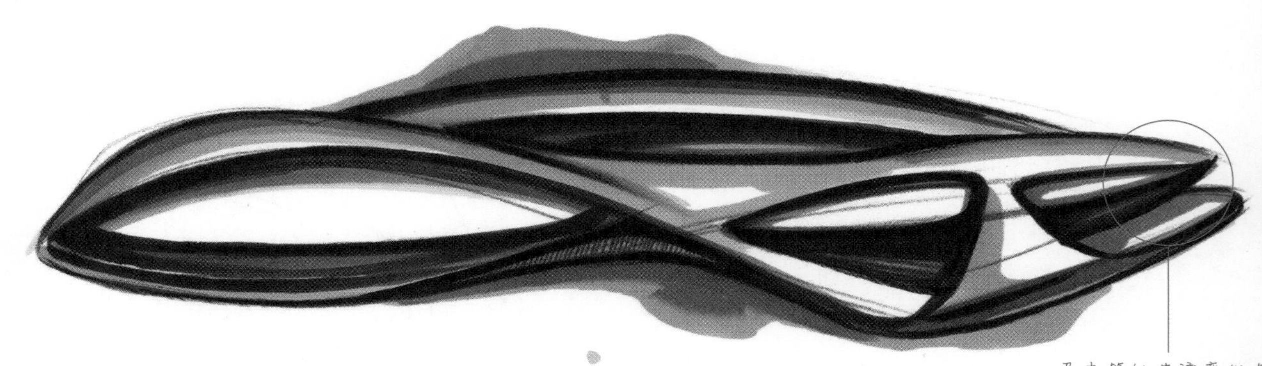

马克笔的过渡变化与
形态结构的转折密不
可分

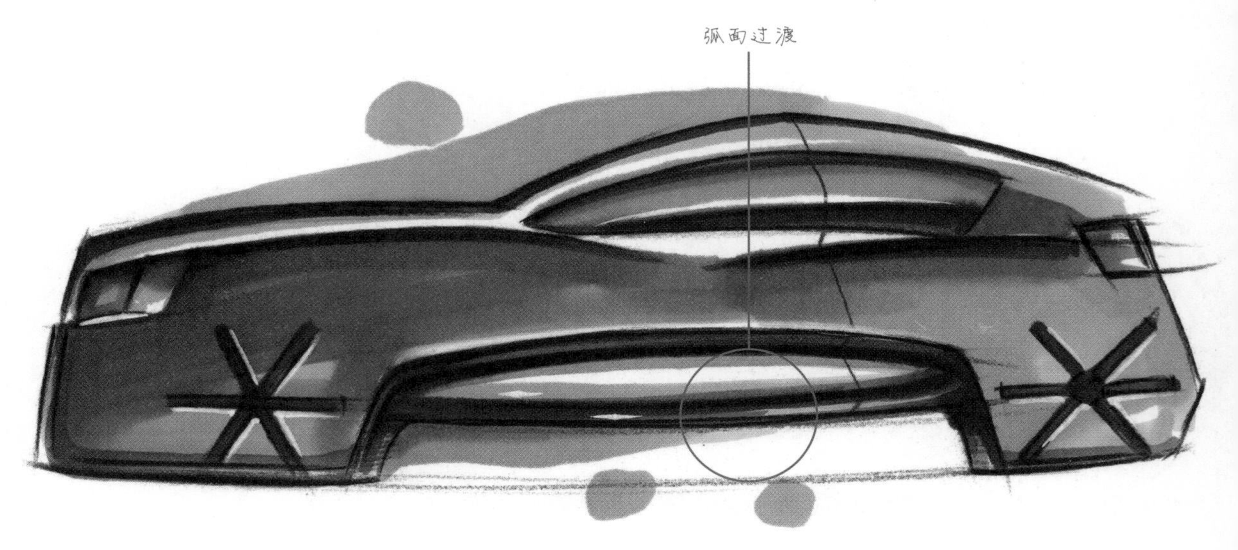

9.3 仿生形态类

仿生设计手绘是产品设计手绘中一个非常重要的方向，也是非常重要的展示表达方式之一。从产品设计手绘或形态刻画训练的角度而言，通过绘制、描摹自然生物（花、鸟、鱼、虫、兽等），捕捉其特征并简化形态，可以有效训练造型能力、抽象能力、空间想象能力等综合能力。

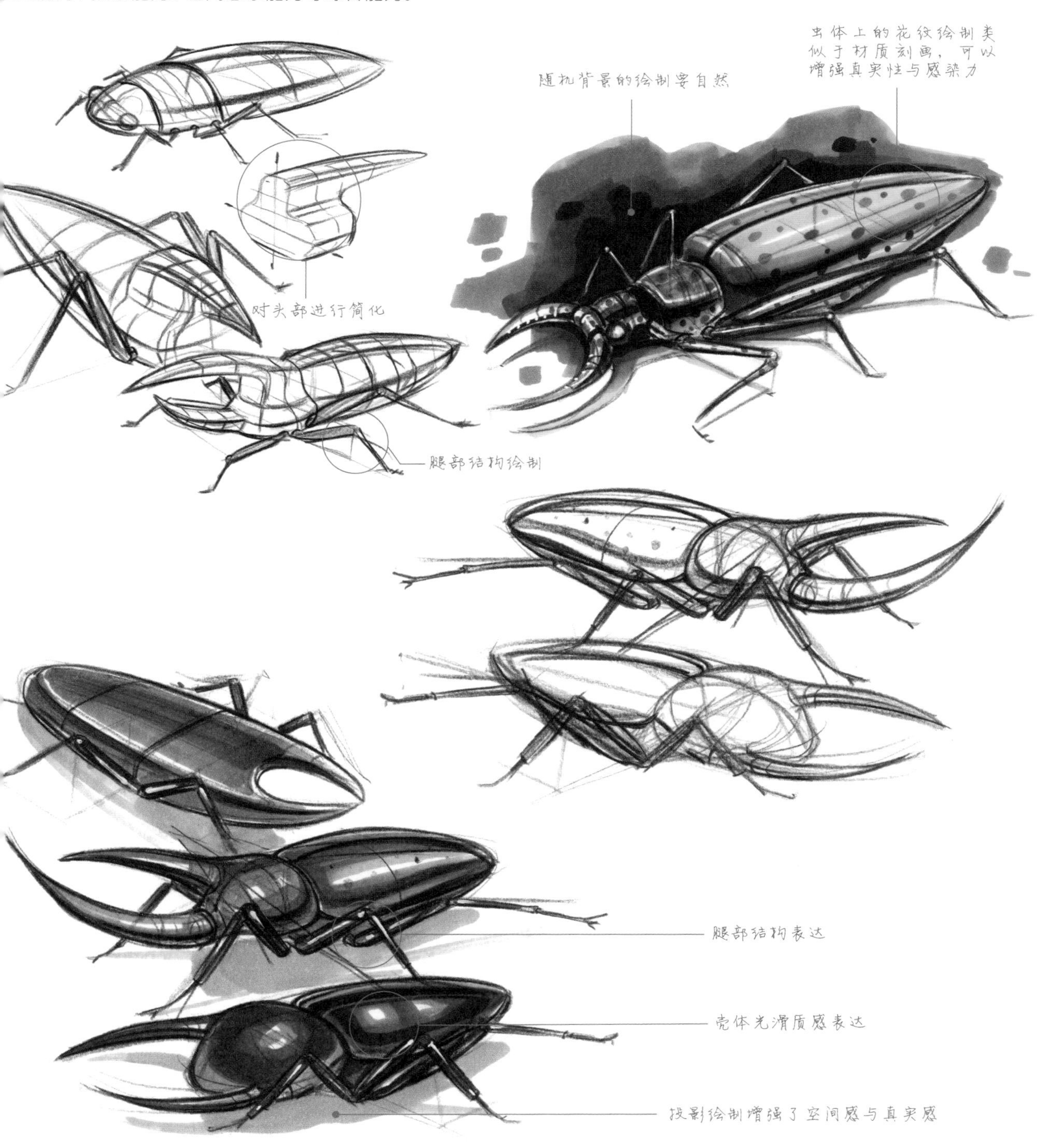
虫体上的花纹绘制类似于材质刻画，可以增强真实性与感染力
随机背景的绘制要自然
对头部进行简化
腿部结构绘制
腿部结构表达
壳体光滑质感表达
投影绘制增强了空间感与真实感

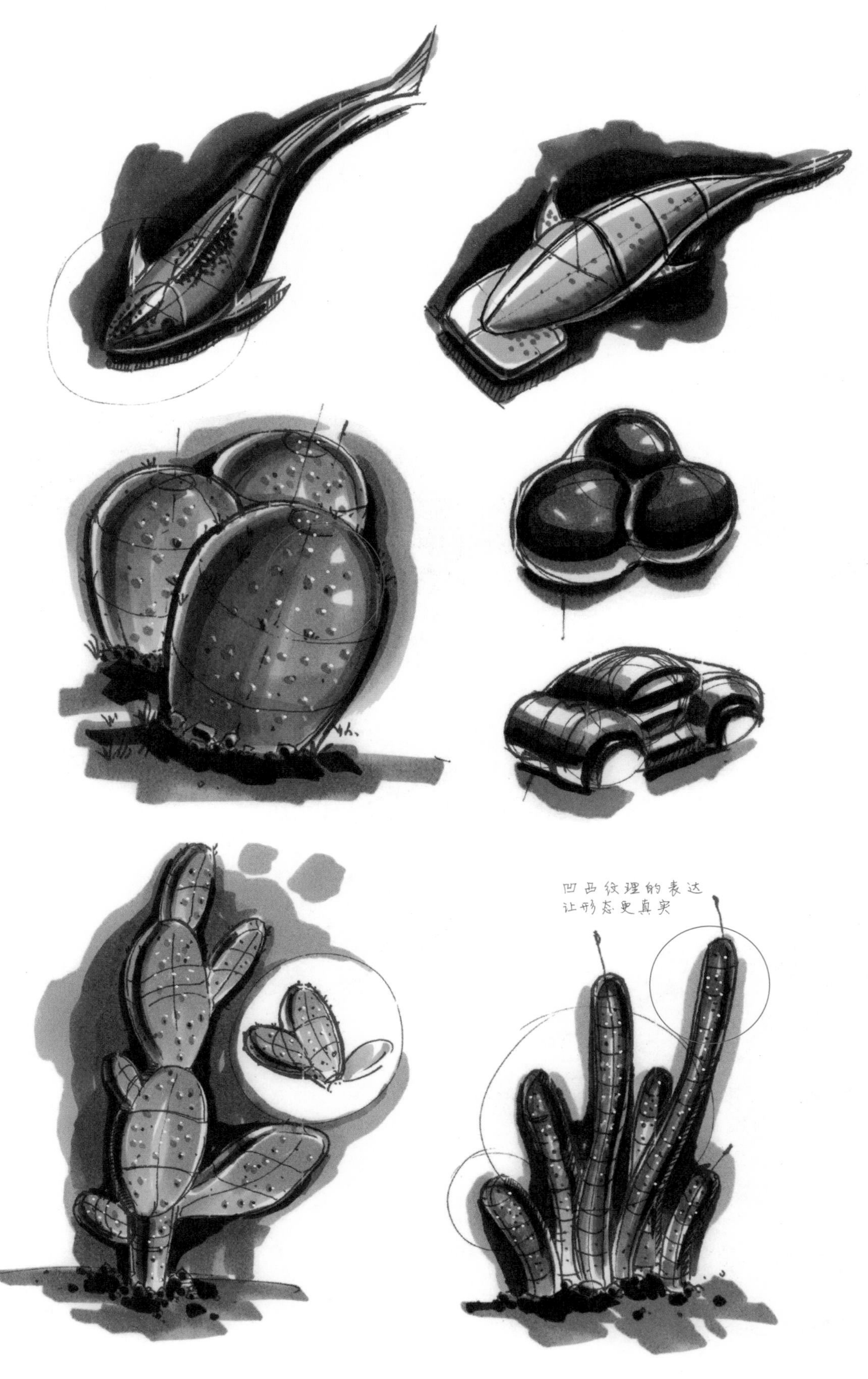
凹凸纹理的表达
让形态更真实

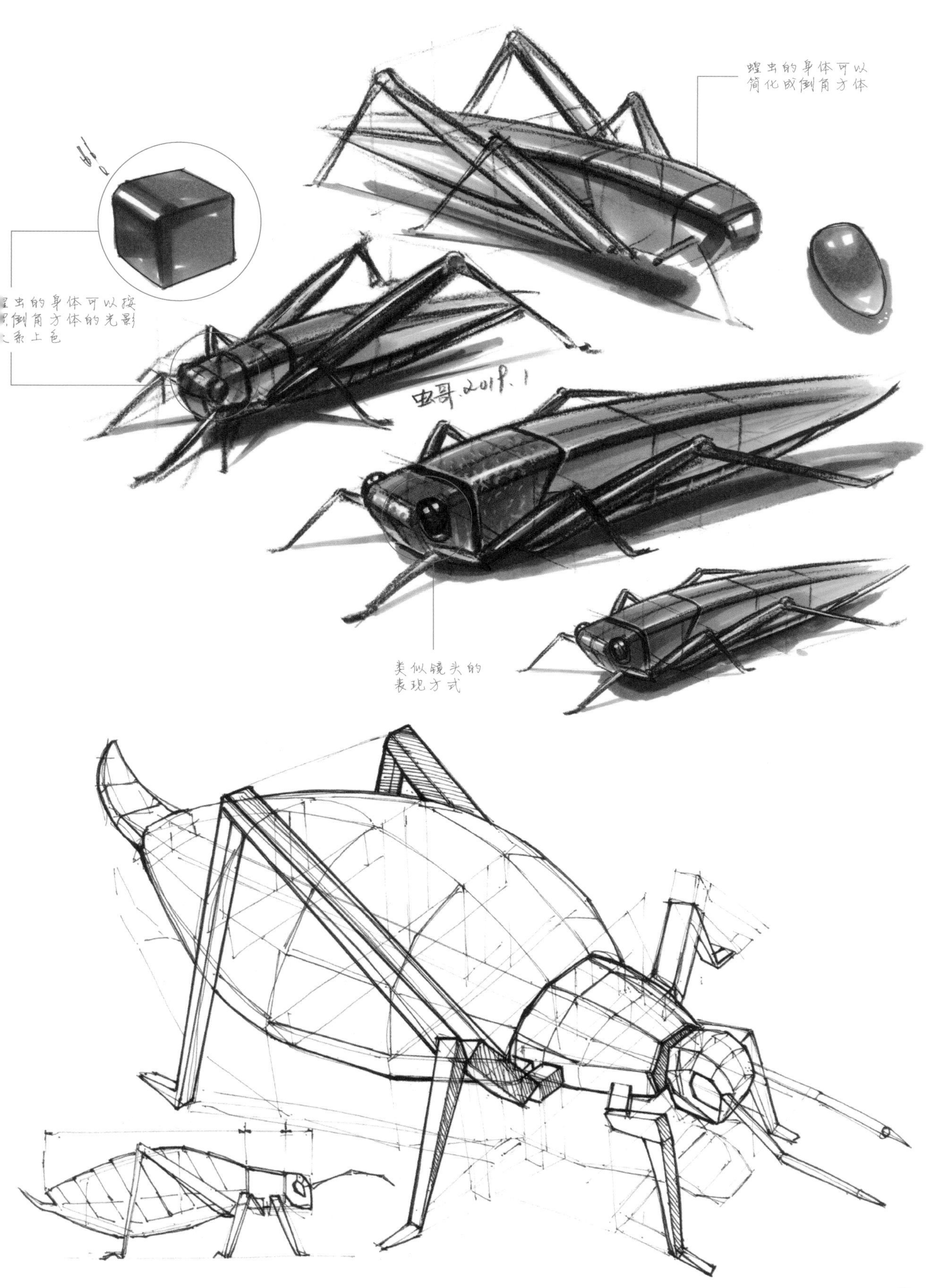
蝗虫的身体可以
简化成倒角方体
虫的身体可以按
倒角方体的光影
系上色
类似镜头的
表现方式

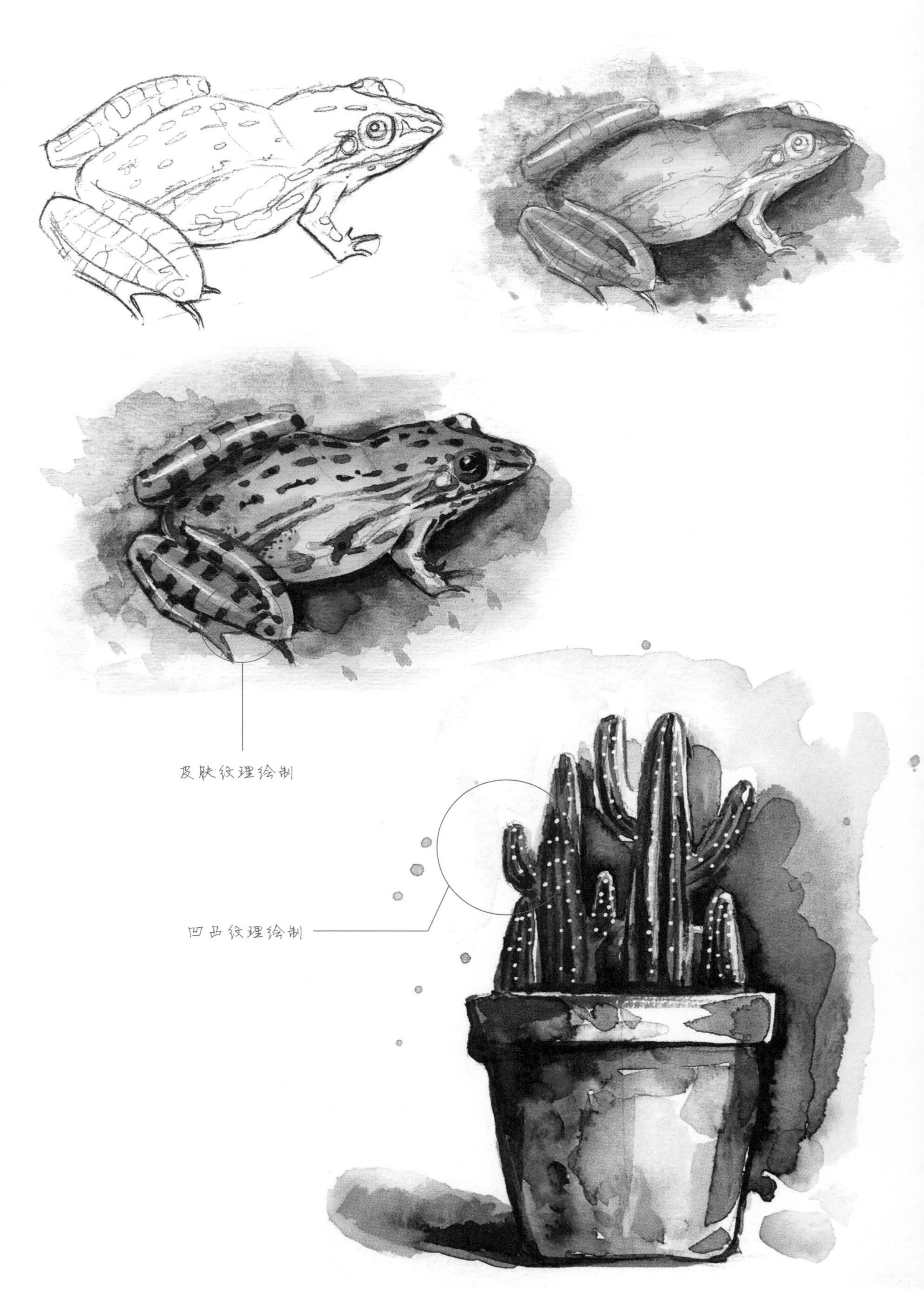
皮肤纹理绘制
凹凸纹理绘制

9.4 其他产品形态

下面是笔者近年来绘制的一些其他产品形态的手绘图，希望大家可以从中汲取到有益于提高自己手绘技能的知识与技巧。

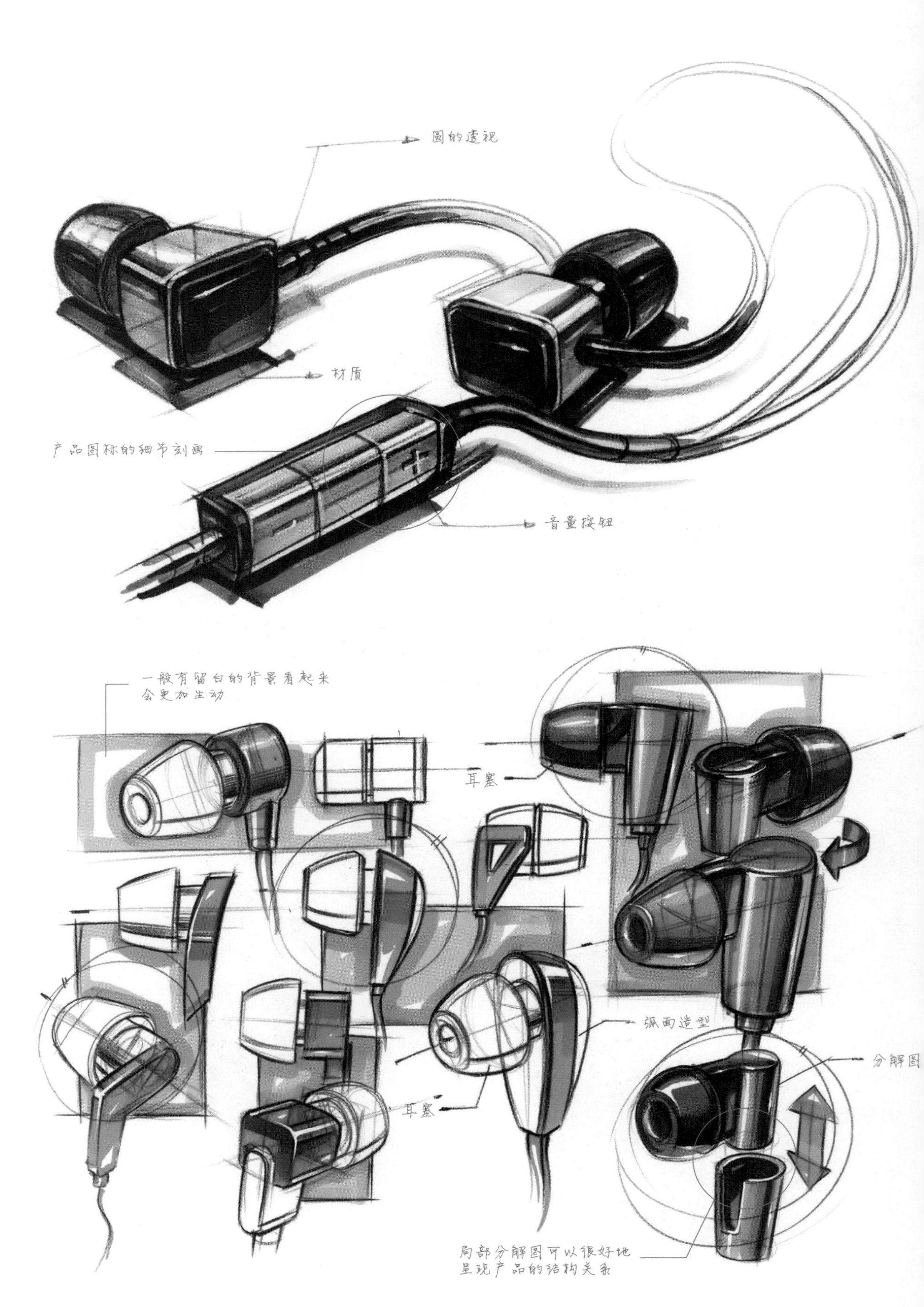

圆的透视
材质
产品图标的细节刻画
音量按钮
一般有留白的背景看起来
会更加生动
耳塞
耳塞
弧面造型
分解图
局部分解图可以很好地
呈现产品的结构关系

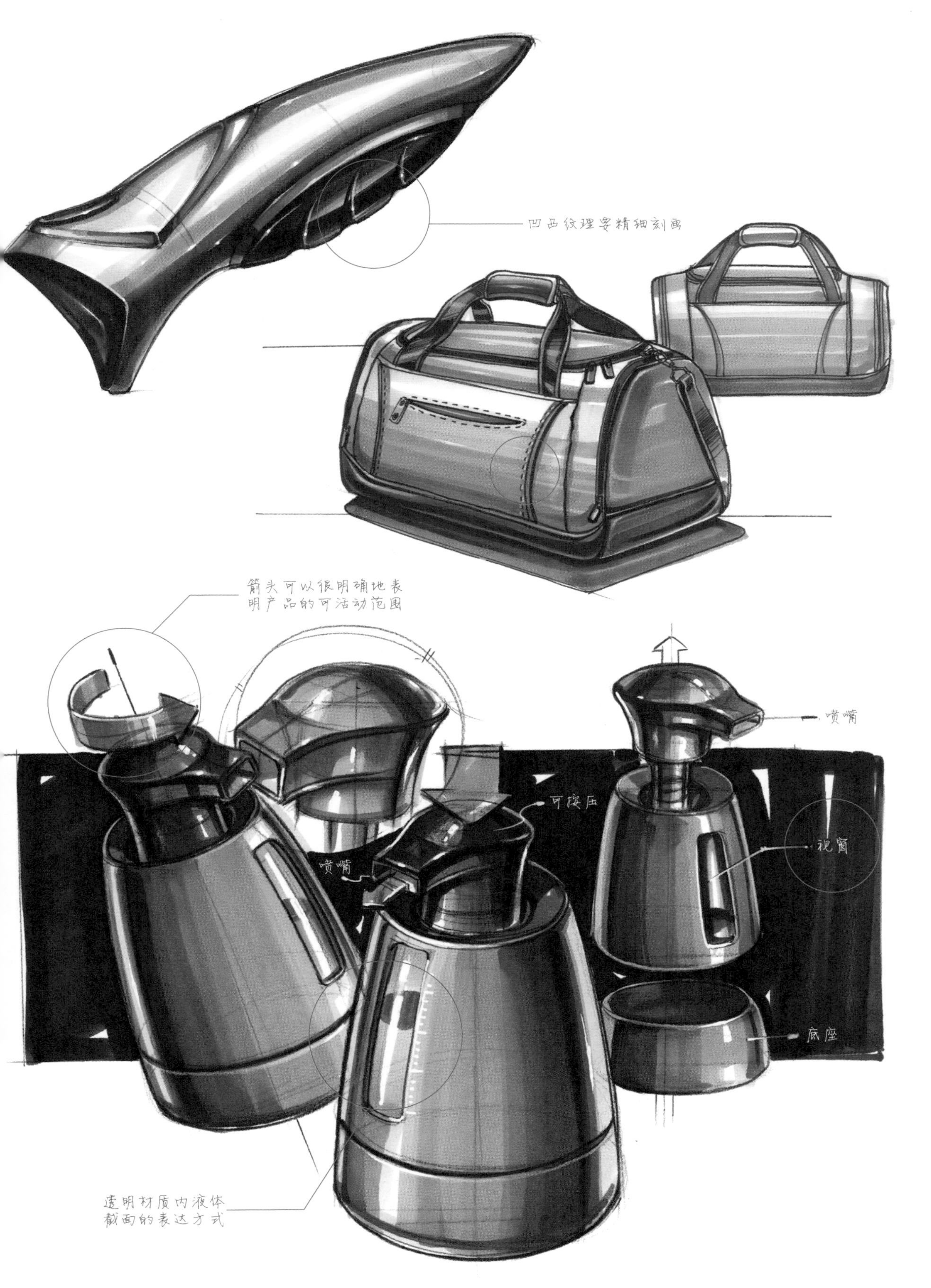
凹凸纹理要精细刻画
箭头可以很明确地表
明产品的可活动范围
喷嘴
可按压
喷嘴
视窗
底座
透明材质内液体
截面的表达方式

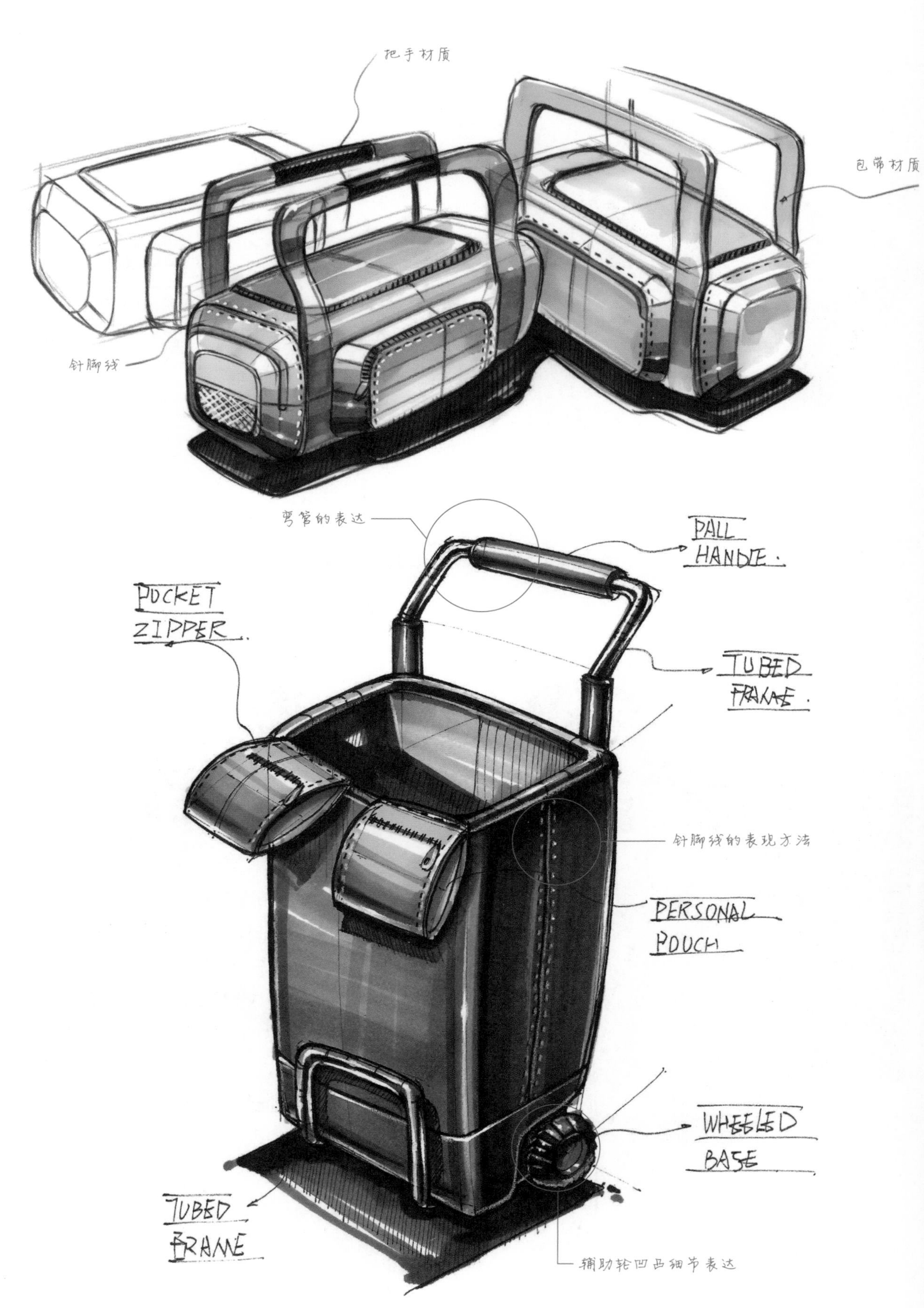

把手材质
包带材质
针脚线
弯管的表达
PALL
HANDLE.
POCKET
ZIPPER.
TUBED
FRAME.
针脚线的表现方法
PERSONAL
POUCH
WHEELED
BASE
TUBED
FRAME
辅助轮凹凸细节表达

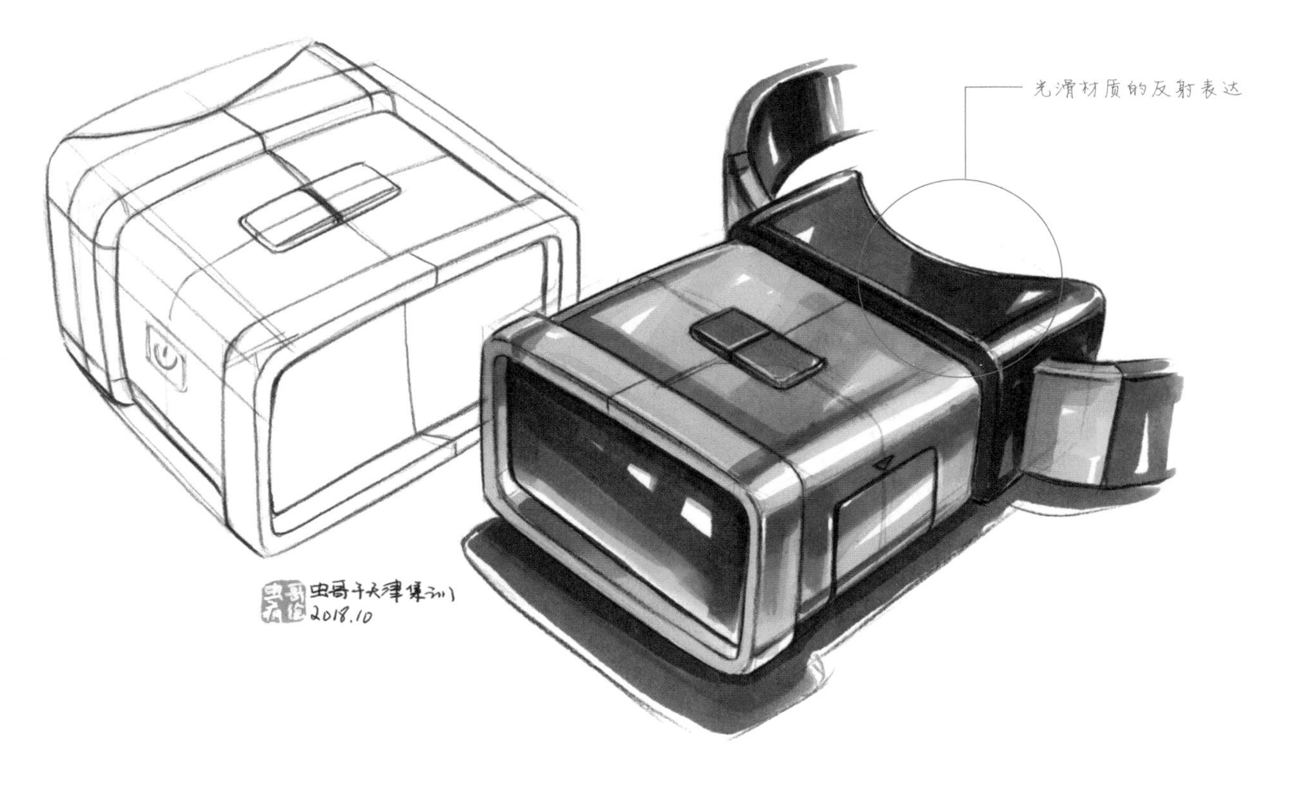
光滑材质的反射表达
2018.10

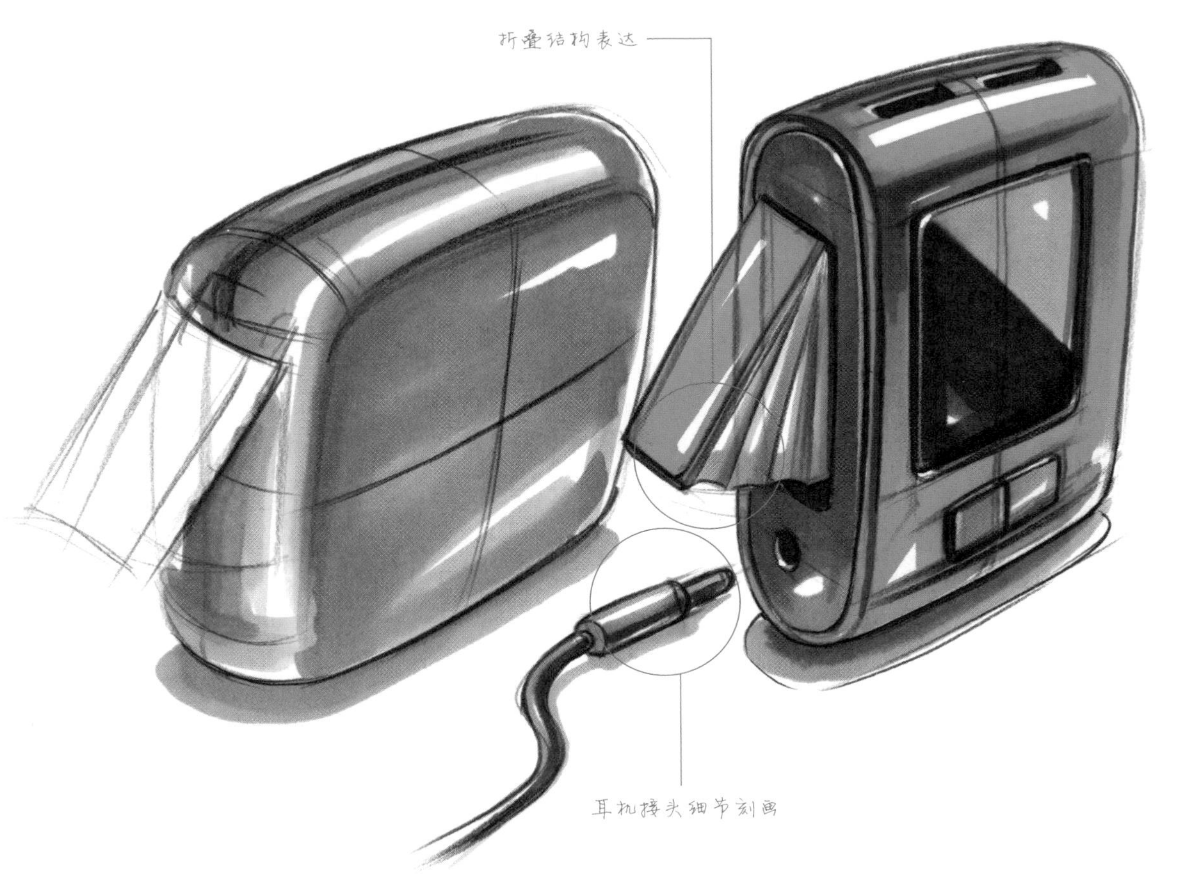
折叠结构表达
耳机接头细节刻画

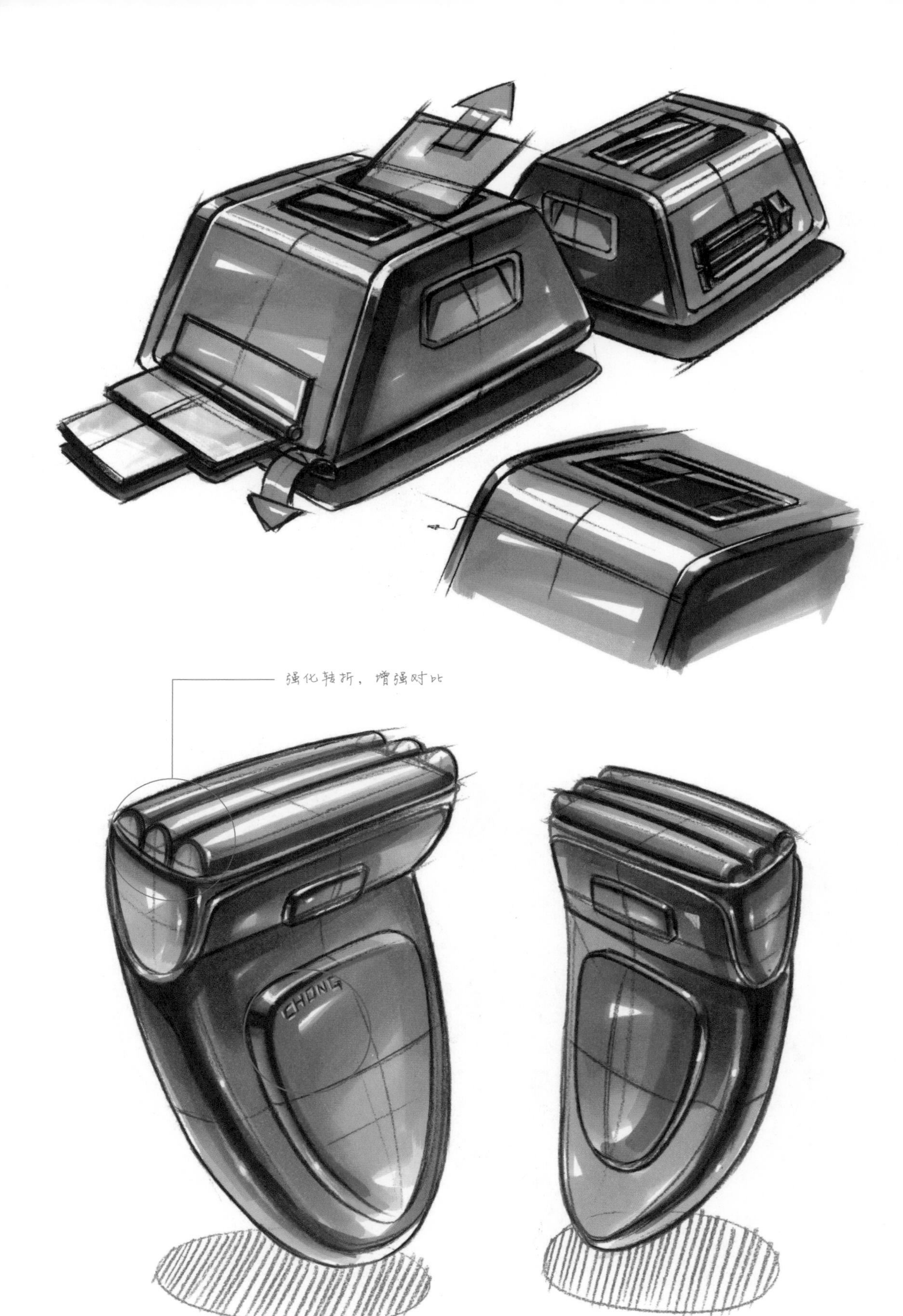
强化转折，增强对比
CHONG

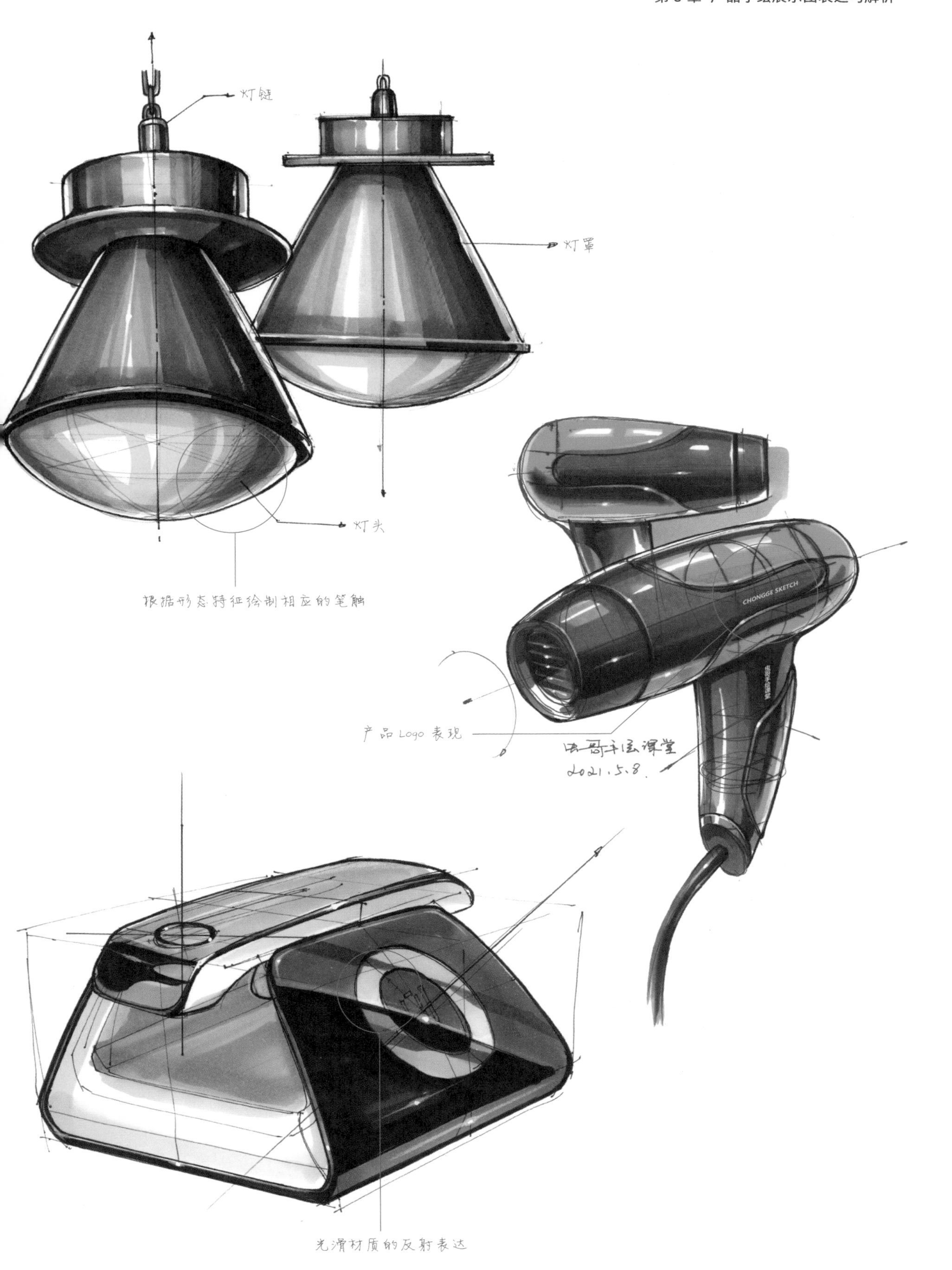
灯链
灯罩
灯头
根据形态特征绘制相应的笔触
CHONGGE SKETCH
产品 Logo 表现
2021.5.8
光滑材质的反射表达

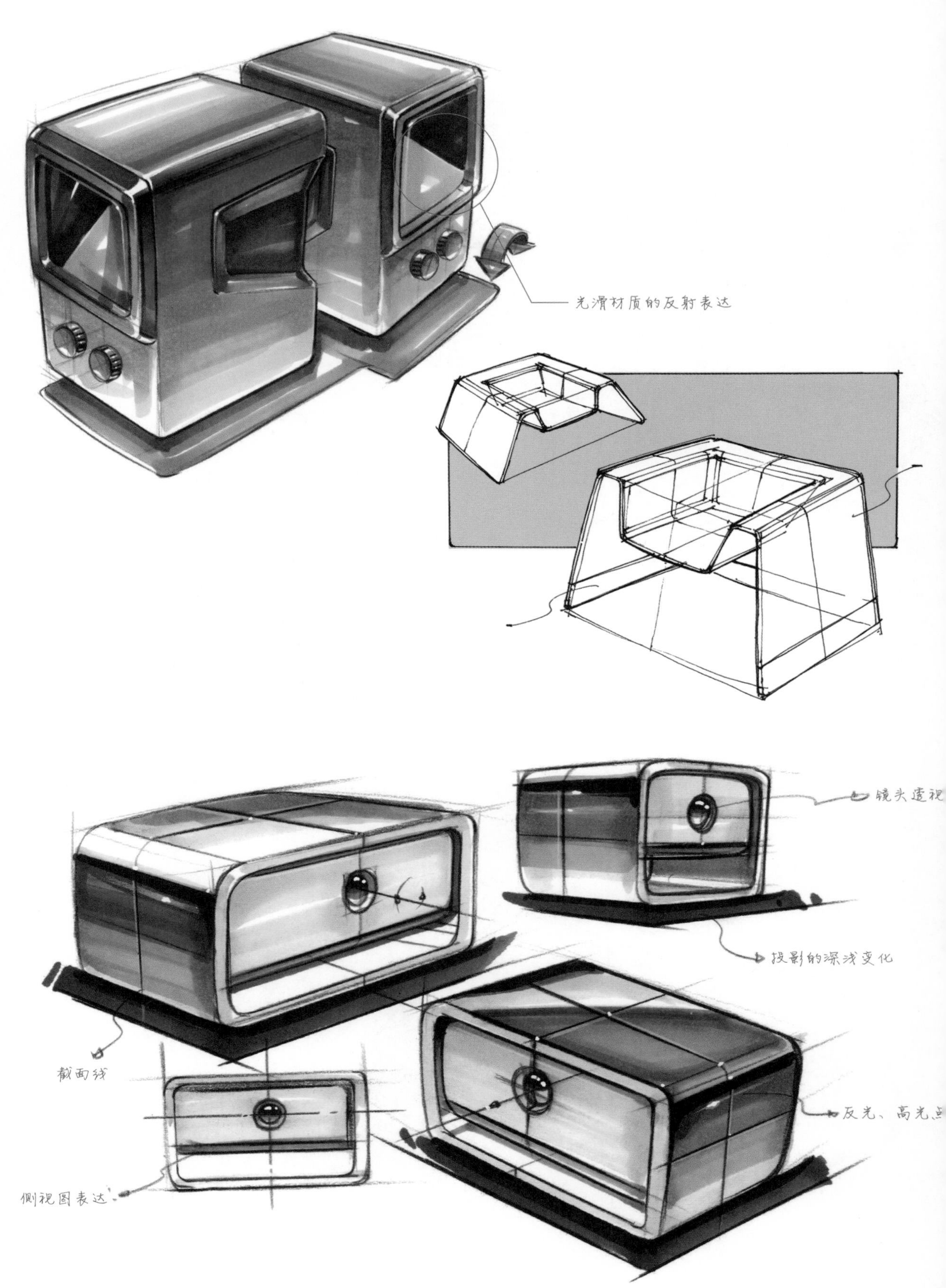
光滑材质的反射表达
镜头透视
投影的深浅变化
截面线
反光、高光点
侧视图表达

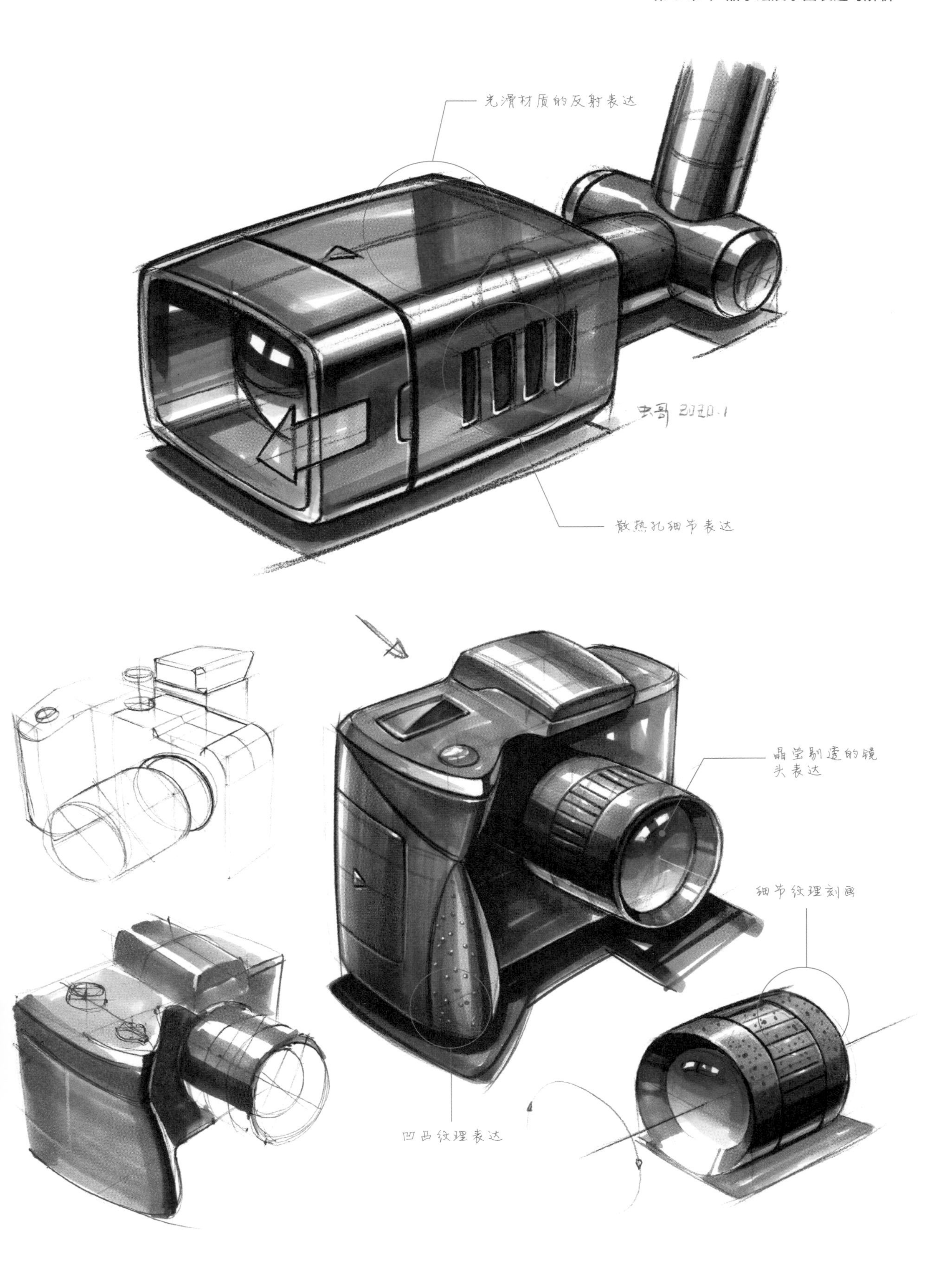
光滑材质的反射表达
散热孔细节表达
晶莹剔透的镜
头表达
细节纹理刻画
凹凸纹理表达

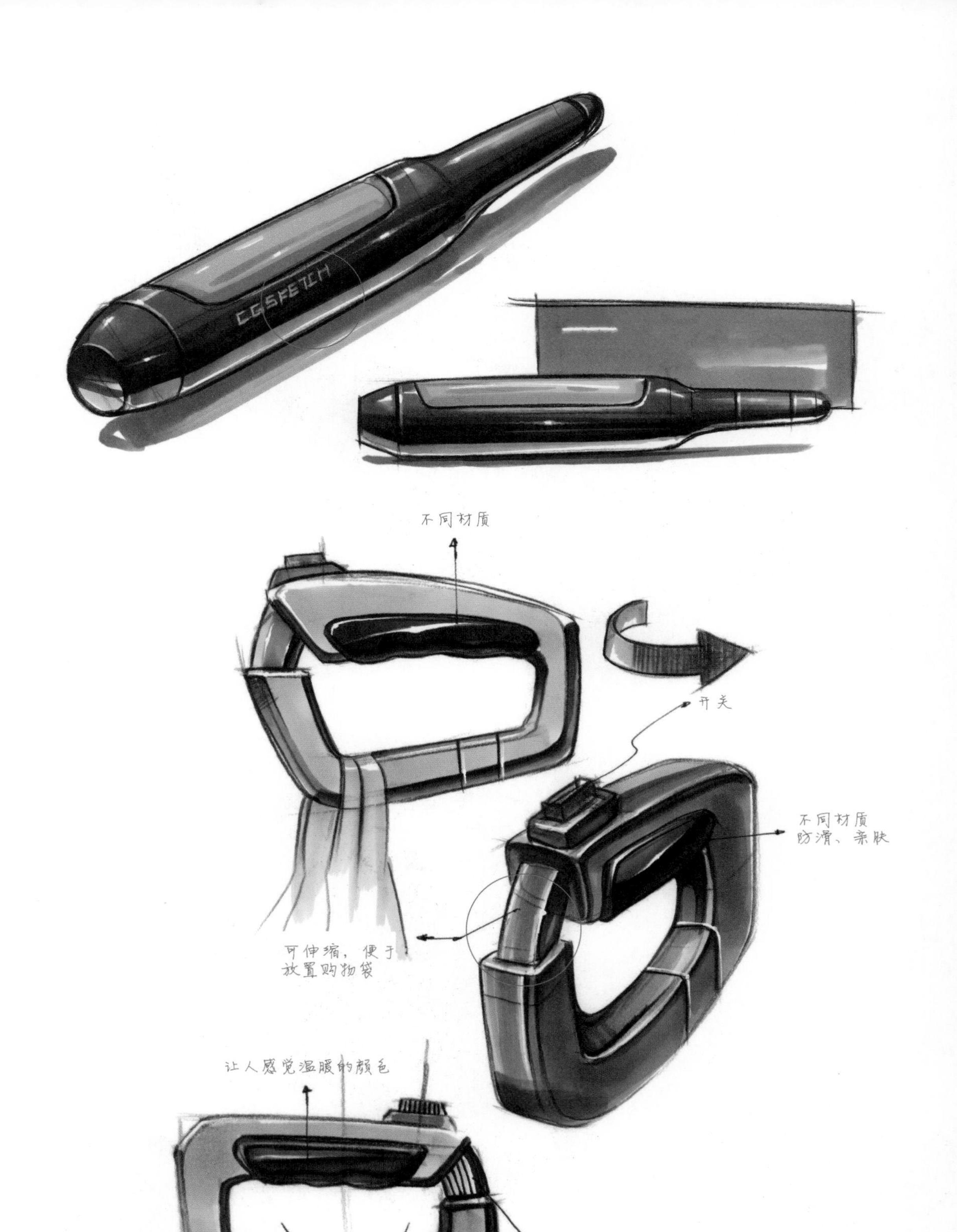
CGSKETCH
不同材质
开关
不同材质
防滑、亲肤
可伸缩，便于
放置购物袋
让人感觉温暖的颜色
金属材质
受力点
物体受力汇聚点，
防止物体受力不均

刻度细节表现
透明材质底部表现

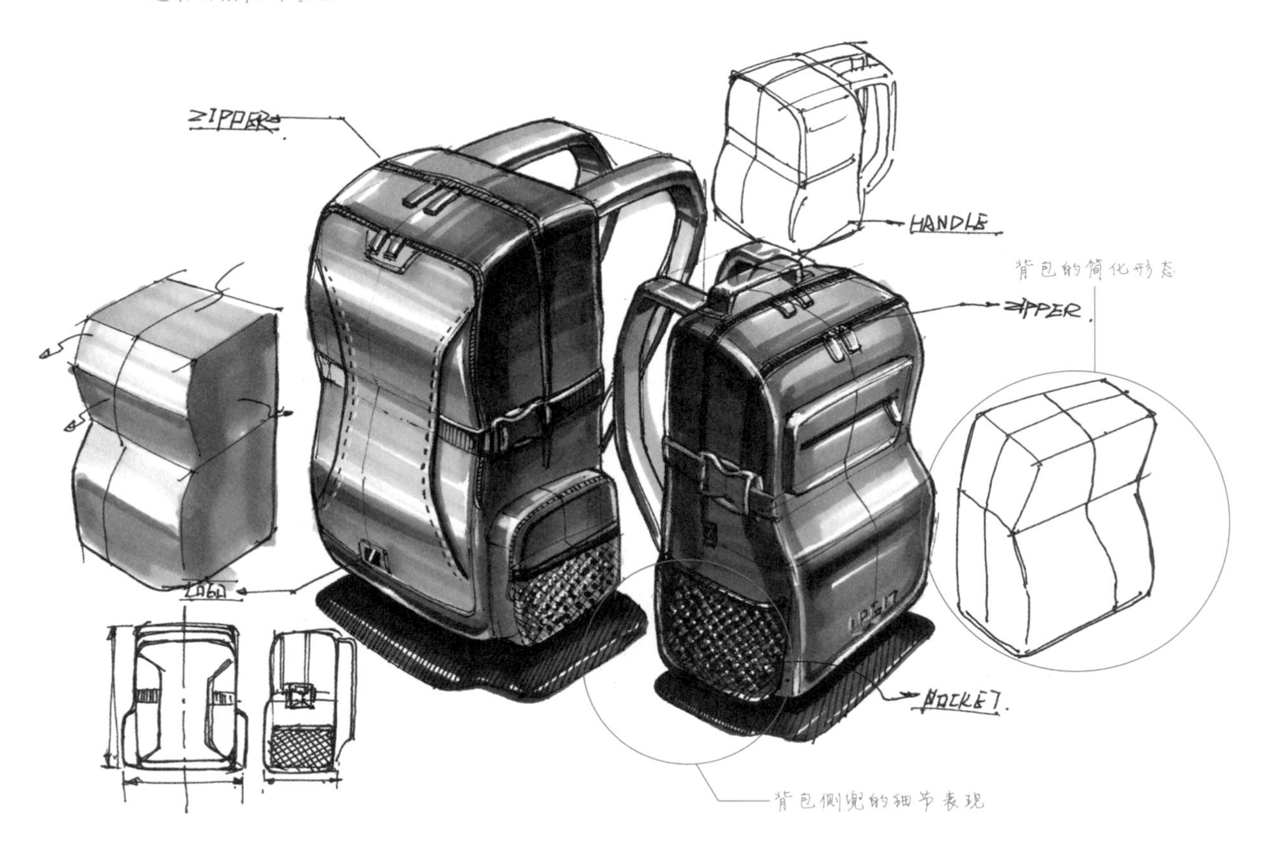
ZIPPER
HANDLE
背包的简化形态
ZIPPER
LOGO
POCKET
背包侧兜的细节表现

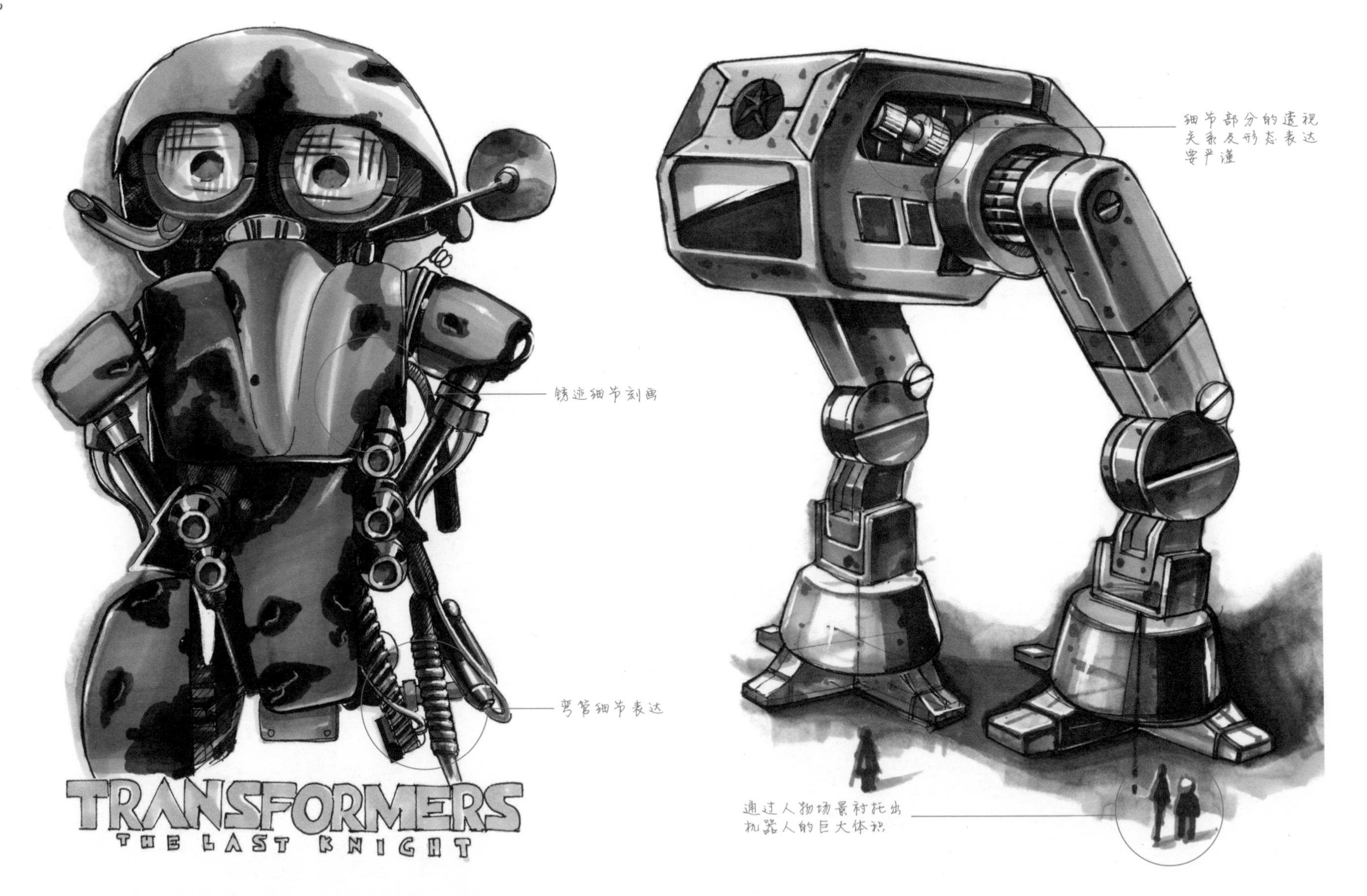

锈迹细节刻画
弯管细节表达
TRANSFORMERS
THE LAST KNIGHT
细节部分的透视关系及形态表达要严谨
通过人物场景衬托出机器人的巨大体积